中原林木树种分类及应用管理技术

赵　阳　肖升光　张海洋　赵红军　万少侠　主编

黄河水利出版社
·郑　州·

内 容 提 要

本书主要介绍了中原林木树种分类,共分 6 章,165 种,主要包括乔木类林木树种 51 种、灌木类林木树种 48 种、阔叶类林木树种 23 种、藤本类林木树种 12 种、针叶类林木树种 7 种、经济林类林木树种 24 种。每一个优良树种介绍了其形态特征、生长习性、主要生长分布、优质苗木最新繁育技术管理、主要病虫害的发生与防治、优良树种的作用价值等。全书文字简洁明了、通俗易懂,并配有主要优良树种彩色图片。本书可为城市绿化、乡村振兴,树种资源保护与应用管理提供科学依据和技术支撑。

本书可供园林绿化公司、国有林场苗圃、苗木繁育合作社、造林大户、职业中专学生等学习参考。

图书在版编目(CIP)数据

中原林木树种分类及应用管理技术/赵阳等主编
. —郑州:黄河水利出版社,2023.7
ISBN 978-7-5509-3649-2

Ⅰ.①中… Ⅱ.①赵… Ⅲ.①优良树种-种质资源-品种分类-河南 Ⅳ.①S79

中国国家版本馆 CIP 数据核字(2023)第 138878 号

组稿编辑	杨雯惠 电话:0371-66020903 E-mail:yangwenhui923@163.com		

责任编辑	景泽龙	责任校对	兰文峡
封面设计	黄瑞宁	责任监制	常红昕

出版发行 黄河水利出版社
    地址:河南省郑州市顺河路 49 号 邮政编码:450003
    网址:www.yrcp.com E-mail:hhslcbs@126.com
    发行部电话:0371-66020550
承印单位 河南博之雅印务有限公司
开 本 787 mm×1 092 mm 1/16
印 张 22.5 插页:8
字 数 543 千字
版次印次 2023 年 7 月第 1 版 2023 年 7 月第 1 次印刷
定 价 96.00 元

《中原林木树种分类及应用管理技术》

编 委 会

主　编　赵　阳　肖升光　张海洋　赵红军　万少侠

副主编（排名不分先后）

张志恒　徐进玉　高　佳　冯　蕊　陈　哲

董利利　秦　钧　陈晓燕　王　瑜　袁　琼

秦光霞　朱光浩　武秀利　吴　瑾　蔡圣志

王　菲　薛爱国　赵淑英　王　勇　刘慧敏

张建荣　杨浩放　张冬冬　马志强　彭向东

李红梅　何彦玲　雷超群　杨黎慧　张爱玲

李慧丽　葛岩红　王璞玉

编写人员（排名不分先后）

韩小丽　孙　玲　贺会丽　姚雅耀　孙松豪

李　卡　周亚峰　孙　珂　张志杰　张艳普

王　坤　冯亚杰　程相魁　梁　鹏　杜　参

朱腾娜　单云飞　黄　红　罗桂丽　王玉巧

雷保现　慎　幸　延新新　裴娜娜　王松艳

房丽娟　康德生　王华平　和超轮　何明亮

李　栋　刘宁刚　翟　华　何　琪　院宗贺

李广立　刘伟光　郭卫东　魏鹏飞　贾金泽

臧卓毅　林聪聪

前　言

林木树种主要分为乔木类、灌木类、阔叶类、藤本类、针叶类、经济林类等,利用上述树种的材料,可以繁殖培育新的植株,在乡村振兴、城乡绿化、园林城市美化环境中广泛推广,可提供丰富多彩的树种元素材料。丰富的林木树种资源是当地遗传多样性的载体,是生物多样性和生态系统多样性的基础,是森林植被类型多样性的表现,是我国重要的经济来源之一;同时,也是陆地生态系统的重要支撑,是国民经济可持续发展的战略资源之一。

中原林木树种,是指中原地区人工培育和天然分布的树种资源,是林木遗传适应性的载体表现,是良种选育或遗传改良的物质基础,是维持国家生态安全和林业可持续发展的基础性、战略性资源。

林业生产是我国一项重要的基础产业。林业的内涵和功能正在由保障优良林木树种资源的木材等林产品供应为主的单一林业向开发生物产业、森林观光、保健食品的多元林业转变,由简单地发挥防风固沙、水土保持作用向进军森林固碳、物种保护、生态疗养新领域的现代林业转变。要保持林业的可持续发展,就必须兼顾林业的生态效益、社会效益、经济效益。

按照林木树种的分类选择应用,在乡村振兴绿化建设、城乡绿化、园林绿化、荒山荒地植树造林中广泛引种栽培,是营造人工混交林的重要资源,这样可以大大改变树种单一的格局,从而提高该地区植被系统的生态功能;减少病虫害的发生与危害,是保护青山绿水、秀美山川的特种资源。由于优良林木树种的适应性、抗逆性强,是外来树种无法比拟的,具有稳定的生态功能和较高的生产力。为此,一个地区的植树造林,如果缺乏多样的、适应性强的优良的树种,将导致该地区生物多样性的单一,生态稳定性差,不利于保持和发展持久的生态作用。

当前,在生态建设中,习近平总书记对生态文明建设作出重要指示,强调生态文明建设是"五位一体"总体布局和"四个全面"战略布局的重要内容。各地区各部门要切实贯彻新发展理念,树立"绿水青山就是金山银山"的强烈意识,把生态文明建设纳入制度化、法治化轨道。加快推动绿色、循环、低碳发展,为建设美丽中国、维护全球生态安全作出更大贡献。

可见,在生态文明建设、乡村振兴战略实施中,必须选择优良的林木树种,按照适地适树原则,必须做好优良林木树种资源调查和选育研究。在今后的乡村振兴中,大力推进适应性强的树种,且是良种;同时建立优良林木树种保障性苗圃,迫在眉睫。与天然林相比,单一种植的人工林本身生物多样性很低,几乎不可能为濒危生物提供栖息地,其本身也很容易受到病原菌、害虫和气候变化的影响。如果种植的是外来树种,将比野生树种损耗更多的地下水,在水资源匮乏地区造林,可能会在一定程度上起到防风固沙和储存碳汇的作用,但会以丧失其他生态功能为代价。为此,支持各地按照基地化、标准化和产业化的要求,引进有实力的公司,培育龙头企业,建设一批乡土珍贵树种种植基地,引种一批野生树种丰富当地林种资源,同时保护一批野生濒危树种。鼓励各地在乡村振兴战略中,扶持一批有特色、有效益的专业化种植村、繁殖大户,大面积推广优良树种。

2016—2023年,我们抽调赵阳、肖升光、张海洋、赵红军、万少侠等高级工程师作为指导,成立林木树种资源外业专业调查队,按照《河南省林木种质资源普查实施细则》《林木种质资源普查技术规程》(DB41/T 1489—2017)、《河南省林木种质资源普查名录》等技术要求,在栾川、鲁山、平顶山、舞钢、漯河、方城、西平、遂平、确山、驻马店、许昌等地区开展了种质资源普查。调查林木树种资源160多种,如七叶树、珊瑚樱、国槐、桂花、梧桐、白皮松、黄荆、凌霄、君迁子、板栗、银杏、枫杨、三叶木通、青檀、黄檀、白檀、蒙古栎、天目木姜子、野鸦椿、牛鼻栓、山胡椒、黄连木、乌桕、臭椿、香椿、楝树、山白树、粉枝梅、盐肤木、山拐枣、扶芳藤、苦皮藤、悬钩子、六道木、肉花卫矛、野茉莉、牛奶子、山麻杆、青榨槭、山羊角、雪柳、无患子、紫椴、鹅耳枥、丝绵木、五角枫等。

调查中,我们发现各类优良树种分布范围广、抗逆性强,在林业生态建设中起到了重要的作用,但是也存在一些问题:一是生长在村庄、河畔、山沟、丘陵等环境较差的地方,集约化经营程度不够;二是多数尤其是一些分散孤立生长的古树,常年任凭风吹雨打,部分100年生以上的古树出现空洞;三是生长势衰弱,缺乏管理,有病虫害发生,甚至一些乡土树种生长因不能速生,林农不愿投入人力物力进行抚育,致使生长势逐渐处于濒危状态。目前,中原地区的优良乡土树种资源在造林中应用率低,以大量以速生杨为主种植的人工林,尽管速生,但是收益差,病虫害严重;同时,造成生物多样性很低,几乎不可能为濒危生物提供栖息地,其本身也很容易受到病原菌、害虫和气候变化的影响。根据近10年实践证明,引种种植的是外来树种,将比乡土树种损耗更多的地下水,在水资源匮乏的山区造林,可能会在一定程度上起到防风固沙和保持水土的作用,但会以丧失其他生物多样性或生态功能为代价。

为了支持乡村振兴战略、城市园林绿化,满足新时代林业生态建设的高速度、高质量发展及植树造林和城市、乡村绿化美化的需要,大力推广应用引种优良林木树种,培育繁殖优良树种和科学种植造林技术,为国家优质木材生产和景观效应发挥提供科学依据和技术支撑,我们组织平顶山市园林绿化中心高级工程师赵阳、肖升光,洛阳市栾川县林业保护发展研究中心高级工程师张海洋,洛阳市孟津区林业建设发展中心高级工程师赵红军,舞钢市林业工作站教授级高级工程师万少侠等在园林、林业方面具有丰富专业技术经验的教授、专家、技术人员编写了《中原林木树种分类及应用管理技术》一书。特别说明,河南省舞钢市国有林场工程师杨德宇,舞钢市科学技术协会工程师葛岩红、高级工程师张海洋等在本书编写中,参加了外业林木树种调查识别与树种照片拍摄等工作。本书主要介绍了中原地区林木分类,共分6章,165种,其中第一章分为乔木类林木树种,共计51种;第二章为灌木类林木树种,共计48种;第三章为阔叶类林木树种,共计23种;第四章为藤本类林木树种,共计12种;第五章为针叶类林木树种,共计7种;第六章为经济林类林木树种,共计24种。每一种林木树种介绍了其形态特征、生长习性、主要生长分布、苗木最新繁育技术、主要病虫害的发生与防治及林木树种的应用价值等。全书文字简洁明了、通俗易懂,并配有主要100多种乡土树种的彩色图片,便于园林类大中专学生、林农、果农、林业合作社等人员尽快认识相关树种,掌握中原优良树种的苗木繁育管理、主要病虫害防治技术等。本书可供园林绿化公司、国有林场苗圃、苗木繁育合作社、造林大户、职业中专学生等学习参考。

由于时间仓促,书中疏漏和不足之处在所难免,望各位同仁在实际应用中及时发现,并给予批评,敬请专家和老师、林农朋友们指正。

编　者

2023 年 6 月

目　录

第一章 乔木类林木树种

乔木类林木树种,其树体高大、主干明显、干直立、分枝明显,在距地面较高处分枝形成树冠,树木繁盛的木本树种。如水杉、黄连木等。

1 七叶树

七叶树,学名 Aesculus chinensis Bunge,七叶树科七叶树属,又名梭罗树、天师栗、落叶乔木。七叶树树干高耸,树冠庞大,树形整齐,叶大形美,花序大而洁白,初夏开放,是中原地区优良乡土树种,又是世界著名的四大行道树种之一。

一、形态特征

七叶树,高达 25 m。小枝无毛。小叶 5~7 枚,倒卵状椭圆形或矩圆状椭圆形,先端渐尖,基部楔形,细锯齿,下面沿叶脉疏生毛,小叶柄长 0.4~1.7 cm,总叶柄长 7~18 cm,无毛。顶生圆锥花序长 20~25 cm,花白色,有红晕。果扁球形,顶端扁平。种子扁球形,种脐占底部一半以上。花期 5~7 月,果熟期 9~10 月。

二、生长习性

七叶树喜侧阴,幼树喜阴,酷日直射易发生日灼,故夏季炎热地区须遮阴。较耐寒,喜肥沃、湿润、排水良好的土壤,不耐干旱。深根性,主根深,不耐移植。萌芽力不强。不耐修剪,生长缓慢,寿命长。

三、主要分布

七叶树原产中国,河南、山东、陕西、甘肃、山西等黄河流域地区有分布,一般垂直分布在海拔 800 m 以下的低山溪谷。七叶树喜凉爽、畏干热,在傍山近水处生长良好,在幽深的古刹名寺更适合其生长。在中原地区主要分布于平顶山、周口、开封、焦作、西峡、桐柏、舞钢等平原地区和浅山丘陵。

四、种苗繁育与管理技术

(一)引种繁育苗木技术
1. 苗圃地选择
要选择土层深厚、肥沃、排水良好的中性或微酸性的沙质壤土作苗圃地,同时,要交通便利,方便运输苗木。
2. 苗圃地整地
10~11 月,每亩施入 5 000~6 000 kg 经腐熟发酵的牛、马、猪粪作基肥,然后用五氯硝基苯对土壤进行消毒,及时进行土壤深翻,播种前土壤经过冬季冻土,加速土壤疏松,同时,清除土壤中的杂质;第二年春季,3月上旬,播种前要进行细致整地,使地面平坦,土粒粗细均匀,做好备播。

3. 种子选择

选择树体高大、树干通直、果实较大且结实较多、无病虫害的七叶树作为采种母株。

4. 采收种子

9月,七叶树果实外皮由绿色变成棕黄色,并有个别果实开裂时就可以采集。果实采集后阴干,待果实自然开裂后剥去外皮。最后选个大、饱满、色泽光亮、无病虫害、无机械损伤的种子。将筛选出的纯净种子按1∶3的比例与湿沙混匀,然后用湿藏层积法在湿润、排水良好的土坑中储存,并且留通气孔,确保种子新鲜。

5. 播种时间

采用春播,3月中下旬进行,此时期气温回升快,墒情好,有利于种子出芽。

6. 大田播种

采用条状点播,株行距为20 cm × 25 cm,深度为3~4 cm,播种时种脐朝下,覆土3~4 cm,覆土与畦面平,用脚轻轻踩踏,播种量为120~150 kg/亩❶。播种繁殖,种子不耐储藏,易丧失发芽力,故应采后即播。亦可以储藏至翌年春播,播种时种脐向下,幼苗出土能力弱,故覆土要薄,且出苗之前勿灌水,以免表土板结。北方幼苗入冬前须包草防寒。南方庭院应配植在建筑物的东面或树丛中,孤植时应注意配植防西晒的伴生树种,免受暴晒,还可将树皮刷白。

7. 肥水管理

种子发芽前要保持土壤湿润,28~35天萌芽出土。种子出芽后,要及时人工除草,保证苗圃地内无杂草;当苗高25~30 cm时,要再次松土、除草,并且在阴雨天进行间苗。幼苗生长期,还要经常保持圃地湿润,采取喷雾喷水为好,从苗木出土到6月上旬,是七叶树高生长期,要不断增大浇水量;7~8月为七叶树苗木质化期,应减少浇水量,促进苗木地茎生长和木质化。夏季雨天要及时将圃地内的积水排出,防止因淹水导致烂根。在幼苗期管理中,可于苗木速生期施尿素,苗木生长停止前25~30天应施磷钾肥,幼苗施肥次数宜多,但每次量都不宜太大,每亩10~15 kg即可。1年生七叶树苗木,可以进行分栽培育大苗。

(二)主要病虫害的发生与防治

1. 主要虫害的发生与防治

(1)主要虫害的发生。七叶树主要虫害有食叶害虫迹斑绿刺蛾、铜绿异金龟子、金毛虫等,造成叶片千疮百孔,惨不忍睹;蛀干害虫桑天牛,1年1代,幼虫在树干中越冬危害枝干,造成树干空洞,严重影响树势生长。

(2)主要虫害的防治。4~7月,苗木生长期,迹斑绿刺蛾发生危害,可在成虫期用黑光灯诱杀,幼龄幼虫期喷洒3%高渗苯氧威乳油3 000倍液进行防治;铜绿异金龟子发生危害,可用黑光灯诱杀成虫,用绿僵菌感染和土壤内每亩施入森得保药物杀灭幼虫;金毛

---

❶　1亩 = 1/15 hm² ≈ 666.67 m²。

虫发生危害,幼虫发生危害期,可喷施8 000 IU/mL苏云金杆菌可湿性粉剂400~600倍液或25%灭幼脲悬浮剂2 000~2 500倍液。桑天牛发生危害,可人工捕杀成虫,钩除幼虫,用磷化铝片剂堵塞熏蒸树干内幼虫。

2.主要病害的发生与防治

(1)主要病害的发生。七叶树主要病害是根腐病,4~6月,在苗圃地高温高湿、积水情况下,易感染发生病害,造成幼苗根部腐烂,影响苗木生长成活。

(2)主要病害的防治。4~6月,进入夏季雨天,应及时排除苗圃地树穴内的积水,如连续阴雨天,应在停雨后及时扒土晾根,并用百菌清、硫黄粉等药剂进行土壤消毒,然后用土覆盖。

五、七叶树的作用与价值

(1)观赏价值。七叶树树干耸直,冠大荫浓,初夏繁花满树,硕大的白色花序又似一盏华丽的烛台,蔚然可观,是优良的行道树和园林观赏植物,可作人行步道、公园、广场绿化树种,既可孤植,也可群植,或与常绿树和阔叶树混种。七叶树树形优美、花大秀丽、果形奇特,是观叶、观花、观果不可多得的树种,为世界著名的观赏树种之一。

(2)食用价值。七叶树种子可食用,但直接吃味道苦涩,需用碱水煮后方可食用,味如板栗。也可提取淀粉。

(3)经济价值。种子可作药用,榨油可制造肥皂。七叶树可作为食品、药品、木材等,叶芽可代茶饮,皮、根可制肥皂,叶、花可做染料,种子可提取淀粉、榨油,也可食用,味道与板栗相似,并可入药,有安神、理气、杀虫等作用。木材细密、质地轻,可用来造纸、雕刻、制作家具及工艺品等。

2　枫杨

枫杨,学名:Pterocarya stenoptera C. DC,胡桃科枫杨属,又名枫柳、燕子树、元宝树、馄饨树、水麻柳、櫸柳、麻柳、蜈蚣柳等,河南省舞钢市南部山区林农俗称鬼柳树,落叶乔木,野生分布在河旁、水边、河沟、湿地,是中原地区优良乡土树种。

一、形态特征

枫杨,树高28~30 m,平均干高8~15 m,干皮灰褐色,幼时光滑,老时纵裂。具柄裸芽,密被锈毛。小枝灰色,有明显的皮孔且髓心片隔状,枝条横展树冠呈卵形,奇数羽状复叶,但顶叶常缺而呈偶数羽状,互生叶轴具翅和柔毛,小叶5~8对,呈长椭圆形或长圆状披针形,顶端常钝圆,基部偏斜,无柄,长8~12 cm、宽2~3 cm,缘具细锯齿,叶背沿脉及脉腋有毛。在平顶山地区,一般3月上旬萌芽,3月下旬展叶,4月上旬开花。花单性,雌雄异株,葇荑花序。雄花着生于老枝叶腋,雌花着生于新枝顶端,果长椭圆形,成下垂总状果序,果序长20~45 cm,果长6~7 mm。11月中旬进入落叶期,落叶后进入越冬期。花期4~5月,果期8~10月。

二、生长习性

枫杨为喜光性树种,不耐庇荫,但耐水湿、耐寒冷、耐干旱。深根性,主、侧根均发达,速生性,萌蘖能力强;对二氧化硫、氯气等抗性强,对土壤要求不严,较喜疏松肥沃的沙质壤土,耐水湿;特喜生于湖畔、河滩、低湿之地。

三、主要分布

枫杨主要分布于湖北、湖南、河南、山东、贵州等地,在中原地区主要分布于平顶山、洛阳、安阳、三门峡、南阳、许昌、漯河、济源等地。枫杨在河南省舞钢市主要分布于尹集镇、杨庄乡、庙街乡、尚店镇、铁山乡等地的河沟、浅山丘陵地区,市区的建设路、钢城路两侧行道树为枫杨,长势良好。尚店镇杨庄村一棵30年生枫杨树,胸径106 cm,枝繁叶茂,遮天蔽日,非常旺盛。

四、种苗繁育与管理技术

(一)引种繁育苗木技术

1. 苗圃地选择

枫杨适应性强,易成活,但是在繁育苗木时,也要选择土地平坦、土壤肥沃、含沙质,浇灌、排水、交通便利的地方。

2. 苗圃地整地

3月下旬至4月上旬,在选择育苗的大田里,播种前应每亩施入农家肥7 000~10 000 kg,复合肥80~100 kg作基肥,同时,做到细致整地,土碎地平,然后打畦,畦长15~20 m、宽1~1.2 m。

3. 采收种子

8月下旬至9月上中旬,当翅果由绿色变为黄褐色时,即可证明种子已成熟。此时,选择健壮母树上的翅果由绿变黄、种子成熟的果实,可用高枝剪,人工剪摘成串的果实,在晒场晾晒2~3天,去除杂物装包储藏(冬、春、秋几个季节都可播种育苗,秋季育苗可随采随播)。而后装袋干藏于室内的棚架上储放保存。

4. 种子处理

3月上旬,把种子放在水缸中,用35~40 ℃温水浸种,浸泡12~24小时,作催芽处理(催芽的目的是促使播种后发芽早,幼芽出土整齐)。或在1月上旬将种子用温水浸种20~24小时,取出种子掺沙(流水河中新采挖的沙)2倍堆置于背阴处,同时覆盖草帘或麻袋布防止风干;到2月中旬再将种子倒置背风向阳处加温催芽,要经常翻倒,注意喷水保持湿度。

5. 播种时间

3月下旬至4月上旬,处理后的种子即有20%~30%萌芽,此时即可播种。

6. 开沟播种

要进行条播,行距30~33 cm,株距3~4 cm,沟深3~6 cm,把种子播于沟内后要覆土踏实。播种量,每1 kg种子12 000粒左右,每亩地可播种5~6 kg。或播种时采用垄播、床播皆可,播前要灌足底水,播后覆土2~3 cm,12~15天幼苗即可出土。

7. 幼苗管理

幼苗出土时,先长出子叶2枚,掌状4裂,初出土时黄色,不久变为绿色,长出单叶时为单叶,4~5片以后再生者则为复叶。苗木生长期,6~9月应及时进行浇水、拔草、施肥、间苗、定苗(每亩可定苗4 500~5 000株)等管理工作。10月上旬,1年生苗木可长至1~1.4 m高,落叶后即可出圃造林或销售。

(二)造林绿化技术

1. 造林苗木选择

无论是作为河道或行道用途林,都要选择苗干直、高3~4 m、直径4~5 cm、无病虫害的健壮苗木。在河道造林,按株行距2.5 m×4 m定穴,单行行道树按3 m或3.5 m间距定穴为佳;挖穴长、宽、深均为0.7~1.0 m;栽植时,首先把表层土填入穴内30 cm,然后放入苗木,而后分层填土,浇足水,分层踏实土壤,务求苗干扶直。

2. 修枝修剪

造林苗木生长至4~5 cm高时即应间苗、定苗,并加强肥水管理,当年8~9月苗高可达1~1.2 m,因枫杨具有主干易弯曲的特点,第一次移植行、株距不可过大,以防侧枝过旺和主干弯曲,待苗高3~4 m时,再行扩大行、株距,注意修剪病虫枝、下垂枝,及时培养树冠早日成材。

3. 水肥管理

枫杨苗木在幼龄期长势较慢,充足的肥料可以加速植株生长。7~9月可施用经腐熟发酵的农家肥作基肥,基肥需与栽植土充分拌匀,种植当年的6~7月追施一次复合肥,可促使植株长枝长叶,扩大营养面积,秋末结合浇冻水,施用一次农家肥,这次肥可以浅施,也可以直接撒于树盘,可提高植株的长势。

(三)主要病虫害的发生与防治

1. 主要虫害的发生与防治

(1)主要虫害的发生。枫杨主要虫害为核桃扁金花虫、核桃缀叶螟等食叶害虫。6~9月是发生危害严重期,致使叶片残缺不全或叶片孔洞卷曲。

(2)主要虫害的防治。6月上旬至9月,不断加强防治。第一次在5月中旬至6月下旬,使用灭幼脲3号1 500~2 000倍液喷布树冠叶片预防虫害的发生;第二次在7~9月,当核桃扁金花虫、核桃缀叶螟两种虫害发生危害时,应及时用苯氧威1 200~1 500倍液或杀螟松1 200~1 500倍液喷洒叶片灭杀,每隔10~15天喷药一次,即可防治虫害的发生,保护树木的正常健壮生长。

2. 主要病害的发生与防治

(1)主要病害的发生。枫杨叶子具有一种特殊的气味,在苗木生长期,很少有病害发生。但是,枫杨幼苗期易发生立枯病,发生时间在4~6月,主要危害播种幼苗,新出土之幼苗在木质化以前最易感染。自地表胚茎中部浸染,致使幼苗倒伏死亡。6~7月,发生颈腐病,主要表现为新生苗株已达10~20 cm时在地表根颈四周腐蚀干枯,虽然染病后尚能活一段时间,但终将死亡。

(2)主要病害的防治。4~7月,在立枯病或颈腐病发生前,开展预防,可以采用的防治方法是,在苗圃地撒布草木灰或喷波尔多液 1 200~1 400 倍液;或在发生病害初期,喷布百菌清 700~800 倍液或多菌灵 600~900 倍液防治。

五、枫杨的作用与价值

(1)经济价值。枫杨树皮、枝干含纤维多,是造纸及人造棉的好原料;树皮、根皮可入药;叶子有毒,可提炼杀虫剂。对二氧化硫、氯气等抗性强,鱼池附近不宜栽植。木材白色质软,容易加工、胶接、着色、油漆,可作家具及火柴杆;其幼苗还可作核桃砧木等。

(2)景观作用。枫杨树冠广展,枝叶茂密,生长快速,根系发达,因果序在树上生长时间长,呈串状,可作园林或行道树及风景树,具有极高的观赏价值。

(3)造林绿化作用。用作河床两岸低洼湿地的良好绿化树种,也可成片种植或孤植于草坪及坡地,均可形成一定景观。使用枫杨树作为行道树,成本低,效果好,绿化效果非常好,移栽成活率高,栽植当年即有非常好的绿化效果。

3　椋木

椋木,学名:Cornus macrophylla Wall.,山茱萸科椋木属,又名红椋子,落叶乔木,是优良的园林绿化树种,又是生物柴油树种。

一、形态特征

椋木,树高 8~15 m。树皮灰褐色或灰黑色;幼枝红褐色,有棱角,微被灰色贴生短柔毛,后变无毛。叶对生,纸质,阔卵形或卵状长圆形,长 6~12 cm、宽 3~6 cm;先端锐尖或短渐尖,基部圆形,边缘略有波状小齿;上面深绿色,下面灰绿色,密被白色平贴短柔毛,沿叶脉有淡褐色平贴小柔毛;中脉上面明显,下面凸出,侧脉 5~8 对,弓形内弯;叶柄长 1.5~3.0 cm,正面有浅沟,背面圆形。伞房聚伞形花序,顶生,疏被短柔毛;总花梗红色,花白色,有香气。核果近于球形,直径 4~6 mm,成熟时黑色。核骨质,扁球形,直径 3~4 mm。花期 5~7 月,果期 8~9 月。

二、生长习性

椋木喜光、喜温、喜湿,稍耐旱,喜深厚、疏松土壤。适生于海拔 100~3 000 m 的山谷、河沿、坡地林内、林缘、疏林或空旷地。椋木在阳坡或半阳坡下部生长旺盛,位于群落上层。伴生乔木有山核桃、膀胱果、黑榆、四照花、房县械、锐齿槲栎、金钱械、臭椿等,伴生灌木有接骨木、楤木、棣棠、山梅花、八角枫等,伴生草本主要有耐阴的南星、水金凤仙、黄精、贯众、活血丹等,伴生藤本植物有中华猕猴桃、南蛇藤、蛇葡萄等。椋木为亚热带山地森林树种,生态适应性极强。喜温暖湿润气候和深厚肥沃土壤。能耐寒冷,耐干旱和瘠薄土壤,在分布区也常散生于向阳山坡的中上部,陡坡、岩石缝隙等土壤干瘠之处,只是树体比较低矮,生长速度缓慢;能忍耐-20 ℃以下低温。喜光性树种,幼苗也不耐阴,在分布区的疏林、林缘及灌丛草地,均可见到种子更新小苗,生长发育良好。

三、主要分布

楝木主要分布于河南、山西、陕西、广西、广东、云南、四川、贵州等地。生长于海拔 100~3 000 m 的山谷森林中。河南伏牛山、大别山和桐柏山分布较广,以伏牛山区最为集中。河南省舞钢市境内南部丘陵、山区、山腰、谷地、河沿、田边等,林地或旷野均有散生分布。大径树多生于国有石漫滩林场林区内,最大树高 12 m,胸径 20 cm。

四、种苗繁育与管理技术

(一)引种繁育苗木技术

1. 采种选择

选择树干通直高大、树冠圆满、光照充足的 15~50 年生壮龄树作为采种母树。果实易被鸟兽啄食,当果实由青绿逐渐变为蓝黑色时应及时采种。采集的核果在室内薄摊堆放 3~5 天,厚度为 10~20 cm,使种子后熟,种皮腐烂变软,预防堆放过厚而致果实发热烧种。然后将果实放水中搓揉,漂去果肉和果皮等杂质,得纯净果核。楝木果实含油脂量大,淘洗时可用草木灰水或 5% 的碱水对果核进行去脂。将纯净种子放置于通风干燥处阴干,然后拌湿沙室外坑藏。阳光暴晒使种子过度失水,能降低种子生活力,而且还可使种子延迟萌发 1 年。

2. 种子播种

选择深厚肥沃的沙壤土地作育苗地。深耕细耙,施足基肥。做成高床,床面宽 50~60 cm,床高 15~20 cm。楝木种子有休眠特性,可以秋季随采随播,也可以冬季沙藏后春播。春播前 1 个月应对沙藏种子做催芽处理。将种子取出,置于日光温室或阳畦中催芽,下铺稻草或麻袋等透气保温材料,上加盖塑料薄膜,种子厚约 20 cm,种子温度控制在 15~25 ℃,过热时应揭膜透风,晚上可加盖草苫,种子湿度保持在 60% 左右,干燥可用 40 ℃ 左右温水淋浇,待种子有部分露白时即可下地播种。条播,行距 25~30 cm,一床双行,播幅宽 5~8 cm,开沟深 2~3 cm,播后覆土厚 12 cm,然后覆地膜保湿增温。每亩播种量 15~20 kg。

3. 幼苗管理

楝木播种后约 30 天开始出苗,出苗期应保持土壤湿润,干燥时应及时通过床沟浇灌。苗木出齐后的 1 个月内,地上部分生长十分缓慢,高生长量仅占全年生长量的 8% 左右,而地下根系扩展非常迅速。此期间要加强松土、除草和浇水;并注意防治小地老虎、蝼蛄类害虫对幼苗的危害;可追施尿素 1 次,每亩追施 3~5 kg 即可。5 月中下旬至 9 月上中旬,正是中国各地高温多雨、光照充足的季节,也正是楝木的快速生长期,此时期苗木的高生长和地径生长量分别占全年生长量的 78.8% 和 59.1%。其间要加强水肥管理,可施追肥 4 次,前 2 次以氮肥为主,每亩每次追施尿素 5~10 kg,先少后多;后 2 次以磷钾肥为主,可追施全元素复合肥或叶面喷施磷酸二氢钾。9 月中旬至 11 月底为苗木生长后期,应严格控水控肥,促使苗木木质化,提高苗木质量。楝木抗病性较强,圃地未发现有病害发生。

(二)造林绿化技术

1. 苗木培育

山地造林可用 1 年生苗,而城市园林绿化必须用大苗栽植。大苗培育可以用 1 年生苗定植。初植密度易稀不宜密,一般以 1.5 m × 1.5 m 为好,以便形成圆满树冠。大水大肥管理,定植 2 年后苗高可达 4 m,胸径可达 3 cm,即可隔行或隔株移除利用。留圃苗再培育 2 年,苗高可达 6 m,平均胸径达 6 cm,即可满足绿化市场的要求。楝木自然整枝良好,培育期间不宜整形修剪,不能破坏顶梢。

2. 造林地选择

楝木对立地要求不严,山区造林可选择向阳山坡的中下部、山沟谷地、浅山丘陵地等;在平原地区选择向阳的房前屋后、渠旁路边、河溪沿岸、河滩荒地等质地疏松、土层深厚、排水良好的土地即可。大穴整地,规格为 70 cm × 70 cm × 60 cm;每穴施入腐熟农家肥 30~50 kg 作基肥,与底土充分拌匀后踩实,浇水待其沉实后再行栽植。

3. 造林植树

春季 2~3 月苗木萌芽前起苗种植,要求随起随栽。山区造林用 1~2 年生苗,平原植树用 2 年生苗,城市绿化用胸径 5~6 cm 大苗,1~2 年生苗移植可裸根进行,对过长、过多侧枝应适当短截修剪;大苗移植应带土球,应保留全冠或保留 1~2 级枝,以维持较好树形。栽植密度因造林目的而异,用材林或生态林初植密度以 2 m × 4 m 为宜,林分郁闭后间伐,调整到 4 m × 4 m;油料林密度以 3 m × 3 m 为宜;城市绿化及景观林按设计要求进行。

4. 造林抚育

楝木生长旺盛,一般造林后对幼林抚育 2~3 年即可成林或郁闭。一是松土除草。栽植当年要松土除草 2~3 次,并视墒情及时浇水抗旱,盖草保墒。第二年和第三年要结合松土除草逐年扩穴,并垦覆树盘。二是施肥。幼树要结合中耕除草,于每年春、夏各施肥 1 次,每次每株施过磷酸钙和尿素各 50 g,或磷酸二氢铵 100 g。结果树春季要施氮磷钾全元素复合肥,株施 150~200 g;夏季以施氮肥为主,也可用人粪尿浇灌;冬季在树冠外围开沟施入腐熟农家肥,每株施入 150~250 kg 为宜。每次施肥后及时浇水。三是整形修剪,油料林应进行整形修剪。楝木树势强健,分枝较多,应及时修剪,改善其通风透光条件,树高 1.5~2 m 时应截干定型,选留 4~5 个主枝,每主枝再选留 2~3 个侧枝。逐年培养成矮化型的结果树形。冬春修剪要剪去徒长枝、细弱枝、过密枝和枯枝;对当年结过果的枝条冬季应重剪,促其次年发新枝,以培养成第三年的结果枝。

五、楝木的作用与价值

(1)观赏价值。楝木树干笔直、挺拔,树冠圆满,枝叶茂密,聚伞花序硕大,花洁白亮丽,是优良的园林绿化树种。用于公园、景区针阔或乔灌混交景观搭配;或孤植于服务区、路边、桥头等空旷之处,作为庇荫树,充分利用其庇荫、观赏多种功能。用作城镇街区行道树,或游园草坪、广场、水岸孤植大径树,彰显一枝独秀、远观其景、近可庇荫的美观绿化效果。

(2)食用价值。楝木树叶可作青料或绿肥。花是良好的蜜源。楝木油对治疗高血压症有显著疗效。其果肉和种仁含油脂,鲜果含油量33%~36%,出油率20%~30%,且油色黄红、透明、无异味,是山区百姓的传统食用油资源。楝木油是重要的化工和轻工业原料,还是优良的生物柴油原料。

(3)用材价值。楝木是山区重要的阔叶硬杂木树种,其木材坚硬,纹理致密美观,有光泽,易干燥,是制作家具、农具、桥梁及建筑等的优良用材。

4　香椿

香椿,学名:Toona sinensis(A. Juss.)Roem,楝科香椿属,又名香椿铃、香铃子、香椿子、香椿芽、香桩头、大红椿树、椿天等,在安徽地区也有叫春苗。根有二层皮,又称椿白皮;古代称香椿为椿,称臭椿为樗。落叶乔木。香椿是中原地区优良乡土树种,中国珍贵树种。

一、形态特征

香椿,雌雄异株,树皮粗糙,深褐色,片状脱落。叶具长柄偶数羽状复叶,叶呈偶数羽状复叶,长30~50 cm或更长;小叶16~20个,小叶柄长5~10 mm,对生或互生,纸质,卵状披针形或卵状长椭圆形,长9~15 cm、宽2.5~4 cm,先端尾尖,基部一侧圆形,另一侧楔形,不对称,边全缘或有疏离的小锯齿,两面均无毛,无斑点,背面常呈粉绿色,侧脉每边18~24条,平展,与中脉几成直角开出,背面略凸起;圆锥花序,两性花,白色,花期6~8月;果实是椭圆形蒴果,翅状种子,种子可以繁殖。长2~3.5 cm,深褐色,有小而苍白色的皮孔,果瓣薄;种子基部通常钝,上端有膜质的长翅,下端无翅,果期10~12月。

二、生长习性

香椿喜温,适宜在平均气温8~10 ℃的地区栽培,抗寒能力随树龄的增加而提高。用种子直播的1年生幼苗在-10 ℃左右可能受冻。较耐湿,适宜生长于河边、宅院周围肥沃湿润的土壤中,一般以沙壤土为好。适宜的土壤酸碱度为pH 5.5~8.0,土壤肥沃、肥水充足的地方,生长健壮,提早成材、开花结果。

三、主要分布

香椿原产中国,主要分布于河南、山东、山西、内蒙古、广东、云南等地。香椿是中原地区优良乡土树种,主要分布于平顶山、许昌、济源、焦作、安阳、南阳等地。河南省舞钢市田间地头、房前屋后有野生分布,信阳市有较大面积的人工林。

四、种苗繁育与管理技术

(一)引种繁育苗木技术

1. 苗圃地选择

选择地势平坦、光照充足、排水良好的沙性土或土质肥沃的田块作育苗地最好;一般土地作苗圃,影响苗木生长,苗木质量差。

2. 苗圃地整地

整地要早期动手,9~10月,采用大型拖拉机旋耕整地,结合整地施肥,撒匀,翻透,每亩施入农家肥 5 000~8 000 kg;同时,施入过磷酸钙 100~150 kg、尿素 25 kg,撒匀深翻备播即可。

3. 种子选择

挑选 20~30 年生健壮、无病虫害的母树采集种子。9~10月,翅果成熟时连小枝一块儿剪下,翻晒 4~5 天,干燥净种后用干藏法储藏。胚珠萌芽力维持 2 年,第二年便显著减弱。胚珠空粒较多,普通带翅的胚珠纯净度为 85%~88%,每 1 kg 30 000~34 000 粒,千粒重 28~32 g,出芽率 71%~75%。

4. 保温催芽

为了保证出苗整齐,需进行催芽处理。催芽方法是:用 40 ℃的温水,浸种 5 分钟左右,不停地搅动,然后放在 20~30 ℃的水中浸泡 24 小时,种子吸足水后,捞出种子,控去多余水分,放到干净的苇席上,摊 3 cm 厚,再覆盖干净布,放在 20~25 ℃环境下保湿催芽。催芽期间,每天翻动种子 1~2 次,并用 25 ℃左右的清水淘洗 2~3 遍,控去多余的水分。有 30%的种子萌芽时,即可播种。

5. 适时播种

选当年的新种子,种子要饱满,颜色新鲜,呈红黄色,种仁黄白色,净度在 98%以上,发芽率在 40%以上。在整地的基础上,精耕细耙土壤。然后打畦,畦 1 m 宽、长 30 cm,开沟,沟宽 5~6 cm、深 4~5 cm,将催好芽的种子均匀地播下,覆盖 2~3 cm 厚的土。

6. 幼苗管理

种子播种后,6~7 天出苗,未出苗前严格控制浇水,以防土壤板结影响出苗。当小苗出土长出 4~6 片真叶时,应进行间苗和定苗。定苗前先浇水,以株距 18~20 cm 定苗。株高 45~50 cm 时,进行苗木的矮化处理。用 15%多效唑 200~400 倍液,每 10~15 天喷 1 次,连喷 2~3 次,即可控制徒长,促苗矮化,增加物质积累。幼苗定植密度以每亩定植 2.8 万~3 万株,株距 15~18 cm、行距 15~18 cm 为宜,加速苗木快速生长,提早成苗。

(二)主要病虫害的发生与防治

1. 主要虫害的发生与防治

(1)主要虫害的发生。香椿主要害虫是桑黄米萤叶甲,又称黄叶虫、黄叶甲、蓝尾叶甲,1 年发生 1 代,以老熟幼虫在土中越冬;春天,即 4 月上旬化蛹,4 月下旬开始羽化,羽化后成虫先在发芽较早的香椿、朴树、榆树上危害,当桑叶新梢长到 8~10 片叶时,转到桑叶上,成虫咀食叶片,大发生时将全部叶片吃光,残留叶脉,植株生长发育受阻,危害后的叶片呈现全部发黄,如同火烧一样。

(2)主要虫害的防治。桑黄米萤叶甲发生后,4 月,采取化学防治,利用植物源农药 0.63%烟苦参碱 500~600 倍液或生物农药 BT 2 000 倍液进行喷雾防治。5 月,成虫期,利用成虫的假死性进行捕杀;在清晨敲打树干,振落地上,迅速人工捕杀。

2. 主要病害的发生与防治

(1)主要病害的发生。一是香椿白粉病,4~6 月发生,主要危害香椿树叶片,有时也侵染枝条。发病初期在叶面、叶背及嫩枝表面形成白色粉状物,后期逐渐扩展形成黄白色斑块,白粉层上产生初为黄色,逐渐转为黄褐色至黑褐色大小不等的小粒点,即病菌闭囊壳。严重时布满厚层白粉状菌丝,影响树冠发育和树木的生长。严重时叶片卷曲枯焦,嫩枝染病后扭曲变形,最后枯死。二是香椿叶锈病,4~6月发生,苗木发病较重,感病后生长势下降,叶部出现锈斑,受害植株生长衰弱,提早落叶,影响第二年香椿芽的产量。

(2)主要病害的防治。一是香椿白粉病的防治。4~6月发生初期,采取化学防治,香椿叶芽萌动和抽梢期可喷1次5波美度石硫合剂或高脂膜100倍液进行叶面喷雾;每8~10天喷1次,连续喷2~3次。同时,在发芽前或发病初期,可喷布40%福星乳油8 000~10 000倍液或用30%特富灵可湿性粉剂2 000倍液,或百菌清600~800倍液、40%多硫悬浮剂600倍液均匀喷洒枝叶;10~20天防治1次,发病期喷洒15%粉锈宁900~1 000倍液,或高脂膜与50%退菌特等量混用喷布,一般连续喷布2~3次即可。

二是香椿叶锈病的防治。香椿叶锈病主要采取化学防治,4~6月发生,发现香椿叶片上出现橙黄色的夏孢子堆时,初春向树枝上喷洒1~3波美度石硫合剂,或五氯酚钠350倍液的混合液1~2次,或用15%三唑酮可湿性粉剂1 500~2 000倍液,或用15%可湿性粉锈宁600~800倍液喷洒防治,喷药次数根据发病轻重而定。当夏孢子初期时,向枝上喷100倍等量式波尔多液,每隔8~10天喷1次,每次每亩用药100~120 kg,连喷2~3次,有良好的效果。

五、香椿的作用与价值

(1)绿化作用。香椿在华北、华中、华东等地低山丘陵或平原地区是重要的观赏及行道树种。在园林绿化中,配置于疏林,作上层骨干树种,其下栽以耐阴花木。

(2)食用价值。香椿被称为"树上蔬菜",是香椿树的嫩芽。每年春季谷雨前后,香椿发的嫩芽可做成各种菜肴。它不仅营养丰富,且具有较高的药用价值。香椿叶厚芽嫩,绿叶红边,犹如玛瑙、翡翠,香味浓郁,营养之丰富远高于其他蔬菜,为宴宾之名贵佳肴。炒食、凉拌、油炸、干制和腌渍均可。

(3)经济价值。香椿木材黄褐色而具红色环带,纹理美丽,质坚硬,有光泽,耐腐力强,不翘,不裂,不易变形,易施工,为家具、室内装饰品及造船的优良木材,素有"中国桃花心木"之美誉。树皮可造纸,果和皮可入药,价值很高。

5　楝树

楝树,学名:Melia azedarach L.,楝科楝属,又名楝、苦楝、哑巴树、紫花树、森树等,落叶乔木,是中原地区优良乡土树种。

一、形态特征

楝树,树高达18~20 m。树皮灰褐色,分枝生长,叶为2~3回奇数羽状复叶,小叶对生,叶片卵形、椭圆形至披针形,顶生略大,老叶无毛。有芳香,淡紫色,腋生圆锥花序;裂片卵形或长圆状卵形,先端急尖,花瓣淡紫色,倒卵状匙形,两面均被微柔毛,花药着生于裂片内侧,且互生,子房近球形,无毛,每室有胚珠,花柱细长,柱头头状,花期4~5月;核果球形至椭圆形,内果皮木质,种子椭圆形,熟时为黄色,种子黑色数粒,果期 10~12 月。

二、生长习性

楝树适应性较强,喜温暖、湿润气候,喜光,不耐阴凉,较耐寒冷,喜肥,耐干旱、耐瘠薄,也能生长于水边,但以在深厚、肥沃、湿润的土壤上生长较好。对土壤要求不严,在酸性土、中性土与石灰岩地区均能生长,是平原及低海拔丘陵区的良好造林树种,在土质疏松、土层深厚、水分充足、排水良好的地方,均适宜栽种楝树。

三、主要分布

楝树主要分布于河南、山东、山西、河北、湖北、安徽、浙江、广西等地;在海拔 200 m 左右的丘陵区广泛引种栽培。中原地区主要分布于平顶山、三门峡、安阳、许昌、漯河、南阳、濮阳、开封、郑州、新乡、焦作、济源等地,生于旷野或路旁、山沟、丘陵地带,河南省舞钢市的 8 个乡(镇)均有分布,武功乡、尹集镇、八台镇等地有野生,分布在村庄、地头、林间及栽培于村庄屋前房后。

四、种苗繁育与管理技术

(一)引种繁育苗木技术

1. 苗圃地选择

楝树苗木繁育,要选择土质疏松、土层深厚、水分充足、排水良好的地方,尤其是地势平坦稍有缓坡、排水良好的地方做苗床最好。

2. 苗圃地整地

楝树繁育的土壤做到精耕细耙,播种前做好平整圃地、打垄、碎土,同时,每亩地施入农家肥 6 000~7 000 kg、复合化肥 100~120 kg 作基肥。

3. 采收种子

楝树 10~11 月种子成熟,其种子为肉质果,种子成熟后由绿色变为淡黄色,即可以采种,采种要选择 25 年生以上健壮、无病虫害的母树上的种子为好;采后放置在干燥通风处保存。

4. 种子处理

楝树种子种皮结构坚硬、致密,具有不透性,不经处理种子发芽率极低。种子处理方法有以下三种:①播种前将种子在阳光下暴晒 2~3 天,再放入 60~70 ℃的热水中浸泡,适当沤制 2~3 天,使果皮变软,再将其揉搓,用水将果肉淘洗干净。②在播种前用 0.5%高锰酸钾溶液浸泡 2~3 分钟,用清水冲洗干净即可。③沙藏处理方法,在背风向阳处挖深30 cm、宽 1 m 的浅坑,坑底铺一层厚约 10 cm 的湿沙,将种子混以 3 倍的湿沙,上盖塑料薄膜。催芽过程中要注意温度、水分和通气状态,经常翻倒种子,待有 13%的种子萌动(露芽)时进行播种。用该法处理的种子发芽率可达到 80%。

5. 播种时间

楝树繁育苗木的播种季节分为 3 月春播和 9 月秋播,春播在 3 月至 4 月上中旬播种即可。

6.种子播种

楝树播种采取条播,条播行距 30~35 cm、株距 18~20 cm。为了使播种沟通直,应先画线,然后照线开沟,开沟深度 2~3 cm,深度要均匀,沟底要平;为防止播种沟干燥,应随开沟,随播种,随覆土。每亩按 15~20 kg 播种量进行播种。播种后应立即覆土,以免播种沟内土壤和种子干燥,要求覆土快、均匀,覆土后立即镇压。

7.幼苗管理

楝树播种果实,种子播种后 10~15 天出苗。每个果核内有种子 4~6 粒,出苗后呈簇生状,幼苗疏密不均,应及时进行人工间苗,为了保证苗木成活质量,选择阴雨天间苗为好;当小苗长至 5~10 cm 时间苗,按株距 13~15 cm 定苗,每簇留 1 株壮苗即可。

(二)主要病虫害的发生与防治

1.主要虫害的发生与防治

(1)主要虫害的发生。楝树主要虫害,黄刺蛾、扁刺蛾、斑衣蜡蝉是食叶害虫,5~8 月,苗木生长期,集中危害叶片、嫩梢;星天牛危害枝干,是蛀干害虫,1 年 1 代,幼虫在枝干中越冬危害。

(2)主要虫害的防治。5~8 月,苗木生长期,用溴氰菊酯 1 200~1 300 倍液,或 5%吡虫啉 1 000 倍液,或 50%杀螟松 800 倍液,在 5 月底至 6 月上旬喷布叶片,防治第一代初孵若虫。冬季造林时,尽量营造混交林,减少害虫的传播和生长;11~12 月,在枝干上寻找刺蛾和斑衣蜡蝉的卵块,人工刮除消灭。对星天牛,1~4 月在树干上,对虫孔注射敌敌畏 300~400 倍液,用黄泥封口,可以杀死幼虫或蛹,5~7 月,人工捕捉天牛成虫。

2.主要病害的发生与防治

(1)主要病害的发生。楝树主要病害有立枯病、溃疡病、褐斑病、丛枝病、花叶病、叶斑病,4~8 月发生,交替或集中发生危害,造成叶片早期落叶或伤害枝干,或造成树势衰弱,影响树势生长。

(2)主要病害的防治。在整个育苗过程中,要重视病害的防治。4~8 月,苗木生长期,常用的防治方法有:①用 50%扑海因处理苗圃地土壤,用量为 1 m^2 施入 35 g;②用 0.1%~0.15%的可湿性粉剂溶液处理种子;③幼苗期喷施 0.067%的 50%多菌灵溶液;④大苗期喷施 0.33%的农用硫酸链霉素溶液。防治病害要掌握"治早、治小、治了"的原则,苗圃地育苗发病率控制在 15%以内,营养钵育苗控制在 10%。

五、楝树的作用与价值

(1)用材价值。楝树材质优良,木材淡红褐色,纹理细腻美丽,有光泽,坚软适中,白度高,抗虫蛀,易加工,是制造高级家具、木雕、乐器等的优良用材。

(2)景观作用。楝树,花开 4 月,有芳香,淡紫色;楝树果皮淡黄色,略有皱纹,立冬成熟,熟后经久不落,是优良的乡土绿化树种,在公园、风景区是很好的行道树、景观树。

6　臭椿

臭椿,学名:Ailanthus altissima,苦木科臭椿属,又名樗(chū)、椿树、木砻树、臭椿皮、大果臭椿,落叶乔木,其叶面深绿色,背面灰绿色,揉碎后具臭味,因而得名臭椿。臭椿是中原优良乡土树种。

一、生态特征

臭椿,其树高可达 28~25 m,树皮灰色或灰黑色,平滑而有直纹,粗糙不裂;平均高达 25~30 m,胸径 0.5~1 m,树冠开阔,平顶形、无顶芽;嫩枝有髓,幼时被黄色或黄褐色柔毛,后脱落,小枝粗壮;叶面深绿色,背面灰绿色,叶痕大,奇数羽状复叶,小叶 13~25 枚,卵状披针形,齿 1~2 对,小叶上部全缘,缘有细毛,下面有白粉,无毛或仅沿中脉有毛,揉碎后具臭味;花期 4~5 月;翅果淡褐色,纺锤形,果熟期 9~10 月。

二、生长习性

臭椿,强喜光,深根性,根蘖性强,抗风沙,耐烟尘及有害气体能力极强,寿命长。臭椿枝叶繁茂,春季嫩叶紫红色,秋季满树红色翅果,颇为美观。臭椿为阳性树种,喜生于向阳山坡或灌丛中,不耐阴。适应性强,除黏土外,在中性、酸性及钙质土上都能生长,适生于深厚、肥沃、湿润的沙质土壤。耐寒,耐旱,不耐水湿。生长快,可以在 25 年内达到 15 m 的高度。适应干冷气候,能耐-35 ℃低温。对土壤适应性强,耐干旱、瘠薄,在山区和石缝中生长,是石灰岩山地常见的树种。

三、主要分布

臭椿主要分布于山东、河南、陕西、甘肃、青海及长江流域等地。河南省三门峡、安阳、平顶山、许昌、漯河、洛阳、开封、新乡等大部分地区均有零星种植。臭椿在舞钢市主要分布在尚店镇、枣林镇、铁山乡、庙街乡、杨庄乡等地,孤立野生生长。

四、种苗繁育与管理技术

(一)引种繁育苗木技术

1. 苗圃地选择

臭椿苗木繁育的苗圃地要选排水方便、浇水便捷、深厚肥沃、交通方便的土地。

2. 苗圃地整地

10~12 月,及时深翻土地,做到深耕细耙。同时每亩施入农家肥 6 000~8 000 kg、复合肥 80~100 kg 作基肥。经过冬天的严寒低温冻土,土壤疏松,方便来年播种繁育苗木,促进种子出芽、出苗一致,提高苗木生长质量和效益。

3. 种子采收

臭椿苗木播种繁殖的种子,要选择优良、无病虫害、健壮的大树作为采种母树。9 月下旬,臭椿的翅果成熟时,人工及时采果,即剪除果穗。剪除果穗时,把果穗和小枝一起剪下,在晒场统一集中晾晒,晾晒 2~3 天,人工击打果穗取出种子,再次晾晒果实 1~2 天,晾干去杂后干藏库房备用。

4. 播种时间

臭椿播种育苗容易,以春季播种为宜。在黄河流域一带有晚霜为害,所以春播不宜过早。播种时间选择在3月上旬至4月下旬。

5. 种子播种

臭椿种子播种前，要进行种子处理，即用始温40 ℃的水浸种20~24小时，捞出后放置在温暖的向阳处混沙催芽，沙要选择流水的河沙，这样的河沙干净无菌，河沙与种子的比例为2∶1，温度20~25 ℃，白天用草帘保温，夜间在草帘上添加麻袋片保温，8~10天种子有一半裂嘴即可播种。播种通常用低床或垄作育苗，行距25~35 cm，覆土1~1.4 cm，略镇压。因为种子发芽率为70%~80%，所以每亩播种量5~7 kg。4~5天幼苗开始出土，种子发芽适宜温度为9~15 ℃，1年生苗高达60~100 cm，地径0.5~1.8 cm。

6. 肥水管理

5~9月，臭椿苗木生长期，根据天气干旱情况，及时浇水1~2次，施入化肥1~2次，确保新生幼苗快速健壮生长。

7. 苗期管理

臭椿造林用的苗木生长1~2年内，要在3月至4月中旬平茬一次，当年苗木树高可达2~3 m，尤其是在4~5月选留一个健壮的萌芽条，进行摘芽抚育，待树高达到3~5 m，即造林苗木要求高度时停止摘芽，使长高渐渐减弱，增进胸径成长健壮。为保障优势植株迅速成长，须趁早除掉弱苗。普通立地条件好的，幼苗成长快，间苗时间要早，及时管理，促进苗木生长。特别记住，苗木幼苗期每米长留苗8~10株，每亩留苗1.2万~1.6万株，当年生苗高60~180 cm。最好每年春季，3~4月移植一次，截断主根，促进侧根、须根生长，促进苗木健壮生长，早日出圃销售。

(二)主要病虫害的发生与防治

1. 主要虫害的发生与防治

(1)主要虫害的发生。臭椿主要虫害是旋皮夜蛾、蓖麻蚕、斑衣蜡蝉，它们1年1代，危害叶片、嫩枝。臭椿沟眶象、沟眶象这两种害虫是蛀干害虫，它们食性单一，1~2年1代，幼虫在树干内，以幼虫蛀食枝、干的韧皮部和木质部越冬，第二年5月化蛹或羽化成虫危害，是专门危害臭椿的一种枝干害虫，危害轻的幼树干枯缓慢死亡；大树受害后3~5年，导致缓慢枯枝，造成树势衰弱，因切断了树木的输导组织，整株缓慢死亡。

(2)主要虫害的防治。入冬12月至第二年3月上旬，人工在其树梢、树身上检查旋皮夜蛾、樗蚕蛾、斑衣蜡蝉等茧或卵块，发现茧或蛹及时灭杀。育苗生长期，检查树下的虫粪及树上的被害状，发现幼虫，人工振荡树枝，幼虫吐丝下树，人工灭杀幼虫；或幼虫期用敌敌畏乳油2 000倍液等喷洒防治；或在幼虫或若虫期喷洒25%灭幼脲3号1 000倍液或20%杀灭菊酯乳油2 000倍液进行防治。臭椿沟眶象、沟眶象是检疫对象，因臭椿沟眶象飞翔力差，自然扩散靠成虫爬行，人工及时捕捉成虫；或对成虫喷布氯氰菊酯1 200倍液灭杀。另外，在造林选择苗木时，对采购的苗木进行检疫，或对调运携带有虫的苗木喷布药物防治灭杀，确保苗木安全合格，才能造林。

2. 主要病害的发生与防治

(1)主要病害的发生。臭椿主要病害是白粉病。白粉病主要危害叶片，5~9月，因为苗木生长期气温高、雨水多、湿度大，苗木极易发生白粉病的危害，叶片有白色粉状，影响叶片生长，树势衰弱。

（2）主要病害的防治。一是要加强肥水管理，适当增施化肥，使植株生长健壮，以提高抗害能力；二是在发病期或苗木生长期，均可用 0.5% 波尔多液或 5% 百菌清可湿性粉剂 600~750 倍液喷雾，每 8~10 天喷 1 次。

五、臭椿的作用与价值

（1）观赏价值。臭椿春季嫩叶紫红色，秋季红果满树，是良好的观赏树和行道树。同时，可孤植、丛植或与其他树种混栽，适宜于农村、景观、社区等造林绿化。枝叶繁茂，冠幅颇为美观，干通直高大，叶对氯气抗性中等，树姿端庄，适应性强，抗风力强，耐烟尘，可作园林风景树和行道树，以及美丽乡村美化绿化树种。

（2）用材价值。臭椿材质坚韧、纹理直，具光泽，易加工，木材黄白色，是建筑和家具制作的优良用材。臭椿因其木纤维长，也是造纸的优质原料。

（3）药用价值。臭椿树皮、根皮、果实均可入药，有清热利湿、收敛止痢、收涩止带、止泻、止血之功效。中药文献记载，臭椿有"小毒"，只供煎汤外洗使用。

（4）造林作用。臭椿是中原地区黄土丘陵、石质山区主要造林先锋树种。臭椿生长迅速，适应性强，容易繁殖，病虫害少，材质优良，用途广泛，同时耐干旱瘠薄，是我国北部地区黄土丘陵、石质山区造林优良树种。

7　乌桕

乌桕，学名:Sapium sebiferum（L.） Roxb，大戟科乌桕属，又名腊子树、桕子树、木子树、乌桕、桕树、木蜡树、木油树、木梓树、蜡烛树、油籽（子）树、洋辣子、桕桕树等，落叶乔木，为中国特有的经济树种；为工业用木本油料树种，又称再生生物油树种。

一、形态特征

乌桕，平均树高达 15~20 m，胸径 50~60 cm，树冠近球形；各部均无毛而具乳状汁液；树皮暗灰色，有纵裂纹；枝广展，具皮孔；叶菱形或菱状卵形，全缘，叶柄细长，叶互生，长 3~8 cm、宽 3~9 cm。花序顶生，花黄绿色，花期 5~7 月；果扁球形，黑色含油，或黑褐色，熟时开裂，种子黑色，外被白色蜡质，果实冬天不落，果熟期 10~11 月。

二、生长习性

乌桕喜光，耐寒性不强。耐瘠薄，对土壤适应性较强，河岸、平原、低山丘陵黏质红壤、山地红黄壤都能生长。以深厚、湿润、肥沃的冲积土生长最好。能耐短期积水，耐干旱，抗二氧化硫和氯化氢的污染能力强。主根发达，抗风力强，寿命较长。乌桕是一种色叶树种，春秋季叶色红艳夺目。

三、主要分布

乌桕主要分布于河南、山东、安徽、四川、贵州、云南、浙江、湖北、福建等地。在中原地区主要分布于鲁山、叶县、栾川、舞钢、三门峡、南阳、驻马店、信阳、漯河、许昌等地，是河优良乡土树种。在舞钢市主要分布在铁山乡、庙街乡、尹集镇、杨庄乡、尚店镇等地的村旁、河畔、丘陵,孤立生长。

四、种苗繁育与管理技术

(一)引种繁育苗木技术

1. 苗圃地选择

苗圃地应该选择向阳、肥沃、深厚、排灌良好的湿润土壤或沙壤地。

2. 苗圃地整理

精耕细耙苗圃地,土层深度为 40~50 cm。每亩苗圃地施腐熟农家肥或猪粪 8 000~10 000 kg 作基肥。施肥后,用小型的旋耕机将苗圃地深翻一遍,翻土深度为 30 cm,接着用耙子将土面耙平整。再做苗床开沟,将苗床起成高 15~20 cm、宽 1~1.2 m、长 15~20 m 的沙土软床,沟宽 25~30 cm,苗床以南北向为好,利于充分光照。然后,在苗床上开 3~5 cm 的条形播种沟。播种沟的距离在 20~25 cm,以便于工作中管理。

3. 种子选择

乌桕苗木繁育种子的采收,应选择进入盛产期、无病虫害的母树,且要求种子充分成熟。以果壳开裂、种子露白作为种子成熟的标志。若采收过早,则因种子发育不充分而影响播种后的发芽、生长。

4. 种子采收

乌桕 11 月中下旬即可采收种子。此时,种子果壳脱落,露出洁白种仁。要选结实丰富、种粒大、种仁饱满、蜡皮厚的采收。采种的方法为人工短截结果枝,取种子。采下的种子需要晒 2~3 天,室内储藏。

5. 种子浸种

选择储藏一年的种子,种子颗粒要大,而且种仁要饱满。因为合格的种子播种后发芽率高,出苗整齐。乌桕的种质很硬,还包裹着一层蜡质。需要做碱液浸泡处理,即播种前浸种,选择好清水和石灰,配成浓度为 5% 的石灰水溶液,将种子浸入石灰水中,连续浸种 48 小时,其间需要搅拌 3~5 次。浸种的目的,一是软化蜡层;二是软化坚硬的种皮,使水分得以进入种仁,方便更进一步做种子处理。48 小时后,从石灰水中滤出种子。

6. 种子整理

采用人工搓种,准备好盆和搓衣板,戴好手套,在搓衣板上用力揉搓种子,直到去掉蜡质层。搓种完成,再将种子浸没在清水中,去掉浮在水面的瘪子,将残留在种子表面的蜡被处理干净。还要准备好吸水纸,将种子铺开,让它们自然晾干水分。经过这样处理的种子,发芽率高达 80% 以上。

7. 种子播种

春播,2~3 月进行。播种一定要尽量均匀,不能太密,否则影响日后长势,间苗的工作量大。以每 3~4 cm 播 1 粒种子为最好。乌桕树条播的播种量以每亩播种 7~9 kg 为宜。播种之后,覆盖疏松的土壤,如果冬季播种,气候干燥,播种要深,覆土要厚些;春季播种要浅,覆土要薄些,春季覆土厚度在 2~3 cm 即可。

8. 肥水管理

乌桕播种覆土后,将苗床覆盖好,及时浇水,增加湿度和水分,促进种子出芽。种子播种后 20~30 天就破土出苗,小苗已经长出 2 片嫩叶,变成嫩绿色。50~60 天,幼苗就全部出齐。5~6 月,苗木生长前期,在除草间苗时,地下部分生长速度较快,而地上部分生长较慢,要追施一次复合肥,每亩地的用肥量为 5~10 kg。6~8 月,苗木进入速生期,苗高生长到 60~100 cm。这期间,苗木地对水和肥料的需求量增大,要抓好间苗、追肥、抗旱和防虫工作。

9. 松土除草

4~5 月,苗木进入快速生长前期,由于小苗占的空间小,苗圃地杂草生长的空间大,这些杂草抢夺嫩苗的营养,要及时除掉。做到勤除草,25~30 天除草 1~2 次,同时除草后要间苗。幼苗出土后,生长到 10~12 cm 开始间苗,直到生长到 30 cm,这期间都要随着幼苗的生长而间苗。人工拔除密集幼苗、生长势弱的幼苗。因为密度过大时,苗木的营养消耗大,并且相互遮阴,影响苗木的光合作用。间苗宜尽量早,要分次间苗。

10. 修剪管理

一般到了第三年春夏,乌桕幼树高度达到 2 m 之上,树冠也达到 2 m 宽,茎粗在 7~8 cm。到了第三年的 4~5 月,进一步做幼树整形修剪,要修剪培育二级主干枝,促进苗木快速生长成型。

(二) 主要病虫害的发生与防治

1. 主要虫害的发生与防治

(1) 主要虫害的发生。乌桕苗木速生期的主要虫害是黄毒蛾、樗蚕、黄刺蛾、绿尾大蚕蛾、柳兰叶甲、金龟子、大蓑蛾、蚜虫等。这几种虫害都是可以羽化的虫类。它们危害叶片,造成叶片残缺不全。其中以金龟子、蚜虫危害最严重和危害较为普遍。

(2) 主要虫害的防治。蚜虫发生危害高峰期,用杀虫剂 1.2% 的烟碱乳油 800~1 000 倍液或吡虫啉 1 200 倍液等喷杀,喷杀 2~3 次,有效杀灭蚜虫。黄毒蛾、樗蚕、绿尾大蚕蛾、柳兰叶甲、金龟子、大蓑蛾,用灭幼脲 3 号悬浮剂 2 000~2 500 倍液喷洒苗木叶片防治。或发现虫卵和虫茧,一定要人工摘除。在夏季高温季节,以早晨及傍晚喷施为宜。喷药要均匀周到,并以叶背为重点,虫口密度大、危害重的苗圃,在 50~60 天之内,需隔 5~7 天喷药 1 次,药剂交替使用可提高防治效果。或用 20% 除虫脲 8 000 倍液、0.5% 蔬果净 (楝素) 乳油 600 倍液、Bt 乳剂 50 倍液或灭幼脲 3 号悬浮剂 2 000~2 500 倍液喷洒防治。发生大蓑蛾,可用人工摘除结合剪枝的方法防治。

2. 主要病害的发生与防治

(1) 主要病害的发生。乌桕抗病性强,在生长期病害较少见。生长期的主要病害有轮斑病、褐斑病、卷叶病等。5~9 月,主要集中在树木生长期发生,重叠危害叶片或枝干。受害轻时,叶片无光泽、有斑块,造成叶片部分落叶;受害严重时,叶片呈现干枯或早期落叶,影响树势生长。另外,乌桕幼苗期具有较强的抗病能力,1~2 年生幼树未见发生病害,3 年生以上大树的叶片会发生轮斑病、褐斑病、叶枯病。这几种病害在生长期的 7 月侵害叶片,发病叶片呈黄褐色至深褐色枯斑或枯叶,发病部位由叶缘向叶片中部侵染,严重时造成落叶,影响植株生长。

(2)主要病害的防治。11~12月,及时开展冬季清园,集中烧毁落叶,可以消灭病菌或幼虫。5~9月,苗木生长期,对苗木全面喷布百菌清或多菌灵、三唑酮等药物,喷布800~1 000倍液,最好是连续喷布、交替喷布。

五、乌桕的作用与价值

(1)观赏价值。乌桕秋季叶深红、紫红或杏黄,娇艳夺目;冬天落叶后,乌桕树满树白色果实,似小白花,果实冬天不落,是公园、小区、新农村建设的观赏植物。同时,乌桕在城乡绿化、庭园美化、公园绿地建设,以及河边、池畔、溪流旁、建筑周围作绿化树、护堤树、行道树等。同时,乌桕与各种常绿或落叶的秋景树种混植于风景林景点,具有良好的景观效益。

(2)药用价值。乌桕以根皮、树皮、叶入药。根皮及树皮四季可采,切片晒干;叶多鲜用,具杀虫、解毒、利尿、通便等功效。外用治疗疮、鸡眼、乳腺炎、跌打损伤、湿疹、皮炎。

(3)油料价值。种子外被的蜡质称为"桕蜡",可提制"皮油",供制高级香皂、蜡纸、蜡烛等;种仁榨取的油称"桕油"或"青油",供制油漆、油墨等用。

(4)用材价值。乌桕适应性强、耐干旱、耐瘠薄,其材质也是优良木材,木材坚硬,纹理细致,用途广。

8　枫香

枫香,学名:Liquidambar formosana Hance,金缕梅科枫香树属,又名枫树、枫木、红枫、三角枫、大叶枫等,落叶乔木,是中原地区优良乡土树种。

一、形态特征

枫香,树高20~30 m,胸径可达0.5~1.0 m,树皮灰褐色,方块状剥落;小枝干后灰色,被柔毛,略有皮孔;芽体卵形,长0.8~1.0 cm,略被微毛,鳞状苞片敷有树脂,干后棕黑色,有光泽。叶薄革质,阔卵形,掌状3裂,中央裂片较长,先端尾状渐尖;两侧裂片平展。花序常多个排成总状,雄蕊多数,花丝不等长,花药比花丝略短。雌性头状花序有花24~43朵,花序柄长3~6 cm;果序圆球形,木质,直径2.5~3.5 cm;蒴果下半部藏于花序轴内。种子多数蒴果组成,褐色,多角形或有窄翅。4月上旬开花,9~10月果实成熟。

二、生长习性

枫香喜温暖湿润气候,性喜光,幼树稍耐阴,耐干旱、瘠薄,不耐水涝。在湿润肥沃而深厚的红黄壤土上生长良好。深根性,主根粗长,抗风力强,不耐移植及修剪。种子有隔年发芽的习性,不耐寒,不耐盐碱及干旱。在海南岛常组成次生林的优势种,性耐火烧,萌生力极强。

三、主要分布

枫香主要分布于河南、山东、山西、四川、云南、西藏、广东,秦岭及淮河以南各地种植。

黄河以北不能露地越冬,要做好防寒准备。中原地区主要分布于平顶山、三门峡、南阳、安阳、驻马店等地,河南省舞钢市南部山区的秤锤沟、五峰山、灯台架、官平院等山区有野生分布,生长在村落附近及低山的次生林中,生长良好。

四、种苗繁育与管理技术

(一)引种繁育苗木技术

1. 苗圃地选择

枫香优质苗木育苗圃地,选择交通状况良好、与水源距离近、土层深厚、土壤疏松、土质较肥沃、pH 5.5~6.0 的沙质壤土为佳。为了减少病害,最好选择在前茬为农作物的地块上进行育苗。不宜选择过于黏重的土壤或蔬菜地,这些土壤细菌较多,容易使幼苗发生根腐病,影响苗木生长。

2. 苗圃地整地

9~10 月,把选择好的苗圃地,用大型拖拉机旋耕整理土壤,同时,每亩施入 5 000~6 000 kg 农家肥、50~100 kg 复合肥作基肥,经过冬天 3~4 个月寒冷天气的冬冻,土壤疏松,农家肥和化肥充分分解,致使土壤肥沃,有利于苗木繁育。

3. 种子采集

枫香在进行种子采集时,应选择生长 10~20 年以上、无病虫害发生、长势健壮、树干通直的优势树作为采种母树。10 月下旬果实成熟期,即可采种。果穗球形,由多数蒴果组成。每一蒴果仅有 1~2 枚可孕的黑色种子,顶端具倒卵形短翅。优良饱满的种子有翅,为黑色;劣质种子无翅,为黄色,较淡。果实成熟后开裂,种子易飞散。当果实的颜色由绿色变成黄褐色或稍带青色、尚未开裂时,应将其击落,以便于收集。

4. 种子晾晒

采回的果实应置于阳光下进行晾晒,一般 3~5 天即可。在晾晒的过程中,应常用木锨翻动果实,待蒴果裂开后将种子取出。然后用细筛除去含有的杂质即可获得纯净的枫香种子。以鲜果的重量进行计算,出种率为 1.5%~2.0%。采集的种子应装于麻袋内,置于通风干燥处进行储藏。

5. 种子播种

枫香播种,可冬播,也可春播,冬播较春播发芽早而整齐。春播时间为 3 月 10~20日,因枫香种子籽粒小,播种前可不进行处理。播种量为每亩 0.5~1.0 kg。由于枫香种子的籽粒小,圃地的发芽率仅为 20%~57%。播种可采取撒播、条播两种方式进行。一是撒播,将种子均匀撒在苗床上,方法简单、省力、出苗量高,播种量为每亩 1.5~2 kg。二是条播,播种的行距控制在 20~24 cm,沟底的宽度为 6~9 cm,播种时将种子均匀地撒在沟内,一般播种量为每亩 1.0~1.5 kg。播种结束后应及时覆土,以微可见种子为佳,细土应先用筛子筛后再进行覆盖,并在其上覆盖 1 层稻草或秸秆。也可不覆土,直接将稻草或茅草覆盖在播种后的苗床上,为了防止草被风吹起,应用棍子压上,或用竹片、薄膜穹形盖好,不仅可以起到保暖、防风的作用,还可以防止鸟兽的危害,从而确保苗木繁育成功。

6. 适时揭草

枫香种子播种后 24~26 天开始发芽,40~45 天幼苗基本出齐。当幼苗基本出齐时,要及时揭去覆盖的杂草、秸秆等。揭草最好分两次进行,第一次揭去1/2,5天后第二次揭去剩下的部分,让幼苗有一个适应的过程。揭草时动作要轻,以防带出幼苗。

7.间苗补苗

揭去覆盖的杂草后,幼苗长至3~5 cm时,应选阴天或小雨天,及时进行间苗和补苗。将较密的苗木用人工移出,去掉泥土,将根放在0.01%ABT3号或ABT6号生根粉溶液中浸1~2分钟,再补栽于缺苗的苗床上,株行距一般为5 cm×8 cm,栽后及时浇透水。间苗后的枫香苗密度控制在每平方米100株左右即可。

8.肥水管理

幼苗揭去覆盖的杂草后35~40天,可选择合适的氮肥进行追施。第一次追肥的浓度应小于0.1%,施肥量为每亩3~5 kg。以后根据苗木的实际情况,每隔1个月左右追肥1次,施肥量为每亩5~6 kg。在枫香树的整个生长季节应施肥2~3次。前期主要施氮肥,后期施磷钾肥。施肥时间,应选择在16:00以后进行。当施肥的浓度超过0.8%时,施肥后应用清水冲洗。遇下雨时,为了防止苗木出现烂根现象,应及时排除苗圃地的积水;在遇到持续干旱的天气时,应及时浇灌苗地,满足苗木生长对水分的需求。

9.松土除草

4~7月在苗木生长期间,要及时松土除草。苗小时,一定要人工拔草。枫香苗木长到30 cm以上时,可用1/3 000浓度果尔除草剂进行化学除草,每亩每次用量为12 kg。枫香幼苗对果尔除草剂敏感,施药时应将喷雾器头对准条播行中间喷雾,注意药液不要喷洒到嫩叶和幼茎上,以免产生药害;撒播枫香苗圃地不宜使用果尔溶液进行喷雾处理;如育苗面积较大,确需进行化学除草的,可用12 kg果尔除草剂加水1 kg,与25 kg细沙拌匀,堆放2小时,摊开晾干,然后均匀撒在苗床上,并用棕把将枫香苗上的沙轻轻扫落即可,部分枫香幼苗会受到轻微药害,10~15天后会恢复生长。

(二)主要病虫害的发生与防治

1.主要虫害的发生与防治

(1)主要虫害的发生。枫香主要害虫是天幕毛虫,1年发生1代,其危害特点是:刚孵化幼虫群集于一枝,吐丝结成网幕,食害嫩芽、叶片,随生长渐下移至粗枝上结网巢,白天群栖巢上,夜出取食,5龄后期分散为害。即5月上中旬,幼虫转移到小枝分杈处吐丝结网,白天潜伏网中,夜间出来取食。幼虫经4次蜕皮,于5月底老熟,在叶背或果树附近的杂草上、树皮缝隙、墙角、屋檐下吐丝结茧化蛹。蛹期12天左右。已完成胚胎发育的幼虫在卵壳内越冬。第二年树木发芽后,幼虫孵出开始为害。成虫发生盛期在6月中旬,羽化后即可交尾产卵。严重时将全树叶片吃光。

(2)主要虫害的防治。一是人工摘茧,消灭蛹。二是保护天敌,把野外采摘的茧中已被寄生的蛹,捡出放回林中或不采摘;喷布药物,用25%灭幼脲3号3 500倍液,或20%杀灭菊酯2 000倍液,或25%溴氰菊酯2 000倍液,用机动喷雾机于傍晚喷雾树冠,防治效果均在90%以上。还可用氯氰菊酯1 200倍液药液喷入网幕内,防治效果达95%以上。三是毒绳法,用20%杀灭菊酯与机油按1∶8混合调好,纸绳浸泡0.5小时后,捞出晾干后绑于树干胸高处,防治效果在90%上。四是灯光诱蛾,在危害较重林地集中设置诱虫灯,诱杀成虫,效果较好。

2. 主要病害的发生与防治

（1）主要病害的发生。枫香幼苗具有较强的适应性,因此一般不易发生病虫害。但在刚揭草时,由于苗木较为幼嫩,短期内会发生立枯病或白粉病等,主要集中在4~5月发生,危害幼苗,即苗木幼苗生长期,发生轻时致使苗木有部分受害,发生严重时致使苗木大片死亡。

（2）主要病害的防治。预防为主,可在揭草后7~8天,选择百菌清1 000倍液的药剂进行喷雾,或用多菌灵2 000倍液。以后隔20~30天喷百菌清1 000倍液,或多菌灵800~1 000倍液1次;在苗木的生长期间,应做好松土除草工作。由于枫香幼苗对除草剂敏感,当发生草害时,一般采取人工拔草的方式,不可采用除草剂。

五、枫香的作用与价值

（1）园林作用。枫香可在园林中作庭荫树,可于草地孤植、丛植,或于山坡、池畔与其他树木混植。常与常绿树丛配合种植,秋季红绿相衬,显得格外美丽,具有景观作用。

（2）用材价值。枫香具有较强的耐火性和对有毒气体的抗性,木材稍坚硬,可制家具及贵重商品的装箱。

（3）造林绿化作用。枫香是林场绿化、厂矿区绿化、荒山造林绿化的优良树种。但是,特别注意因不耐修剪,大树移植又较困难,故一般不宜用作行道树。

9　黄连木

黄连木,学名:Pistac chinensis Bunge,漆树科黄连木属,又名黄连木、楷木、楷树、黄楝树、药树、药木等,落叶乔木,既是中原地区优良乡土树种,又是中国珍贵生物油树种。

一、形态特征

黄连木,树高达25~30 cm;树干扭曲,树皮暗褐色,呈鳞片状剥落,幼枝灰棕色,具细小皮孔,树皮裂成小方块状;小枝有柔毛,冬芽红褐色。叶为奇数羽状复叶、互生,有小叶5~6对,叶轴具条纹,被微柔毛,叶柄上面平,被微柔毛;小叶对生或近对生,纸质,披针形或卵状披针形或线状披针形,长5~10 cm,宽1.5~2.5 cm,先端渐尖或长渐尖,基部偏斜,全缘,两面沿中脉和侧脉被卷曲微柔毛或近无毛,侧脉和细脉两面突起;小叶柄长1~2 mm。花小,单性异株,先花后叶,圆锥花序腋生,雄花序排列紧密,长6~7 cm,雌花序排列疏松,长15~20 cm,均被微柔毛,花梗长约1 mm;核果球形,径约6 mm,熟时红色或紫蓝色,3~4月开花,9~10月果实成熟。

二、生长习性

黄连木喜光,幼树稍耐阴;喜温暖;畏严寒;耐干旱瘠薄,对土壤要求不严,微酸性、中性和微碱性的沙质、黏质土均能适应,而以在肥沃、湿润、排水良好的石灰岩山地生长最好。深根性,主根发达,抗风力强,萌芽力强。生长较慢,寿命可达300年以上。适应性强,对二氧化硫、氯化氢和煤烟的抗性较强。

三、主要分布

黄连木主要分布于河北、河南、湖北、湖南、山西、陕西、山东、广东、贵州、四川、西藏、青海、北京、广西、云南等地。在中原地区主要分布于焦作、济源、安阳、三门峡、鲁山、卢氏、栾川、平顶山、南阳、西峡、桐柏、舞钢等地。黄连木在河南省舞钢市分布在庙街乡、铁山乡、尹集镇、杨庄乡、尚店镇等地,海拔100~400 m的谷地、山腰、河沿、田边、荒野均有散生,亦有生于林缘、疏林,密林中少见。其中杨庄乡的五座窑村冯庄有100年生的树10棵以上,最大的一棵冠幅23.4 m,胸径2.3 m,树龄在300年以上,3人合围才能抱住,树势健壮。

四、种苗繁育与管理技术

(一)引种繁育苗木技术

1. 苗圃地选择

黄连木喜光,应选光照充足、排水良好、土壤深厚肥沃的沙壤土、交通方便的地方作为繁育苗木基地。

2. 土壤整地

苗圃整地时,要深翻土壤,尽力打碎成细土。同时,每亩地施入5 000~8 000 kg的农家肥作基肥,要随施肥施入50%的辛硫磷800倍液或森得保65 kg,防治地下害虫;土壤施入硫酸亚铁每亩50 kg,可以防治新生幼苗发生立枯病。

3. 种子采种

黄连木3~4月开花,10月果实成熟。当果实由红色变为铜锈色时即成熟,此时,要选择生长健壮母株上充分成熟的果穗,熟后10~15天人工采收。采下果实,用水漂去虫果(通常为红色)、不饱满果,捞出下沉绿色果。注意:铜绿色核果具成熟饱满的种子,红色、淡红色果多为空粒。

4. 种子储藏

种子分干藏和湿藏两种,干藏适合大量储藏种子,湿藏适宜少量储藏种子或催芽。干藏的将果实采收后晾干,装入透气良好的袋子内,在低温、干燥条件下储藏备用。湿藏的将阴干的种子按种沙1:3比例混合后放入层积坑内或堆积于背风向阳地面,用草席或塑料布覆盖,防止失水。在层积坑内垂直预埋几束秸秆,用于通气。河沙湿度以手握成团不滴水为宜。覆沙成馒头状,来年春季种子有1/3露白时即可播种。另外,种子处理方法是:及时将采收的果实放入40~50 ℃的草木灰温水中浸泡2~3天,搓烂果肉,除去蜡质和漂浮在水面上的空种子,然后,在阴凉处阴干3~5天后储藏备播。

5. 净种去蜡

春季3月,播种前,将种子和水稻壳按重量比10:4、体积比1:1的比例放入打米机中脱去油蜡质层,后用风车将谷壳吹走,达到净种的目的。将纯净的种子放入尼龙袋中,并浸泡在0.5%洗衣粉水中4~5天或者5%生石灰水中2~3天,泡好后用脚在尼龙袋上反复用力搓烂种子,并且和袋子一起用清水冲洗多次,至种子干净,可明显提高发芽率。

6.播种时间

春播,气温适宜、湿度大、墒情好,出芽率高,一般林农选择在 3 月上旬至 4 月中旬进行。

7.播种育苗

一般在 3 月中旬左右播种,或在清明过后播种,最好是采取开沟条播。挖条状沟,沟距 25~30 cm,播幅为 5~6 cm,深 2~3 cm,将种子撒入沟内。苗床宽度为 1.5~2 m,另外加 50~60 cm 的过道种植玉米或芝麻等农作物,用来遮阴。另外,可以撒播,将种子均匀撒入沟内,用种量每亩 12~15 kg,覆土 2~3 cm,轻轻压实后,将稻谷壳撒到苗床面上,其通气、保温、保湿性能均好,又可防"倒春寒",整个生长期不必清除,可以促进苗木快速生长。

8.间苗管理

黄连木从播种到出苗结束历时 27~30 天,种子出苗前,要保持土壤湿润,为提高成活率,要早间苗,第一次间苗在苗高 3~4 cm 时进行,去弱留强。以后根据幼苗生长发育间苗 1~2 次,最后一次间苗,应在苗高 14~16 cm 时进行。

9.施肥管理

幼苗期,要根据幼苗的生长情况施肥,生长初期即可开始追肥,但追肥浓度应根据苗木情况由稀渐浓,量少次多。幼苗生长期,以施氮肥、磷肥为主;速生期,氮肥、磷肥、钾肥混用;苗木硬化期,以施钾肥为主,停施氮肥。10 月中旬后抽的新梢易受霜冻危害,因此 8 月下旬后必须停止施肥,以控制抽梢。

10.除草管理

及时松土除草,且多在雨后进行,行内松土深度要浅于覆土厚度,行间松土可适当加深。一般 1 年生苗高可达 60~100 cm,产苗每亩达到 3 000~4 000 株。

(二)主要病虫害的发生与防治

1.主要虫害的发生与防治

(1)主要虫害的发生。黄连木主要害虫,第一是种子小蜂,该虫主要以幼虫危害果实。成虫产卵于果实的内壁上,初孵幼虫取食果皮内壁和胚外海绵组织,稍大时咬破种皮,钻入胚内,取食胚乳和发育中的子叶,到幼虫老熟可将子叶全部吃光。受害黄连木果实,幼小时遇到不良天气容易变黑干枯脱落。第二是缀叶丛螟,主要是取食危害叶片,幼虫在两块叶片间吐丝结网,缀小枝叶为一巢,取食其中。随着虫体增大,食量增加,缀叶由少到多,将多个叶片缀成一个大巢,严重时将叶片全部食光,造成树枝光秃,影响黄连木的正常生长。第三是刺蛾类,主要有黄刺蛾、褐边绿刺蛾等,在黄连木产区零星发生;杂食性,主要以幼虫危害叶片,影响树势和产量。第四是黄连木尺蛾,又叫木尺蠖。食性很杂,幼虫对黄连木、刺槐、核桃等食害十分严重,可使黄连木减产 20%~50%,黄连木尺蛾危害严重,有的一个枝条上有 2~5 条 5~6 龄的幼虫,叶片几乎被吃光。以幼虫蚕食叶片,是一种暴食性害虫,大发生时可在 3~5 天内将全树叶片吃光,严重影响树势和产量。

(2)主要虫害的防治。对黄连木主要害虫种子小蜂、缀叶丛螟、刺蛾类、黄连木尺蛾等,在幼虫 3 龄前进行喷药防治幼虫;它们共同的特点是发生在苗木或树木生长期,即 4~9 月,每个月喷布一次 0.3%苦参碱 500~1 000 倍液,或 5%吡虫啉 1 300~1 500 倍液;或在蛾类食叶害虫危害顶梢和嫩叶时,用氧化乐果 1 000 倍液防治,防治率达100%。另外,选择黑光灯诱杀,黄连木尺蛾、刺蛾类、缀叶丛螟等害虫的成虫均具有趋光性,在成虫羽化期,可在夜间用黑光灯或火堆诱杀成虫,减少虫口密度,减轻危害。对于黄连木生长集中、郁闭度较大或者缺水的山区,在种子小蜂成虫羽化期可施放杀虫烟剂,每亩放敌敌畏烟剂 1~2 kg,能收到较好的效果。

2. 主要病害的发生与防治

（1）主要病害的发生。黄连木主要病害,第一是炭疽病,该病主要危害果实,同时还可以危害果梗、穗轴、嫩梢。果实受害后果粒生长减缓,果梗、穗轴干枯,严重时干死在树上,发病重的年份对黄连木产量影响很大,个别植株甚至绝收。果穗受害后,果梗、穗轴和果皮上出现褐色至黑褐色病斑,呈圆形或近圆形,中央下陷,病部有黑色小点产生,湿度大时,病斑小黑点处呈粉红色突起,即病菌的分生孢子盘及分生孢子。叶片感病后,病斑不规则,有的沿叶缘四周 1 cm 处枯黄,严重时全叶枯黄脱落。嫩枝感病后,常从顶端向下枯萎,叶片呈烧焦状脱落。第二是立枯病,立枯病发生在苗期,在播种时,种子刚发芽时受感染表现为种腐型;种子发芽后幼苗出土前受感染表现为芽腐型;幼苗出土后嫩茎未木质化前受感染表现为猝倒型;苗木木质化后,由于根部受感染,发生腐烂,造成苗木枯死而不倒伏,为立枯型。潮湿时病部长白色菌丝体或粉红色霉层,严重时造成病苗萎蔫死亡。

（2）主要病害的防治。萌芽前,喷铲除剂。春季 3 月,黄连木萌芽前,用 5 波美度石硫合剂均匀喷树体及周围的禾本科植物;消灭越冬炭疽病病菌和越冬梳齿毛根蚜卵等。黄连木幼苗,出土后,6~7 月如遇连续阴雨天气,则应在雨停后抓紧扒土,在根茎部位施药防治苗木立枯病。炭疽病防治,发病前期喷百菌清 500 倍液或多菌灵 600 倍液等杀菌剂防治。

五、黄连木的作用与价值

（1）油料价值。黄连木是优良的木本油料树种,具有出油率高、油品好的特点。黄连木种子含油量高,种子富含油脂。随着生物柴油技术的发展,黄连木被喻为"石油植物新秀",已引起人们的极大关注,是制取生物柴油的上佳原料。

（2）观赏价值。黄连木先叶开花,树冠浑圆,枝叶繁茂而秀丽,早春嫩叶红色,入秋叶又变成深红色或橙黄色,红色的雌花序也极美观,是城市绿化及风景区的优良绿化树种,宜作庭荫树、行道树及观赏风景树。在园林中植于草坪、坡地、山谷,或于山石、亭阁之旁配植,无不相宜。

（3）用材价值。黄连木木材是环孔材,边材宽,灰黄色,心材黄褐色,材质坚重,纹理致密,结构匀细,不易开裂,耐腐,钉着力强,是建筑、家具、车辆、农具、雕刻、居室装饰的优质用材。

（4）造林作用。黄连木是中原地区优良乡土树种,常作"四旁"绿化及低山区造林树种。

10　垂柳

垂柳,学名 Salix babylonica,杨柳科柳属,又名水柳、柳树、倒杨柳等,落叶乔木,是中原地区优良乡土树种。

一、形态特征

垂柳,平均树高达 5~15 m,胸径 50~80 cm。树冠倒广卵形。小枝细长下垂,褐色、淡褐色或带紫色,光滑、发亮、无毛;叶披针形或条状披针形,先端渐长尖,基部楔形,无毛或幼叶微有毛,细锯齿,托叶披针形;花黄色,花期 3~4 月;果成熟期 4~5 月。

二、生长习性

垂柳喜光、耐水湿,喜肥沃、湿润的土壤;萌芽力强,根系发达,较耐水淹,短期水至树顶,不会被水淹死亡;树干在水中能生出大量不定根。高燥干旱的丘陵、浅山及石灰性土壤也可以适应生长,过于干旱或土质过于黏重的地方生长差、树势生长衰弱,也能成大树,抗风固沙,寿命长。

三、主要分布

垂柳在我国主要分布于河南、山东、湖北、河北、北京、浙江、杭州、湖南、江苏、安徽等平原地区,在水边、公园、风景区等地栽培种植。在中原地区主要分布于安阳、新乡、平顶山、漯河、许昌、驻马店、周口等地。

四、种苗繁育与管理技术

(一)引种繁育苗木技术

1. 苗圃地选择

垂柳扦插,苗圃一般要选择地势平坦、地面较高、能灌能排、无病虫害的地块。同时,作为垂柳扦插的苗圃地,不能长期连续育苗,育苗 3~4 年后应更换 1 次茬口,即换繁育扦插地块。这样有利于培育垂柳壮苗,调节田间养分,降低病虫危害程度。

2. 苗圃地整理

3 月上旬,及时耕翻苗地,深度 20~30 cm,同时整地前,每 6 亩施入农家肥 500~1 000 kg、复合肥 80~100 kg、过磷酸钙 20~30 kg 作基肥,施入硫酸亚铁 15~20 kg 进行土壤消毒。再耕翻一次,然后开沟,沟宽 40~50 cm,深 30~35 cm,耙平床面。为降低地下水位,一般采用高床,南北向、宽 3 m 左右,有助于采光通风。扦插前也可在苗床上覆盖地膜,有助于提高地温,促进生根,提高扦插成活率,减少日后管理工作量。

3. 种条插穗选择

扦插种条,应选生长快、病虫少的健壮植株作母树采种采条。同时,应选用无病虫害、无机械损伤、木质化程度高、侧芽饱满、直径为 1~1.5 cm 的 1 年生苗木枝条。剪取插穗时,应取种条中部截取插穗,插穗上切口在牙尖上 0.8~1 cm 处平截,下切口在芽基下 0.5

cm 处截成马蹄形,插穗长 15 cm 左右,留 3~4 个芽。插穗剪好后,应使芽尖朝同一方向整齐地放入编织袋中并用细麻绳封口,使芽尖朝上放入流动的河流中浸泡 5~7 天。

4. 种条扦插时间

优良的种条准备好后,最佳扦插时间在 2 月下旬至 3 月上旬,做到随采随处理,随扦插。

5. 大田种条扦插

种条插穗扦插前的处理,应用 1:(800~1 000)倍多菌灵或退菌特溶液浸泡 60~70 分钟,晾干待用。扦插采用直插法,株行距为 30 cm × 60 cm,每亩扦插 3 500~4 000 株,插穗上芽与地面相平。最好覆盖地膜,覆盖地膜时在插穗与地膜之间用土密封。

6. 浇水管理

种条扦插后,及时浇透水 1 次,日后根据土壤水分适时松土保墒。保持土壤墒情,有利于提高地温,促进扦插条发根。6~8 月为幼苗生长高峰期,此期气温高,在雨水不足时,应及时灌水,以充分发挥苗木生长潜力;若连续阴雨或土壤水分过多,苗圃积水,要及时排出,以防止苗木根系窒息造成叶片变黄、落叶甚至死亡。11~12 月苗木封顶控制浇水,使苗木梢部充分木质化,以利过冬。

7. 肥水管理

苗木生长期,追肥 2~3 次,每次每亩追施复合肥 20~25 kg,分别在 5 月中旬、6 月中旬、7 月中下旬。进入 8 月不再施用氮肥,以免造成苗木徒长,枝梢不能完全木质化,而形成冻梢。

8. 幼苗管理

新繁育的苗木,特别注意,每次浇水浇透,然后要及时松土保墒,及时除草,除草要做到"除早、除小、除了",不要让杂草与苗木争夺营养和生长空间。当苗木生长到 20~30 cm 时,要及时定株,去除基部丛生嫩枝,选留 1 个通直、生长最好的枝条。在生长期内,尤其是 6~8 月,当顶芽生长受阻时,萌芽的侧枝应及时清除、打杈、修剪,防止主干生长受到影响。

(二)主要病虫害的发生与防治

1. 主要虫害的发生与防治

(1)主要虫害的发生。垂柳主要虫害分别是食叶害虫、蛀干害虫。其中食叶害虫为柳蓝叶甲,1 年 2~3 代,5~9 月发生危害,交替发生危害,造成叶片千疮百孔;蛀干害虫为杨透翅蛾、杨干象、天牛类等,6~8 月发生危害,造成枝干孔洞,影响树木生长。另外,蚜虫、瓢虫、蓟马、卷叶虫等食叶害虫,也在生长期交替发生危害叶片,造成树势衰弱,影响生长和景观效益。

(2)主要虫害的防治。垂柳食叶害虫柳蓝叶甲的防治,6~8 月发生盛期,用三氯杀螨醇 1 000~1 200 倍液喷叶防治,连续喷布 2~3 次即可;蛀干害虫防治,6~8 月,用敌敌畏 1 000 倍液喷叶防治,或用注射器往虫孔中注入稀释 10 倍的敌敌畏溶液,并用棉球或泥土堵塞上下 2 个虫孔即可。同时,对危害垂柳的害虫,在 3 月上中旬喷 3~5 次石硫合剂,4 月上中旬喷 25%灭幼脲 3 号 1 800~2 000 倍液防治。6~9 月,盛夏季节,喷布吡虫啉或甲维盐等药物 1 200~1 400 倍液,交替喷雾防治,每月防治 1 次。

2. 主要病害的发生与防治

垂柳主要病害为溃疡病、黑斑病、锈病等,危害树干或叶片,发生时期,一般在春季的4月上旬或夏季的6~7月。主要的防治技术分别为:①4月初,用退菌灵500~800倍液喷雾防治溃疡病;②6月,用代森锰锌500~600倍液喷叶防治黑斑病;③7月,用粉锈灵500~700倍液喷布叶防治锈病。做到有病及时喷药防治,无病结合治虫加药预防病害。

五、垂柳的作用与价值

(1)园林景观作用。垂柳枝条细长,生长迅速,婀娜多姿,清丽潇洒,是自古以来深受人们喜爱的树种。最宜配置在湖岸、水池边,尤其是与桃花间植,可形成桃红柳绿之景;用作庭荫树孤植草坪、桥头、建筑物两旁等;另外作行道树、园路树、公路树,或适用于工厂绿化,还是固堤护岸的重要树种。

(2)用材价值。垂柳木材可供制家具;枝条可编农用生产的条筐;树皮含鞣质,可提制栲胶;叶可作畜牧养殖的饲料。

11　旱柳

旱柳,学名 Salix matsudana Koidz,杨柳科柳属,又名柳树、河柳、江柳、立柳、直柳等,落叶乔木,是中原地区优良乡土树种。

一、形态特征

旱柳,树高达15~20 m,胸径80 cm。树冠倒卵形。大枝斜展,嫩枝有毛,后脱落,淡黄色或绿色;叶披针形或条状披针形,先端渐长尖,基部窄圆或楔形,无毛,下面略显白色,细锯齿,嫩叶有丝毛,后脱落;花分雄花、雌花,花丝分离,基部有长柔毛,花期4月;果成熟期4~5月。

二、生长习性

旱柳喜光,耐寒冷、干旱及水湿,且耐寒性较强,在年平均温度2 ℃,绝对最低温度-39 ℃下无冻害。喜湿润、排水良好的沙壤土,河滩、河谷、低湿地都能生长成林,忌黏土及低洼积水,在干旱、沙丘等地生长不良。深根性,萌芽力强,生长速度快,虫害多,寿命长。为平原地区常见落叶树种。

三、主要分布

旱柳在我国分布于东北、华北平原、西北黄土高原,淮河流域,以及浙江、江苏、河南、山东、山西、河北等地,以黄河流域为主要栽培区。在中原地区主要分布于新乡、安阳、开封、三门峡、平顶山、漯河、周口、驻马店、信阳、南阳等地。

四、种苗繁育与管理技术

(一) 引种繁育苗木技术

1. 苗圃地选择

旱柳苗圃,一定要选择土壤肥沃、浇水方便、交通条件好的地方。湿地更好,方便繁育苗木,成活率高,新生苗木生长速度快,提早育成苗木出售见效。

2. 种条选择

旱柳种条,要选用生长健壮、无病虫害的优良母树,选择 1 年生 0.5~1.0 cm 的枝条,即筷子粗条子作种条,截成 30~40 cm 长作插穗最好。

3. 扦插时间

旱柳扦插时间以 3 月上中旬和 8 月下旬至 9 月上中旬为最好,成活率高,生长旺盛。秋季雨多、土壤湿润,8 月上旬即可插条;当冬季积雪较多时,2 月下旬至 3 月上旬即可插条。若是秋季干旱,冬季又无积雪,可在 7 月的雨季插条。

4. 扦插方法

把准备好的种条按照时间进行墩状直播,每墩 3~5 株为佳,株行距按 30~50 cm 进行,插穗上部要露出地面 2~3 cm,然后用脚踏实即可。

5. 浇水施肥

旱柳幼苗期要加强肥水管理,不论春、夏、秋三季扦插的苗木,插后都要及时浇水,每隔 10 天浇水 1 次,2~3 次即可,浇水时,每亩施入尿素 50~80 kg。

6. 保护管理

旱柳新生幼树生长期易发杈,为了不使枝条发杈,扦插的苗木每年要进行 3~4 次抹芽技术处理。抹芽时,人工戴好手套,同时不要伤皮,以免影响条子的生长质量。

(二) 主要病虫害的发生与防治

1. 主要虫害的发生与防治

(1) 主要虫害的发生。旱柳主要虫害为食叶害虫、蛀干害虫。其中食叶害虫为柳蓝叶甲,1 年 2~3 代,5~9 月发生危害,交替发生危害,造成叶片千疮百孔;蛀干害虫为杨透翅蛾、杨干象、天牛类等,6~8 月发生危害,造成枝干孔洞,影响树木生长。

(2) 主要虫害的防治。旱柳食叶害虫柳蓝叶甲的防治:6~8 月发生盛期,用三氯杀螨醇 1 000~1 200 倍液喷叶防治,连续喷布 2~3 次即可;蛀干害虫防治:6~8 月,用敌敌畏 1 000 倍液喷叶防治,或用注射器往虫孔中注入稀释 10 倍的敌敌畏溶液,并用棉球或泥土堵塞上下 2 个虫孔即可。

2. 主要病害的发生与防治

(1) 主要病害的发生。旱柳主要病害为溃疡病、黑斑病等,发生时期一般在春季萌芽后,危害树干或叶片,树干呈红色或褐色黄豆大小圆圈状,随着时间的推移,症状会扩大,轻时,致使幼树死亡;严重时,致使大树树势衰弱。

(2) 主要病害的防治。5~8 月,在苗木生长期,采用退菌灵 500~800 倍液喷雾防治溃疡病;采用代森锰锌 500~600 倍液喷叶防治黑斑病。做到有病及时喷药防治,无病结合治虫预防病害发生危害。

五、旱柳的作用与价值

（1）景观作用。旱柳枝条柔软，树冠丰满，主要在城乡绿化、公园、风景区、水库的沿河、湖岸边及湿地、草地上美化绿化栽植；树形美，易繁殖，深受人们喜爱。其柔软嫩绿的枝条、丰满的树冠及稍加修剪的树姿，更加美观。适合于庭前、道旁、河堤、溪畔、草坪栽植，起到风景观赏作用。

（2）绿化作用。旱柳在城市、乡村可以作行道树、防护林、庭荫树，也可用于沙荒造林、农村"四旁"绿化美化及防风等。

12　紫荆

紫荆，学名 Cercis chinensis Bunge，豆科紫荆属，又名满条红，落叶乔木或丛生灌木，是中原地区优良乡土树种。

一、形态特征

紫荆，平均树高 15~20 m，其树皮和小枝呈灰白色。叶纸质，近圆形或三角状圆形，长 4.5~11 cm，宽与长相若或略短于长，先端急尖，基部浅至深心形，两面通常无毛，嫩叶绿色，仅叶柄略带紫色，叶缘膜质透明，新鲜时明显可见。花紫红色或粉红色，2~10 余朵成束，簇生于老枝和主干上，尤以主干上花束较多，越到上部幼嫩枝条则花越少，通常先于叶开放，但嫩枝或幼株上的花则与叶同时开放，花长 0.9~1.2 cm；花梗长 2.8~10 mm，花蕾时光亮无毛，后期则密被短柔毛；果实为荚果，呈扁狭长形，绿色，长 5~7.5 cm，宽 1~1.3 cm，翅宽约 1.4 mm，先端急尖或短渐尖，喙细而弯曲，基部长渐尖，两侧缝线对称或近对称；果颈长 2.5~3.5 mm；种子 2~6 颗，阔长圆形，长 4.5~7 mm，宽 4~5 mm，黑褐色，光亮。花期 3~4 月，果期 8~10 月。

二、生长习性

紫荆喜光照，稍耐侧阴。具有一定的耐寒性，喜欢背风向阳处。萌蘖性强，深根性，耐修剪，对烟尘、有害气体抗性强；在光照充足处生长旺盛，在华北地区，幼树须采取防寒措施才能安全越冬。紫荆喜肥沃、排水良好的沙质壤土；适应性强，对土壤要求不严，在黏质土中多生长不良。有一定的耐盐碱力，在 pH8.8、含盐量 0.2% 的盐碱土上生长健壮。紫荆不耐淹，在低洼处种植极易因根系腐烂造成树木缓慢死亡。

三、主要分布

紫荆在我国主要分布于河南、山东、河北、陕西、甘肃、广东、云南、四川、湖北西部、辽宁南部、江苏、北京、安徽等地。在中原地区主要分布于平顶山、许昌、开封、新乡、周口、驻马店、信阳、南阳、三门峡、洛阳、安阳、濮阳等地，种植于绿地、公园、路边。

四、种苗繁育与管理技术

(一)引种繁育苗木技术

1. 种子采收

9~10月,紫荆果实成熟,人工及时采收荚果,然后去荚取出净种,晾晒3~5天,室内干藏,保持干燥通风,防止霉烂。

2. 苗圃地选择

苗圃地一定要选择地势平坦、交通便利、便于排水和浇灌的地方,土壤为肥沃、疏松的沙壤土。

3. 苗圃地整地

11~12月,每亩苗圃地施农家肥400~500 kg,做到精耕细耙。第二年3~4月,再次精耕细耙一遍,每亩苗圃地施入化肥50~100 kg即可。

4. 种子播种

种子播种前,将种子放在40~45 ℃温水中浸泡20~24小时进行催芽处理,方便出芽整齐一致。然后按照3 cm × 30 cm株行距条播。播后人工用脚踩实,加强灌水技术管理,20~25天可出芽。

5. 浇水管理

紫荆出苗后,幼苗生长缓慢,扎根不深,要适时浇水保持土壤湿润;播种后48~72小时浇第二次水,日后视天气情况浇水,以保持土壤湿润、不积水为宜。夏天及时浇水,并可叶片喷雾,雨后及时排水,防止水大烂根。入秋后如气温不高,应控制浇水,防止秋发。入冬前浇足防冻水,每次浇水要浇足浇透。

6. 施肥管理

紫荆喜肥,肥足则枝繁叶茂、花多色艳,缺肥则枝稀叶疏、花少色淡。幼苗期施足基肥,以腐叶肥、圈肥或烘干鸡粪、农家肥为好,与种植土充分拌匀再用,否则根系会被烧伤。幼树要加强肥力管理,每年花后施一次氮肥,促长势旺盛,初秋施一次磷钾复合肥,利于花芽分化和新生枝条木质化,安全越冬。在幼苗生长期或植株生长不良的幼树,及时叶面喷施0.2%磷酸二氢钾溶液和0.5%尿素溶液,提高苗木肥力,促进苗木快速生长。

(二)主要病虫害的发生与防治

1. 主要虫害的发生与防治

(1)主要虫害的发生。紫荆主要虫害分别是碧蛾蜡蝉、褐边绿刺蛾、丽绿刺蛾、白眉刺蛾等,它们1年1~2代,5~8月,紫荆生长期,交替危害叶片,受害轻的幼树叶片残缺不全,受害严重的树木叶片全无。

(2)主要虫害的防治。紫荆主要虫害集中在5~9月发生危害。在苗木生长期,对碧蛾蜡蝉,可在其初孵幼虫未形成护囊时,喷洒20%除虫脲悬浮剂6 000~7 000倍液进行防治;对褐边绿刺蛾、丽绿刺蛾、白眉刺蛾,可在其幼虫期采用Bt乳剂500倍液或25%高渗苯氧威可湿性颗粒300倍液或1.2%烟参碱乳油1 000~1 200倍液进行杀灭。

2. 主要病害的发生与防治

(1)主要病害的发生。紫荆主要病害是紫荆角斑病,侵染紫荆叶片,发病初期叶片上着生有褐色斑点,随着病情的发展,斑点逐渐扩大,形成不规则的多角形斑块,发病后期病斑上着生有暗绿色粉状颗粒。

(2)主要病害的防治。冬季合理修剪,注意通风透光;夏季加强水肥管理;生长期加强营养平衡,不可偏施氮肥;喷施 75%达克宁可湿性颗粒 800 倍液进行防治,6~7 天 1次,连续喷 3~4 次,或喷 75%百菌清可湿性颗粒 700 倍液,8~10 天 1 次,连续喷 3~4 次。

五、紫荆的作用与价值

(1)景观作用。紫荆花期长,花香浓,花大而艳丽,树冠雅致,用于城乡绿化、小区美化、公园建设等工程中,在庭院建筑、门旁、窗外、墙角点缀、草坪边缘、建筑物周围和林缘片植、丛植;生长管理比较粗放,具有观赏价值。又是良好的行道树、庭荫风景树和观赏树种。

(2)环保作用。紫荆对氯气有一定的抵抗性,滞尘能力强,是工厂、矿区绿化的好树种。

13　水杉

水杉,学名 Metasequoia glyptostroboides Hu & W. C. Cheng,杉科水杉属,又名水栁树、杉树,高大落叶乔木,是中原地区优良乡土树种,又是国家一级保护植物。

一、形态特征

水杉,高度可达 40~50 m,胸径达 2 m 以上。叶对生,线形、扁平、柔软、淡绿色,在脱落性小枝上列成羽状,冬季与之俱落。雌雄同株,雄球花单生叶腋,呈总状或圆锥状着生;雌球花单生或对生,珠鳞交互对生。球果有长柄,下垂,近圆形或长圆形,长 1.8~2.5 cm,熟时深褐色,种子扁平,倒卵形,内有狭翅,子叶 2,发芽时出土。花期 2 月,果熟期 11 月。

二、生长习性

水杉喜光,喜温暖湿润气候和深厚肥沃的酸性土,尤喜在湿润且排水良好的地方生长。不耐涝,对干旱较敏感。开始结实年龄较晚,10 年以上大树始现花蕾,但多结种为瘪粒。耐盐碱能力较池杉强。水杉对土壤要求比较严格,须土层深厚、疏松、肥沃,尤喜湿润,对土壤水分不足的反应非常敏感。在地下水位过高,长期滞水的低湿地,也能生长,但是表现不良。对空气中的二氧化硫等有害气体抗性强,有较强的吸滞粉尘的能力,常被用于城市绿化、公园美化等。

三、主要分布

水杉在我国主要分布于河南、山东、湖南、湖北等地。尤其是在长江中下游平原地区,已经成为重要的造林树种;目前世界上最大的人工水杉树林在湖北省境内的潜江市。在中原地区主要分布于平顶山、许昌、漯河、周口、开封、商丘、南阳、驻马店、信阳、三门峡等地。河南省舞钢市 1990 年引种一株水杉树,植于国营林场石岗苗圃,现树高 20 m,胸径

39 cm,枝下高 14 m,冠幅 4 m。生长健壮,表现良好。

四、种苗繁育与管理技术

(一)引种繁育苗木技术

1. 苗圃地选择

水杉喜光喜湿,适应性强,易成活,但是,在苗木繁育的时候,也要选择土壤平坦、土质肥沃、含沙质,浇灌、排水、交通便利的地方。水杉幼苗细弱,忌旱、怕水淹,故苗圃要地势平坦、排灌便利,并细致整地。

2. 苗圃地整地

3~4 月上旬,在选择育苗的大田里,播种前应每亩施入农家肥 5 000~6 000 kg、复合肥 80~100 kg 作为基肥,同时,细致整地,做到土碎地平,然后打畦,畦长 15~20 m、宽 1~1.2 m。

3. 种子选择

25~30 年生以下树龄的水杉称为幼树,水杉幼树结的种子多瘪粒,出芽率很低。所以,选择水杉树的种子,应该去原产地采购,或选择 40~60 年生树龄,健壮、无病虫害的母树采收种子,才能供繁殖用。

4. 播种时间

水杉播期选择在 3 月中下旬或 4 月初为佳。

5. 大田播种

采取条播为宜,选择株行距 20~30 cm。播量每亩 0.8~1.5 kg。水杉的种子轻小有翅,播种时,应选择无风天气进行播种。播前床面略拍平,种子拌细土均匀播种,播后覆以细土,厚以不见种子为度,即 2~5 mm,并随即覆草防晒、保湿保温,促进种子萌芽一致。同时,在水杉种子萌发和幼苗出土阶段要注意经常浇水,保持土壤湿润。水杉种子细小,千粒重 1.75~2.28 g,每 1 kg 有 32 万~56 万粒,发芽率仅 8% 左右。播种时适当多播撒一些种子。

6. 科学管理

水杉种子播种后,8~10 天种子就会萌芽,10~15 天后幼芽就开始出土,18~20 天后基本出齐。当水杉幼芽大量出土时,选择 15~16 时,分次揭去防晒草,并注意防止鸟害。水杉幼苗初期生长缓慢,扎根不深;但是要注意经常给水杉幼苗采取喷水的形式浇水,同时,还要适当建立高 1.2~1.5 m 的遮阳网防止日照,以免柔嫩的下胚轴受日晒灼伤,这样培育的幼苗移植的成活率很高,也可以在种壳脱落,侧根尚未形成的子叶期,结合间苗进行移密补缺,提高繁育率。

(二)造林绿化技术

1. 造林苗木选择

选择胸径 3~4 cm、高 3~4 m 的水杉幼苗造林,成活率高。造林时间从晚秋到初春均可栽植,但以 11~12 月为最好。

2. 造林密度

由于水杉生长迅速,主干通直,顶端优势较强,造林密度不宜过大。可采用 2 m × 3 m

的株行距,每亩 110 株。到 10~15 年时进行第一次间伐。单行栽植可采用 2 m 株距。造林苗木以 2 年生的移植苗为好,苗高 1~1.5 m,地径 2~3 cm。

3. 加强抚育

水杉种子播种的新生幼苗生长期很长,在生长期中,当平均气温在 12~26 ℃时,水杉生长最为旺盛,在此期间需要加强抚育,对苗木生长有显著促进作用。高 35~40 cm 以上时,地径 2~4 cm 以上,在生长较好的情况下,高可达 3~3.5 m。水杉性喜温和、微润;同时水杉相当怕冷,尤其在秋季萌发新枝时,嫩枝易受冻害,所以要做好防寒准备。

(三) 主要病虫害的发生与防治

1. 主要虫害的发生与防治

(1)主要虫害的发生。水杉主要虫害是大袋蛾,危害叶、嫩枝梢及幼果,大发生时可将全部树叶吃光,是灾害性害虫。大袋蛾,1 年发生 1 代,以老熟幼虫在枝梢上护囊内越冬。4~5 月化蛹,5~7 月成虫羽化,交尾产卵。5 月下旬至 7 月下旬是幼虫为害期。幼虫在枯叶及小枝条组成的袋囊中生活,头及胸足外露取食,10 月幼虫陆续越冬。

(2)主要虫害的防治。人工除治,秋、冬季树木落叶后,摘除越冬护囊,集中烧毁。药剂防治,幼虫孵化后,用 90% 敌百虫 1 000 倍液或 80% 敌敌畏乳油 800 倍液或 25% 吡虫啉 1 000 倍液喷洒。另外,可用 2.5% 敌百虫粉剂喷布。生物制剂,6 月上旬至 10 月上中旬,在幼虫孵化高峰期或幼虫为害期,用每毫升含 1 亿孢子的苏云金杆菌溶液喷洒。也可用 25% 灭幼脲 500 倍液,或森得保可湿性粉剂 2 000~3 000 倍液,或 3% 高渗苯氧威乳油 3 000~4 000 倍液,或 1.8% 阿维菌素乳油 3 000~4 000 倍液,或 0.3% 苦参碱可溶性液剂 1 000~1 500 倍液,或 1.2% 苦·烟乳油植物杀虫剂 800~1 000 倍液,喷雾防治。生物防治,保护和利用昆虫天敌。大袋蛾幼虫和蛹期有各种寄生性和捕食性天敌,如鸟类、寄生蜂、寄生蝇等,要注意保护和利用。

2. 主要病害的发生与防治

(1)主要病害的发生。水杉病害较少,主要有赤枯病,在 9~10 月危害叶部,使叶片呈黄褐色或红褐色,严重时造成水杉早期落叶,影响树势生长。

(2)主要病害的防治。进入 9~10 月,在没有发生病害时,可每周用 160 倍的 1∶1 波尔多液喷洒 1 次,或用百菌清 600~800 倍液喷布防治,共喷 3~4 次即可。

五、水杉的作用与价值

(1)用材作用。水杉原木边材白色,心材褐红色,纹理通直而不匀,结构粗,材质轻而软,易于加工,油漆、胶接性能良好,适制桁条、门窗、楼板并作为造船、建筑、家具等用材。另外,水杉木材纤维素含量高达 42.7%~44.1%,是良好的造纸用材。

(2)观赏价值。水杉树冠呈圆锥形,姿态优美。叶色秀丽,秋叶转棕褐色,甚美观。宜在城乡绿化、风景区、公园园林丛植、列植或孤植,也可成片造林。水杉生长迅速,是近郊、风景区重要树种,具有良好的观赏价值。

14　国槐

国槐,学名 Sophora japonica Linn,豆科槐属,又名槐树、槐蕊、豆槐、白槐、细叶槐、金药材、护房树、家槐等,落叶乔木,是中原地区优良乡土树种。

一、形态特征

国槐,树高达 25~30 cm,胸径 1 cm。树冠广卵形;树皮灰黑色,深纵裂。顶芽缺,柄下芽有毛。1~2 年生枝绿色,皮孔明显;小叶 7~17 枚,卵形,背面苍白色,有平伏毛;圆锥花序,花黄白色,花期 6~8 月;荚果肉质,不裂,种子间溢缩成念珠状,种子肾形,果熟期 9~10 月。

二、生长习性

国槐喜光,耐干旱、耐瘠薄,稍耐阴,适应性广。喜干冷气候,但在炎热多湿的华南地区也能生长。适生于肥沃、深厚、湿润、排水良好的沙壤土上。稍耐盐碱,在含盐量 0.15% 的土壤上能正常生长。抗烟尘及二氧化硫、氯气、氯化氢等有害气体能力强。深根性,根系发达,萌芽力强,寿命长。

三、主要分布

国槐在我国主要分布于河南、山东、山西、河北、北京、陕西、辽宁、广东、甘肃、四川等地。在中原地区主要分布于许昌、漯河、郑州、开封、安阳、洛阳、濮阳、三门峡、南阳、驻马店、信阳、平顶山等地。

四、种苗繁育与管理技术

(一) 引种繁育苗木技术

1. 苗圃地选择

苗圃地选择在土壤平坦、肥沃,浇水、施肥管理方便的地方。

2. 良种选择

种子应该选择 20~30 年生以上、生长健壮、无病虫害的母树作良种采种树,此树种子种仁饱满、出种率高、出芽整齐。

3. 种子采收

10 月中旬,种子进入成熟期,即可人工采种。采收后,用水浸泡,搓去果皮,洗净晒场晾干,室内干藏备用。

4. 种子处理

种子播前处理,又称浸种。①保湿浸种。用 60 ℃水浸种 20~24 小时,捞出掺湿沙 2~3 倍拌匀,置于室内或沙藏沟中,挖沟宽 1~1.2 m,深 0.5 m,一层沙一层种子,厚 20~25 cm,摆平盖湿沙 3~5 cm,上覆塑料薄膜,以保湿保温,促使种子萌动。注意在管理中,经常翻动和加水,使上下层种湿温一致,待种子有 20%~30% 裂嘴时,即可播种。②沙藏浸种。一般于播种前 10~15 天对种子进行沙藏。沙藏前,将种子在水中浸泡 24 小时,使沙子含水量达到 60%,即手握成团,触之即散。将种子沙子按体积比 1∶3 进行混拌均匀,放入提前挖好的坑内,然后覆盖塑料布。沙藏期间,每天 8~12 小时要翻一遍,并保持湿润。

5. 大田播种

苗圃地播种前,要精耕平整、精耕细耙。结合耕翻,每亩施入农家肥 5 000~8 000 kg,同时,施入复合肥 50~100 kg,同时施入 5% 辛硫磷颗粒剂 3~5 kg 防治地下害虫。大田播种,采取垄播,按 70~100 cm 行距做垄,深 2~3 cm。每亩用种 12~15 kg,覆土 2~3 cm,人工压实,喷洒土面增温剂或覆盖杂草,保持土壤湿润和温度即可。

6. 肥水管理

幼苗出齐后,4~5 月间,分二次间苗,按株距 10~15 cm 定苗,每亩产苗 5 000~7 000 株。间苗后立即浇水。进入 6 月,苗木开始速生,要及时灌水追肥。每隔 15~20 天施肥一次,每次每亩施硫酸铵 4~5 kg;8 月底停止浇水、施肥。同时,要及时松土除草,促进苗木快速生长。

7. 苗木修剪

国槐 1 年生幼苗树干易弯曲,应于当年落叶后截干,即 10~11 月进行截干,次年培育直干壮苗,要注意剪除下层分枝,以促使向上生长。大树移植时需要重剪,成活率较高。

(二) 主要病虫害的发生与防治

1. 主要虫害的发生与防治

(1) 主要虫害的发生。国槐主要虫害有 3 种。一是国槐蚜虫,1 年发生多代,以成虫和若虫群集在枝条嫩梢、花序及荚果上,吸取汁液,被害嫩梢萎缩下垂,妨碍顶端生长,危害花序。5~6 月,在槐树上危害最严重。二是国槐尺蛾,又名槐尺蠖,1 年发生 3~4 代,各代幼虫危害盛期分别为 5~9 月。以蛹在树木周围松土中越冬,幼虫及成虫蚕食树木叶片,使叶片造成缺刻,或整棵树叶片几乎全被吃光。三是锈色粒肩天牛,2 年发生 1 代,主要以幼虫钻蛀危害,每年 3 月下旬幼虫开始活动,蛀孔处悬吊有天牛幼虫粪便及木屑,被天牛钻蛀的国槐树势衰弱,树叶发黄,枝条干枯,甚至整株死亡。

(2) 主要虫害的防治。一是国槐蚜虫的防治方法。在苗木发芽前喷石硫合剂,消灭越冬卵。5~9 月,蚜虫发生量大时,可喷布吡虫啉 1 000~1 200 倍液或 2.5% 溴氰菊酯乳油 3 000 倍液。二是国槐尺蛾的防治方法。5 月中旬至 6 月下旬,重点做好第一、二代幼虫的防治工作,用 50% 杀螟松乳油、80% 敌敌畏乳油 1 000~1 500 倍液,20% 灭扫利乳油 2 000 倍液或灭幼脲 1 000 倍液进行喷雾防治。三是锈色粒肩天牛的防治方法。人工捕杀成虫,天牛成虫飞翔力不强,受振动易落地,可于每年 6 月中旬至 7 月下旬于夜间在树干上捕杀产卵雌虫。人工杀卵,每年 7~8 月天牛产卵期,树干上查找卵块,用铁器击破卵块。3~10 月为锈色粒肩天牛幼虫活动期,可向蛀孔内注射 80% 敌敌畏 5~10 倍液,然后用泥巴封口,可毒杀幼虫。

2. 主要病害的发生与防治

(1) 主要病害的发生。国槐主要病害是腐烂病。主要危害苗木枝干,皮层溃烂呈湿腐状。病部的表现,发病初期病部呈暗灰色,水渍状,稍隆起,用手指按压时,溢出带有泡沫的汁液,腐皮组织逐渐变为褐色。后期皮层纵向开裂,流出黑水(俗称黑水病)。病斑环绕枝干一周时,导致枝干或整株死亡。

(2)主要病害的防治。腐烂病的主要防治方法:3月或7~8月,对苗木干部及伤口涂波尔多浆或保护剂,防止病菌侵染。发病初期刮除或划破病皮,用1:10浓碱水、200倍退菌特或用30倍托布津涂抹,对树干可喷洒300倍50%退菌特或70%甲基托布津等,防治效果显著。

五、国槐的作用与价值

(1)观赏作用。国槐是庭院常用的特色树种,其枝叶茂密,绿荫如盖,适作庭荫树,在中国北方多用作行道树。配植于寺庙、公园、建筑四周、街坊住宅区及草坪上,也极相宜。国槐对二氧化硫、氯气等有毒气体有较强的抗性,可作工矿区绿化之用。夏秋可观花,并为优良的蜜源植物。具有良好的观赏价值。

(2)药用价值。国槐皮、枝叶、花蕾、花及种子均可入药。花和荚果入药,有清凉收敛、止血降压的作用;叶和根皮有清热解毒作用,可治疗疮毒。

15　梓树

梓树,学名 Catalpa ovata G. Don,紫葳科梓属,又名花楸、水桐、河楸、臭梧桐、黄花楸、木王、楸、木角豆等,落叶乔木,是中原地区优良乡土树种。

一、形态特征

梓树,树高10~15 m,树冠伞形,主干通直,嫩枝具稀疏柔毛,树冠倒卵形或椭圆形,树皮褐色或黄灰色,纵裂或有薄片剥落,嫩枝和叶柄被毛并有黏质。叶、果实、茎白皮和根白皮。叶对生或近于对生,有时轮生,阔卵形,常3浅裂,叶片上面及下面均粗糙;花朵生于枝条顶端,花冠钟状,淡黄色,花期在4~5月;入秋之后,梓树结出细长的果实,种子长椭圆形或蒴果线形,下垂,长20~30 cm,粗5~7 mm。种子长6~8 mm,宽约3 mm,两端具有平展的长毛。梓树的果熟期在8~10月。

二、生长习性

梓树喜光、耐阴,抗寒力强,适应性强,根系发达,对土壤要求不严,以湿润、肥沃的沙质壤土为好。适于生长在温带地区。抗污染能力很强。

三、主要分布

梓树在我国主要分布于河北、河南、山西、山东、甘肃、内蒙古、黑龙江、吉林、辽宁等地,适生于海拔500~2 500 m的低洼山沟或河谷。在中原地区主要分布于平顶山、洛阳、许昌、南阳、安阳、济源、驻马店等地,野生生长,河南省舞钢市九头崖阳坡林中有野生。

四、种苗繁育与管理技术

(一)引种繁育苗木技术

1. 苗圃地选择

大田育苗的苗圃地要选择温暖向阳、土层深厚、湿润的土壤,交通运输方便的地方。

2. 苗圃地整地

选择好繁育苗木的地方,施入农家肥 5 000~6 000 kg、复合肥 50~120 kg 作基肥,然后要将土地做畦整平、整细,开沟条播或者撒播。春季播种,最好在上年秋冬季节将播种地用大型拖拉机翻耕 1~2 遍,达到平整、精细的要求。

3. 种子采收

梓树果实 9~11 月成熟。应选择生长优良、干形通直优美、树冠开张、果实饱满的母树进行采种。采收后的果实要及时处理,把采集到的果实放在干净、向阳的地方摊平晾晒,或者摊开阴干,蒴果开裂以后敲打去掉外壳,挑拣出合格的种子干藏备用。

4. 种子催芽

3 月上旬,把种子与 3 倍湿润沙子混合分层堆放或混合堆放在一起,堆高 30~45 cm。堆放过程中,要防止种子过湿、发热和霉烂,室温控制在 4~12 ℃。常温干燥器储藏种子平均发芽率最高可达 76.7%,如果种子储藏在常温常湿、4~20 ℃ 的冰箱条件下,平均发芽率仅 50% 左右。

5. 种子播种

3 月,采取条播繁育,将种子混湿沙催芽,待种子有 30% 以上发芽时条播,要将行距控制在 20 cm 左右,把种子与草木灰均匀混合后撒在沟内;撒播,要确保种子撒得均匀,种子播种后,立即覆土,厚度 2~3 cm;发芽率 40%~50%,播种移栽的密度每亩 10 000~12 000 株为宜,即每亩种子用量为 1~1.2 kg。播种后,上面覆盖枯草或其他材料保持温度和湿度。当年苗高可达 1~1.5 m。

6. 浇水管理

4~8 月,新生苗木出土后,及时浇水,保持土壤湿润,中国夏季多数地区气温普遍偏高,地表水分蒸发快,土壤很容易缺水干旱。梓树苗木的生长需要一个土壤湿润的条件,养护过程中应对其幼苗及时灌溉。每次灌溉的水量要适中,泡根或者干旱都会不同程度地影响移植苗木的成活。浇水时必须见干见湿,注意浇水一定要浇透。

7. 松土除草

梓树要求土壤条件湿润、肥沃、深厚。降水或灌溉后应当及时中耕松土、除草,尤其需要注意的是机械松土、除草不适用于梓树种植,可以采用人工清除苗间杂草,再在土层表面撒盖细土或细沙用来防止露根透风。中耕松土时须小心谨慎,不要伤苗和压苗,除草时尽量避免碰伤苗木根须,推荐方法为逐次加深。另外,松土、除草的最佳时间为阴天的早、晚或者降水以后。

8. 施肥管理

梓树喜肥,新生苗木在生长期要不断施肥,施肥方法有很多种,如放射状开沟施、环状沟施、条沟施、穴施、水施、撒施等。梓树施肥,要求在操作规程上施肥量不要过多,施肥浓度不要过高,做到少量多次,有机肥和无机肥搭配使用,肥料种类要丰富齐全。如有需要,在松土、除草后可以施水肥,即浇水时,把复合肥添加到水中施入,每亩每次 5~7 kg,施水肥的时间以早、晚为宜,注意不能在苗行间进行大面积撒施化肥和复合肥,以免伤害苗木。

9.适度遮阳

5~8 月,进入夏季,气温高,天气干旱,适度遮阳有利于梓树幼苗生长。在有条件的情况下,搭建遮阳网,适度遮阳后使地表温度保持在 10 ℃左右,这样有利于梓树幼苗的快速生长。冬季幼苗落叶后至春季发芽前新栽的苗木,生长初期一般都可以正常生长。但是部分植株幼苗一旦遇到气温升高、水分亏损等,可能会发生萎蔫甚至脱水死亡的现象。因此,梓树苗木是否快速生长成活在短时间内无法看出,一般需要经过 1~2 年的高温干旱后才能确定其是否真正成活。

(二)主要病虫害的发生与防治

1.主要虫害的发生与防治

(1)主要虫害的发生。梓树主要虫害是金龟子、蝼蛄、蟋蟀等,它们 2 年 1 代或 1 年 1 代;同时,其危害的共同特点是,危害根、茎、叶、果实和种子,对幼苗的损害特别严重;均具趋光性。5 月上旬至 6 月中旬,它们交替或共同活跃危害,也是第一次危害的高峰期;6 月下旬至 8 月下旬,天气炎热,转入地下活动,6~7 月为产卵盛期;9 月气温下降,再次上升到地表,形成第二次危害高峰;10 月中旬以后,陆续钻入深层土中越冬。昼伏夜出,以夜间 7~11 时活动最盛,特别在气温高、湿度大、闷热的夜晚,大量出土活动。早春或晚秋因气候凉爽,仅在表土层活动,不到地面上,在炎热的中午常潜至深土层,以幼虫在土壤中越冬。

(2)主要虫害的防治。6~8 月,一是根据成虫的趋光性,每亩挂诱杀虫灯,诱杀成虫,从而减少繁殖量;二是发生害虫时,可喷洒敌百虫或氯氰菊酯 1 000~1 200 倍液等药剂防治;三是开展人工捕捉成虫,杀死害虫。

2.主要病害的发生与防治

(1)主要病害的发生。6~8 月,夏季苗木主要病害是立枯病、根腐病等。立枯病,在夏季集中危害新生幼苗,造成植株枯萎死亡;根腐病,危害新生幼苗根部,造成幼苗根系腐烂,无法吸收养分和水分,致使苗木缓慢死亡。

(2)主要病害的防治。病害以预防为主。6~8 月,当发生立枯病、根腐病时,可用喷洒波尔多液、甲基托布津 600~800 倍液等药物防治;另外,在树木根的基部 23~25 cm 周围挖 15~20 cm 深环状沟槽,埋 120 g 根动力 2 号配合根腐灵 15 g,进行回填埋土,再进行浇水,一次完成可以防治地下根部和地下幼虫。也可采用甲霜恶霉灵或铜制剂进行灌根处理。

五、梓树的作用与价值

(1)景观作用。梓树树干挺拔优美,春天发芽,绿叶青青,枝叶秀丽。初夏叶片葱葱,白花如雪,招蜂引蝶。早秋果实累累,红黄相间与绿叶相配,相得益彰。晚秋叶色多样,或粉、或黄、或红、或紫,更衬托出果实红艳。冬天枝叶脱落,伟岸的身姿缀满了红红的果实。一年四季都有它独特的风景,更因它的叶色多变,有"秋天魔术师"的美称。梓树是一种优良的观叶、观花、观果型树种，因此在园林种植、绿化美化等方面是优选树种。也是良好的环保树种，可营建生态风景林。

（2）用材价值。梓树木材白色稍软，可作枕木、桥梁、电杆、车辆、船舶、坑木和建筑、高级地板、家具（箱、柜、桌、椅等）、水车、木桶等用材，还宜作细木工、美工、玩具和乐器用材。古人珍爱梓木，用桐木（泡桐）为琴面板，用梓木作琴底，叫作"桐天梓地"，视为琴中上品。古人爱植桑梓，且以桑梓代表家乡。

16　水曲柳

水曲柳，学名 Fraxinus mandshurica Rupr.，木樨科梣属，又名大叶梣、东北梣、白栓，落叶大乔木，是中原地区优良乡土树种，又是国家二级重点保护野生植物，是中国主要栽培珍贵树种之一。

一、形态特征

水曲柳，树高 25~30 m，树皮厚，灰褐色，冬芽大，圆锥形，小枝粗壮，四棱形，叶痕节状隆起，半圆形。羽状复叶；叶柄近基部膨大，叶着生处具关节，纸质，叶片长圆形至卵状长圆形，叶缘具细锯齿，上面暗绿色，下面黄绿色，圆锥花序生于去年生枝上，先叶开放，花序梗与分枝具窄翅状锐棱；雄花与两性花异株，均无花冠也无花萼；雄花序紧密，花梗细短，花药椭圆形，花丝甚短，子房扁而宽，翅果大而扁，长圆形至倒卵状披针形，长 3~3.5 cm，宽 6~9 mm，中部最宽，先端钝圆、截形或微凹，翅下延至坚果基部，明显扭曲，脉棱凸起。4 月开花，8~9 月结果。

二、生长习性

水曲柳喜欢湿润的土壤，耐瘠薄，适应性强，适合生长在土壤温度较低、含水率偏高的下坡位。喜欢在浅山丘陵或山地与天然次生林中的其他树木混交生长。

三、主要分布

水曲柳在我国主要分布于东北、华北等地。水曲柳为渐危种，是古老的残遗植物，生长于海拔 700~2 100 m 的山坡疏林中或河谷平缓山地。水曲柳在中原地区主要分布于南阳、洛阳、平顶山、济源、安阳、驻马店等地。

四、种苗繁育与管理技术

（一）引种繁育苗木技术

1. 苗圃地选择

苗圃地要选择排水性能好的地块，土层深厚、土壤肥力高的沙壤土以及壤土为好；同时，交通运输条件方便的地方即可。

2. 苗圃地整地

整地要及早动手，把选择的苗圃地在 12 月用大型拖拉机旋耕一遍，施入 6 000 kg 的农家肥作基肥;第二年春季,3月上旬,打畦做垄,保持土壤的松软度,对土壤中存在的残根以及石块进行有效的清理,然后拌匀有机肥作为上层肥。

3. 种子处理

选择优良饱满的种子,用0.3%高锰酸钾溶液浸种2~3分钟,浸种之后再通过清水对其实施清洗,然后将种子放在20 ℃的温水中浸泡1天,捞出晾晒,实施催芽。催芽采用埋藏催芽的方式,按照体积1:3混拌之后埋藏催芽。

4. 种子播种

3月上旬播种,播种实施做垄。在垄的规格方面,宽度可保持在60~70 cm,高度保持在15~25 cm,秋冬季进行翻地,深30~40 cm,然后施基肥。播种,随即覆土和镇压,播种采用条播,在播幅和间距之间的宽度按照2:1~3:1的比例,采用一边播种,一边覆土,一边镇压,一边进行浇水操作。

5. 苗木管理

4~5月,在种子出苗之后要进行间苗以及补苗,对死去的苗木和枯萎的苗木进行剔除。做好除草、松土管理,10~15天实施一次浇水、除草、松土管理,一般幼苗期除草、浇水3~4次;同时,做好间苗,间苗能有效地调整苗木的密度,提高苗木生长速度。间苗之后就要进行灌溉。对于刚出的苗,比较容易受到病害的感染,要对这些病害及时进行预防,采用8%波尔多液进行喷药防治,6~7月施入尿素或硝酸铵。在苗木长到1~1.2 m,以及地径达0.5~1 cm时,可以分苗移栽,按照50 cm × 70 cm的株行距实施分栽移植,培育成大苗木。

(二)主要病虫害的发生与防治

1. 主要虫害的发生与防治

(1)主要虫害的发生。水曲柳主要虫害是介壳虫。介壳虫体小,繁殖快,1年繁殖2~7代,虫体被厚厚的蜡质层所包裹,防治非常困难。苗木受到危害后,造成枝叶发黄、畸形,叶片脱落,严重者导致整株死亡,严重影响树木的正常生长。

(2)主要虫害的防治。4月上旬,在新生苗木幼林中,若发生介壳虫危害,少量时,可通过人工捕杀的方式进行消灭;当成虫的体壳还没有变硬时,尤其是雨后可以振动枝条使其落地死亡。6月中旬,是介壳虫自母壳爬出准备羽化成虫的时期,爬出后就可通过喷施氯氰菊酯1 000~1 500倍液进行有效的防治。

2. 主要病害的发生与防治

(1)主要病害的发生。水曲柳新生苗木比较容易出现大范围的病害,主要是幼苗立枯病。4~5月,立枯病病菌发育的适温为20~24 ℃。刚出土的幼苗及大苗均能受害,一般多在苗期床温较高或育苗后期发生,阴雨多湿、土壤过黏、重茬发病重。播种过密、间苗不及时、温度过高易诱发病害。主要危害幼苗茎基部或地下根部,初为椭圆形或不规则暗褐色病斑,病苗早期白天萎蔫,夜间恢复,病部逐渐凹陷、溢缩,有的渐变为黑褐色,当病斑扩大绕茎一周时,逐渐干枯死亡,但不倒伏。轻病株仅见褐色凹陷病斑而不枯死。苗床湿度大时,病部可见不甚明显的淡褐色状霉粉。

(2)主要病害的防治。立枯病对水曲柳生长危害很大,同时造成很大的威胁。苗圃地要采取相应的措施进行防治,来提高其生长的质量。对水曲柳幼苗立枯病的防治,要注意不能在重黏土以及连作地上进行育苗,出苗之后每 8~10 天喷洒一次 0.8% 波尔多液,连续喷布一直到 6 月中旬,可有效地防治幼苗立枯病。或在 3 月中旬即发芽前或者是在落叶之后采用 5 波美度石硫合剂进行喷洒防治,可以预防立枯病等病害的发生,效果显著。

五、水曲柳的作用与价值

(1)用材作用。水曲柳树干端直,材质坚韧致密,富有弹性,纹理通直,刨面光滑,是一种用途较广的优良用材树种,在国际市场上享有极高的信誉,具有高于针叶树种 4~5 倍的价格。由于水曲柳木材胶接、油漆性能较好,具有良好的装饰性能,可供建筑、飞机、造船、仪器、运动器材、家具等广泛应用。

(2)绿化作用。水曲柳树形圆阔、高大挺拔,适应性强,具有耐严寒、抗干旱、抗烟尘和抗病虫害能力,是优良的绿化和观赏树种。同时可与许多针阔叶树种组成混交林,形成复合结构的森林生态系统,对提高整个林分涵养水源、保持水土、防止环境恶化等能力有很大意义和作用。

17　皂荚

皂荚,学名:Gleditsia sinensis Lam.,豆科皂荚属,又名皂角、猪牙皂、牙皂等,落叶乔木,是中原地区优良乡土树种。

一、生态特征

皂荚,枝灰色至深褐色,平均高 25~30 m,树冠扁球形。枝干生长有分枝刺,刺粗壮,圆柱形,常分枝,多呈圆锥状;小叶 6~14 枚,卵形至卵状长椭圆形,小叶柄有柔毛,羽状复叶;花序腋生,花序轴、花梗、花萼有柔毛,花期 4~5 月;果带形,弯或直,木质,经冬不落,种子扁平,亮棕色,果熟期 10 月;种子多颗,长圆形或椭圆形,荚果带状,劲直或扭曲,果肉稍厚,两面鼓起,或有的荚果短小,弯曲作新月形,通常称猪牙皂,内无种子;果瓣革质,褐棕色或红褐色,常被白色粉霜。种子多颗,长圆形或椭圆形,棕色,光亮,果期 5~12 月。皂荚树的生长速度慢但寿命很长,可达六七百年,属于深根性树种。需要 6~8 年的营养生长才能开花结果,但是其结实期可长达数百年。

二、生长习性

皂荚喜光,稍耐阴,喜温暖湿润气候,有一定的耐寒能力。耐瘠薄,深根性,生长慢,寿命较长。喜深厚、肥沃、湿润的土壤,但对土壤要求不严,在石灰质及盐碱甚至黏土或沙土上均能正常生长。

三、主要分布

皂荚在我国主要分布于河南、山东等地;河南省太行山、桐柏山、大别山、伏牛山有野生。在中原地区主要分布于平顶山、许昌、漯河、洛阳、开封、新乡等地。在舞钢市的枣林镇、铁山乡等地孤立生长。铁山乡蒲冲村路边生长一棵100年生的皂荚古树;枣林镇的安寨小学院内有一棵大树,枝粗叶厚、遮天蔽日,成为当地一景。

四、种苗繁育与管理技术

(一)引种繁育苗木技术

1. 苗圃地选择

选择土壤深厚、肥沃,灌溉、排水、运输销售方便的地方为佳。

2. 苗圃地整地

一般准备繁育苗木的土地,每亩地施用经腐熟发酵的农家肥1 800~2 000 kg作基肥,同时,施入80~100 kg化学复合肥;然后,精耕细作,耙平土壤备播。

3. 种子的选择

皂荚要选择树干通直、长势较快、发育良好、树龄30~80年、种子饱满、没有病虫害、树体健壮的树作为采种母株,选择其种子,作为良种。

4. 种子采收

皂荚10月成熟即可采种。采收的果实放置于光照充足处晾晒,晒干后用木棍敲打,将果皮去除,然后进行风选,种子阴干后,放置于干净的布袋中储藏备用。

5. 种子播种

皂荚3月中旬播种。但是,其种皮较厚,播种前要进行处理才能保证出芽率。11月上旬,将种子放入水中浸泡48小时,捞出后用湿沙层积催芽,第二年3月中旬,种子开裂露白,可进行播种。播种前,苗圃地整地的时候,每亩地施用经腐熟发酵的农家肥1 800~2 000 kg作为基肥,提供肥力,促进土壤疏松透气,保证新生幼苗苗木快速生长。播种采用条播法,条距20 cm,每米播种15粒,播种后立即覆土,厚3~4 cm。保持土壤湿润,15~20天出芽。

6. 幼苗管理

新生幼苗出齐后,可用小工具进行松土。幼苗高14~15 cm时可进行定苗,株距11~12 cm。苗期加强水肥管理和病虫害管理。当年小苗可长到90~100 cm高。秋末落叶后,可按株距0.5 m、行距0.8 m进行移栽。移栽后要及时进行抹芽修枝,以促进苗干通直生长,利于培育成根系发达、树冠圆满的大苗。

7. 水肥管理

苗木生长期,4月或6月初施用1次化学复合肥;秋末施1次经腐熟发酵的农家肥,每亩土地施入3 000~4 000 kg。每月浇一次透水,7~8月,大雨后应及时将积水排出。秋末一次浇足浇透封冻水,保护苗木安全越冬。

(二)主要病虫害的发生与防治

1. 主要虫害的发生与防治

(1)主要虫害的发生。皂荚主要虫害有日本长白盾蚧、桑白盾蚧、皂荚云翅斑螟、宽边黄粉蝶。它们1年发生1~2代,主要危害叶片,交替重叠危害。

(2)主要虫害的防治。皂荚苗木生长期,5~9月,日本长白盾蚧、桑白盾蚧发生危害,可在12月对植株喷洒3~5波美度石硫合剂,杀灭越冬蚧体。若虫孵化盛期喷洒95%蚧螨灵乳剂 400 倍液、20%速克灭乳油 1 000 倍液进行杀灭。皂荚云翅斑螟发生,可用黑光灯诱杀成虫,在幼虫发生初期喷洒 3%高渗苯氧威乳油 2 800~3 000 倍液进行杀灭。宽边黄粉蝶危害,可用灭幼脲 1 300~1 500 倍液杀灭幼虫,用黑光灯诱杀成虫。

2. 主要病害的发生与防治

(1)主要病害的发生。皂荚主要病害为白粉病。发生时期在 6~8 月,高温干旱或高温湿度大时发生严重,叶片呈白色粉末状,正面少,背面多,影响树势生长。

(2)主要病害的防治。苗木生长期要加强水肥管理,特别是不能偏施氮肥,要注意营养平衡。在日常管理中,要注意株行距不能过小,树冠枝条也不能过密,应保持树冠的通风透光,使苗木健壮生长,防止病虫害的发生。4~5 月,当白粉病发生时,可用粉锈宁25%可湿性粉剂 1 500 倍液进行喷雾,每隔 7~8 天 1 次,连续喷 2~3 次,可有效控制住病情。

五、皂荚的作用与价值

(1)药用价值。皂荚果是医药、食品、保健品、化妆品及洗涤用品的天然原料。皂荚种子可消积化食开胃,皂荚树的荚果、种子、枝刺等均可入药,荚果入药可祛痰、利尿,皂荚的根、茎、叶可生产清热解毒的中药口服液。

(2)用材价值。皂荚为生态用材林、经济林型树种,耐旱节水,根系发达,可用作防护林和水土保持林;同时,具有固氮、适应性广、抗逆性强等综合价值,是退耕还林的首选树种。用皂荚营造草原防护林,能有效防止牧畜破坏,是林牧结合的优选树种和造林树种。

(3)景观价值。皂荚树冠圆满宽阔,浓荫蔽日,是河南等地优良乡土树种。皂荚耐热、耐寒、抗污染,可用于城乡景观营造、道路绿化、园林绿化、庭园美化,可作为乡村行道树,风景区、丘陵等地绿化观赏树种。

18　朴树

朴树,学名:Celtis sinensis Pers.,榆科朴属,又名沙朴、黄果朴、白麻子、朴榆等,落叶乔木,是中原地区优良乡土树种。

一、形态特征

朴树,树皮光滑,灰色,粗糙而不开裂,枝条平展,1 年生枝被密毛,叶质较厚,阔卵形或圆形,中上部边缘有锯齿,叶面无毛,叶脉沿背疏生短柔毛。异花同株,雄花簇生于当年生枝下部叶腋。叶厚纸质至近革质,通常卵状椭圆形或带菱形,幼时叶背常和幼枝、叶柄一样,密生黄褐色短柔毛,老时或脱净或残存,变异也较大;花期 4~5 月,两性花和单性花同株,生于当年枝的叶腋;核果近球形,红褐色;果柄较叶柄近等长;核果单生或 2 个并生,近球形,熟时红褐色;果核有穴和突肋;果梗常 2~3 枚(少有单生)生于叶腋,其中一枚果梗(实为总梗)常有 2 果(少有多至具 4 果),其他的具 1 果,无毛或被短柔毛,长 7~17 mm;果成熟时黄色至橙黄色,近球形,直径约 8 mm;核近球形,直径约 5 mm,具 4 条肋,表面有网孔状凹陷。种子 9~10 月成熟。

二、生长习性

朴树喜光,稍耐阴,适宜温暖湿润气候,适生于肥沃、平坦之地。对土壤要求不严,有一定耐干旱能力,亦耐水湿及瘠薄土壤,适应性较强。喜肥沃湿润而深厚的土壤,耐轻盐碱土。深根性、抗风力强,寿命较长。

三、主要分布

朴树主要分布于河南、山东、江苏、浙江、湖南、安徽等地,多生于平原遮阴处;长江中下游和淮河流域、秦岭以南至华南各省区生长,常见200~300年生的古树。多生于路旁、山坡、林缘,海拔100~1 500 m。中原地区主要分布于平顶山、安阳、南阳等地的低山区,在村落附近生长。

四、种苗繁育与管理技术

(一)引种繁育苗木技术

1. 苗圃地选择

朴树适应性强,不择土质;但是,繁育优质苗木的苗圃地,应该选择在肥沃疏松、排水良好的沙质壤土上,苗木生长较好。

2. 苗圃地整地

11~12月,选好地后,及时整地,采用大型拖拉机旋耕整地,每亩地施农家肥4 000~4 500 kg,有条件的施入饼肥100~150 kg、过磷酸钙40~50 kg作为基肥,然后深翻30~35 cm,精耕、耙细、整平即可。

3. 种子采收

种子9~10月成熟,果实呈红褐色,应及时采收。采收后堆放后熟,摊开阴干,去除杂物,擦洗取净,阴干与沙土混拌储藏。

4. 种子播种

春季3月播种,播种前要进行种子处理,用木棒敲碎种壳,或用沙子擦伤外种皮,方可播种,这样有利于种子发芽。苗床土壤以疏松肥沃、排水良好的沙质壤土为好,播后覆上一层细土,厚1~2 cm,再盖以杂草、秸秆、稻草,浇一次透水即可。

5. 苗木管理

播种后,9~10天后开始发芽,新生苗木出苗后,及时揭去杂草、秸秆、稻草。苗期要做好养护管理工作,注意松土、除草、追肥,并适当间苗,当年生苗木可高达30~40 cm。培养朴树盆景用的幼树要注意修剪整形,抑顶促侧,控制树苗高生长,促其主干增粗、侧枝生长,以利上盆加工造型。

(二)主要病虫害的发生与防治

1. 主要虫害的发生与防治

(1)主要虫害的发生。朴树主要虫害有盾木虱、红蜘蛛等。盾木虱是朴树的常见虫害之一,属同翅目木虱科单食性害虫,仅危害朴树,是危害朴树的专食性害虫。该害虫在河南、河北、东北1年2代,以卵越冬,每年4月末开始孵化,若虫共5龄,为害期每代持续

30 多天。红蜘蛛,每年都可产卵一次,一次数量多,可达 1 000 只左右,1 个月后进行孵化,一年可发生 13 代。它的分布范围广、食性杂,危害的植物较多。

(2)主要虫害的防治。盾木虱用 40%氧化乐果乳油 800~1 000 倍液防治效果最佳。红蜘蛛用 1 000 倍乐果乳油液喷杀,用呋喃丹拌入土中,采取逐渐渗入树体的办法可防治各种虫害。

2. 主要病害的发生与防治

(1)主要病害的发生。朴树的常见病害是白粉病。白粉病是一种危害叶片、茎和果实的疾病。白粉病发生在叶、嫩茎、花柄及花蕾、花瓣等部位,初期为黄绿色不规则小斑,边缘不明显。随后病斑不断扩大,表面生出白粉斑,最后该处长出无数黑点。染病部位变成灰色,连片覆盖其表面,边缘不清晰,呈污白色或淡灰白色。受害严重时叶片皱缩变小,嫩梢扭曲畸形,花芽不开。在叶片上开始产生黄色小点,一般情况下部叶片比上部叶片多,叶片背面比正面多。霉斑早期单独分散,后联合成一个大霉斑,甚至可以覆盖全叶,严重影响光合作用,使苗木的正常新陈代谢受到干扰,造成早衰,产量受到损失。

(2)主要病害的防治。一是越冬期用 3~5 波美度石硫合剂稀释液喷布或涂枝干,消灭越冬菌源。二是生长期在发病前可喷保护剂,发病后宜喷内吸剂,根据发病症状、花木生长和气候情况及农药的特性,间隔 5~20 天施药 1 次,连施 2~5 次。三是病害盛发时,可喷 15%粉锈宁 1 000 倍液、2%抗霉菌素水剂 200 倍液、10%多抗霉素 1 000~1 500 倍液,提倡交替使用。每 3~6 天喷 1 次,连续喷 3~6 次,冲洗叶片到无白粉为止。白粉病用 2 000 倍的粉锈宁乳液喷杀,最后要在冬季摘除病叶,并加以烧埋,清洁田园,减少越冬病源,加强栽培管理,增施肥料,以加强树势和提高抗病力。这样才可以降低发病率。

五、朴树的作用与价值

(1)工业作用。朴树茎皮为造纸和人造棉原料;果实榨油作润滑油;木材坚硬,可供工业用材;茎皮纤维强韧,可作绳索和人造纤维。

(2)园林用途。朴树是优良的行道树品种,主要用于道路绿化、公园小区栽植、景观树等。朴树树冠圆满宽广,树荫浓郁,农村"四旁"绿化都可用,也是河网区防风固堤树种。朴树可孤植作庭荫树,也可作行道树,并可选作厂矿区绿化及防风、护堤树种,又是制作盆景的常用树种。

19　白榆

白榆,学名:Ulmus pumila L.,榆科榆属,又名春榆、白榆树、家榆树、榆钱树、春榆树、榆树等,素有"榆木疙瘩"之称,落叶乔木,是中原地区优良乡土树种。

一、形态特征

白榆,树高达 25~30 m,胸径 1 m,树冠圆球形。树皮灰褐色,幼时光滑,老干则呈圆片状剥落。小枝灰白色,无毛,幼树树皮平滑,灰褐色或浅灰色,大树之皮暗灰色,不规则深纵裂,粗糙,冬芽先端不紧贴小枝。叶小、质厚而硬,椭圆形、卵形或倒卵形,先端短渐尖或钝,基部楔形,不对称,边缘有单锯齿,叶面光滑而有光泽,叶背淡青绿色,叶椭圆状卵形等,叶面平滑无毛,叶背幼时有短柔毛,后变无毛或部分脉腋有簇生毛,叶柄面有短柔毛,在生枝的叶腋成簇生状。花先叶开放,簇生于叶腋。翅果长椭圆形或卵形,先端凹,果熟近圆形,熟时黄白色,无毛。翅果稀倒卵状圆形。花期3~4月,果熟期4~6月。

二、生长习性

白榆,阳性树种,喜光、耐旱、耐寒、耐瘠薄,不择土壤,适应性很强。根系发达,抗风力、保土力强。能耐干冷气候及中度盐碱,但不耐水湿(能耐雨季水涝);亦能耐-20 ℃的短期低温;对土壤的适应性较广,在酸性、中性和石灰性土壤的山坡、平原及溪边均能生长,生长速度中等,寿命较长。深根性,萌芽力强。对二氧化硫等有毒气体及烟尘的抗性较强,叶面滞尘能力强。

三、主要分布

白榆主要分布于黑龙江、河北、山东、河南、山西等地,零星种植或路林或行道树种植。中原地区主要分布于濮阳、安阳、焦作、郑州、开封、新乡、三门峡、洛阳、平顶山、南阳、驻马店、信阳、周口、商丘等地。

四、种苗繁育与管理技术

(一)引种繁育苗木技术

1. 苗圃地选择

选择土壤肥沃、平坦、排水良好、浇水条件优越、交通便利,或土层较厚的沙壤土地作苗圃地为好。

2. 苗圃地整地

苗圃地选择好以后,在9~12月用大型拖拉机旋耕土地,同时,每亩地施入农家肥6 000~8 000 kg、复合肥100 kg作基肥,备播。

3. 采收种子

为了提高种子品质,种子应选自15~30年生的健壮母树。4月中旬榆钱由绿色变浅黄色时适时采种,或当种子变为黄白色时即可采收。过早采收,种子不成熟或不饱满,影响发芽率;过晚采集,种子易被风刮走。种子采收后不可暴晒,应使其自然阴干,轻轻去掉种翅,避免损伤种子。

4. 种子播种

4月,采收阴干后及时播种。一般采用条播,行距30 cm,开浅沟将种子播入,覆土厚0.5~1 cm,覆土过深则种子萌芽出土困难。播种后应稍加镇压,便于种子与土紧密结合和保墒。土壤干旱时不可浇蒙头大水,只可喷淋地表,以免土壤板结或冲走种子,覆土1 cm踩实,因发芽时正是高温干燥季节,最好再覆土3 cm保湿,促进种子发芽。每亩用种3~4 kg。

5. 苗木管理

播种后,6~10天出芽,10~13天幼苗出土,小苗长到2~3片真叶时开始间苗,苗高

5~6 cm 时定苗,每亩留苗 3 万~4 万株。间苗时及时浇水,幼苗期加强中耕除草,7 月至 8 月上旬可追施复合肥 8~10 kg,每 15 天 1 次,追施 2~3 次;也可施用新型叶面肥。8 月中旬以后不可再施氨态氮肥,并要控制土壤水分,以利苗木木质化和苗木快速生长。苗高生长达到 10~20 cm,第二年间苗至株行距 60 cm × 30 cm,以后根据培养苗木的大小间苗至合适的密度即可,后期依然加强肥水管理,抚育成长为大苗木。

(二)主要病虫害的发生与防治

(1)主要虫害的发生。白榆主要虫害是食叶害虫和蛀干害虫,分别为榆毒蛾、绿尾大蚕蛾、榆凤蛾、金花虫、天牛等。榆毒蛾、绿尾大蚕蛾、榆凤蛾、金花虫集中在生长期发生危害,危害特点是幼虫破坏叶片,受害轻时,叶片残缺不全;严重时,叶片全无,呈夏树冬景。天牛是蛀干危害,以幼虫蛀食树干,危害皮层和木质部,切断植物的输导组织,使树体水分、养分供应不足而逐渐衰弱,发生严重危害造成树干枝枯折断等情况,经天牛的连年危害后,树木可整株枯死。

(2)主要虫害的防治。针对白榆的主要食叶害虫和蛀干害虫天牛,采取综合防治方法。一是灯光诱杀。成虫羽化期利用黑光灯诱杀。二是人工防治。结合养护管理摘除卵块及初孵群集幼虫集中消灭,消灭越冬幼虫及越冬虫茧。三是生物防治。保护和利用土蜂、马蜂、麻雀等天敌。于绿尾大蚕蛾卵期释放赤眼蜂,寄生率达 60%~70%,低龄幼虫期危害,喷洒 25% 灭幼脲 3 号悬浮剂 1 500~2 000 倍液防治,高龄幼虫期喷洒每毫升含孢子 100 亿以上苏云金杆菌(Bt)乳剂 400~600 倍液防治。四是化学防治。幼虫盛发期喷洒 20% 灭扫利乳油 2 500~3 000 倍液或 20% 杀灭菊酯乳油 2 000 倍液。天牛防治,5~6 月,成虫发生期,人工捕杀成虫。杀卵,天牛在树干上产卵部位较低,产卵痕明显,用锤敲击可杀死卵和小幼虫。毒杀,清除虫孔粪屑,注入 50% 敌敌畏乳油 100 倍液,用湿泥封口,以杀死树干内的幼虫,或用棉球蘸 50% 杀螟松乳剂 40 倍液,塞入虫孔,泥土封闭蛀孔,熏杀幼虫。

五、白榆的作用与价值

(1)景观作用。白榆在园林绿化中,新叶嫩绿,树皮斑驳可观,树形优美,姿态潇洒,枝叶细密,具有较高的观赏价值。白榆在庭园孤植、丛植,与亭榭、山石配植都很合适。栽作庭荫树、行道树或制作成盆景均有良好的观赏效果。

(2)绿化作用。榆树因抗性较强,可选作厂矿区绿化树种。榆树是良好的行道树、庭荫树、工厂绿化、营造防护林和"四旁"绿化树种。

(3)用材价值。白榆木材直,是供建筑、家具、农具等的良好用材。

20　榉树

榉树,学名 Zelkova serrata(Thunb.) Makino,榆科榉属植物,又名光叶榉、光光榆、马柳光树、鸡油树等,落叶乔木,是中原地区优良乡土树种,还是国家二级重点保护植物。

一、形态特征

榉树,树高达 25~30 m,胸径达 80~100 cm;树皮灰白色或褐灰色,呈不规则的片状剥落;当年生枝紫褐色或棕褐色,疏被短柔毛,后渐脱落;叶薄纸质至厚纸质,大小形状变异很大、卵形、椭圆形或卵状披针形,长 2~8 cm,宽 1~3 cm,先端渐尖或尾状渐尖,基部有的稍偏斜,稀圆形或浅心形,边缘有圆齿状锯齿,具短尖头,侧脉 8~14 对;上面中脉凹下被毛,下面无毛。叶柄长 4~9 mm,被短柔毛。雄花具极短的梗,径约 3 mm,花被裂至中部,花被裂片 6~7,不等大,外面被细毛,退化子房缺;雌花近无梗,径约 1.5 mm,花被片 4~5,外面被细毛,子房被细毛。核果,上面偏斜,凹陷,直径约 4 mm,具背腹脊,网肋明显,无毛,具宿存的花被。花期 4 月,果期 10 月。

二、生长习性

榉树喜光,喜温暖环境。耐烟尘及有害气体。适生于深厚、肥沃、湿润的土壤上,对土壤的适应性强,酸性、中性、碱性土及轻度盐碱土均可生长,深根性,侧根广展,抗风力强。忌积水,不耐干旱和贫瘠。生长慢,寿命长。

三、主要分布

榉树在我国主要分布于河南、山东、甘肃、陕西、湖北、江苏等地。多生长在海拔 500 m 以下的浅山丘陵、山地、平原等地。在中原地区主要分布于濮阳、安阳、焦作、郑州、开封、新乡、三门峡、洛阳、平顶山、南阳、驻马店、信阳、周口、商丘等地。

四、种苗繁育与管理技术

(一)引种繁育苗木技术
1. 苗圃地选择
苗圃地宜选地势平坦、整地做床有水源浇灌,且土层深厚、肥沃的沙壤土或轻壤土立地。

2. 苗圃地整地
播种前,苗圃地要深翻细耕,清除杂草,施足基肥,每亩施入农家肥 5 000~8 000 kg。圃地细耙整平后,筑成宽 120 cm、高 20~25 cm 的苗床备播。

3. 种子采收
选择结实多、籽粒饱满的健壮母树采种。不同的用途,采收不同母树的种子。培育用材林,母树要求树形紧凑、树体高大、干形通直、枝下高较高、旺盛且无病虫害;培育园林绿化品种,母树要求树冠开阔、树体丰满、叶色季相变化丰富、色叶期较长、变色期早;培育盆栽观赏类型,母树要求树体矮小、树形奇异。

4. 采种时间与采种方法
10 月下旬至 11 月上旬,当果实由青色转褐色时采种。采用自然脱落法或敲打小枝法在地面收集种子。采种后要先除去枝叶等杂物,然后摊在室内通风干燥处自然干燥 2~3 天,再行风选。储存前于室内自然干燥 5~8 天,使种子含水量降到 13% 以下。

5. 种子播种

插种可在晚秋和初春进行。采取条播方式,行距 20 cm,覆土厚度为 0.5 cm,并盖草浇透水。秋播随采随播;春季在 3 月上中旬发芽,种子发芽率和出苗率高,苗木生长期长;但易受鸟兽危害。春播宜在雨水至惊蛰时播种,最迟不得迟于 3 月下旬。苗床播种后加盖遮光率 50%~75% 的遮阳网,有利于保湿和后期苗木管理。播种量为每亩 15~20 kg 种子,保持土壤湿润,以利于种子萌发。

6. 苗期管理

插种后 25~30 天,种子发芽出土,应及时揭草炼苗,并防治鸟害。幼苗期需及时间苗、松土除草和灌溉追肥。苗木生长高峰期在 7 月至 9 月下旬。苗期每年应除草 3~5次,每次松土除草后追肥 1 次,最后一次施肥可在 8 月上旬进行。榉树苗期苗木会出现分权,需及时修整修剪。

7. 中耕除草

榉树苗木生长期,松土除草是榉树大苗(幼树)管抚的重要措施。通过松土除草,防止杂草与幼树争夺土壤水分和养分,提高土壤通气性,改善苗木根系的呼吸作用和根际环境,促进土壤微生物的繁殖和土壤有机物的分解,促进苗木生长。幼龄期的榉树圃地,每年需松土除草 3~4 次。每次松土除草后,应将杂草覆盖根际保墒保湿。

8. 抗旱排涝

榉树虽能适应一定的干旱气候,但仍需适生湿润气候。气候持续干旱时,应及时浇水灌溉,防止苗木失水致死,雨季,尤要及时开沟排水、降渍。地下水位过高和土壤含水过多,均会对榉树产生严重不良影响。

9. 合理施肥

榉树苗木培育需在速生季节适时施肥。施肥的原则是:苗木生长初期,选用速效肥料;生长中期(速生期)施用氮素化肥;后期增施磷、钾肥,促进苗木木质好。施肥量:1 年生苗木年平均每亩施复合肥 3~4 kg,采用前轻、中稳、后控的施肥方法,一般年施追肥 4~6 次。2 至多年生苗木每年每亩施复合肥 8~10 kg 即可。

10. 修枝整形

榉树修枝整形是为了培养漂亮的树形,增加卖相,提高经济收入。修枝宜在初夏生长季或冬季休眠期进行,时间以冬季休眠时为好。随着树龄增大,2~3 年开始逐年修去树高 1/3 的底层枝,持续修剪多次。依据榉树的培植目标,修枝培养树形的要求为:培育园林绿化树种,主干枝下高度应保持在 2.5~3 m,并及时去除内膛枝、交叉枝、平行枝、病虫枝及枯死枝。

(二)主要病虫害的发生与防治

1. 主要虫害的发生与防治

(1)主要虫害的发生。榉树主要虫害是毒蛾、袋蛾、金龟子等,危害叶片,主要发生在苗木幼苗期,它们集中危害,或交替危害,受害的苗木枝叶不全,影响苗木快速生长。

(2)主要虫害的防治。4~6 月,害虫集中发生期,预防为主,防治为辅,对食叶害虫可及时喷洒 80% 敌敌畏 1 000 倍液、90% 敌百虫 1 200 倍液或 2.5% 敌杀死 6 000 倍液等杀虫剂 1~2 次防治;对于地下害虫,须浇灌或用毒饵诱杀防治。

2. 主要病害的发生与防治

（1）主要病害的发生。榉树主要病害是溃疡病,该病为全株性传染病,主要发生在树干和主枝上,不仅为害苗木,也能为害大树。症状表现:感病植株多在皮孔边缘形成分散状、近圆形水泡形溃疡斑,初期较小,其后变大呈现为典型水泡状,泡内充满淡褐色液体,水泡破裂,液体流出后变黑褐色,最后病斑干缩下陷,中央有一纵裂小缝。受害严重的植株,树干上病斑密集,并相互连片,病部皮层变褐腐烂,植株逐渐死亡。

（2）主要病害的防治。榉树溃疡病发病时间,4月上旬至5月间以及9月下旬为病害发生高峰。防治方法:一是及时清除死亡植株;二是在病害发生初期,施用多菌灵或敌百虫20~30倍液进行全株涂抹,7~8天连续用药3~4次。

五、榉树的作用与价值

（1）观赏作用。榉树树姿端庄,高大雄伟,秋叶变成褐红色,是观赏秋叶的优良树种。可孤植、丛植于公园和广场的草坪、建筑旁作庭荫树;与常绿树种混植作风景林;列植于人行道、公路旁作行道树,降噪防尘。榉树侧枝萌发能力强,在其主干截干后,可以形成大量的侧枝,是制作盆景的上佳植物材料,可使其脱盆或连盆种植于园林中或与假山、景石搭配,均能提高其观赏价值。

（2）经济价值。木材纹理细,质坚,能耐水,供桥梁、家具用材;茎皮纤维可制人造棉和绳索。

（3）绿化作用。榉树苗期侧根发达,长而密集,耐干旱瘠薄,固土、抗风能力强,可作为防护林带树种和水土保持树种加以推广。榉树还可以作为混交林的树种,例如榉树与国槐混交栽培,可以充分利用空间和营养面积,能较好地发挥防护效益,增强抗御自然灾害的能力,改善立地条件,充分利用土地资源和光照资源,提高林产品的数量和质量,实现经济利益最大化。

21　白檀

白檀,学名:Symplocos paniculata(Thunb.)Miq.,又名灰木、碎籽树等,山矾科山矾属,落叶小乔木或灌木,是极具开发前景的园林栽培观赏树种。

一、形态特征

白檀,树高3~9 m,胸径10~15 cm。嫩枝有灰白色柔毛,老枝无毛。叶互生,纸质。叶片阔倒卵形、椭圆状倒卵形或卵形,基部阔楔形或近圆形,边缘有细尖锯齿,叶面无毛或有柔毛,叶面中脉凹下,侧脉平坦或微凸起。圆锥花序,有柔毛;苞片条形,有褐色腺点;花萼萼筒褐色,裂片半圆形或卵形,有纵脉纹,边缘有毛,花冠白色。核果卵状球形,熟时蓝色或蓝黑色。

二、生长习性

白檀喜光,稍耐庇荫,喜湿润、疏松的中性、微酸性土壤。适生于海拔350~2 000 m的山坡、谷地疏林或密林中。

三、主要分布

白檀主要分布于东北、华北、华中、华南、西南各地。北美有栽培。河南省舞钢市国有石漫滩林场南部的秤锤沟、长岭头、官平院等林区海拔 300~600 m 的谷地、山腰疏林、林缘或密林中有散生分布。

四、种苗繁育与管理技术

(一)引种繁育苗木技术

1. 种子的采集与处理

选择壮年白檀树作为采种母树,采种时间为 9 月下旬至 10 月上旬,切忌掠青早摘。采后果实需要堆沤 3~5 天,待果皮软熟后装入布袋反复搓洗,除去果皮及杂质得到种子。种子千粒重 140 g 左右,含水量应保持在 30% 左右,忌失水,不宜日晒或干藏。种子在播前或处理前应吸足水。种子透水性良好,浸种 24 小时后,种子吸水量可达到 30%~40%。白檀种子的强迫性休眠可用酸蚀处理,一般用比重 1.84 的浓硫酸酸蚀 5.5 小时后置流水中冲洗 18 小时,减少种壳对种胚的约束,增加种皮的透气性。用赤霉素处理可调控解除种子的生理休眠。酸蚀和赤霉素两者配合,在强烈人工或自然变温条件下,能使白檀当年播种出苗率达到 44% 左右;单一方法处理过的种子当年发芽率不太高,要待第二年方可萌发。

2. 适时播种

播种时间为 4 月中下旬,播种方法为人工撒播或条播,1 m² 可播种 12~24 g,覆土宜浅。条播行距 18~20 cm,播种沟深 8 cm,先在沟底施已腐熟的基肥,基肥上盖 5~6 cm 厚的园土,然后播种。若进行芽苗移栽,可加大播种密度,播种量每亩施入 80~100 kg 生物肥。播种后覆土厚 1.5 cm,最好用稻草覆盖,可起到保湿、抑制杂草的作用,盖草厚度以能保证苗床不过干过湿为度。

3. 圃地选择

选择避风阴凉、地势平坦、不积水、排灌方便的圃地,土质要求疏松湿润的沙质壤土。土壤深翻 20~30 cm,清除石块、杂草。结合翻耕施入优质腐熟有机肥,每亩施入 80~90 kg。同时圃地要结合土壤深挖翻晒,杀虫灭菌,1 m² 杀虫用 50% 辛硫磷 2 g,混拌适量细土,撒于土壤,表面覆土;1 m² 杀菌用 3 g 代森锌,混拌适量细土,撒于土壤。然后整平苗床,苗床东西走向,稍加镇压,再筛盖一层 9~10 cm 的基质(火土灰、河沙、黄心土各1/3),床面宽 1 m,床高 18~20 cm,步道宽 35 cm。如在向阳开阔处做床播种,则需要搭建荫棚,高度 1.5 m 左右,要求盖双层遮阳网,降低圃地内的光照强度。

4. 苗期管理技术

5 月初,幼苗开始出土,此时应及时拔除苗圃内杂草。除草后结合松土,施 0.11% 的稀薄氮肥水,以利幼苗生长。6~9 月是苗木生长旺季,必须做到勤除草、多施肥,肥料以氮肥为主。雨季苗床四周应挖深沟,利于排水,以防雨天积水伤根。7~8 月,肥水中应增施钾肥,以促进苗木木质化,增强其抗性。9 月以后不再施肥。

5.定植管理

1年生苗高40 cm左右,第二年春季按30 cm×30 cm的株行距进行定植培育,也可在圃地继续留床培育。2年生苗高80~100 cm,地径1~1.5 cm。这时便可出圃造林或作绿化大苗培育,培育大苗需按60 cm×60 cm的株行距进行移栽管理。

（二）主要病虫害的发生与防治

白檀抗性强,极少遭受病虫危害。苗期如有小地老虎危害幼苗,可用敌百虫、菊酯类药剂进行喷施防治。发生严重的地块,在幼虫3龄前,每亩喷撒2.5%的敌百虫粉2~3 g。施毒土的方法是:2.5%溴氰菊酯毒土1:2 000(药:土或沙)或20%杀灭菊酯1:2 000,每亩用量为20~25 kg,对低龄及大龄幼虫都有效。

五、白檀的作用与价值

（1）用材价值。白檀材质优良,可作建筑用材,制作精工家具、雕琢器物,开发旅游纪念工艺品。

（2）杀虫作用。白檀叶药用,根皮与叶作农药用。

（3）观赏价值。白檀开花繁茂,白花蓝果,甚是好看,尤其是早春飘散着阵阵花香,不是桂花胜似桂花,是极具开发前景的园林栽培观赏树种。

22　厚壳

厚壳,学名:Ehretia thyrsiflora（Sieb. et Zucc.）Nakai,紫草科厚壳树属,又名大岗茶、松杨等,落叶乔木,是园林绿化、城乡建设的优良野生观赏树种。

一、形态特征

厚壳,树干高达15 m,呈条裂黑灰色树皮;枝淡褐色,平滑,小枝褐色,无毛,有明显的皮孔;腋芽椭圆形,扁平,通常单一。叶椭圆形、倒卵形或长圆状倒卵形,长5~14 cm、宽4~6 cm,先端尖,基部宽楔形,稀圆形,边缘有整齐的锯齿,齿端向上而内弯,无毛或被稀疏柔毛;叶柄长2~3 cm,无毛。聚伞花序圆锥状,长7~14 cm,宽5~7 cm,无毛;花多数,有芳香;花萼长1.5~2 mm,裂片卵形;花冠钟状,白色,长3~4 mm,裂片长圆形,开展,长2~2.5 mm。核果,近球形,橘红色,熟后黑褐色,直径3~4 mm;核具皱折,成熟时分裂为2个具2粒种子的分核。花期4月,果熟期7月。

二、生长习性

厚壳属于亚热带及温带树种,根系发达,适应性强,喜光、耐阴,喜温暖湿润的气候和深厚肥沃的土壤,耐寒,较耐瘠薄,根系发达,萌蘖性好,耐修剪。适宜生长在海拔100~1 700 m的丘陵、山地、平原疏林、山坡灌丛及山谷密林中,是适应性强的树种。

三、主要分布

厚壳主要分布于河南、山东、陕西、湖北、湖南等地。河南省舞钢市国有石漫滩林场三林区互庙沟、大石棚、秤锤沟,四林区大河扒、老虎爬,五林区官平院,海拔300~500 m的沟谷、山脚之林缘、疏林、灌丛中有野生,生长不良,大树少见。

四、种苗繁育与管理技术

(一)引种繁育苗木技术

1. 采收种子

厚壳果实于7月下旬开始成熟,当果实由绿色变橘红色时即可集中采收。采收后的果实应该及时去果皮,进行沙藏层积处理。

2. 种子播种

第二年3月土壤解冻后,进行催芽、播种。播种量为每亩5~9 kg,采用开沟条播,沟深2~3 cm,行距30~40 cm。灌足底水,水渗后将种子均匀撒入播种沟内,播后立即覆土,覆土厚度1.5~2 cm。播种前应撒药消灭地下害虫。厚壳种子发芽率一般在85%左右,播后4~10天开始出苗。当幼苗长出4~5片真叶时,应及时进行间苗和移栽补缺,留苗密度20 cm×30 cm,留苗量为每亩4 500~6 000株。苗木生长期,6月中旬应追施1次尿素,施肥量为每亩施入4~5 kg。6月下旬至8月上旬的苗木迅速生长期,应每隔15~20天追1次尿素,施肥量为每亩施入5~6 kg,施肥应结合浇水进行,浇水后要及时松土除草。8月上旬以后应停止施氮肥,并减少浇水次数,以促进苗木木质化。10月落叶后可出圃,当年播种苗平均苗高为50~55 cm,最高为90~100 cm,平均地径为0.5 cm,最大地径可达1.5 cm,苗木成活率可达92%以上。

(二)植树造林技术

1. 苗木栽植

栽植的地块应选用排灌方便、土壤通气良好的沙壤土和壤土,土层厚度为80~100 cm。起苗时间,应根据栽植时间而定,尽量做到随起随栽。秋季苗木自然落叶后至春季苗木萌动前起苗,起苗应做到少伤侧根、须根。为避免冬季发生冻害,应以春栽为宜,时间在土壤解冻后至萌芽前,株行距1.0 m×2.0 m或2.0 m×3.0 m,后期进行移栽或间伐。挖长、宽、深各80 cm的穴,栽植前应将表土与少量腐熟有机肥拌匀后施入下层,栽后立即灌足水分,浇后盖上一层细土,有条件的可以增加支架,防止风吹,提高造林成活率。

2. 合理浇水

厚壳是速生树种,对水分的要求较高,因此适时灌溉不仅能提高栽植成活率,还能提高厚壳的生长量。在5~6月干旱季节,适时灌溉,以保证苗木旺盛生长。秋季干旱时也要进行灌溉。灌溉次数和灌水量视天气与土壤情况而定。年降水量低于800 mm的地区每年要灌水3~4次。

3. 科学施肥

肥料是厚壳速生的必要条件。定植时要在树穴内施基肥,一般土杂肥每个树穴可施10~15 kg,复合肥每株可施0.4 kg。在厚壳树生长高峰出现之前,每年4月底至5月上旬要进行追肥,追肥量幼树每株0.5 kg尿素,大树每株1 kg尿素。施肥要与浇水结合进行。

4. 管理技术

在厚壳树林未郁闭前,每年除草不少于2~3次。通过间作不仅提高土地利用率,还可通过对间作套种作物的管理,如松土、除草、浇水等措施,起到抚育幼林,促进林木生长,增加收益的作用。间作套种应以矮小、耐阴、耗水肥少的作物为好。

5.修剪技术

适时修枝可提高树干质量,让树干笔直、树冠圆满。修去下部衰弱的枝条,并剪除树干基部的萌条,培养直立强壮的主干,修枝应在秋季树木落叶后进行,生长季节及时去除多余的萌蘖。修枝时剪口要平滑,不能撕裂树皮。

五、厚壳的作用与价值

(1)造林绿化作用。厚壳树冠紧凑圆满,枝叶繁茂,春季白花满枝,秋季红果遍树,是美丽的乔木树种。可观叶、观花、观果,也可观树姿,色形兼备,尽观其美。可用于园林绿化、行道树造林和庭院栽植,可片林栽培或单株种植。

(2)用材价值。厚壳木材坚硬,是建筑及家具用的优良木材。

(3)食用价值。厚壳嫩芽可供食用,是山区林农食用的优良野生菜芽。

23　紫椴

紫椴,学名:Tilia amurensis Rupr.,椴树科椴树属,又名籽椴,落叶乔木,既是优质用材树种,又是优良园林观赏树种,更是中国原产树种。

一、形态特征

紫椴,树高10~25 m。树皮暗灰色,纵裂。2年生枝紫褐色。小枝黄褐色或红褐色,呈“之”字形,皮孔明显。单叶互生,近圆形,长、宽均4~8 cm。基部心形,边缘具叶脉射出,形成规则尖锯齿,齿端呈倒钩刺状向内弯曲。表面暗绿色,无毛,背面淡绿色,仅脉腋处簇生褐色毛。叶柄长2~4 cm,无毛。聚伞花序,花序分枝无毛,长4~8 cm,苞片倒披针形或匙形,长4~5 cm,无毛,具短柄;果呈球形或椭圆形,直径0.5~0.7 cm,被褐色短毛,具种子1~3粒。种子褐色,卵圆形,长5~8 mm,棱或有不明显的棱,直径约0.5 cm。花期6~7月,果熟期9月。

二、生长习性

紫椴性喜光、稍耐阴、喜温、喜湿润、稍耐旱。喜中性、微酸、微碱性肥沃湿润壤土,适生于海拔400~1 000 m的山腰、山脚、谷地阔叶林或针阔混交林内。对土壤要求比较严格,喜肥、喜排水良好的湿润土壤,多生长在山的中下部,土壤为沙质壤土或壤土,尤其在土层深厚、排水良好的沙壤土上生长良好。

三、主要分布

紫椴主要分布于河南、山东、河北、山西、黑龙江、吉林、辽宁等地。紫椴主要生长在杂木林或者是混交林中。河南省舞钢市国有石漫滩林场秤锤沟、灯台架、官平院等林区有野生分布,海拔350~500 m的阴坡、山腰、谷地,立地条件好的阔叶林内有散野生;三林区瓦庙沟、秤锤沟,四林区大河扒、支锅石沟有分布,最大树高 10 m,胸径 16~18 cm。生长健壮,枝叶茂盛。

四、种苗繁育与管理技术

(一)引种繁育苗木技术

1. 种子选择

选择优质种子,可以提高苗木繁育成活率。种皮坚硬的种子,生产上经常采用的种子催芽方法是沙藏催芽,沙藏催芽法简便、效果好,更适合于生产上推广与应用。

2. 种子沙藏

紫椴种子具有较长的休眠期,种皮坚硬,种子含油量高,发芽前必须进行催芽,即越冬混沙进行室外埋藏,种子储存量和安全含水量应保持在 10%~12%。10 月底或 11 月初用冷水浸泡 5~6 天,使种子吸足水分,然后以 1:2 比例与河沙混合拌匀,平铺在 50~60 cm 的土坑内(同时放一把玉米秆用于通气换气,保证种子有氧气呼吸而有生命力),上铺 10~15 cm 厚湿沙,再覆盖 20~25 cm 的土层,最上面盖稻草或农作物秸秆。坑内保持 3 ℃左右低温,沙藏 140~150 天。第二年 3 月上旬,播种前的 1 个月将种子取出,放置在室外向阳处,与沙混合晾晒,每天翻动搅拌 1 次,其目的是保持温度、增加湿度,促进种子发芽。

3. 苗圃地整理

紫椴育苗应选择土层深、地力肥且平坦的沙壤土。切忌选在重黏土和棕黄土的涝洼地上。选择的苗圃地应该在 10~11 月,深细耙翻 25~30 cm,然后将地面整平,精耕细耙,做床长 35~40 cm、宽 90~100 cm、高 18~20 cm,打垄,浇透水,施入腐熟农家肥,每亩施入 5 000~8 000 kg,或过磷酸钙 3 000~4 000 kg。为防治地下病虫害,可加入森得保药物,掺入肥中施用,每亩施入 50 kg。然后覆土 1.5~2.0 cm,镇压后再次浇水,并覆盖细碎草屑或木屑于床面上以保湿。

4. 种子播种

紫椴种皮非常坚硬,沙藏后有 1/3 种子裂嘴时即可播种。在整个催芽过程中,要不断搅翻种、沙,保持 60%湿度,通常种子发芽率可达 60%。播种在 5 月上旬进行,播种量每亩播种 4~5 kg,播后盖细壤土镇压,再盖遮阳网。

5. 幼苗管理

播种后,保持苗床床面湿润,播后 10~15 天种子即可发芽出土,幼苗 2.0~3.0 cm 高时进行间苗。苗床浇水要细流漫灌,禁忌大水急流进行灌溉,避免使土壤板结,影响到种子继续出苗。有条件的可利用喷雾灌溉设施对其进行雾化降水,喷灌时间最好选择在上午 10:00 前和下午 3:00 后。要始终保持幼苗床面的湿润,雨季要特别注意防涝。当苗木长到 3.0~5.0 cm 高时就可定苗,尽可能做到苗间距相等,这样有利于苗木的生长发育。3 天后追施 1 次氮肥,定苗以后必须浇水,浇水要注意浇透,同时还要注意量少次多的原则。在苗期要适时除草和松土,每年要锄草 4~5 次。苗木进入速生期后,可追施硫酸铵 2~3 次,施肥量为每亩施入 15~20 kg。到了苗木生长后期,为使苗木充分木质化,可适当喷施磷钾肥(0.5%硫酸铵),为避免苗木叶片被烧伤,施完后要马上用清水冲洗苗木茎部和叶片。为了不让苗木在秋后徒长,最后一次追施硫酸铵必须在7月下旬前完成,使其及早完成木质化,提高过冬抗性。

6. 苗木出圃

起苗时间最好是在苗木落叶以后,通常在10月下旬。将起好的苗木进行假植,并注意保护好苗木的根系,还要使苗木根部舒展,然后用土盖严,这样才能确保苗木安全越冬。2年生时苗木高可以达到80~100 cm,胸围可以达到8~12 cm,此时再留床生长1年,当苗木生长到根系发达、干性良好时,可用作培育大规格苗木。

(二)造林绿化技术

1. 苗木选择

10~11月,对造林地块,经整地施肥后,做80 cm宽的大垄。当3月上旬土壤疏松时,选择1~2年生苗木,按照株行距1 m×2 m栽植。定植4~5年后,苗木胸径可达3~4 cm,高达3.5~4.5 cm,即可出圃分栽移植。在造林管理中,又是培育大苗的过程,每年都要进行中耕除草,适当追肥,发现病虫害要及时防治。每年还要及时剪除树高1/2以下的侧枝。

2. 造林技术

造林移植的苗木出圃要保证顶芽饱满,木质化程度好,并且没有受到过病虫的伤害。造林要注意在土壤地力肥沃、土层较深厚且湿润的地块内,采用穴状整地的方式,挖坑60 cm或80 cm见方;另外,坡地则要求穴坑外高里低,以便于蓄水保温,最好在头年伏天将造林地整好,通常视立地条件采用株行距为1.5 m×2.0 m和1.50 m×1.50 m,避免苗木密度太大,影响其正常生长发育。紫椴1年生幼苗以匍匐形式生长,很容易出现倒伏现象,所以建议选择使用Ⅰ、Ⅱ级苗木为好。Ⅰ级苗要求高度为45 cm以上、胸径0.8 cm以上,Ⅱ级苗要求高度为35 cm以上、胸径0.6 cm以上。由于紫椴幼苗匍匐生长,并伴有容易受冻害和分杈现象,因而造林时要加大密度,通常以每亩700~800株为宜。同时还要加大对幼林的抚育,一般5年进行1次,首先对当年造林的幼苗要扩大坑穴进行培土和踏实。要使苗木根系与土壤紧密接触,防止有缝隙出现透风受冻害,保证安全过冬。另外,还要及时锄草、浇水。

(三)主要病虫害的发生与防治

紫椴主要病害是椴毛毡,种子发芽前就将其越冬的螨虫杀死,可用5波美度石硫合剂喷布;苗木出圃时,对苗木需要采用50 ℃热水浸10分钟,还可用硫黄进行熏蒸,然后将所有落叶烧掉以彻底消灭侵染的病源。

五、紫椴的作用与价值

(1)绿化作用。紫椴树干通直、冠形圆满,花苞奇特,春秋色叶、形色相融。紫椴用途广泛,病虫害非常少。紫椴有"象牙板"和世界四大行道树的美称。可作为山区植树造林的伴生树种,还可用作庭院观赏树种及行道树。

(2)经济价值。紫椴木材纹理通直、细腻,可供建筑用材,制作胶合板、纤维板,也是造纸原料;种子可以用来榨油。经济价值较高,花可入药,种子可以榨油。萌蘖性、抗烟抗毒性特别强,同时还具有固碳释放氧气、降低温度、增加湿度、吸收重金属的能力。

（3）食用价值。紫椴花蜜营养丰富，是良好的蜜源树种；椴花为上等蜜源，其蜜糖为我国传统优质蜂蜜之一。甜润适口，晶莹洁白，色纯味香，营养丰富，含葡萄糖和果酸达70%。具多种维生素、无机盐、有机酸酶类及生物素，可增进人体健康。

24 山羊角

山羊角，学名：Carrierea calycina Franch，大风子科山羊角树属，又名山杨、嘉利树、嘉丽树、山丁木、山羊果等，落叶乔木。

一、形态特征

山羊角，树高 12~16 m，树冠扁圆形，树皮黑褐色，不规则开裂，不剥落；幼枝粗壮，紫灰色或灰绿色，有白色皮孔和叶痕，无毛；冬芽圆锥形，芽鳞有毛；叶薄革质，长圆形，长 9~15 cm，宽 4~5 cm，基部圆形、心形或宽楔形，边缘有疏钝锯齿，齿尖有腺体，上面深绿色，无毛，或沿脉有疏茸毛，下面淡绿色，沿脉有疏茸毛，叶脉明显，脉 3 条，侧脉 4~5 对。叶柄长 3~7 cm，上面有浅槽，下面圆形，幼时有毛，老时则无毛。花雌雄同株，白色，圆锥花序顶生，花序较山拐枣小，少分枝，密被茸毛。花梗长 1~2 cm，有叶状苞片 2 片，长圆形，对生。雌花直径 0.6~1.0 cm，雄蕊多数，花丝长约 1.7 cm。果为蒴果，木质，羊角状，长 4~5 cm，直径 1~1.5 cm，有棕色茸毛。果梗粗壮，有关节，长 2~3 cm。种子多数，扁平，四周有膜质翅。花期 5~6 月，果期 7~10 月。

二、生长习性

山羊角喜光、耐阴，喜湿润、耐旱，喜疏松、肥厚壤土，喜中性、微酸性土壤，适生于海拔 400~1 500 m 的山腰、山脚、谷地，在林区、林间、山坡或疏林等地有野生分布。

三、主要分布

山羊角主要分布于河南、湖北、湖南、广西、贵州、云南、四川等地。河南省舞钢市国有石漫滩林场南部三林区的瓦庙沟、秤锤沟，四林区的大河扒、支锅石沟，五林区的官平院有野生分布，生长在海拔 300~600 m，沟谷、山坡有零星野生，与阔叶林混生。山羊角树整体形态与山拐枣相近，明显特征以叶脉、花序、结果、果形予以区分。

四、种苗繁育与管理技术

山羊角在城乡绿化、荒山造林及风景区、公园美化和街区行道绿化中具有观叶、观果的景观效果，是良好的绿化树种。由于野生在山区，其苗木繁育、引种造林技术研究工作正在进一步探索中。

五、山羊角的作用与价值

（1）观赏价值。山羊角冠形优美，果形奇特，状似羊角，适应性强，在城乡美化、风景区和公园美化、街区行道绿化中具有良好的景观作用。

(2)用材价值。山羊角木材结构细密,材质良好,是建筑、家具、农具和器具等优质用材。山羊角种子榨油,是良好的工业用油料。

25　铁橡栎

铁橡栎,学名:Quercus cocciferoides Hand.-Mazz.,壳斗科栎属,又名刺叶栎、刺青冈。常绿或半常绿乔木,是荒山造林的优良树种。

一、形态特征

铁橡栎,树高 3~6 m;幼枝有黄色星状毛,后渐脱净。叶片纸质,长椭圆形、卵状长椭圆形、叶倒卵形至椭圆形,长 3~5 cm,宽 2~3 cm,先端圆形,基部圆形至心形,边缘有刺状锯齿或全缘,幼时上面疏生星状茸毛,下面密生棕色星状毛,中脉有灰黄色茸毛,老时仅在下面中脉基部有暗灰色茸毛,叶脉在上面凹陷,叶面皱折,侧脉 4~8 对;叶柄长 2~3 mm。雄花序长 2~3 cm。花序轴被苍黄色短茸毛;雌花序长约 2.5 cm,着生 4~5 朵花。壳斗杯形或壶形,包着坚果约 3/4,直径 11.5 cm,高 1~1.2 cm;不紧贴壳斗壁,被星状毛。坚果 2 年成熟,卵形至椭圆形,直径约 1 cm,高 1~1.2 cm,顶端短尖,有短毛,果脐微突起,直径 2~3 mm。花期 4~6 月,果期 9~11 月。

二、生长习性

铁橡栎喜光,耐干旱、耐瘠薄,对土壤酸碱度要求不严格。适生在海拔 400~600 m 的石质山地瘠薄土壤,纯林或与其他阔叶树混交。

三、主要分布

铁橡栎主要分布于河南、陕西、甘肃、湖北、四川、云南等地。河南省舞钢市国有石漫滩林场马鞍山北坡有零星分布。生长不良,呈灌丛状。中国迄今发现的最大的铁橡栎,在陕西宁陕县江口回族镇南梦溪,直径 1.4 m,树龄约 2 500 年,仍然枝繁叶茂,四季长青。铁橡栎在秦岭、巴山、金沙江、南盘江河谷等生于海拔 1 000~2 500 m 的山地阳坡或干旱河谷地带,由于河谷地带气温高、湿度低,大树在 2~3 月开花和发新叶前有一段落叶期,故称为半常绿树种,但小树长势旺盛,冬季不落叶。

四、种苗繁育与管理技术

铁橡栎喜光照、耐瘠薄、耐干旱,适应性强,野生在山区,其种子繁育苗木后,引种造林成活率低。所以,引种铁橡栎树造林绿化,常用其种子在造林地中直播,9 月下旬或 10 月采收种子,即种子直接在林地挖穴播种,每亩播种 15~20 kg,成活率高。

五、铁橡栎树的作用与价值

(1)造林绿化作用。铁橡栎树形低矮,叶片带刺,常绿油亮,形态奇异,耐干旱、耐瘠薄,是荒山造林的优良树种,也可作园林观赏辅助树种。

（2）经济价值。铁橡栎种子含淀粉,可作牲畜饲料;另外,其壳斗和树皮含鞣质,可提炼轻工业染料。

26　白栎

白栎,学名:Quercus fabri Hance,壳斗科栎属,又名白栎、栎树、橡树、青冈树、橡栎、林子等。果实形似蚕茧,故又称栗茧。落叶乔木或灌木状,是山区经济、生态兼用型优良野生珍稀树种。

一、形态特征

白栎,树高可达 20 m,树皮灰褐色,冬芽卵状圆锥形,芽鳞多数,叶片倒卵形、椭圆状倒卵形,叶缘具波状锯齿或粗钝锯齿,叶柄被棕黄色茸毛。花序轴被茸毛,壳斗杯形,包着坚果;小苞片卵状披针形,排列紧密,坚果长椭圆形或卵状长椭圆形,果脐突起。4 月开花,10 月结果。

二、生长习性

白栎喜光,喜温暖气候,较耐阴;喜深厚、湿润、肥沃土壤,也较耐干旱、瘠薄,但在肥沃、湿润处生长最好。萌芽力强。在排水良好的中性至微酸性沙壤土上生长最好,排水不良或积水地不宜种植。与其他树种混交能形成良好的干形,深根性,萌芽力强,但不耐移植。适生于海拔 200~1 600 m 的谷地、山坡,与其他栎类或阔叶林混生。

三、主要分布

白栎主要分布于湖北、湖南、浙江、江西、福建、广东、广西、河南、云南、贵州、四川等地,多生于山坡杂木林中。河南省舞钢市石漫滩国有林场的官平院、秤锤沟、老虎爬等各林区海拔 300 m 以上谷地或山坡有零星分布,与其他栎类或阔叶林混生野生。

四、种苗繁育与管理技术

（一）引种繁育苗木技术
1. 种子采种

白栎种子坚果 10 月成熟。果长圆形或卵状长椭圆形,长 1.8~2.0 cm,径 7~12 mm。采收果实后,10~11 月,可以点播造林,或播种育苗;或藏于地窖,或润沙储藏,第二年 3 月春播。

2. 幼苗生长形态

留土萌发,主根在土中不规则伸展,较细、弯曲。侧根发达,褐色。根的萌发反映了白栎忍耐恶劣环境的能力。主根长,侧根少、纤细、短,故在幼苗期应进行切根移栽。可切去主根长度的 1/3~1/2,即切即移植,成活率可达 100%。这种做法可促使主根萌发 3 条以上较粗的侧根,可提高造林成活率。

3. 幼苗管理

4~8 月,及时浇水、施肥,经过 1~2 年培育,可出圃造林。

(二)造林绿化技术

1. 造林技术

白栎是喜光阳性树种,适应性强,无论是山区、丘陵均可造林,在土壤瘠薄、干燥之处亦能生长,唯以土层比较深厚、肥沃的阳坡山地生长更为良好。栽植密度,可因经营目的的不同而定,以用材为主的,株行距 1.5 m×1.5 m 或 2.0 m×2.0 m;以采收果实或割取绿肥为主的,培育矮林,应密植,株行距 1.0 m×1.0 m 即可。

2. 抚育技术

白栎通过精细管护、施肥浇水、抚育管理,加快速生,早日成材成林。红壤低丘陵的白栎,之所以形成矮林,除自然条件外,主要是缺乏管理,平茬次数过多,多代萌条,以致成不了材。为此,用材、薪柴宜区划经营,以发挥其生产潜力。作为用材林经营的,幼林期间的中耕除草、中期的疏伐抚育及病虫害防治等,都应跟上。

五、白栎的作用与价值

(1)食用价值。白栎坚果是"橡实"的一种。橡实作为一种传统的野生木本粮食资源,可作为食品、饲料的原料;橡实淀粉含量高,其淀粉无毒,质地和口感较好,营养丰富,能达到淀粉的食用标准。

(2)用材价值。白栎木材具光泽,花纹美丽,纹理直,结构略粗,不均匀,重量和硬度中等,强度高,干缩性略大,耐腐,常作地板用材。木材坚硬,花纹美观,耐磨耐腐,可供家具、装修、车辆等用材。白栎嫩叶可饲养柞蚕,老叶可用来作绿肥。栎材及其枝丫是很好的薪炭材。利用栎木可培养香菇及木耳等。白栎适应性强,耐干旱、耐瘠薄,用途广泛,有着既能作用材林,又能作薪炭林,也能作饵料林及用果林等诸多优点,同时由于为深根性树种且根系发达,枯枝落叶层厚,能有效地改良土壤和防止水土流失,是优良的经济、生态兼用型树种。

(3)观赏价值。白栎萌芽力强,树形优美,秋季其叶片季相变化明显,由绿色变红色,最后金黄色等,具有较高的观赏价值,可以作为园林绿化树种,具有良好的观赏价值。

27 短柄枹

短柄枹,学名:Quercus glandulifera var. brevipetiolata Nakai,壳斗科栎属,落叶乔木,是优良荒山造林树种。

一、形态特征

短柄枹,高达 10~15 m,树皮暗灰褐色,不规则深纵裂。幼枝有黄色茸毛,后变无毛。单叶互生,叶片长椭圆状披针形或披针形,叶边缘具粗锯齿,齿端微内弯,叶片下面灰白色,被平伏毛。花单性同株。雄花序下垂或直立,整序脱落,雌花序直立,花单朵散生或 3 数朵聚生成簇,分生于总花序轴上成穗状。每壳斗有坚果 1~3 个,坚果有棱角或浑圆,顶部有稍凸起,近平坦,或凹陷。花期 4~5 月,果期 9~10 月。

二、生长习性

短柄枹适应性强,喜光照,耐干旱、耐瘠薄,对土壤要求不严格,适生于海拔 200~1 500 m 的山坡、谷地,浅山丘陵均能生长栽培。

三、主要分布

短柄枹主要分布于山东、河南、陕西、甘肃以南及长江流域各省,落叶乔木,稀灌木。河南省舞钢市石漫滩林场南部秤锤沟、王沟、长岭头、官平院等山区有分布,海拔 300~600 m 的坡地、岭脊或岩缝林下、疏林均有生长,多与天然次生林混生。

四、种苗繁育与管理技术

短柄枹树形挺拔,抗风力强,叶片奇特,油绿光亮,是防风环保林树种,也是城乡行道绿化树种,更是园林造林绿化观赏的良好树种。在当前的乡村振兴、造林绿化、园林美化建设中发挥着不可替代的作用,正在广泛应用。由于该树种属于野生分布,其引种繁育技术正在进一步开发;由于其种子要保湿保墒储存,才能提高繁育成活率,在造林应用推广中,一般采用种子直接点播造林绿化。

五、短柄枹的应用与价值

(1)用材价值。短柄枹木材红褐色,坚硬细腻,材质上等,是码头、坑道桩柱、车、船、器械、地板、家具及建筑用材。

(2)食用价值。短柄枹果实是坚果,自古以来就是山区林农的木本粮食,种子含鞣质,淀粉较高,可加工备荒食料、饲料或酿造原料。叶片光滑无毛,山区林农常用作蒸馒头的笼布、包粽子的包装材料,替代纸张和塑料袋。

(3)观赏价值。短柄枹树形挺拔,抗风力强,叶片奇特,油绿光亮,是城乡行道绿化树和园林绿化、小区美化、风景区造林绿化观赏的良好树种之一。

28　千金榆

千金榆,学名:Carpinus cordata.,桦木科鹅耳枥属,又名千筋榆、鹅耳枥、千金鹅耳枥等,落叶乔木。

一、形态特征

千金榆,树高达 15~18 m。树皮灰色;小枝棕色或橘黄色,小枝及叶柄初时稍被毛,后无毛。叶厚纸质,长 5.5~12 cm,叶片卵形或矩圆状卵形,基部心形,侧脉直伸,叶缘具细锐长尖的重锯齿,具 15~20 对。春季开花,雌雄同株,葇荑花序。果穗上有多数叶状果苞,小坚果生于果苞基部。果序无毛或疏被短柔毛;果苞宽卵状矩圆形,小坚果矩圆形,无毛,具不明显的细肋。5 月花叶同时开放,果熟期 9 月。

二、生长习性

千金榆,喜光、耐寒冷,喜深厚、肥沃、湿润土壤,稍耐干旱。适生于海拔 300~1 500 m 的溪边、谷地、山地阴坡阔叶林内,山脊生长少分布。

三、主要分布

千金榆主要分布于辽宁、黑龙江、吉林、河北、河南、陕西、甘肃、湖北、安徽、四川等地; 在深山生长于海拔 500~2 500 m 的地区,多生长于较湿润肥沃的阴山坡和山谷杂木林中。 目前,由人工引种栽培。河南省舞钢市石漫滩国有林场,南部山区海拔 300~600 m 的龙 王撞、灯台架、老虎爬、大河扒、秤锤沟、大虎山野生自然生长分布。多生长在谷地、山腰林 下或疏林,与阔叶林伴生,更有岩缝中野生。

四、种苗繁育与管理技术

(一)引种繁育苗木技术

1. 种子采收

9 月,在种子成熟期,选择形态完整、发育健壮、无病虫害、向阳生长各方面性状优良 的中龄千金榆母树采种,选择硕大饱满、色泽鲜亮、无病虫害、无机械损伤的果实进行 采集。

2. 种子处理

采集后种子经过阴干、脱粒、去杂等工序后,放置在阴凉通风处,达到安全含水率后在 阴凉通风处储藏。在土壤结冻前,种子浸泡吸足水后进行消毒,然后用细沙和种子混拌, 比例为 3∶1,将混拌均匀的种子装入编织袋中,放在室外深度 50~80 cm 的土坑内,中央放 一把草以利透气,覆土 15~20 cm,并防止鼠害和踩踏。

3. 苗圃地选择

苗圃地要求地势平坦、交通方便、上风头没有污染源,要与农田具有一定距离或具有 林分隔离带,离水源近、窝风向阳、排水良好、坡度小于 10°,要尽可能选择中、厚层暗棕 壤,避开白浆化和草甸化暗棕色森林土,避开低洼和西南坡易遭受晚霜的土壤,土壤以中 性、微酸性土壤为好。10 月,入冬前对第二年育苗地进行全面机械翻耙,翻耕深度达 30~ 40 cm 以上,土壤要耙平耙碎,人工拣出草根残根杂物,通过冬季低温风化疏松土壤,杀死 地里的害虫、虫卵。第二年在播种前,育苗地每亩施用充分腐熟的农家肥 5 000~8 000 kg,或复合肥 40~50 kg,土壤消毒剂每亩均匀施用硫酸亚铁 10~12 kg,杀虫剂每亩均匀施 用森得保药物 2~3 kg,然后再重新翻旋一遍,耙平耙碎,拣出草根残根杂物。整地后,按 床宽 100~120 cm、步道宽 40~60 cm、床高 15~18 cm 做床,耙平床面,备播。

4. 播种方法

采用撒播,播种量每亩 4~5 kg。将处理后的千金榆种子均匀地撒播在床面上,用滚 子镇压,然后筛土覆盖,覆土厚度 0.5~1.2 cm,再行镇压,后覆盖草帘,以保持苗床湿度和 温度,促进苗木出芽率,确保苗木快速健康生长,提供优质合格苗木。

(二)造林绿化技术

1. 造林地块的选择

千金榆是一种喜水、喜光、喜肥、喜通风的阳性树种,要做到速生丰产,对立地条件要求相对比较严格。因此,选择中性或偏酸性的退耕还林地为最佳;选择中性或偏酸性的荒山荒地,要阳坡,坡度小于20°,山地土壤石渣混合土最好,土层厚度要大于15~30 cm,海拔在500~800 m为宜;选择郁闭度小于0.5的疏林地。

2. 造林时间

造林时间要与苗木的生长规律、生物特性相适应,尽量在苗木休眠期或落叶期移栽,以提高苗木的成活率。通常造林多为3月或10月。地区的不同,对时间要求也有所不同。尽量在无风或风小的阴天,最好是雨前。

3. 苗木选择

造林用的千金榆幼苗,要选择顶芽饱满、长势好、根系发达完整、无病虫害、无机械损伤的2年生优质苗木,地径0.8~1.0 cm,苗高40~60 cm,主根长15~25 cm,侧根数量达到5~10个以上。这是保证造林成活率和保存率的重要因素之一。

4. 林地整地

造林地块或退耕还林地要用拖拉机深耕整地,按株行距进行穴状整地即可,规格为长70 cm×宽70 cm×高70 cm;选择郁闭度小于0.5的疏林地造林前要割灌,带状整地或穴状整地。带状整地为顺山设带,带宽300~600 cm,穴深30~40 cm;穴状整地规格为长70 cm×宽70 cm×高70 cm;搂去带上或穴上的草皮,拣出草根、树根及石块等。合理密度:林木要丰产,密度是关键,千金榆造林采用200 cm×200 cm株行距进行。

5. 适当密植

本着定向培育的原则,当苗木生长到一定时期,可以适当移栽或作绿化苗木出售,保证试验林透光度,提高其他苗木生长量。栽植时做到扶正踩实,不窝根、不露根。这样不仅有利于苗根的保护,而且能提高造林成活率。

五、千金榆的作用与价值

(1)观赏价值。千金榆叶色翠绿,树姿美观,果序奇特,具有观赏价值,可用于公园、绿地、小区绿化,适合孤植于草地、路边或三五株点缀栽培观赏。

(2)用材作用。千金榆树形美观,冠形圆满,叶片浓绿,可作为庭院庇荫、行道绿化、园林点缀观赏,同时储备木材。木材坚实,可作机械、车辆、家具、农具等优良用材。

29　鹅耳枥

鹅耳枥,学名:Carpinus turczaninowii Hance,桦木科鹅耳枥属,落叶小乔木,是森林公园、风景区绿化、城镇广场、人行道、园林美化、庭园观赏的优良树种,中国特有树种。

一、形态特征

鹅耳枥,树高5~10 m。树皮暗灰褐色,粗糙,浅纵裂。枝细瘦,灰棕色,无毛,小枝被短柔毛。叶卵形、宽卵形、卵状椭圆形或卵菱形,长 3~5 cm、宽 2~3.5 cm。果序长 3~5 cm,序梗长 10~15 cm,序梗、轴被短柔毛;果苞变异较大,半宽卵形、半卵形至卵形,长 6~20 mm、宽 4~10 mm,疏被短柔毛,顶端钝尖或渐尖。小坚果宽卵形,长约 3 mm,无毛或顶端疏生长柔毛。坚果,果序下垂,长 6~20 mm。花期 4~5 月,果期 8~9 月。

二、生长习性

鹅耳枥适应性强,耐干旱、耐寒冷、耐瘠薄,适应山区造林、城乡绿化。适生于海拔 500~2 000 m 的山坡或山谷林中,山顶、贫瘠山坡都能生长。

三、主要分布

鹅耳枥主要分布于辽宁、山西、河北、河南、山东、陕西、甘肃等地。河南省舞钢市石漫滩国有林场的龙王撞、灯台架、老虎爬、大河扒、秤锤沟、大虎山等林区有野生分布,海拔 350~700 m 的谷地、山坡有分布。生于林下或疏林,与阔叶林混生。

四、种苗繁育与管理技术

鹅耳枥枝叶茂密,冠形圆满,叶形秀美,宜作森林公园、景区绿化景观点缀、城镇广场、人行道园林绿植及庭园观赏,具良好的观赏效果,很受人们喜爱。也可用于盆景制作。鹅耳枥的盆景制作,其树桩盆景,通过连年的养护管理才能达到理想的观赏效果。

(一) 盆景管理

鹅耳枥生长在有限的盆土中,土壤定量,极易干燥缺水,如不适时浇水,就有干死的危险,但遇多雨季节,又容易积水,造成根缺氧,使植物窒息。浇水的次数因季节而定,3~4 月每日中午浇水 1 次,6~8 月的夏季和 9 月早秋每天分上、下午进行浇水,晚秋每天浇 1 次,冬天 2~3 天浇 1 次。盆景浇水均以胶管喷洒,用浇壶灌浇等浇水方法,应保持盆面湿润,阳光强时,应适当遮阴。一般情况下,盆土不干不浇,浇则必透,不浇半水、地皮水。不论是河水、自来水、井水,均需用水池先储存 1~2 天,使水温与盆土温度接近,不致因浇水引起温度的激变,损伤根系,甚至造成萎蔫。

(二) 施肥技术

鹅耳枥盆景所施用的肥料类别为有机液肥,含有蹄角、豆饼、麻酱渣等有机肥;无机肥有磷酸二氢钾、硫酸亚铁等。施肥时间在春梢停止生长时(6 月中下旬),用腐蚀肥追肥效果最好,薄肥勤施,一共施 50~60 天即可。

(三) 修剪鹅耳枥

树木盆景是一种特殊的艺术品,不是一次加工就能成型的,树木盆景在造型完毕之后,还需要不断修剪、绑扎,也就是通常所说的"再加工"。树木通常在春暖花开的季节萌芽、抽梢,然后伸长,一些不利于成型的枝条(夏季形成一代的短枝、长枝甚至还有很多徒长枝)萌发影响原来枝片(树冠)的形态,使原来的规则式树木盆景变得不规则了。这就需要修剪整形工作,以提高树木盆景的观赏价值。修剪工作包括摘心、摘芽、摘叶、修枝等。修剪的时期为初夏、盛夏、秋天落叶后 3 个时期。抹芽,留 2~3 个芽眼,其余全部去掉,可以用剪子平剪,特别是萌芽力强的,极易发生许多不定芽,如任其生长,不仅消耗养分,而且影响树形,降低价值。修枝有疏枝和短枝两种形式,多在休眠期进行,主要是将过密、重叠、交叉、平行、下垂等枝条从基部剪去,促进萌发新枝,保持景观效果。

五、鹅耳枥的作用和价值

(1)观赏价值。鹅耳枥制作盆景,尤其是树桩盆景,可通过连年的养护、科学管理达到理想的观赏效果。鹅耳枥枝叶茂密,叶形秀丽,颇美观,宜庭园观赏种植。

(2)用材价值。鹅耳枥木材坚韧,可制农具、家具、日用小器具等。种子含油,可供食用或工业用。

30　大果榆

大果榆,学名:Ulmus macrocarpa Hance,榆科榆属。落叶乔木或灌木,树势挺拔,冠形宽大,树叶秋季变红,适作景区、公园景观树配景,城镇及乡村四旁绿化。其根系发达,侧根萌芽性强,是防护林工程优良树种之一。

一、形态特征

大果榆,树高达 10~15 m,胸径可达 35~40 cm,树皮暗灰色或灰黑色,纵裂,粗糙,幼枝有疏毛,1~2 年生枝淡褐黄色或淡黄褐色,稀淡红褐色,无毛或 1 年生枝有疏毛,具散生皮孔。叶宽倒卵形、倒卵状圆形,叶长 6~12 cm、宽 4~8 cm,先端短尾状,基部渐窄至圆,两面粗糙,叶面密生硬毛,叶背常有疏毛,脉腋常有簇生毛,侧脉每边 6~16 条,边缘具大而浅钝的重锯齿。花自花芽或混合芽抽出,在上年生枝上,排成簇状聚伞花序或散生于新枝的基部。果实为翅果,宽倒卵状圆形、近圆形或宽椭圆形,基部多少偏斜或近对称,微狭或圆,柱头面被毛,两面及边缘有毛,果核部分位于翅果中部,宿存花被钟形,外被短毛或几无毛。花、果期 4~5 月。

二、生长习性

大果榆为阳性树种,喜光,根系发达,侧根萌芽能力强;耐寒冷、耐干旱、耐瘠薄。在全年无霜期为 135~145 天、极端最高温 29 ℃、极端最低温-30 ℃、年降水量 200 mm 的气候条件下能正常生长。对土壤要求不高,稍耐盐碱,在沙土、含 0.16%苏打盐渍土或钙质土及 pH 值 6.5~7.0 的土壤中生长稳健,在土壤和气候条件良好的环境下其寿命较长。大果榆生于海拔 700~1 800 m 地带的山坡、谷地、台地、黄土丘陵、固定沙丘及岩缝中。

三、主要分布

大果榆主要分布于黑龙江、吉林、辽宁、内蒙古、河北、山东、江苏、安徽、河南、山西、陕西、甘肃、青海等地。河南省舞钢市国有石漫滩林场的官平院、老虎爬、大河扒、冷风口、转香楼山等处有野生分布,海拔 350~600 m 的山谷、山腰天然次生阔叶林内有分布。与其他榆类、牛鼻栓、栎类混生。

四、种苗繁育与管理技术

(一)引种繁育苗木技术

1. 采收种子

采种母树以15~30年生的健壮树为好。当果实由绿色变为黄白色时,即可采收。采后应置于通风处阴干,清除杂物。可随采随播,如不能及时播种,应密封储藏。

2. 播种地选择

选择排水良好、土壤肥沃,最好是沙壤土或壤土地,作苗圃地。

3. 苗圃整地

播种前一年秋季整地,深翻20~30 cm以上,每亩施基肥3 000~5 000 kg,并撒敌百虫粉剂1.5~2.0 kg,毒死地下害虫。3月上旬做苗床,长9~10 m、宽1.2 m。

4. 种子播种

播种时需先灌水,待水分全部渗入土中、土不粘手时播种。种子可不作处理。秋季播种时间为10月下旬至11月中旬。播种方法:采取条播,播幅宽5~10 cm,株距2~3 cm,行距10~12 cm。播后覆土0.5~1.2 cm,并稍加镇压,以保持土壤湿润,促进发芽。每亩用种2.5~3.0 kg,播后10~15天即可出苗。待幼苗长出2~3片真叶时,可间苗,苗高5~6 cm时定苗,每亩留苗2.5万~2.8万株,间苗后适当灌水,并及时除草、松土。6~7月追肥,每亩施入复合肥100 kg或硫铵4~5 kg,每隔半月追1次肥,8月初停止追肥,以利幼苗木质化。如幼苗发生炭疽病,每周可喷洒1%波尔多液1~2次即可,从而达到苗木速生快长,提早成苗出圃。

(二)造林绿化技术

1. 造林时期

3月或10月均可造林,3月上旬在土壤解冻后至苗木萌发前,10月上旬,在苗木落叶后至土壤封冻前进行造林,这两个时期造林成活率高。

2. 造林苗木选择

采用1年生苗木成活率高,挖穴,穴直径为30~40 cm,深28~30 cm,行距2.5 m,株距1.5~1.8 m,每亩造林120~150株。将苗木植入穴中,填入细土踩实,然后浇水并培土。

3. 造林后期管理

造林地栽植后2~3年内的苗木,要精心管护,及时进行松土、除草和培土。大果榆在幼龄期发枝较多,应及时修剪整枝,不同季节修剪侧重点不同。冬季幼树落叶后至翌春发芽前,将当年生主枝剪去1/2,剪口下3~4个侧枝剪去,其余剪去2/3。夏季生长期剪去直立强壮侧枝,以促进主枝生长。还应掌握"轻修枝,重留冠"的原则,不断调整树冠和树干比例。2~3年幼树,树冠要占全树高度的2/3。根据培育材种不同,确定树干的高度,达到定干高度后,不再修枝,使树冠扩大,可加速生长。

(三)主要病虫害的发生与防治

大果榆主要病虫害分别是:食叶害虫榆紫金花虫,危害较轻;食叶黑绒金龟子、榆白边舟蛾、榆毒蛾等,危害造成叶片残缺不全,严重时造成"夏树冬景"。黑绒金龟子防治:可用50%敌敌畏乳剂800~1 000倍液喷布毒杀;或在成虫出现盛期,人工振落捕杀成虫或挂杀虫灯诱杀成虫。榆白边舟蛾防治:榆白边舟蛾成虫有较强的趋光性,夜间可用灯光诱杀,其幼虫群集时,可喷洒90%敌百虫800~1 000倍液毒杀或用苏云金杆菌或青虫菌600~800倍液喷杀幼虫;另外,幼虫有受惊时吐丝落地的习性,可振动树干使其落地捕杀,或秋后在树干周围挖蛹。榆毒蛾防治:可秋季在树干束草或在干基放木板、瓦片等诱杀幼虫,用苏云金杆菌或青虫菌700~900倍液喷杀幼虫。成虫可用黑光灯诱杀。

五、大果榆树的作用与价值

(1)造林作用。大果榆树叶秋季变红,树冠大,是城市绿化及乡村"四旁"造林绿化树种。大果榆又是防护林工程的造林树种之一。

(2)用材价值。大果榆木材坚硬致密,不易开裂,纹理美观,适用于车辆、枕木、建筑、农具、家具等,是优良的用材树种。

(3)食用价值。大果榆种子产量较高,种子含油量为39%,其中癸酸占脂肪酸总重量的66.5%。这两种物质含量均居榆属之首。种子油可供食用和工业用油,种子还可酿酒、制酱油、入药。大果榆树皮、根皮富含纤维,树皮含纤维素54.85%,可作纺织、造纸原料。幼枝是林农用于编织的材料,树叶大,是牛、羊、猪的良好饲料。

31　裂叶榆

裂叶榆,学名:Ulmus laciniata (Trautv.) Mayr.,榆科榆属,又名青榆、大青榆等,落叶乔木,为良好造林绿化树种之一。

一、形态特征

裂叶榆,树高达20 m,胸径50 cm;树皮淡灰褐色或灰色,浅纵裂,裂片较短,常翘起,表面常呈薄片状剥落。叶倒卵形、倒三角状、倒三角状椭圆形或倒卵状长圆形,叶面密生硬毛,叶背被柔毛,叶柄极短。花排成簇状聚伞花序。翅果椭圆形或长圆状椭圆形,除顶端凹缺柱头面被毛外,余处无毛。果长1.5~2 cm、宽1~1.4 cm,果核部分位于翅果的中部或稍向下。花、果期4~6月。

二、生长习性

裂叶榆适应性强,耐盐碱、喜光照,稍耐阴,耐干旱、耐瘠薄,喜中性、微酸性土壤。适生于海拔400~1 000 m的山坡、谷地林内或疏林中。在土壤深厚、肥沃、排水良好的地方生长良好。

三、主要分布

裂叶榆主要分布于辽宁、吉林、黑龙江、河北、山东、山西、陕西、河南等地。河南省舞钢市国有石漫滩林场官平院、灯台架、大河扒、瓦庙沟等处沟谷、山腰有零星分布,与天然次生阔叶林混生野生分布。

四、种苗繁育与管理技术

(一)种子繁育苗木技术

1. 种子采收与播种

种子应及时采收,随采随播,以提高发芽率。5月下旬至6月初采种,采种后及时催芽处理,可用种子混沙露天催芽(种沙温度20℃左右)、种子混沙塑料棚催芽(种与沙混合在一起的温度25℃左右)等处理方法。其中种子混沙塑料棚处理出芽率高。做到白天勤翻动种沙,适量洒水,保持一定湿度。种子经过催芽处理后7~10天,发现有少量种子裂嘴露白即可在苗圃地播种。

2. 播种量

播种量为每亩25~30 kg,播种苗密度为每亩1.5万~2.2万株,即每平方米保留40~50株。

(二)嫁接繁育苗木技术

1. 砧木的培育

(1)种子采集与处理。嫁接前一年的4月下旬至5月初,白榆种子成熟季节,从白榆种子园或种质基因库中的母树上采集饱满的种子,清除杂物净种,将种子去翅,待播。

(2)育苗地选择。育苗地选择地势平整、水肥条件适中、排灌方便的地方,切忌在土壤黏重、易积水的地方育苗。育苗前圃地要深耕、耙平,圃地每亩可施有机肥1 000~2 000 kg,或每亩施复合肥80~100 kg,耕前撒施,随耕入土层。做畦,畦宽1~2 m,埂宽30~35 cm。

(3)苗圃地播种。种子处理好后即播种,每亩播种量2~3 kg,开沟条播,行距60~70 cm,每米长播种45~50粒,覆营养土1.5~2.0 cm,轻轻镇压覆土,然后浇水,浇足浇透,保墒,10~15天幼苗出土成活。

(4)苗圃地间苗。种子发芽后,幼苗长到10~12 cm时进行定苗,按株距18~20 cm,留1株生长健壮苗,去除多余苗木。对缺苗断垄的地方,按株距18~20 cm移植多余苗进行补植,每亩留苗4 500~5 000株。定苗后应及时浇水。至苗木生长结束,当年苗高可达1~1.6 m,地径0.8~1.1 cm,达到砧木苗木标准。

2. 砧木和接穗的选择

选取1年生健壮的白榆实生苗木作砧木。2月上中旬从裂叶榆母树采取当年生生长健壮、芽子饱满的径粗0.6~1.0 cm的1年生壮枝作接穗,每接穗保留2~3个芽,两端封蜡,放背阴处混湿沙地下储藏,或用双层塑料封闭,在5℃低温下储藏备用。

3. 嫁接方法

嫁接选用劈接、插皮接等几种嫁接方法均可。3月上旬进行嫁接,成活率高。此时,树液开始流动,根据不同用途,将砧木截干,削平切口。剪取4~5 cm长的接穗,下端削出双马耳形削面,削面要平滑无刺,一边厚,一边薄。在砧木切口处,用劈接刀楔部撬开砧木形成层,把接穗楔形削面插入砧木韧皮部与木质部中间,用塑料薄膜连带接穗接口绑缚即可。

4.嫁接后幼苗管理

嫁接 10~15 天后,嫁接体萌芽破膜,嫁接成活。25~30 天后嫁接体与砧木完全愈合后,剪除嫁接部位的塑料薄膜。嫁接苗生长特别旺盛,嫁接成活后,一是接穗要及时抹芽,保留一个健壮芽培养树干;二是在风大的季节,要绑支架对嫁接部进行固定保护;三是嫁接成活后要及时清除砧木萌芽,以免影响嫁接体生长,日后继续加强肥水管理,嫁接后苗圃地要保持土壤疏松湿润,及时浇水,保证嫁接苗木发芽整齐,成活。根据苗圃地干湿情况及时浇水,5~8 月生长季节浇水 6~8 次。确保苗木快速健壮生长。

5.施肥

5 月上中旬,苗圃地幼苗应施第一遍追肥,施肥量为每亩 15~20 kg,以氮磷钾复合肥为宜;第二遍追肥在 6 月中旬,施肥量为每亩 40~50 kg,以复合肥和尿素各半为宜;第三遍追肥在 7 月中下旬,施肥量为每亩 40~50 kg,以磷酸二铵为主。

6.松土锄草

浇水后 10~15 天,松土锄草一次,松土的深度 1~2 cm;要特别注意不要损伤、松动苗木。以后视杂草和土壤板结情况,进行松土除草,每次锄草时,要除早、除小、除净。

(三)主要病虫害的发生与防治

1.主要病害的发生与防治

(1)主要病害的发生。裂叶榆主要病害为榆溃疡病、榆枯枝病。榆溃疡病发生病害的特征为,受害树木多在皮孔和修枝伤口处发病,发病初期病斑不明显,颜色较暗,皮层组织变软,呈深灰色。发病后期病部树皮组织坏死,枝、干部受害部位变细下陷,纵向开裂,形成不规则斑。当病斑环绕一周时,输导组织被切断,树木干枯死亡。小树、苗木当年死亡,大树则数年后枯死。榆枯枝病发生病害特征为,发病初期症状不明显,皮层开始腐烂时也无明显症状,只有小枝上叶片萎蔫,叶形甚小,剥皮可见腐烂病状。此后病皮失水干缩,并产生朱红色小疣点。若病皮绕树枝、树干一周,就会导致枯枝、枯干死亡。

(2)主要病害的防治。榆溃疡病防治方法,严格禁止使用带病苗木,一经发现病株就地烧毁。及时修枝,防治榆跳象,提高抗病力。发病初期用甲基托布津 200~300 倍液,或50%多菌灵可湿性粉剂 50~100 倍液涂抹防治即可。榆枯枝病防治方法,一是注意防治害虫,预防霜冻及日灼;二是及时修枝,清理病虫枝和病虫木及枯立木。修剪不宜过度。同时清除枯枝、枯树及病树。

2.主要虫害的发生与防治

(1)主要虫害的发生。裂叶榆主要虫害有榆毒蛾、绿尾大蚕蛾等,主要危害叶片,危害显著特征为受危害叶片千疮百孔或残缺不全。

(2)主要虫害的防治。综合防治方法,5~8 月,林木生长期,一是根据成虫有趋光性,可以挂黑光灯进行灯光诱杀,尤其是成虫羽化期利用黑光灯诱杀效果更佳。二是幼虫期,树冠喷布苦参碱 1 000~1 200 倍液或灭幼脲 3 号药物 1 500~1 800 倍液防治即可。

五、裂叶榆的作用与价值

(1)用材价值。裂叶榆材质好,天然具有美丽的色彩和纹理,其边材黄色或淡褐黄色,心材暗红灰褐色;木材纹理直或斜行,重量及硬度适中,可供家具、车辆、器具、造船及室内装修等用材。

（2）观赏价值。裂叶榆因树形漂亮、深绿色的裂叶而备受人们的喜爱,孤植或丛植于风景区,做庭荫树等,是很好的园林绿化观赏树种。

32　榔榆

榔榆,学名:Ulmus parvifolia Jacq,又名小叶榆,榆科榆属,是观赏、用材、园林树种。

一、形态特征

榔榆,高 10~20 m,胸径可达 50~100 cm。冬季叶变为黄色或红色,宿存至第二年新叶开放后脱落,树冠广圆形,树干基部有时呈板状根,树皮灰色或灰褐,裂成不规则鳞状薄片剥落,露出红褐色内皮,近平滑,微凹凸不平;当年生枝密被短柔毛,深褐色。叶质厚,披针状卵形或窄椭圆形,稀卵形或倒卵形,叶脉两侧长宽不等,长 1.5~8 cm、宽 1~3 cm,先端尖或钝,基部偏斜,楔形或一边圆,叶面深绿色,有光泽,除中脉凹陷处有疏柔毛外,余处无毛,侧脉部凹陷,叶背色较浅,幼时被短柔毛,后变无毛或沿脉有疏毛,侧脉每边 10~15条,细脉在两面均明显。花 8~9 月秋季开放,3~6 数,在叶脉簇生或排成簇状聚伞花序,花被上部杯状,下部管状,花被片 4,深裂至杯状花被的基部或近基部,花梗极短,被疏毛。翅果椭圆形或卵状椭圆形,长 10~13 mm、宽 6~8 mm,果翅稍厚,近黄褐色,两侧的翅较果核部分为窄,果核部分位于翅果的中上部,花、果期 8~10 月。

二、生长习性

榔榆喜光照,耐阴、耐干旱,在酸性、中性及碱性土壤上均能生长。适生于海拔 100~1 000 m 的丘陵、山坡及谷地。以气候温暖、土壤肥沃、排水良好的中性土壤为最适宜的生长环境。对有毒气体、烟尘抗性较强。

三、主要分布

榔榆主要分布于河南、河北、山东、山西、陕西、湖南、湖北、安徽、浙江、云南、四川、贵州、广东、广西、江苏等地。河南省舞钢市境内南部长岭头、灯台架、官平院、九头崖、瓦房沟、蚂蚁山、人头山、旁背山等山区、丘陵、山谷以及海拔 200~600 m 的沟谷、山脚有散生野生。生于疏林、灌丛、林缘或旷野。

四、种苗繁育与管理技术

（一）引种繁育苗木技术
1.种条选择

榔榆繁育的种条选择,要采自多年生母树或树桩盆景的 1 年生或 2 年生枝条,制作修剪插穗长为 7~8 cm,保留 2~3 个芽眼。

2.种条处理

榔榆有生根难的问题,对种条插穗扦插前要进行不同药剂处理:①1 年生枝用 200 ×

10 吲哚丁酸处理 10~12 分钟;②1 年生枝用 400 × 10 萘乙酸处理 10~12 分钟。

　　3. 配制扦插基质

　　扦插基质采用生产蘑菇后废弃的棉籽皮。该基质不仅具有透气、透水、保湿性好的特点,而且含菌量低,插穗不易腐烂, 价格便宜。

　　4. 设置种条插床

　　插床设置在冷窖前 2 m, 背风向阳处, 以避免因风大, 出现插穗过度蒸腾,影响成活率的不利因素。插床东西走向,总长为 15 m,宽 2 m,高 0.4 m,分隔成 4 个大小不同的插床,红砖砌墙,水泥抹缝。两侧分设深 0.16 m 、宽 0.26 m 的排水沟。扦插基质厚度为 0.35 m,下面铺设厚 3 cm、直径为 1~5 cm 的石子为渗水层,水由渗水层可直接流至排水沟内。插床中间, 距床面 0.8 m 处,安置直径为 6 cm 的喷雾器,两侧每间隔 2 m 安装一个直径为 1.8 cm 的圆形喷头,喷嘴直径 0.1 cm,喷雾范围 1.5 m,双侧同时喷雾。

　　5. 种条扦插技术

　　先将插床内基质铺好,搂平,然后将插穗垂直插入疏松的基质内,插穗株距 4~5 cm,行距 7~8 cm。扦插的深度为插穗的 1/3。随即喷雾,使基质吸水下沉,与插穗紧贴。

　　6. 种条扦插后的管理

　　(1)喷雾。插床东侧设一泵房,并安置加压泵一台,可根据天气状况和插床内温度,随时控制喷雾。插床内空气湿度一般保持在 85% 左右。

　　(2)施肥。插穗在生根发芽过程中,消耗了枝条内储藏的大量养分,急需得到补充。因此,在插穗上盆后 10 天,施用麻酱水浇灌,以满足其根系和植株生长发育的需要,保证苗木快速生长。

　　(二)主要病虫害的发生与防治

　　1. 主要虫害的发生与防治

　　(1)主要虫害的发生。榔榆主要虫害有榆叶金花虫、介壳虫、天牛、刺蛾和蓑蛾等食叶害虫。5~8 月先后发生危害,造成叶片残缺不全,影响苗木生长。

　　(2)主要虫害的防治。在 6~8 月,可喷洒 80% 敌敌畏 1 500 倍液或吡虫啉 1 600 倍液,交替使用防治,每隔 15~20 天喷布 1 次,连续喷布 3~4 次即可;天牛危害树干,可用石硫合剂或氯氰菊酯等原液堵塞虫孔。

　　2. 主要病害的发生与防治

　　(1)主要病害的发生。对榔榆危害较大的病害有两种,分别是根腐病和丛枝病。根腐病发生严重时,直接导致树木死亡。根腐病症状,主要表现在生长期叶发黄脱落,枝条逐步枯死,芽久滞不发或中途停止生长。丛枝病发生病害时,严重影响树木正常生长,严重时则造成树木萎缩,枝条失态。另外,丛枝病主要危害新梢、叶,表现为新梢丛生,直立向上,病枝展叶早且小,分枝密集等症状。丛枝病病菌以菌丝体在被害枝梢上越冬,第二年抽新梢时侵入为害。

　　(2)主要病害的防治。防治根腐病,可涂百菌清 100~200 倍液杀菌药水防治根部染病。同时对坏死的根条应剪除、烧毁,还要注意将刮除的残物不要混入盆土中,以防再次感染。伤口愈合新根产生后方可施肥,以增强其抗病力。防治丛枝病,可在冬季对榆桩整枝时剪除丛生枝梢,集中烧毁,在 3 月早春芽萌动前可喷洒 5 波美度石硫合剂,效果显著。

喷药可在生长期每7~8天进行1次,连续喷布3~4次可以根除丛枝病。

五、榔榆的作用与价值

(1)观赏价值。制作榔榆盆景,榔榆树形古朴,叶色油绿,用紫砂陶盆或釉陶盆装盆观赏,非常好看。盆形根据树形而定,以长方形、椭圆形盆最为常见。盆色以素雅为佳。

(2)园林作用。榔榆是良好的工厂绿化、"四旁"绿化树种,常孤植成景,适宜种植于池畔、亭榭附近,也可配植于山石之间;因抗性较强,还可选作厂矿区绿化树种。

33　脱皮榆

脱皮榆,学名:Ulmus lamellosa T. Wang et S. L. chang ex L. K. Fu,榆科榆属,又名小叶榆、榔榆。落叶乔木,为中国特有,是国家二级保护珍稀濒危树种。

一、形态特征

脱皮榆,树高8~12 m,胸径15~20 cm;树皮灰色或灰白色,不断地裂成不规则薄片脱落,内(新)皮初为淡黄绿色,后变为灰白色或灰色,不久又挠裂脱落。冬芽卵圆形或近圆形,芽鳞背面多少被毛,边缘有毛。叶倒卵形,长5~9 cm,宽2.5~5.3 cm。花常自混合芽抽出,春季与叶同时开放。果为翅果,常散生于新枝的近基部,稀2~4个簇生于去年生枝上,果核位于翅果的中部;宿存花被钟状,被短毛,花被片6,边缘有长毛,残存的花丝明显地伸出花被;果梗长3~4 mm,密生伸展的腺状毛与柔毛。花期3~4月,果5月成熟。

二、生长习性

脱皮榆喜光,稍耐阴,耐寒、耐干旱,深根性。喜中性、微酸、微碱性土壤。适生于海拔200~1 600 m的山谷、山坡落叶阔叶林中,深山生于海拔100~1 600 m的山谷或山坡杂木林中。喜生于土层深厚、肥沃、排水良好、气候凉爽的山谷或山坡下部落叶阔叶林中,耐寒性强,不耐庇荫,在茂密的林冠下不易更新,天然下种更新苗多在林间空地或林缘散布。伴生乔木有朴树、大叶椋子、槭和槲栎等,林下灌木、草本有胡枝子、金银木、杭子梢、山棉花、龙芽草、青蒿等,反映出它属于温带性植物。生长地土壤均为石灰岩发育的富钙砂质土,是喜钙树种之一。

三、主要分布

脱皮榆主要分布于辽宁、河北、河南和山西等地。辽宁、河北及北京等地有人工栽培。河南省舞钢市国有石漫滩林场秤锤沟、九头崖、长岭头、官平院林区有片状分布,主要自然野生于海拔300~650 m的山坡、沟谷、岩缝林内、疏林及灌丛中,多生于天然次生林内,与阔杂林混生。

四、种苗繁育与管理技术

(一)引种繁育技术

脱皮榆引种繁育技术,因其开花结实较多,5月果熟,人工及时采集饱满种子,晒干后夏播或雨季播种。采取条播或撒播,覆土以不见种子为度,苗床覆盖干草或塑料薄膜保湿、防晒。待10~15天后,种子发芽出土,及时移掉覆盖物,保持土壤湿润、加强肥水管理。当年苗高25~30 cm即可出圃造林。

(二)造林绿化技术

脱皮榆分布区域都是野生山区,数量极少,分布范围狭窄,且常被砍伐利用,如不加强保护,有绝灭的危险。

五、脱皮榆的作用与价值

(1)观赏价值。脱皮榆有泛春芽、秋红叶,生长期树干脱皮的特性,用于造林绿化、园林美化、风景区建设等,具有良好的观赏价值。

(2)经济价值。脱皮榆木材坚硬致密,供制车辆、家具、雕刻工艺品等。

34　光叶榉

光叶榉,学名:Zelkova serrata(Thunb)Makino,榆科榉属,又名榉木、光光榆、马柳光树、鸡油树等,落叶乔木,是中原地区优良乡土树种,又是国家二级重点保护植物。

一、形态特征

光叶榉,树高可达15~20 m,胸径可达100 cm。树皮灰白色或褐灰色,呈不规则的片状剥落;当年生枝紫褐色或棕褐色,冬芽圆锥状卵形或椭圆状球形。叶薄纸质至厚纸质,卵形、椭圆形或卵状披针形,长3~9 cm,宽1.5~5.5 cm,先端渐尖或尾状渐尖,基部有的稍偏斜,圆形或浅心形,叶片幼时疏生糙毛,后脱落变平滑,叶背浅绿,幼时被短柔毛,边缘有圆齿状锯齿,侧脉7~14对,秋季叶色变红。花,雄花具极短的梗,径约3 mm;雌花近无梗,径约1.5 mm;花被外面被细毛,子房被细毛。果为核果,淡绿色,斜卵状圆锥形,上面偏斜,凹陷。花期4月,果期9~11月。

二、生长习性

光叶榉喜光、稍耐阴,喜湿润、稍耐旱,喜中性、微酸性土壤。适生于海拔300~1 500 m的河谷、溪边林下或疏林中,在深山区生于海拔500~1 900 m。在湿润肥沃土壤上长势良好。耐烟尘及有害气体。适生于深厚、肥沃、湿润的土壤,对土壤的适应性强,酸性、中性、碱性土及轻度盐碱土均可生长。深根性,侧根广展,抗风力强。忌积水,不耐干旱和贫瘠。生长慢,寿命长。

三、主要分布

光叶榉主要分布于山东、江西、河南、湖北、湖南等地,华东地区常有栽培。中原地区主要分布于濮阳、三门峡、平顶山、南阳、驻马店等地。河南省舞钢市南部长岭头、老虎爬、灯台架、官平院、九头崖等山区海拔 300~500 m 的谷地、山腰林下、林缘或疏林内有散生野生。

四、种苗繁育与管理技术

(一)引种繁育苗木技术

1. 苗圃地选择

苗圃地宜选地势平坦,有水源浇灌,且土层深厚肥沃的沙壤土或轻壤土立地。

2. 苗圃地整地

播种前,苗圃地要深翻细耕,清除杂草,施足基肥,每亩施入农家肥 5 000~8 000 kg。圃地细耙整平后,筑成宽 120 cm、高 20~25 cm 的苗床备播。

3. 种子采收

选择结实多、籽粒饱满的健壮母树采种。不同的用途,采收不同母树的种子。培育用材林,母树要求树形紧凑、树体高大、干形通直、枝下高较高、旺盛且无病虫害;培育园林绿化品种,母树要求树冠开阔、树体丰满、叶色季相变化丰富、色叶期较长、变色期早;盆栽观赏类型,母树要求树体矮小、树形奇异。

4. 采种时间与采种方法

10 月下旬至 11 月上旬,当果实由青色转褐色时采种。采用自然脱落法或敲打小枝法在地面收集种子。采种后要先除去枝叶等杂物,然后摊在室内通风干燥处自然干燥 2~3 天,再行风选。储存前于室内自然干燥 5~8 天,使种子含水量降到 15% 以下。

5. 种子播种

播种可在晚秋和初春进行。采取条播方式,行距 20~25 cm,覆土厚度为 0.5~0.8 cm,并盖草浇透水。秋播随采随播;春季 3 月上中旬种子发芽,发芽率和出苗率高,苗木生长期长;但易受鸟兽危害。春播宜在雨水至惊蛰时播种,最迟不得迟于 3 月下旬。苗床播种后加盖遮光率 50%~75% 的遮阳网,有利于保湿和后期苗木管理。播种量为每亩 15~20 kg 种子,保持土壤湿润,以利种子萌发。

6. 苗期管理

播种后 25~30 天,种子发芽出土,应及时揭草炼苗,并防治鸟害。幼苗期需及时间苗、松土除草和灌溉追肥。苗木生长高峰期在 7 月至 9 月下旬。苗期每年应除草 3~5 次,每次松土除草后追肥 1 次,最后一次施肥可在 8 月上旬进行。榉树苗木幼苗期会出现分权,需及时修整修剪。

(二)主要病虫害的发生与防治

1. 主要虫害的发生与防治

(1)主要虫害的发生。光叶榉苗木生长期,主要虫害是毒蛾、袋蛾、金龟子等,危害叶片。主要发生在苗木幼苗期,它们集中危害或交替危害,受害的苗木枝叶不全,影响苗木快速生长。

(2)主要虫害的防治。4~6 月,害虫集中发生期,预防为主,防治为辅,对食叶害虫可及时喷洒 80% 敌敌畏 1 000 倍液、90% 敌百虫 1 200 倍液或 2.5% 敌杀死 6 000 倍液等杀虫剂 1~2 次防治;对于地下害虫,须浇灌或用毒饵诱杀防治。

2. 主要病害的发生与防治

(1)主要病害的发生。光叶榉主要病害是溃疡病,该病为全株性传染病,病害主要发生在树干和主枝上,不仅危害苗木,也能危害大树。症状表现,感病植株多在皮孔边缘形成分散状、近圆形水泡形溃疡斑,初期较小,其后变大,呈现为典型水泡状,泡内充满淡褐色液体,水泡破裂,液体流出后变黑褐色,最后病斑干缩下陷,中央有一纵裂小缝。受害严重的植株,树干上病斑密集,并相互连片,病部皮层变褐腐烂,植株逐渐死亡。

(2)主要病害的防治。光叶榉溃疡病发病时间:4 月上旬至 5 月及 9 月下旬为病害发生高峰期。防治方法:一是及时清除死亡植株;二是在病害发生初期,施用多菌灵或敌百虫 20~30 倍液进行全株涂抹,7~8 天连续用药 3~4 次。

五、光叶榉的作用与价值

(1)观赏价值。光叶榉树姿端庄,高大雄伟,秋叶变成褐红色,是观赏秋叶的优良树种。可孤植、丛植于公园和广场的草坪、建筑旁作庭荫树;与常绿树种混植作风景林;列植于人行道、公路旁作行道树,降噪防尘。光叶榉侧枝萌发能力强,在其主干截干后,可以形成大量的侧枝,是制作盆景的上佳植物材料,可将其脱盆或连盆种植于园林中或与假山、景石搭配,均能提高其观赏价值。

(2)用材价值。光叶榉木材纹理细,质坚,能耐水,供桥梁、家具用材。光叶榉纤维就是取材于光叶榉木材经人工合成的再生纤维素纤维,可以制取纺织原料。光叶榉纤维可用于造纸。

35　大果榉

大果榉,学名:Zelkova sinica Schneid.,榆科榉属,又名小叶榉树、圆齿鸡油树、抱树(山西)、赤肚榆(河南嵩县),落叶乔木,是城乡造林绿化、珍稀用材林、生态价值高的优良树种。

一、形态特征

大果榉,树高达 18~20 m。树皮灰白色,呈块状剥落;小枝无毛,2 年生枝灰色或褐灰色,光滑。叶卵状长圆形或卵形,长 2~6.5 cm,宽 1.5~2.6 cm,纸质或厚纸质,具钝尖单锯齿,先端渐尖或尾尖,基部稍偏斜,上面中脉及侧脉凹下,疏被柔毛,下面脉腋有簇生毛;叶柄长 1~6 mm,密被柔毛。核果偏斜,近球形,径 5~7 mm;柄长约 1 mm。核果不规则倒卵状球形,直径 5~7 mm,表面光滑无毛。花期 4~5 月,果期 7~9 月。

大果榉果较大叶榉树、榉树为大,顶端不凹陷,具果梗,叶较小,故易于识别。

二、生长习性

大果榉喜阳性,喜光,耐干旱、瘠薄、喜碱性、中性及微酸性土壤,可在含盐量 0.16%的土壤上正常生长。适生于海拔 400~1 500 m 的谷地、台地及岩缝中。根系发达,萌蘖性强,寿命长。

三、主要分布

大果榉主要分布于黑龙江、河北、山东、河南等地,适生于海拔 300~2 500 m 的山区、山谷、山坡等地,有人工引种栽培。河南省舞钢市国有石漫滩林场三林区的秤锤沟、大石棚,四林区的老虎爬、大河扒,五林区官平院等处有散生野生分布,树势生长良好。

四、种苗繁育与管理技术

(一)种子采收
选择优良母树并且无病虫害的种子作良种,才能繁育出优良苗木。

(二)选择苗圃地
选择地势平坦、土壤肥沃、浇灌排水条件好、调运方便的地方作苗圃地。

(三)苗木培育
3 月上旬,大田播种,遮阴防晒,浇水施肥,播种后 10~15 天出苗。大果榉人工当年嫁接苗平均株高达 190~200 cm,地径平均为 1.8 cm。对大果榉 1 年生实生苗平茬,可以促进苗木生长。苗木生长到 100~120 cm 时,10 月即可出圃移栽造林。

五、大果榉树的作用与价值

(1)园林用途。大果榉在城乡造林绿化中有很大的发展潜力;同时,大果榉苗木的造林推广应用,对丰富造林绿化树种、培育珍稀用材树种及振兴乡土树种,具有重要的经济意义和生态价值。

(2)用材价值。大果榉边材淡黄色,心材黄褐色;木材重硬,纹理直,结构粗,有光泽,韧性强,弯挠性能良好,耐磨损,可供车辆、农具、家具、器具等用材。翅果含油量高,是医药和轻工业、化工业的重要原料。

36　紫弹朴

紫弹朴,学名:Celtis biondii Pamp.,榆科朴属,又名牛筋树、朴树、中筋树、沙楠子、香丁、黄果朴、紫弹树、紫弹、构皮树等,落叶乔木或小乔木,是优良野生树种。

一、形态特征

紫弹朴,树高达 18~20 m,树皮暗灰色;当年生小枝幼时黄褐色,结果时为褐色,有散生皮孔,冬芽黑褐色,芽鳞被柔毛,叶宽卵形、卵形至卵状椭圆形,长 2.5~7.0 cm、宽 2~3.5 cm,叶柄长 3~6 mm,幼时有毛,老后几脱净。托叶条状披针形,被毛,比较迟落,往往到叶完全长成后才脱落。果序单生叶腋,通常具 2 果(少有 1 或 3 果),由于总梗极短,很像果梗双生于叶腋,总梗连同果梗长 1~2 cm,被糙毛;果幼时被疏或密的柔毛,后毛逐渐脱净,黄色至橘红色,近球形,直径约 5 mm,核两侧稍压扁,侧面观近圆形,直径约 4 mm,具 4 肋,表面具明显的网孔状。花期 4~5 月,果期 9~10 月。

二、生长习性

紫弹朴喜光,喜中性、微酸性土壤,耐旱,适应性强。适生于海拔 400～700 m 的山坡、沟谷杂木林,多在阳坡岩石缝隙中生长。野生于山坡、山沟及杂木林中。

三、主要分布

紫弹朴主要分布于云南、河南、湖北、广西等地。河南省舞钢市国有石漫滩林场四林区的灯台架,五林区的官平院有零星分布、野生。

四、种苗繁育与管理技术

(一)引种繁育苗木技术

1. 种子采种

采种时,应选 10～20 年生、阔冠粗枝型、无病虫害的健壮母树。可在 10 月上旬,种子成熟期经选洗或风选,将采集到的种子装入袋中或其他容器内,置通风干燥处储藏,种子发芽能力能延至 3～4 年。种子纯度为 95%,千粒重 30 g。室内发芽率 80%,场圃发芽率 70%。

2. 种子播种

要选择土壤肥沃、湿润、疏松的沙壤土、壤土作圃地。施足基肥后整地筑床,要精耕细作,打碎泥块,平整床面。播种季节在 2 月至 3 月中旬。播种前种子用 2% 福尔马林溶液或波尔多液浸种 20 分钟消毒,然后用 50～55 ℃ 的温水浸种催芽 18～24 小时。点播育苗,点播的株行距 6 cm × 8 cm 或 8 cm × 8 cm,播种沟内要铺上一层细土。每亩用种子 3～5 kg。种子播后要薄土覆盖,可用焦泥灰盖种,以仍能见到部分种子为宜,然后盖草。

3. 育苗管理

播种后,10～15 天可出土发芽,待幼苗大部分出土后,揭除盖草。幼苗出土后 40 天内应特别注意保持苗床湿润。5 月至 7 月上旬可每月施化肥 1～2 次,每亩每次施硫酸铵 3～4 kg。同时应采取各种措施防止鸟害。1 年生 I 级苗高 40～60 cm 以上,地径 0.5～0.8 cm 以上。

(二)造林绿化技术

引种的苗木,及时造林绿化,造林季节为 3～5 月,以 35～45 cm 高的容器苗造林效果好;裸根苗造林时,选择苗高为 80～100 cm 健壮苗木,超过 100 cm 的苗木应截干后造林,提高成活率。造林植穴规格为 60 cm × 60 cm×60 cm,以钙镁磷肥作基肥,每穴施放入 0.3～0.4 kg。造林密度为每亩 111 株,株行距为 2 m×3 m。

五、紫弹朴的作用与价值

(1)观赏价值。紫弹朴叶片稠密,冠形紧凑,树形美观,果实红色,通过人工繁育苗木,作为城市行道绿化配植、园艺植物景观点缀及庭院树栽培,具有良好的绿化景观作用。

(2)药用价值。紫弹朴全树可入药:叶,清热解毒;根,解毒消肿,祛痰止咳;茎枝,通络止痛,是中药材。

37　珊瑚朴

珊瑚朴,学名:Celtis julianae Schneid.,榆科朴属,又名棠壳子树。珊瑚朴近于紫弹朴,是良好的观赏性树种。

一、形态特征

珊瑚朴,落叶乔木,树高 20~30 m,树皮淡灰色至深灰色;当年生小枝、叶柄、果柄老后深褐色,密生褐黄色茸毛,叶片厚纸质,宽卵形至尖卵状椭圆形,长 6~13 cm、宽 3.5~7 cm,基部近圆形或两侧稍不对称,一侧圆形,一侧宽楔形,叶面粗糙至稍粗糙,叶背密生短柔毛,叶柄较粗壮;叶背在短柔毛中也夹有短糙毛。果单生叶腋,果椭圆形至近球形,金黄色至橙黄色;核乳白色,倒卵形至倒宽卵形,表面略有网孔状凹陷。3~4 月开花,9~10 月结果。

二、生长习性

珊瑚朴适应性强,喜光,稍耐阴,喜中性、微酸性土壤。适生于海拔 300~1 300 m 的山坡、岩缝、山谷林内和疏林中。

三、主要分布

珊瑚朴主要分布于贵州、河南、湖北、陕西等地。生长在海拔 300~1 300 m 的山坡或山谷林中或林区周边,河南省舞钢市国有石漫滩林场三林区秤锤沟,四林区老虎爬、灯台架、官平院等疏林、灌丛中有零星生长,野生。

四、种苗繁育与管理技术

(一)引种繁育苗木技术

1. 种子采收

珊瑚朴种子于 10 月成熟后随即采收,经去杂后将净种储藏在细沙中,可采用沙藏或层积沙藏,即将种子与 2~3 倍于种子体积的湿沙混拌均匀或分层堆积,埋藏于排水良好的地下或通风阴凉的室内越冬,以有效破除种子休眠,提高种子发芽率。

2. 种子处理

浸种和催芽:春播前将沙藏的种子取出,放入温水中(25 ℃)浸种 6~8 小时,然后取出种子,放入 25~28 ℃室温中催芽,待种子露白生芽即可播种。

3. 种子播种

采用春播,时间在 2 月下旬至 3 月底。播种时在苗床上进行横条播,行距 45~50 cm,播幅 9~10 cm,播种必须均匀,播种深度 1~1.6 cm,播后浅覆细土,并在条播行上盖覆草,以保温保湿、促进出苗。一般每亩苗床播种量为 5~6 kg,播种后 10~15 天即可出苗。出苗后可逐渐揭除床面覆草,覆草不能一次性除净,第一次除草可先将覆草放于条播行间,以防春旱或冻害,待天气晴暖、气温稳定或树苗老健后再彻底清除,揭草时注意不能损伤或压坏幼苗。

4. 幼苗管理

适时间苗,在苗床清除覆草后即可进行间苗,在出苗 6~7 天后进行第一次间苗,以后每隔 5~7 天间苗 1 次,间苗原则为"留壮去劣、疏密适宜",每次间苗后须喷水 1~2 次。适时培土,幼苗出土后,由于雨水冲淋表土,会使根茎裸露,导致幼苗遭受旱害或受土壤中病菌危害,可通过培土加以避免。培土材料可选用细土或草木灰,培土时间宜选在 5~8 月,分 2~3 次进行,培土厚度以 1~1.5 cm 为宜,要求覆盖均匀,不损害幼苗植株。

5. 肥水管理

幼苗出土后要加强肥水管理,从幼苗根系形成至冬季生长停止前 10~15 天,均可追肥。追肥应视幼苗生长情况分次、分期进行,一般追肥 3~4 次,第一次追肥每亩用复合肥 40~50 kg,以后每次追肥每亩施复合肥 15~20 kg、尿素 10~15 kg,夏季高温干旱时宜选择在傍晚追肥,追肥切忌过量或肥料太浓而烧伤幼苗。

(二)造林绿化技术

选择适当的造林地块。当树苗长到 1.8~2 m 高时即可定植至庭院、厂矿或街坊,造林处应挖长宽均为 55~65 cm、深 50~60 cm 的坑,挖出的生土、熟土各放一旁,定植树苗带土球移入土坑内,栽植后先盖熟土,最后盖生土。有条件的地方,在定植前,先在穴内施腐熟有机肥,用量为每穴 2~3 kg,盖上一层熟土后,再移栽树苗。盖好土后应立即浇 1 次透水,以后每 3~5 天浇水 1 次,直到成活。如遇雨天,应及时做好排水工作,以确保定植树成活,进入正常生长发育。

五、珊瑚朴的作用与价值

(1)用材价值。珊瑚朴为石灰岩山地上的原生树种。珊瑚朴木材年轮明显,纹理直,材质重,是家具、农具、建筑、薪炭等优良用材。

(2)经济价值。珊瑚朴树皮含纤维,可作人造棉造纸等原料;果核可榨油,供制皂、润滑油用。

(3)观赏价值。珊瑚朴树形美观,枝叶稠密,冠形紧凑,可作为园林、行道绿化美化、庭荫栽培,是良好的观赏性树种。

38　栾树

栾树,学名:Koelreuteria paniculata,无患子科栾树属,又名黑叶树、裂叶栾、木栾、栾华等,落叶乔木或灌木,是城乡行道树、小区林荫景观美化、风景区观赏优良树种。

一、形态特征

栾树,落叶乔木或灌木,高 8~12 m。树干皮厚粗糙,老皮纵裂,灰褐色至灰黑色。叶丛生当年新梢,平展。羽状复叶,长 30~50 cm。小叶 10~18 枚,具极短柄,对生或互生,纸质。卵形、阔卵形至卵状披针形,长 5~10 cm、宽 3~5 cm,顶端短尖或短渐尖,基部钝或截形。边缘有大小不规则钝锯齿,近基部齿疏离,或羽状深裂形成二回羽状复叶。聚伞圆锥花序,长 25~35 cm,密被微柔毛,分枝长,被粗毛;花淡黄色,开花时橙红色,稍芬芳;萼裂片卵形,边缘具腺状缘毛;花瓣 4,被长柔毛;雄蕊 8 枚,雌花花盘偏斜,有圆钝小裂片,子房三棱形,退化子房密被小粗毛。蒴果圆锥形,具 3 棱,长 4~5 cm,顶端渐尖,果瓣卵形,外面有网纹,幼果黄绿色或粉红色,熟时黄棕色。种子近球形,直径 6~8 mm。花期 5~8 月,果期 9~10 月。

二、生长习性

栾树喜光,稍耐半阴,耐寒、耐旱,适应性强。适生于海拔 100~1 500 m 的丘陵、山地微碱性、中性、微酸性疏松土壤立地环境中,种子在适宜的土壤中,自然发芽成活,在母树下经常看到野生幼苗。

三、主要分布

栾树主要分布于河南、河北、山东、江西等地。河南省舞钢市南部长岭头、官平院、九头崖等山区海拔 200~500 m 的谷地、山坡林缘或疏林中有野生。

四、种苗繁育与管理技术

(一)引种繁育苗木技术

1. 采收种子

栾树果实于 9~10 月成熟。选生长良好、干形通直、树冠开阔、果实饱满、处于壮龄期的优良单株作为采种母树,在果实显红褐色或橘黄色而蒴果尚未开裂时及时采集,不然将自行脱落。

2. 选择苗圃地

栾树一般采用大田育苗。播种地要求土壤疏松透气,整地要平整、精细,对干旱少雨地区,播种前宜灌好底水。栾树种子的发芽率较低,用种量宜大,一般每平方米需 50~100 g。

3. 种子播种

3 月播种,取出种子直接播种。播种前在选择好的苗圃地上同时施基肥,每亩施入呋喃丹颗粒剂或辛硫磷颗粒剂 1.5~2.0 kg 用于杀灭地下害虫。采用阔幅条播,既利于幼苗通风透光,又便于管理。储藏的种子播种前 40~45 天,采用人工条播即可。

4. 苗圃地管理

播种后,覆一层 1~2 cm 厚的疏松细碎土,防止种子干燥失水或受鸟兽危害。随即用小水浇一次,然后用草、秸秆等材料覆盖,以提高地温,保持土壤水分,防止杂草滋生和土壤板结,15~20 天后苗出齐,2~3 天撤去覆盖的稻草,日后继续加强苗木施肥、浇水管理,9 月下旬苗木达到 100~120 cm 高。

(二)造林绿化技术

1. 造林苗木选择

由于栾树树干不易长直,第一次移植时要平茬截干,并加强肥水管理。春季从基部萌蘖出枝条,选留通直、健壮者培养成主干,则主干生长快速、通直。

2. 截干修剪

第一次截干达不到要求的,第二年春季可再行截干处理。以后每隔 2~3 年移植一次,移植时要适当剪短主根和粗侧根,以促发新根。栾树幼树生长缓慢,前两次移植宜适当密植,利于培养通直的主干,节省土地。此后应适当稀疏,培养完好的树冠。

3. 施肥、浇水管理

施肥是培育壮苗的重要措施。幼苗出土长根后,宜结合浇水勤施肥。在年生长旺期,应施以氮为主的速效性肥料,促进植株的营养生长。入秋,要停施氮肥,增施磷钾肥,以提高植株的木质化程度,提高苗木的抗寒能力。冬季,宜施农家有机肥料作为基肥,既为苗木生长提供持效性养分,又起到保温、改良土壤的作用。随着苗木的生长,要逐步加大施肥量,以满足苗木生长对养分的需求。第一次追肥量应少,每亩施 2.5~3.0 kg 氮素化肥,以后隔 10~15 天施 1 次肥,肥量可稍大。

(三)主要病虫害的发生与防治

1. 主要虫害的发生与防治

(1)主要虫害的发生。栾树主要虫害为蚜虫,栾树蚜虫为同翅目蚜科,主要危害栾树的嫩梢、嫩芽、嫩叶,严重时嫩枝布满虫体,影响枝条生长,造成树势衰弱,甚至死亡。

(2)主要虫害的防治。蚜虫的防治,于若蚜初孵期开始喷洒蚜虱净 2 000 倍液,或灭幼脲 3 号 1 500 倍液或吡虫啉 1 200 倍液。及时剪掉树干上虫害严重的萌生枝,消灭初发生尚未扩散的蚜虫。幼树可于 4 月下旬,在根部埋施 15% 的涕灭威颗粒剂,树木干径每厘米用药 1~2 g,覆土后浇水;或浇乐果乳油,干径每厘米浇药水 1.5 kg 左右。对越冬虫卵多的树木,3 月上旬,树木发芽前,喷 30 倍的 20 号石油乳剂。4 月初于若蚜初孵期开始喷洒蚜虱净 1 800~2 000 倍液。

2. 主要病害的发生与防治

(1)主要病害的发生。栾树的主要病害是流胶病,此病主要发生于树干和主枝,枝条上也可发生。发病初期,病部稍肿胀,呈暗褐色,表面湿润,后病部凹陷裂开,溢出淡黄色半透明的柔软胶块,最后变成琥珀状硬质胶块,表面光滑发亮。树木生长衰弱,发生严重时可引起部分枝条干枯。

(2)主要病害的防治。流胶病的防治,一是刮疤涂药。用刀片刮除枝干上的胶状物,然后用梳理剂和药剂涂抹伤口。二是加强管理,冬季注意防寒、防冻,可涂白或涂梳理剂。夏季注意防日灼,及时防治枝干病虫害,尽量避免机械损伤。三是在早春萌动前喷石硫合剂,　每 8~10 天喷 1 次,连喷 2~3 次,以杀死越冬病菌。发病期喷百菌清或多菌灵 800~1 000 倍液。

五、栾树的作用与价值

(1)绿化作用。栾树具有深根性,萌蘖力强,生长速度中等,幼树生长较慢,以后渐快,有较强抗烟尘能力,是行道树的优良树种。栾树耐寒、耐旱,常栽培作庭园绿化树种。

(2)用材价值。栾树木材黄白色,易加工,可制家具;叶可作蓝色染料,花供药用,亦可作黄色染料。

(3)观赏价值。栾树春季嫩叶多为红叶,夏季黄花满树,入秋叶色变黄,果实紫红,形似灯笼,十分美丽;栾树适应性强,季相明显,是理想的绿化、观叶树种。

39　大叶朴

大叶朴,学名:Celtis koraiensis Nakai,榆科朴属,又名大叶白麻子、白麻子等,落叶乔木,是作庭荫、园景、行道绿植、盆景栽培的优良观赏树种。

一、形态特征

大叶朴,树高可达 14~15 m。树皮灰色或暗灰色,浅微裂;当年生小枝老后褐色至深褐色,散生小而微凸、椭圆形的皮孔;冬芽深褐色,内部鳞片具棕色柔毛。宽楔形至近圆形或微心形,先端具尾状长尖,边缘具粗锯齿,叶背疏生短柔毛;叶较大,且具较多和较硬毛。叶椭圆形至倒卵状椭圆形;在萌发枝上的叶较大,且具较多和较硬的毛。果单生叶腋,果梗长 1.5~2.5 cm,果近球形至球状椭圆形,直径约 12 mm,成熟时橙黄色至深褐色;核球状椭圆形,直径 7~8 mm,灰褐色。花期 4~5 月,果期 9~10 月。

二、生长习性

大叶朴属阳性树种,喜温、耐阴、耐寒。适合微碱性、中性直至微酸性肥厚土壤,适生于海拔 200~1 000 m 的山坡、沟谷,伴生于天然次生林中。

三、主要分布

大叶朴主要分布于辽宁、河北、河南、甘肃等地。河南省舞钢市国有石漫滩林场三林区的秤锤沟、冷风口,四林区的长岭头、灯台架、大河扒、老虎爬等有分布且生长旺盛,野生生长,多生长于山脚、沟谷天然次生林中。

四、种苗繁育与管理技术

(一)引种繁育苗木技术

1. 种子采收

大叶朴通常采用播种繁殖。种子在 9~10 月成熟,果实为红褐色。种子成熟后应立即采收,将其摊开后去掉杂物阴干,然后与湿沙土混合拌匀或层积储藏,第二年 3 月春季即可播种。

2. 种子播种

播种前,首先要对种子进行处理,可用沙揉搓将外种皮擦伤,也可用木棒敲碎种壳,这样处理对种子发芽有利。播种苗床土壤要求疏松且肥沃、排水透气良好,最好是沙质壤土。播种后覆盖一层 1.5~2.0 cm 厚的细土,再盖一层稻草,浇一次透水,10~15 天后即可见到种子发芽。出苗以后要及时揭开覆盖的稻草。

3. 幼苗管理

5~8 月幼苗期,要加强管理工作,注意经常除草、松土、追肥,并适当进行间苗,当年生的苗木高生长可达 30~40 cm。

(二)造林绿化技术

1. 盆景制作

制作盆景的苗木适合在秋末或来年初春苗木萌芽前进行栽植。栽种时要对根系做适当的修剪和整理,将过长的主根剪去,尽可能多留侧根和须根,培上疏松的肥土,同时也要适当对枝条和叶片进行疏剪。在栽植时,如使用中号浅盆,则必须用金属细丝将其根部固定在盆的底部,以避免盆景倒伏。

2. 盆景造型

多采用细剪或粗扎的方法,利用剪裁的技巧,留下小枝,去掉主干。在加工时要特别重视构图的整体效果,使加工成型后,盆景里的大叶朴造型无论是在枝叶繁茂时,还是在已经落叶变为冬态时,都能保持优美的形态。大叶朴盆景适合制作成直干式、曲干式、卧干式、斜干式或者是附石式等形态。造型时,它的枝和叶可扎成片或修剪成馒头形状的圆片,也可以加工成类似于自然的树形。

五、大叶朴的作用与价值

(1)观赏价值。大叶朴树形高大,冠形丰满,叶宽大浓绿。适合作庭荫、园景、行道绿植、盆景栽培,具有很好的绿化和观赏作用。

(2)经济价值。大叶朴茎、皮是造纸和人造棉等纤维编织植物的原料,经济价值很高。

(3)园林绿化作用。大叶朴树体高大,冠形美观,树体强健,春天、夏天荫浓,在园林中最适合孤植或簇植,在街道、街头绿地、工厂、公园或庭园、广场、校园和道路两旁栽植效果好,移栽成活率高,且造价低廉。

40 黑弹朴

黑弹朴,学名:Celtis bungeana Bl.,榆科朴属,又名小叶朴、黑弹树、黑弹等,落叶乔木或小乔木,是公园、庭园、街道、公路行道等植树造林的优良树种。

一、形态特征

黑弹朴,树高达 10~12 m。树皮灰色或暗灰色,当年生小枝淡棕色,老后色较深,无毛,散生椭圆形皮孔,上一年生小枝灰褐色。冬芽棕色或暗棕色,鳞片无毛。叶厚纸质,狭卵形、长圆形、卵状椭圆形至卵形;果单生叶腋,果柄较细软,无毛;核近球形,直径 4~5 mm。花期 4~5 月,果期 9~10 月。

二、生长习性

黑弹朴,喜光、耐阴,喜肥沃、深厚、湿润、疏松的土壤,耐干旱、瘠薄,耐轻度盐碱,耐水湿,耐中性、微酸、微碱性;生长于海拔 200~1 000 m 的沟谷、山腰林下或疏林。

三、主要分布

黑弹朴主要分布于辽宁、河南、河北、山东、山西、云南等地。适生于海拔 150~2 300 m 的路旁、山坡、灌丛或林边。河南省舞钢市境内山区的官平院、老虎爬、大河扒、九头崖等山坡、谷岸疏林、灌丛均有散生分布，多与天然次生林混生，野生。

四、种苗繁育与管理技术

(一)引种繁育苗木技术

1. 采收种子

黑弹朴种子采收与储藏，10 月中下旬，当果实由青色转为蓝黑色或紫黑色时，在 10~15 年生以上的母树上采集种子，方法是截取果枝或待自然成熟后落下收集，堆放后熟，搓洗去果肉阴干后，立即秋播或湿沙层积储藏至第二年 3 月春播。层积应注意放在背风向阳处，为了防止腐烂，应间放草把透气。

2. 选择苗圃地

黑弹朴的苗圃地，应选择土层深厚、肥沃的沙壤土或轻壤土。如用于春播圃地，秋季深翻圃地，灌足冬水。春季细整做床，床面宽 1~1.5 m，步道沟宽 35~45 cm。整地时，可施用 50% 多菌灵可湿性粉剂，按照每平方米 1.5 g 的量或按 1:20 的比例配成毒土撒在苗床上进行土壤消毒，减少病虫害的发生。

3. 种子播种

播种时间在春季的 3 月至 4 月上旬，待沙藏种子露白 30% 以上时播种。通常采用条播，行距 30~40 cm，播后用筛子筛细土覆盖，厚度为 1~1.2 cm，以不见种子为度。然后在苗床上盖上稻草或搭盖薄膜低棚保墒。每亩用种量脱皮种 20~25 kg、带皮种 40~45 kg，10~15 天苗木出苗。

4. 幼苗管理

当出苗 50% 以上时，分 2~3 次在傍晚或阴天陆续揭除覆盖物。揭除后应及时浇水，并进行松土、除草、间苗、补苗。

(二)造林绿化技术

1. 造林地选择

大苗造林要带土球。立地条件应选择海拔 300~1 700 m、pH 值 6.5~8 的肥沃、无污染的地方栽植，也可在田边地角因地制宜栽培，采取穴栽。

2. 造林技术

造林株行距 2 m×3 m。黑弹朴为合轴分枝，发枝力强，梢部弯曲，顶部常不萌发，每年春季由梢部侧芽萌发 3~5 个竞争枝，在自然生长下多形成庞大的树冠，干性不强。特别是幼苗树干较柔软，易弯曲，因此从苗木期就要防止主干弯曲，注重扶架养干，注意整形修剪，修除侧枝，培育成干形通直、冠形美观的大苗。

(三)主要病虫害的发生与防治

黑弹朴抗性强，病虫害较少，但在苗木生长期，要注意防治蚜虫刺吸危害，可用 10% 的吡虫啉可湿性粉剂 1 800~2 000 倍液喷杀；病害主要是苗期根腐病，要特别注意梅雨季节的圃地排水,可以有效避免该病害的发生。

五、黑弹朴的作用与价值

(1)观赏价值。黑弹朴树形美观,树冠圆满宽广,绿荫浓郁,是城乡绿化的良好树种,最适宜公园、庭园作庭荫树,也可供街道、公路列植作行道树。城市居民区、学校、厂矿、街头绿地及农村"四旁"绿化均可,也是河岸防风固堤树种。还可制作树桩盆景。

(2)用材价值。黑弹朴木材坚硬,可供工业用材。茎皮为造纸和人造棉原料,果实榨油作润滑油。

(3)造林作用。黑弹朴根系发达,适应性强,树冠圆满宽广,绿荫浓郁,是河岸防风固堤林的优良树种。

41　丝绵木

丝绵木,学名:Euonymus maackii Rupr.,卫矛科卫矛属,别名白杜、明开夜合、华北卫矛、凉子木等,落叶小乔木,是园林绿化优良树种。

一、形态特征

丝绵木,树高5~8 m。单叶对生,叶卵状椭圆形、卵圆形或窄椭圆形,长4~8 cm、宽2~5 cm,先端长渐尖,基部阔楔形或近圆形,边缘具细锯齿。聚伞花序3至多花,花4数,淡绿色或黄绿色,小花梗长2.5~4 mm;雄蕊花药紫红色。蒴果倒圆心状,4浅裂,长6~8 mm,直径9~10 mm,成熟后果皮粉红色。种子长椭圆状,种皮棕黄色,假种皮橙红色,成熟后顶端有小口。花期5~6月,果期9月。

二、生长习性

丝绵木喜光,稍耐阴,耐寒,耐干旱,适生于海拔100~1 500 m的肥沃、湿润土壤。多生于山脚、沟边、山坡林内或旷野。对土壤要求不严,耐水湿,而以肥沃、湿润而排水良好的土壤生长最好。根系深而发达,能抗风;根蘖萌发力强,生长速度中等偏慢。对二氧化碳的抗性较强。

三、主要分布

丝绵木主要分布于黑龙江、河南、湖北、湖南、广东、四川、云南等地。河南省舞钢市境内丘陵、山地沟谷、田边、旷野、河沿有散生分布,长岭头、官平院、瓦房沟、旁背山等林区混生于林下、疏林或灌丛。

四、种苗繁育与管理技术

(一)引种繁育苗木技术
1.种实采集
丝棉木5月花开,10月果实成熟。10月中下旬即可采种,选择生长快、结果早、品质优良、无病虫害的健壮母树，采后先在阳光下摊晒，待果皮开裂后，收集种子并在阴凉干燥处阴干。采种不宜过晚，过晚种皮开裂，种子脱落，不易采收。

2. 种子处理

层积催芽，目的是提高种子出芽率。采收的种子，第二年 1 月上旬，将种子用 28~30 ℃的温水浸泡 18~24 小时，然后取出进行混沙处理。选择地势高燥、背风向阳、排水良好、土质疏松的背阴处挖坑，坑宽 90~100 cm、深 60~100 cm，坑的长度视种子数量而定。先在坑底铺一层粗沙，再铺一层 5~10 cm 厚的湿润细河沙，将种子与湿沙按 1∶3 的比例混合堆放在坑内，沙的湿度为饱和含水量的 60%~80%，即手握成团、松手即散为宜。种沙放到离地面 10~20 cm 时，覆盖一层 3~5 cm 厚的粗沙，再覆土成屋脊状，坑的中央插一草把，以利通气。坑的四周挖排水沟，以防积水，储藏期间定期检查，以防种子发热霉烂。3 月中旬土壤解冻后，将种子倒至背风向阳处，并适当补充水分进行增温催芽。待种子有 1/3 露白即可播种。

3. 种子播种

选择疏松肥沃的土壤，同时考虑浇水、排水条件。一般播种时间在 3 月至 4 月中上旬，适时早播为好。播种采取宽 90~100 cm、长 10~15 m 的畦进行条播，播种的株行距以 3 cm × 12 cm 为宜。一般常规播种量为每亩播种 8~10 kg；播种后，搭建遮阳棚，防日晒；6~8 月注意浇水施肥，每亩施入肥料 5~7 kg 即可，10 月苗木高可达 70~90 cm。

(二) 幼苗管理

一是除草。人工适时中耕除草，能防止杂草滋生及土壤板结，增加土壤透气性，除草要本着"除早、除小、除了"的原则。二是松土。结合除草进行，雨后和浇水后要及时松土保墒。一般当年苗高可达 1~1.5 m 以上，2 年后可出圃用于园林绿化，也可作为嫁接优良绿化树种北海道黄杨或扶芳藤的砧木。

五、丝棉木的作用与价值

(1) 观赏价值。丝棉木树冠卵形或卵圆形，枝叶秀丽，入秋蒴果粉红色，果实有突出的四棱角，开裂后露出橘红色假种皮，果实久挂枝头不落，具有观赏价值，是园林配植、点缀的优美树种。无论孤植或作行道树，皆有风韵。

(2) 用材价值。丝棉木木材白色、细致，是雕刻玩具、小工艺品、桅杆、滑车等细木工的上好用材。

(3) 经济价值。丝棉木树皮含硬橡胶，种子含油率达 40% 以上，是工业优质用油。丝棉木枝条柔韧，可编制驮筐、背斗、果筐。嫩枝叶含粗蛋白、粗脂肪、粗纤维，用作牲畜饲料。

(4) 药用价值。丝棉木根及根皮入药，用于活血通络、祛风湿、补肾。

42　白蜡

白蜡，学名：Fraxinus chinensis Roxb，木樨科白蜡属植物的通称，又称梣，林农因树上放养白蜡虫，故又名白蜡树，落叶小乔木，是水土保持、防风固沙树种。

一、形态特征

白蜡,树高 10~12 m。树皮灰褐色,幼时光滑,大树皮有纵裂。羽状复叶对生,小叶 5~7 枚,硬纸质,卵形、倒卵状长圆形至披针形,先端锐尖至渐尖,基部钝圆或楔形,叶缘具整齐锯齿,侧脉 8~10 对。圆锥花序顶生或腋生枝梢,长 8~10 cm,花雌雄异株。雄花密集,花萼小,钟状,无花冠;雌花疏离,花萼大,桶状,4 浅裂,柱头 2 裂,花冠白色。翅果匙形,坚果圆柱形,果熟时黄褐色。花期 4~5 月,果期 7~9 月。

二、生长习性

白蜡喜光,耐旱,稍耐庇荫,喜湿润、肥沃的中性、微酸性土壤。分布于海拔 300~1 000 m 的沟谷、山地杂木林中。

三、主要分布

白蜡主要分布于河北、山东、江苏、安徽、上海、浙江、江西、福建、河南、湖北、湖南、广东、四川、云南等地。河南省舞钢市国有石漫滩林场秤锤沟、九头崖、长岭头、灯台架、大河扒、冷风口、官平院等林区均有片状或散生野生。多分布于谷地疏松土壤、湿润立地环境,与栎类、化香等阔叶林混生。

四、种苗繁育与管理技术

(一)引种繁育苗木技术

1. 种实采收

白蜡,4~5 月开花,9~10 月成熟。选择生长健壮、无病虫害的优良植株,在翅果由绿色变为黄褐色,种仁发硬时采摘。种子成熟后不落,可剪下果枝,晒干去翅,去除杂物,将种实装入容器内,放在经过消毒的低温、干燥、通风的室内进行储藏。

2. 种实处理

白蜡种子休眠期长,春季播种必须先行催芽,催芽处理的方法有低温层积催芽和快速高温催芽。

3. 种子播种

春播,2 月至 3 月上旬播种。开沟条播,每亩用种量 3~4 g,深度为 3~4 cm,深度均匀,随开沟,随播种,随覆土,覆土厚度为 2~3 cm。为使土种密接,覆土后镇压,随后加强肥水管理,促进苗木快速生长。

(二)造林绿化技术

1. 造林时间

栽植白蜡分 4 月或 9~10 月,春秋两季进行。春季栽植更合适,但春季栽植也需要选择最佳时节,宜晚栽,以 4 月中旬为宜,即苗木体液已经流动,且枝条上大部分芽体开始膨大呈小球状时栽植成活率最高。

2. 挖树穴

先要挖好树穴,树穴大小根据树苗胸径粗度而定,一般树穴直径不能低于树苗胸径的

14~15倍,树穴深度不能低于树穴直径的3/4。树穴过小不利于其根系生长,还容易遭受风害。如果土壤不符合要求,要换客土。

3. 栽植苗木

先填好底土并踏实,基肥要与回填土充分拌匀,苗木放到树穴内扶正后,检查有无根系外露或不顺畅,调整好后分2次填土,并分层踏实。如果是裸根小苗,填土后还要轻提苗,使根系舒展。在栽植时,需要注意苗木的栽植深度,如果栽植地条件较好,且土壤较湿润,栽植深度可略高于原土痕2~3 cm;如果栽植地土壤干燥且不易浇水,可再埋深8~10 cm。根据树苗的大小,栽植后需要作支撑的还需立即搭设支架,以防风吹及人为摇动。另外,特别强调的是胸径7~8 cm以上的白蜡或白蜡全冠移植时,提倡带土球栽植,这样可大大提高苗木的栽植成活率。

4. 水肥管理

种植完后,要按要求及时浇好前三水,尤其第一水要浇透浇实,4~5天后再补浇第二水,以后根据情况浇第3水。栽植当年要尽量保持土壤湿润,以利于树苗尽快恢复长势。秋末要浇透防冻水,第二年早春,3月上旬要浇好返青水,4~5月正值春旱期,加之中国北方地区春季风大少雨且持续时间长,应浇1~2次水。白蜡属于喜水树种,条件允许的地方,6~7月再小水浇1~2次更好,以利白蜡树体有充足的水分供应,从而一直保持苗木处于旺长的态势。第三年、第四年照此法管理即可。浇水次数应根据天气情况灵活掌握。白蜡耐瘠薄,虽然对土壤肥力要求不严,但也要满足苗木正常生长发育所需养分。新栽植的苗木除提前施足腐熟发酵的圈肥外,6月中下旬后要对苗木追施1次氮磷钾复合肥,有条件的地方秋末结合浇冻水再施1次牛马粪更好。翌年春季,追施1次氮磷钾复合肥,秋末增施1次农家肥,以后的管理只需秋末增施农家肥即可。充足的肥力,不仅可加快苗木的生长速度,而且可增强苗木的抗逆能力,尤其是提高苗木抗病虫能力。

5. 整形修剪

修剪、整形是苗木由促成到实现标准化管理的一个非常重要的技术环节,往往容易被人们忽视。首先,苗木在栽植前对根系的修剪处理很关键。主要是缩剪破损的根系,使根系伤口平滑,以利愈伤组织的形成,同时可防治根系腐烂。另外,苗木栽植前需要进行截干处理,可根据树苗的大小及工程需要灵活掌握,一般定干高度为3~4 m,萌芽后,可任其生长。11~12月,初冬修剪时,在主干上选择3~5个分布均匀、长势旺盛的枝条作主枝,将其余分枝点以下的所有侧枝全部疏除,注意剪口要平,并对所留主枝保留40~50 cm长度进行短截。第二年,每个主枝上可保留2~3个侧枝,将其余侧枝全部疏除,所留侧枝长势一定要强壮。这样既保证树冠丰满,又保证通风透光,减少干枯枝的出现及病虫害的发生。树干基本骨架形成后,以后每年只需对过密枝、干枯枝、病虫枝、下垂枝进行疏除即可。

(三)主要病虫害的发生与防治

1. 主要虫害的发生与防治

白蜡主要虫害是白蜡吉丁虫、蚜虫、天牛等蛀干害虫。3~4月,白蜡芽萌动前喷石硫合剂,每7~10天喷1次,连续2~3次,以杀死越冬病菌或刚刚出现的成虫,对树干上的虫孔,用医用药棉蘸敌敌畏药水,堵虫孔,最后用黄泥封口,3~7天幼虫死亡。4~6月成虫出现,选择20%甲氰菊酯乳油1 000倍液或5%氯氰菊酯乳油1 500倍液喷布防治。

　　2.主要病害的发生防治

　　白蜡主要病害是褐斑病、煤污病。一是褐斑病,4~6月发生。发病症状:褐斑病主要危害白蜡的叶片,引起早期落叶,影响树木当年生长量。发病规律:褐斑病的病菌寄生于叶片正面,散生多角形或近圆形褐斑,斑中央呈灰褐色,直径1~2 mm,大病斑达5~8 mm。斑正面布满褐色霉点,即病菌的子实体。防治方法:播种苗应及时间苗,前期加强肥水管理,增强苗木抗病能力。注意营养平衡,不可偏施氮肥。秋季清扫留在苗床地面上的病落叶,集中处理,就地深埋或远距离烧毁,减少越冬菌源。6~7月,喷施1∶2∶200倍波尔多液或65%代森锰锌可湿性粉剂600倍液2~3次,防病效果良好。二是煤污病,4~5月发生。发病症状:煤污病主要是由白蜡蚜虫、介壳虫、粉虱等害虫引起的,除危害叶片外,对白蜡枝条亦有危害,阻塞叶片气孔妨碍正常的光合作用,除引起白蜡早期落叶外,重点是影响苗木的年生长量。发病规律:煤污病的病原菌以菌丝体或子囊座的形式在病叶、病斑上越冬。因为蚜虫和介壳虫排泄的黏液会为煤污病的病原菌提供营养,所以一般在这两种害虫发生后,煤污病就会大量发生。4~5月或10月是煤污病的盛发期。防治方法:通过间苗、修枝等措施,使树木通风透光,增强树势,提高树木的抗逆性。及时防治蚜虫、介壳虫、粉虱等,可用吡虫啉或啶虫脒等,同时掺入多菌灵或甲基托布津,可以有效防治病害的发生。介壳虫是一种比较难防治的害虫,一定要抓住若虫活动高峰时用药,可用狂杀蚧800~1 000倍液,一般喷1次就可达到较好的防治效果。另外,防治白蜡流胶病,发病期用50%多菌灵800~1 000倍液或70%甲基硫菌灵800~1 000倍液即可。

五、白蜡的作用与价值

　　(1)绿化作用。白蜡枝叶繁茂,根系发达,具萌芽丛状速生性,适应生境能力强。可用于营造防风固沙、护堤、护路工程林。据其抗烟尘、二氧化硫和氯气特性,亦可作为工厂、城镇绿化、美化、空气净化树种。

　　(2)用材价值。白蜡木材坚韧,供编制各种用具,也可用来制作家具、农具、车辆、胶合板等;枝条可编筐。

　　(3)药用价值。白蜡树皮苦、涩,寒,有清热燥湿、收敛、明目功效。用于治疗热痢、泄泻、带下病、目赤肿痛、目生翳膜。叶辛、温,用于调经、止血。花止咳、定喘,用于治疗咳嗽、哮喘。

　　(4)观赏价值。白蜡干形通直,树形美观,枝冠紧凑,花开洁白,翅果垂挂,观赏性佳。可以作景区、公园景观树点缀,尽显其春花秋实的观赏效果。

43　山皂荚

　　山皂荚,学名:Gleditsia japonica Miq.,豆科皂荚属山皂荚的变种,又名山皂荚、山皂角、皂荚树、皂角树、悬刀树、荚果树,落叶乔木或小乔木,是城市公园、广场、游园绿地造林的景观树种。

一、形态特征

山皂荚,树高达 20 m,胸径可达 90~100 cm。小枝紫褐色或脱皮后呈灰绿色,微有棱,具分散的白色皮孔,光滑无毛。刺略扁,粗壮,紫褐色至棕黑色,常分枝,长 2~15 cm。偶数一回或二回羽状复叶,叶对生,长 11~25 cm。小叶 3~10 对,纸质至厚纸质。花黄绿色,穗状花序。花序腋生或顶生,雄花序长 8~19 cm,雌花序长 5~16 cm;雄花深棕色,外面密被褐色短柔毛。荚果带形,扁平,长 20~34 cm、宽 2~4 cm,不规则旋扭或弯曲作镰刀状,先端具喙,果瓣革质,棕色或棕黑色,具泡状隆起,无毛,有光泽。种子多数,椭圆形扁平,深棕色,光滑。花期 4~6 月,果期 6~11 月。

二、生长习性

山皂荚喜光,耐旱,耐寒,适生范围广,对土壤要求不严,生长于海拔 200~1 000 m 的向阳山坡、谷地、溪边疏林、林缘或灌丛。

三、主要分布

山皂荚主要分布于辽宁、河北、山东、河南、江苏、安徽、浙江、江西、湖南等地。河南省舞钢市南部山区尹集镇围子园、杨庄乡五座窑、庙街乡人头山等林区,海拔 300~500 m 的山脚、谷地有野生分布。

四、种苗繁育与管理技术

(一)引种繁育苗木技术

1. 采收种子

选择优良、健壮的母树,树龄在 25~50 年生的山皂荚树,采收种子。

2. 种子处理

将种子先用 1%~2%的硫酸亚铁溶液浸泡 4~5 小时,再用浓度 1%的高锰酸钾溶液浸泡 3~4 小时,之后用清水淘洗 2~3 次。

3. 种子催芽

山皂荚种子外壳坚硬,且富含胶质,常态下不易浸水,很难在短期内破壳萌芽。在自然界中,山皂荚种子需要经过 12~15 个月的沤化才能出芽,发芽率在 50%以下。所以,播种前须进行催芽处理。秋末冬初,将已消毒的种子放入 45 ℃水中浸泡 45~48 小时,捞出与优质纯净的湿沙混合进行层积催芽。选择向阳、干燥、排水良好的地方挖坑,坑的大小根据种子的多少而定,一般以 40~50 cm 为宜。坑底铺厚 3~5 cm 的牛粪、羊粪、马粪,粪上撒 1~2 cm 厚的细沙,然后将种子均匀铺在沙上。种子厚 2~4 cm,不宜过厚,以免影响催芽效果。种子上撒 1 层 1~2 cm 的薄沙,再铺 3~4 cm 厚牛粪、羊粪、马粪,粪上再撒 1 层 2~3 cm 的沙即可。特别注意的是,山皂荚种子在浸泡脱脂过程中已充分吸收水分,所以在沙藏催芽中,除非沙土十分干燥,否则一般不浇水,以防种子胚芽腐烂。每隔 25~30 天检查、搅拌 1 次,当发现有 40%~50%的种子破壳,胚芽处于萌动状态时即可进行播种。

4. 大田整地

苗圃应选择交通便利、地势平坦、土层深厚、肥力充足、灌溉方便、排水良好的中性沙壤土,不宜选择盐碱地、重黏土地、涝洼地和地下害虫严重的土地。播种前整地,在整地前施基肥,以有机肥为主,用肥量每亩 3 500~5 000 kg,具体视土地肥力条件而定。施肥后要深翻土壤,使肥土充分混合,翻耕深度 20~25 cm,随翻随耙。要求整地后地平土碎,无杂草、树根、石块。整地时间,10~12 月为佳;3 月春季播种前 20~30 天进行也可以,9~10月依据土壤墒情和种植情况而定。人工做床,播种前 4~5 天浇足底水,用 50% 多菌灵进行土壤消毒,整细耙平后做床。苗床方向应按地块形状及坡度的大小而定,尽可能沿南北方向做床,以利于通风透光。高床、低床均可,生产上常用低床,床面低于步道 15~20 cm,宽 1.0~1.5 m、长 10~20 m;步道宽 35~55 cm;要求床直、面平、沿正。

5. 种子播种

播种时间 3 月,春播为好,或在每年的 5 月上旬也可以。播种前 7~8 天,将苗床和大垄灌足底水,等表面阴干即可播种。采取开沟条播,沟深 5~6 cm,条距 20~25 cm,播种量每米 15~20 粒,用种量每亩 20~25 kg,将种子的胚根朝下排放在沟内,上面覆盖 2~4 cm厚的细土,覆土后再轻轻镇压,上面平铺地膜。当发现有 60% 的种子破土时,揭去地膜。注意观察水分状况,保持土壤湿润,做好喷水、喷肥。

6. 播种后管理

山皂荚播种后,20~25 天出芽,出苗时间不同,在出苗期间切忌翻土,以免损伤种子和胚芽,只需轻轻疏松表土即可。出苗前,白天温度应保持在 25~30 ℃,夜间不低于 15~18 ℃。出苗后,白天注意放风,夜间加强保温。出苗期间需保持土壤湿度,提高地温,防止冻害、鸟害发生。当苗高 10~15 cm,外界温度达到 15~20 ℃时,即可进行移植定植,株距 10~15 cm,定植前 5~7 天,要通风炼苗,白天温度保持在 18~20 ℃,夜间保持在 15 ℃左右。定植前 2~3 天,浇 1 次透水,保持土坨不散,以利于起苗。定植后要注意保温防寒。

(二)主要病虫害的发生与防治

1. 主要病害的发生与防治

山皂荚主要虫害是地下害虫蝼蛄、蛴螬、地老虎,主要危害苗木根系,使苗床缺苗断垄,4~6 月,可用 10% 吡虫啉 1 500 倍液,拌炒香麦麸,进行诱杀,也可用人工捕杀的方法进行防治。

2. 主要虫害的发生与防治

山皂荚主要病害有立枯病,叶枯病,主要危害茎、叶,使幼苗发黄。5~7 月,喷布等量式波尔多液 100~150 倍液,每 7~10 天喷 1 次,连喷 3~4 次;或用硫酸铜 100 倍液浇灌苗木根部;或用福尔马林 200 倍液每隔 7~8 天喷 1 次,连喷 3 次。

五、山皂荚的作用与价值

(1)景观作用。山皂荚树形庞大,根系发达,生长健壮,寿命长。古时村落居民常作夏季乘凉庇荫树,树龄可达百余年。近年,随着人们迫切追求大自然趋势,多有城市公园、广场、游园绿地采用移植皂荚大树,点缀植物景观。山皂荚的苍翠感增添了城市古老韵味,受到城乡居民青睐,是城乡绿化、风景区美化、城市园林绿化树种。

（2）经济价值。山皂荚苗木当前市场销售很快,经济效益十分可观。荚果含皂素,可代肥皂并可作染料。种子及针刺入药,种子理气、消食积,针刺有镇静、止疼的作用。

（3）用材价值。山皂荚木材坚实,心材带粉红色,色泽美丽,纹理粗,是建筑、器具、支柱等优质用材。

44　臭檀吴茱萸

臭檀吴茱萸,学名:Euodia daniellii,芸香科吴茱萸属,又名臭檀,落叶乔木,是城乡公园、城镇广场绿化、庭园观赏树种,也是一种良好的蜜源野生树种。

一、形态特征

臭檀吴茱萸,树高 8~12 m。树皮暗灰色,平滑,老时横裂;小枝灰褐色,初时有短柔毛。扁卵圆形,浅紫红色,长 3~4 mm,密被伏毛。奇数羽状复叶,小叶 7~11,柄短,长约 3 mm,有毛;叶片革质,卵形至长圆状卵形,表面深绿色。聚伞状圆锥花序顶生,雌雄异株,花序大小不一,花轴与花梗被短茸毛;花小形,通常 5 数,白色。蓇葖果紫红色或红褐色,果皮布有透明腺点,分果瓣长 6~7 mm,先端有尖喙,喙长 2~3.0 mm,每分果瓣有种子 2。种子卵圆形,长 2~3 mm,黑色,有光泽,花期 6~7 月,果期 9 月。

二、生长习性

臭檀吴茱萸,属阳性树种,喜光、喜湿润、深根性,喜生于海拔 100~800 m 的丘陵、谷地、河岸或山脚中性、微酸性疏松土壤。野生在山崖或山坡上。

三、主要分布

臭檀吴茱萸主要分布于河北、山西、陕西、甘肃、山东、河南、湖北、辽南、湖北等暖温带落叶阔叶林区。河南省舞钢市南部长岭头、九头崖、人头山等丘陵、山地河谷、地边,林缘灌丛或空旷地有散生野生。

四、种苗繁育与管理技术

（一）引种繁育苗木技术

1. 采收种子

9 月种子成熟后,人工及时采收,挑选出饱满种子,晾干保存。

2. 种子处理

11 月中旬(土壤上冻前)将种子混以 3 倍的湿沙(沙子湿度以手攥成团,轻轻落地即散为度),放入花盆内保持湿度;然后将花盆置入室外背风向阳,宽、深各 50~80 cm 的坑内,上面盖土至地表。3 月中旬土壤解冻后,将干藏的种子用温水浸泡 20~24 小时,捞出后混以 2 倍的湿沙,放在背风向阳处上盖湿布片进行催芽。

3. 播种方法

3 月,春播时,在催芽的同时将苗床灌足底水。苗床为平床,床宽 1~1.2 m,长根据苗圃情况灵活掌握。7~8 天后部分种子发芽,此时开沟条播。播种沟宽 4~6 cm、深 1.5~2.0 cm,沟间距 18~20 cm,覆土厚 1.5~2.5 cm,播后将床面整平,上盖塑料薄膜或稻草。9 月,秋播在当年采种后、土壤上冻前的 10~11 月进行,方法同春播。

4. 苗期管理

当大部分种子已出苗时,将薄膜或稻草除去,此后应以雾状喷水,保持湿润。定苗分 2 次进行,幼苗长出 2~3 对真叶时第一次间苗,每平方米留 48~50 株;当幼苗长出 4~5 对真叶时定苗,每平方米保留 24~28 株。定苗后,7~8 月,夏季气温高、干旱,适时浇水 2~3次、松土除草 3~4 次、施肥 2~3 次,每次施入复合肥,每亩 5~6 kg 不等。

(二)主要病虫害的发生与防治

1. 主要病害的发生与防治

臭檀吴茱萸主要病害为白粉病。4~5 月发生,危害叶片,病害发生后,可选用 0.2%~0.5% 的高锰酸钾或 0.2% 的代森铵溶液等,按每平方米 2~3 L 药液喷洒植株或土壤。

2. 主要虫害的发生与防治

臭檀吴茱萸主要虫害为黄菠萝凤蝶。4~6 月,从幼苗起就易遭受黄菠萝凤蝶幼虫的危害,应及时防治。虫害发生时,若苗量小,可人工捕捉;若苗量大,要及时喷施 10% 吡虫啉 1 300~1 400 倍液,或菊酯类触杀或胃毒性药物进行防治。

五、臭檀吴茱萸的作用与价值

(1)观赏价值。臭檀吴茱萸树干光滑,树冠紧凑,叶片鲜绿,果实红艳,花开树梢,绿叶红果非常美观。是风景区、园林绿化、小区美化的优良树种,具有良好的观赏价值。又可用作公园、城镇广场栽培点缀,或作庭园观赏。

(2)用材价值。臭檀吴茱萸木材黄褐色,有光泽,纹理美丽,是制作家具及农具的良好材料。果实可作药用。种子含油率达 39.7%,可榨油,用于油漆工业。枝叶含芳香油,树皮含鞣质,均可提取利用。

45　重阳木

重阳木,学名:Bischofia polycarpa(Levl.)Airy Shaw,大戟科秋枫属,落叶乔木,是城乡庭荫、行道树种,又是造林绿化的防护林优良树种。

一、形态特征

重阳木,树高达 15 m,胸径可达 1~1.2 m。树皮褐色,纵裂。树冠伞形状,大枝斜展,全株均无毛。三出复叶,柄长 9~13 cm,小叶片纸质,卵形或椭圆状卵形,有时长圆状卵形,顶端突尖或短渐尖,基部圆或浅心形,边缘具钝细锯齿。花雌雄异株,春季与叶同时开放,组成总状花序。花序通常着生于新枝的下部,花序轴纤细而下垂。雄花序长 8~13 cm,雌花序长 3~11 cm。果实浆果状,圆球形,直径 5~6 mm,成熟时褐红色。花期 4~5

月,果期8~10月。

二、生长习性

重阳木属阳性树种,喜光、稍耐阴、耐旱、耐瘠薄、稍耐湿、耐寒,对土壤的要求不严。在海拔100~1 000 m的中性、酸性土、微碱性土壤上皆可生长,但在湿润、肥沃的土壤中生长最好。

三、主要分布

重阳木主要分布于秦岭、淮河以南至福建和广东的北部,生于海拔1 000 m以下的山地林中或平原。河南省舞钢市20世纪70年代自湖北引种栽培,目前尚有数十株,分布于垭口原市科技局、水利局、朱兰干休所、舞钢市第一高中校园、朱兰苗圃等,虽已达50年树龄,仍树势旺盛,枝叶繁茂。最大株树高15~18 m,冠展10~12 m,胸径达50 cm。近年,被舞钢市政府列为古树名木加以保护。

四、种苗繁育与管理技术

(一)引种繁育苗木技术

1. 种子采收

重阳木根系发达,萌芽能力强,造林成活率高。因此,多用播种法进行繁殖。选取生长健壮、干形通直、树冠浓郁、无病虫害、结实多年、果实饱满、处于壮龄的优良单株作为采种母树。重阳木果实于10~11月成熟,在果实显红褐色后采收。果实采下后,用水浸泡5~6小时,然后搓烂果皮,淘洗出种子,晾干后用布袋装于室内储藏,或在室外用河沙层积储藏。

2. 种子处理

春季2月,将种子置于40~45 ℃的温水桶内,浸泡5~6小时以上,取出,用河沙湿藏,覆盖薄膜催芽。

3. 苗圃地选择

苗圃地要选择地势平坦、避风开阔、阳光充足、水源方便、土质疏松、肥沃、土层深厚、土壤pH值4.5~7.0、排水好、便于运输的地块。栽培土质以肥沃的沙质壤土为宜。

4. 苗圃整地

苗圃整地一般在育苗的上一年冬季11~12月进行。要求对苗圃地进行深翻过冬使土壤冬化,消灭杂草和病虫。次年2~3月再进行翻地,并除净杂物,做床。苗床按南北向,深挖碎土,床面宽1.0~1.2 m,高28~30 cm,步道宽0.5~0.6 m、长7~10 m。在苗床上薄撒一层钙镁磷肥,每亩施入80~90 kg,或者腐熟的农家肥,每亩施入2 500~3 000 kg。

5. 种子播种

一般采用大田条播育苗。3月中旬,在播种前用50%多菌灵800倍液对苗床消毒,当种子胚根长到1~2 cm时开始播种。播种时,断去部分胚根,按行距18~20 cm、株距8~9 cm进行条播,播种量为每亩2.5~3.5 kg。播后盖0.5~1.0 cm厚的细土,喷水淋透,并搭建2~2.5 m高的90%遮阳棚,以保证其幼苗不受日灼危害。播种行距18~20 cm,每亩播种量 2~2.5 kg。覆土厚 0.5~0.8 cm,上盖草。播后 20~30 天幼苗出土,发芽率 40%~80%。1 年生苗高 45~60 cm,最高可达 1~1.2 m 以上。苗木主干下部易生侧枝,要及时剪去,使其在一定的高度分枝。移栽要掌握在芽萌动时带土球进行,这样成活率高,苗木健壮。

6. 幼苗管理

种子播种后 20~30 天幼苗开始出土,发芽率 70% 左右。当幼苗长到 3 片真叶时开始间苗,间苗在阴雨天进行为好,要间小留大、去劣留优、间密留稀,保证充分光照,并注意病虫害防治,等苗高长到 1.8~2 m 时,4~5 月即可移苗种植。移苗株行距(18~20) cm × 55 cm,在阴天和无风天进行,防止日晒。

7. 浇水施肥管理

当新生苗木栽植后 25~30 天,可淋氮水肥,将含纯氮 46% 的尿素配成 0.5% 的浓度浇行中间。以后每 28~30 天浇水 1 次,浓度可适当提高。10 月,淋 1% 复合肥或者 0.2% 磷酸二氢钾(0.1 kg 兑水 50 kg),或将喷雾器注满水加 32 g 肥料,以增强苗木木质化。要保持苗床湿润,但不能过湿;苗木根系长出以后,注重保持空气湿度,苗圃地要保证通风良好,减少病虫害的发生。日照需充足,幼株需水较多,不可放任干旱。

苗木移植后,要保持苗圃整洁干净,苗床和苗圃周围无杂草,根系生长完整,就要适当松土除草,促进苗木快速生长,早日成苗。

8. 采挖苗木

重阳木苗木生长快,一般苗木培养 10~12 个月,苗高达到 1.0~1.5 m 以上即可出圃。1 级苗地径 1.0 cm,苗高 1.5 m 以上;2 级苗地径 0.8 m,苗高 1.2 m 以上;3 级苗地径 0.6 m,苗高 1.0 m 以上。10 月落叶后,苗木出圃原则上在苗木休眠期进行。若芽苞开放后起苗,会降低成活率。苗木出圃前,要做好炼苗工作,9 月以后要撤除遮阳网,适当减少苗床水分。起苗时选无病虫害、有顶芽的小苗,用锄头将苗取出,注意保护根系,一般保留根长12~14 cm。修根后放入 0.5 g ABT 生根粉黄心土溶液中浆根,后用稻草包好根部。

(二)主要病虫害的发生与防治

1. 主要虫害的发生与防治

重阳木主要虫害是重阳木锦斑蛾,7~9 月发生,危害叶片,幼虫发生期用 1.2% 烟参碱乳油 800~1 000 倍液,或 25% 灭幼脲 3 号 2 000~2 500 倍液喷治;重阳木锦斑蛾只危害重阳木,9 月中下旬开始为 3 代幼虫为害期,在 9 月至 10 月上旬可能会形成 3 代高龄幼虫危害高峰。当每百叶虫量超过 14~16 头时,应迅速采取防治措施。虫害防治药剂可选用 4.5% 高效氯氰菊酯 1 000~1 500 倍液、1.2% 烟参碱乳油 800~1 000 倍液、25% 灭幼脲 3 号 1 500 倍液等。

2. 主要病害的发生与防治

重阳木主要病害是茎腐病,4~6 月高温高湿天气极易发生苗木猝倒病或茎腐病。苗圃地选择在地势高的地方,防止积水,同时要挖好排水沟。提早播种,施足基肥,使苗木生长健壮,尽快达到木质化程度。搭棚遮阴,避免强光暴晒。出现病害后应将病株除掉,并间隔 7~10 天用 50% 多菌灵 800~1 000 倍液和 70% 甲基托布津 800 倍液间隔喷雾防治,连续 2 次。除草、遮阳、控制湿度、营造通风的环境是预防病虫害的关键。11~12 月,对幼虫在树皮越冬的,涂白树干。结合修剪,剪除有卵枝梢和有虫枝叶。冬季清除园内枯枝落叶以消灭越冬虫茧。利用草把诱杀幼虫,并清除枯枝落叶及石块下的越冬虫蛹,从而减少来年的发生危害。

五、重阳木树的作用与价值

(1)绿化作用。重阳木树姿优美,冠如伞盖,花叶同放,花色淡绿,秋叶转红,艳丽夺目,极具观赏价值。是良好的庭荫、行道树种,用于堤岸、溪边、湖畔、草坪配植点缀,孤植、丛植或与常绿树搭配,更加壮丽。重阳木根系发达,枝冠强劲,叶面积大,具有水土保持、防风固沙、净化空气的功能,亦是用于营造防护林的优选树种。

(2)经济价值。重阳木木材是散孔材,导管管孔小,心材与边材明显且美观,而且心材鲜红色,木材淡红色,质重坚韧,结构细匀,有光泽,木质素含量高,是很好的建筑、造船、车辆、家具等珍贵用材,常替代紫檀木制作贵重木器家具。重阳木根、叶入药,行气活血,消肿解毒。种子含油率达30%,油有香味,可供食用,也可作润滑油和肥皂油。果肉可酿酒。

(3)生态价值。重阳木在水土保持方面有自身的独特优势。一是防风定沙。二是道路植树。重阳木的叶片宽大、平展、硬挺,迎风不易抖动,叶面粗糙多茸毛,能吸滞大量的尘埃。枝叶对二氧化硫有一定抗性;落叶量大,可培肥增加地力,是能源树种。

46　梣叶槭

梣叶槭,学名:Acer negundo L.,槭树科槭属,又名复叶槭、糖槭等落叶乔木。

一、形态特征

梣叶槭,树高20 m,树冠分枝宽阔,多少下垂;树皮黄褐色或灰褐色,纵浅裂;平滑无毛,具灰褐色的圆点状皮孔;小枝圆柱形,灰绿色,秋后变紫色。奇数羽状复叶,小叶纸质,3~7枚,卵形或卵状披针形,长5~8 cm、宽3~4 cm。花单性,雌雄异株,先于叶开放。翅果扁平,淡黄褐色,长2~3 cm,翅展约70°;小坚果细长圆形,宽约4 mm。花期4~5月,果期9月。

二、生长习性

梣叶槭为阳性树种,喜光、喜湿润、耐寒、稍耐旱,适应性强。喜生于湿润肥沃土壤,稍耐水湿,但在较干旱的土壤上也能生长。土壤深厚、疏松湿润之地有零星野生。

三、主要分布

梣叶槭主要分布于辽宁、内蒙古、河北、山东、河南、陕西、江苏、浙江、江西、湖北等省(区),各主要城市都有栽培。在东北和华北各省市生长较好。河南省舞钢市国有石漫滩林场长岭头、秤锤沟、灯台架、官平院、人头山、蚂蚁山等林区海拔400~600 m的谷地、丘陵有野生分布。

四、种苗繁育与管理技术

(一)引种繁育苗木技术

1. 采收种子

种子选择,应在品质优良的健壮母株上采集种子。8~9 月种子成熟期,当梣叶槭翅果由绿色变为黄褐色时采种,采后晾 2~3 天,去杂袋藏备用。

2. 种子浸种

3 月,即春季播种前 20~30 天,用 38~40 ℃温水浸种。边倒入种子边搅拌,水自然冷却后换清水浸泡 20~24 小时,每 8~10 小时换一次清水。捞出后控干,用 0.5%的高锰酸钾溶液消毒 3~4 小时,捞出用清水冲净种子,然后混 3 倍的湿沙,并均匀搅拌,堆于背风向阳处,每天喷一次温水,保持湿润(沙含水量为 60%),要防止积水,以避免种子腐烂。每天上午或下午分别翻动 1~2 次,待 50%的种子露白时即可播种。

3. 苗圃地选择

播种地应选择地势高燥、平坦、排灌方便、土层深厚肥沃的沙壤土。翻耕耙平,精细整地。每亩施充分腐熟的农家肥 2 500~2 600 kg,掺入 40~50 kg 磷酸二铵,有条件的可施 3~5 cm 厚度的草炭土,充分搅拌,然后做床,并进行土壤消毒。

4. 种子播种

播种在春季 3 月进行,播种量每平方米 35~40 g。将经过处理的种子均匀撒到平整的床面上,覆土厚度为 1~1.5 cm。播后盖草帘,保持土壤湿润。

5. 新生幼苗管理

播种后 5~7 天即可出苗,约 60%的种子出苗后揭去草帘,保持土壤湿润。当苗高 9~10 cm 时进行间苗、定苗,每平方米保留 150~200 株小苗。定苗后,7~10 天进行一次叶面喷肥,用 0.3%~0.5%的尿素溶化成水溶液喷洒。9~10 月后增施磷钾肥,防止苗木徒长,同时要及时进行浇水、中耕、除草及病虫害防治。11~12 月,入冬前浇一次封冻水。

(二)主要病虫害的发生与防治

梣叶槭,新生苗期主要病害是立枯病、猝倒病等,主要发生在 6~8 月的雨季。幼苗出齐后 7~10 天,喷洒 0.1%的敌克松或 1%的波尔多液 2~3 次,预防立枯病发生。发现立枯病,用 1%~3%的硫酸亚铁喷洒,14~15 分钟后再用清水冲洗苗木,以免产生药害。

五、梣叶槭的作用与价值

(1)景观作用。梣叶槭枝叶茂密,秋叶色黄或泛红,颇为美观,可作园林景观点缀,庭荫树、街区行道树或营造防护林。

(2)环保作用。梣叶槭具抵御有害气体功能,在矿区、厂矿等荒地可营造环境保护林。

(3)蜜源树种作用。梣叶槭 3 月早春开花,花蜜很丰富,是很好的蜜源植物。

(4)用材价值。梣叶槭木材乳白色,材质致密、轻软,纹理细,有光泽,可作家具及细木工用材,亦可作纸浆用材。

47　青榨槭

青榨槭,学名:Acer davidii Franch.,槭树科槭属,又名青虾蟆、大卫槭,落叶乔木,是乡土阔叶观赏树种,又是良好的造林树种,同时也具有很高的观赏价值。

一、形态特征

青榨槭,树高 10~15 m。树皮青灰色或灰褐色,具灰白色纵裂纹。小枝细瘦、显绿,圆柱形,具稀疏皮孔,无毛。冬芽腋生,长卵圆形,绿褐色。单叶对生,叶纸质,长圆卵形或近长圆形。长 6~13 cm,宽 4~8 cm,先端锐尖或渐尖,基部近于心脏形或圆形,边缘具不整齐的钝圆齿;上面深绿色,无毛;下面淡绿色。总状花序,花黄绿色,杂性,雌雄同株。叶、花相向同现。翅果成熟时黄褐色;翅宽 1~1.6 cm,翅展钝角或水平。花期 4~6 月,果期 8~10 月。

二、生长习性

青榨槭喜散光,耐阴,喜湿润,稍耐旱,适应性强。适生于海拔 400~1 500 m、中性、微酸性土壤、山地阴坡、沟谷林内或疏林中,常与阔叶林混生。

三、主要分布

青榨槭主要分布于山西、河北、江西、山东、河南、湖北等地,河南省舞钢市国有石漫滩林场南部秤锤沟、王沟、九头崖、长岭头、灯台架、大河扒、官平院、祥龙谷等地有野生分布,林区海拔 400~500 m 以上有零星野生。灯台架西坡峡谷一最大株树高 9 m,胸径 20 cm。

四、种苗繁育与管理技术

(一)引种繁育苗木技术

1. 种子采收

种子选择树高 10~12 m,树龄在 15~20 年,干形通直、生长健壮、无病虫害危害的母树进行采种。采收种子的处理:将采后的果序摊放在室内阴凉通风处,经常翻动,防止发霉,并分离果梗。种子储藏:将收拾好的种子晒干装入麻袋,储存在干燥通风的室内备用。

2. 苗圃地选择

选择平坦、肥沃的土壤,浇灌条件好的地方,9 月至 10 月底进行整地。采用高床,先用多菌灵每亩撒入 5~6 kg 在地面,深翻后做床,做成高 15~20 cm、宽 1.8~2 m 的苗床,精耕细耙、耙平。整好苗床后浇一次透水,5~7 天后播种。

3. 种子播种

种子播种前,进行种子处理,在播种前用清水浸泡 13~15 天,然后用 0.5%的高锰酸钾消毒 2~3 小时,用清水洗净,进行播种。采用苗床播种,10~11 月秋播,成活率高,减少储藏工序,应采取条播,先用开沟器在苗床上开沟,深 2.5~3 cm、宽 9~10 cm,行距 15~20 cm,覆盖 1.5~2 cm 厚的森林土。浇 1 次透水。经过 2.5~3 年,其出苗整齐,出苗率高,1

年生苗高 42~45 cm,地径 0.4~0.6 cm,可出圃供应市场造林。

4.新生幼苗护理

一是浇水,播后要及时浇水,经常保持床面潮湿,第二年 4 月初,种子开始发芽,18~20 天幼苗基本出齐。二是松土、除草,4~8 月,苗木生长期,当圃地杂草长到危害幼苗时应进行除草,坚持"除小、除早、除了"的原则,以保证苗木健康生长。

(二)造林绿化技术

造林,一是苗木选择,应该选择粗壮、无病虫害、枝干光亮、皮色鲜艳的苗木。二是造林时间,3 月春季萌芽前,或 9~10 月秋季落叶后。三是造林栽植,挖穴施足基肥,每穴施入农家肥 40~50 kg,栽好后,填土、压实,浇 1 次透水,并于地面 10~12 cm 断干,促进分枝、墩状丛生,或留主干单株生长。成活率高,苗木移栽无须带土。栽植当年可长高 2~2.2 m,第二年高 3~4 m。

(三)主要病虫害的发生与防治

1.主要病害的发生与防治

青榨槭幼苗不易发生病害,1~2 年生苗木主要发生立枯病。防治方法:1 年生苗木出土后,4~6 月,可喷洒退菌特 800~1 000 倍液 2~3 次,间隔期为 7~10 天,可控制病害的发生。

2.主要虫害的发生与防治

青榨槭幼苗主要虫害是金龟子,危害叶片。防治方法:危害前期或危害期,8~9 月发生期用敌敌畏 700~800 倍液喷布叶片;或采用氯氰菊酯 500~600 倍液灌注树干基部,灭杀幼虫,减少危害。

五、青榨槭的作用与价值

(1)造林绿化作用。青榨槭生长健壮,冠形开阔,枝叶碧绿,花果低垂,秋叶红、橙、紫相映,实为枝叶花果形色俱佳的稀缺观赏植物品种。作为景区、公园景观点缀,城镇行道、街区、庭院绿化、美化、观赏、庇荫等,均能发挥其完美的特色绿化作用。

(2)化工原料作用。青榨槭树皮纤维丰富,且含丹宁,可开发用于工业原料。

(3)观赏价值。青榨槭生长迅速,树冠整齐,是城乡绿化或造林树种,叶在秋季变鲜红色,后转为橙黄色,最后呈暗紫色,为极美丽的观赏树种。

48　建始槭

建始槭,学名:Acer henryi Pax,槭树科槭属,落叶乔木,是营造风景林、防护林及街区行道树栽培的优良树种。

一、形态特征

建始槭,树高约 10 m。树皮浅褐色,当年生枝紫绿色,有短柔毛,老枝浅褐色,无毛。枝叶对生,羽状复叶,叶纸质,小叶 3 枚,椭圆形或长椭圆形,长 6~13 cm、宽 3~4.5 cm,先端渐尖,基部楔形或近圆形。全缘或有稀疏钝锯齿,嫩时叶背沿叶脉被密毛,老时无毛。

穗状花序,下垂,长7~8.5 cm,有短柔毛,多生于2~3年无叶小枝一侧,花淡绿色,单性,雌雄异株。萼片5,卵形,花瓣5,短小或不发育。雄花有雄蕊4~6,雌花子房无毛,花柱短,柱头反卷。翅果嫩时淡紫色,熟时黄褐色,翅果凸起,长圆形,翅宽0.5~0.6 cm、长2~3 cm,两翅成锐角或近直角。花期4月,果期9月。

二、生长习性

建始械适应性强,喜光或散射光,喜湿润,稍耐旱。适生于海拔400~1 500 m,中性、微酸性土壤,深厚、疏松土壤,山坡或谷缘林中。

三、主要分布

建始械主要分布于山西、陕西、甘肃、河南、江西、浙江、安徽、湖北、湖南、四川、贵州等地。河南省舞钢市南部旁背山、九头崖、瓦房沟、官平院、二郎山、老虎爬等有野生分布;山地海拔300~500 m的山腰、谷地有野生分布,与栎类、化香、榆类等阔叶林混生。

四、种苗繁育与管理技术

建始械是良好用材树种,大树资源稀少。散孔材,来材淡黄白色,其苗木繁育技术参考青榨械繁育,以下主要介绍造林绿化技术。

(一)造林绿化技术

1.造林地选择

建始械适应能力强,对土壤要求不严,以土层深厚肥沃、排水良好的阳坡或半阳坡缓坡林荒地和坡耕地种植为佳。

2.施足基肥

4~9月,建始械对肥料需求性强,幼龄生长期施2~3次氮肥,休眠期施基肥,每亩施入复合肥50~60 kg。后期还需追肥3~4次,以氮、钾肥为主。生长季还可以根外追肥,以农家肥、饼肥为主。

3.适时浇水

建始械平时适量浇水,保证盆土湿润即可,不要浇水过多,否则会产生积水,容易烂根。夏季温度较高时可增加浇水次数。适量浇水即可,切勿浇水过多,否则易产生积水,导致烂根。

4.搭建遮阳棚保护

建始械种植期间需提供充足的阳光,以保证植株能正常生长,但切勿在阳光下长时间暴晒。建始械喜欢阳光充足的环境,它的生长需要充足的光照,盛夏时忌烈日暴晒和干旱,否则叶片易枯焦,应适当进行遮阴。

(二)主要病虫害的发生与防治

1.主要病害的发生与防治

建始械主要病害为褐斑病和白粉病,主要危害建始械的叶片,影响树势健壮生长。4~6月,发生初期,可喷洒波尔多液700~800倍液或多菌灵可湿性粉剂600~700倍液,每10~15天喷施1次,连喷2~3次,可以有效防治。

2. 主要虫害的发生与防治

建始槭主要虫害为黄刺蛾和光肩星天牛,它们会吸食植株的叶片和树干树液。5~8月选择苦参碱 800~1 000 倍液防治黄刺蛾幼虫;光肩星天牛,可以用敌百虫溶液、杀螟松乳剂溶液等化学药剂喷洒叶片进行防治,或选择敌敌畏原液蘸棉球捅入树干蛀洞,然后用黄泥封口,或 5~7 月,成虫出现时,人工捕捉成虫。

五、建始槭的作用与价值

(1)绿化作用。建始槭树形阔展,枝叶稠密,枝叶花果姿色兼备,是四季观赏树种。作景区、公园及城镇绿化点缀,亦会景色宜人,妙趣横生。人工繁育后,用以营造风景林、防护林及街区行道树栽培,深受人们青睐,具有良好的绿化作用。

(2)优良用材。建始槭是良好的用材树种,大树资源稀少。散孔材,木材淡黄白色,年轮明显,射线细而明晰。纹理略斜,结构甚细,花纹美丽。干后有开裂,倒面很光滑,供家具、室内装饰、农具用材。

(3)经济价值。建始槭树皮可提制栲胶和纤维原料,种子含油脂,供工业用油。

49　秦岭槭

秦岭槭,学名:Acer tsinglingense Fang et Hsieh,槭树科槭属,落叶乔木,是城镇街区绿化、美化的优良树种。

一、形态特征

秦岭槭,树高 7~10 m。树皮灰褐色,小枝近圆柱形或呈棱角状,当年生枝淡紫色,被灰色短柔毛,多年生枝紫褐色。枝叶对生,叶纸质,掌状单叶。叶面深绿色,背面淡绿色,具黄色短柔毛。总状花序,被短柔毛,着生无叶小枝侧。花单性,雌雄异株,淡绿色。花药黄色,长圆椭圆形;翅镰刀状,宽 1.5 cm、长 3~4 cm,熟时翅果黄棕色。花期 5 月,果期 8~9 月。

二、生长习性

秦岭槭喜光、稍耐阴,喜湿润,喜疏松肥沃土壤。适生于海拔 300~1 500 m,中性、微酸性壤土,林内或疏林中。

三、主要分布

秦岭槭主要分布于河南、陕西、甘肃等地。河南省舞钢市国有石漫滩林场三林区瓦庙沟、大石棚、秤锤沟,四林区大河扒、灯台架、老虎爬等山脚、谷地有分布,多与阔叶林混生。秤锤沟生长的秦岭槭最大树高 10 m,胸径 18 cm。

四、种苗繁育与管理技术

(一)种子采收

选择在品质优良的健壮母株上采集种子。9月秋季,当秦岭槭翅果由绿色变为黄褐色时采种,采后晾2~3天,去杂袋藏。秦岭槭种子千粒重38 g。

(二)种子处理

3月,春季播种前20~30天,用39~40 ℃温水浸种。边倒入种子边搅拌,水自然冷却后换清水浸泡22~24小时,每10小时换一次清水。捞出后控干,用0.5%的高锰酸钾溶液消毒4小时,捞出用清水冲净种子,然后混3倍的湿沙,并均匀搅拌,堆于背风向阳处,每天喷一次温水,保持湿润(沙含水量为60%),要防止积水,以避免种子腐烂。每天中午翻动一次,待50%的种子露白时即可播种。

(三)整地做床

播种地应选择地势高燥、平坦、排灌方便、土层深厚肥沃的沙壤土。翻耕耙平,精细整地。每亩施充分腐熟的有机肥1 500~2 000 kg,掺入50 kg磷酸二铵,有条件的可施3~5 cm厚的草炭土,充分搅拌,然后做床,并进行土壤消毒。

(四)种子播种

播种时间,3月春季进行,播种量为每亩15~20 kg。将经过处理的种子均匀撒到平整的床面上,覆土厚度为1~1.5 cm。播后盖草帘,保持土壤湿润。

(五)新生苗木管理

种子播种后5~7天即可出苗,约60%的种子出苗后揭去草帘,保持土壤湿润。当苗高8~9 cm时进行间苗、定苗,每亩保留1.5~2.0万株小苗。定苗后,7~10天进行1次叶面喷肥,用0.3%~0.5%的尿素溶化成水溶液喷洒。9月入秋后增施磷钾肥,防止苗木徒长,同时要及时进行浇水、中耕、除草及病虫害的防治。入冬前浇1次封冻水。

五、秦岭槭的作用与价值

(1)观赏价值。秦岭槭树势强健,枝冠开阔,叶大有形,兼具春夏叶、果,秋叶红姿态。选作园景景观配植点缀,城镇街区绿化、美化栽培,别具特色,增添景观。

(2)用材价值。秦岭槭木材色黄白,材质细腻,纹理通顺,适作家具、开发细工模具及工艺品。可秋季采其红叶,加工旅游购物产品,制作纪念、生日贺卡。

50　元宝槭

元宝槭,学名:Acer truncatum Bunge,槭树科槭属,又名元宝枫,落叶乔木。

一、形态特征

元宝槭,树高8~10 m。树皮灰褐色,深纵裂。当年生枝绿色,多年生枝灰褐色,具圆形皮孔。枝叶对生,叶纸质,全缘;叶面深绿色而亮,叶背淡绿色,嫩时脉腋被丛毛,叶柄长3~5 cm。伞房花序,花黄绿色,杂性,雌雄同株,长4~5 cm,直径7~8 cm。翅果嫩时淡绿色,熟时淡黄色或淡褐色,伞房果序下垂;坚果压扁状,翅长圆形,两侧平行,宽 8 cm,成锐角或钝角。花期 4~5 月,果期 8 月。

二、生长习性

元宝槭性喜光、稍耐阴、耐寒、耐旱,喜深厚肥沃的土壤,适应性强。适生于海拔 400~2 000 m,酸性、中性、钙质土,阔叶林及疏林中。

三、主要分布

元宝槭主要分布于吉林、辽宁、内蒙古、河北、山西、山东、江苏、河南、陕西及甘肃等地。河南省舞钢市国有石漫滩林场南部秤锤沟、王沟、长岭头、灯台架、大河扒、官平院、祥龙谷、旁背山等林区有野生分布,海拔 350~550 m 谷地、山腰有散生。多分布于较湿润、土壤立地条件好的地方,与阔叶林伴生。

四、种苗繁育与管理技术

(一)引种繁育苗木技术

1. 苗圃地选择

9~10 月,进行拖拉机翻地,精耕细耙,同时,将杀虫药森得保撒在土壤表面,将一些在土内越冬的虫卵、病菌杀死,通常药沙 1:10 均匀撒施。3 月,春播前土壤处理,4 月中旬做床,先用 1:1 500 的氯氰菊酯进行杀虫处理,然后用 1:500 多菌灵杀菌即可。

2. 种子采收

9~10 月,元宝槭果实由绿色变为黄褐色时,可采其翅果。暴晒 3~4 天后,放在通风阴凉的室内,始终保持种子不变色、无异味,一旦变质难以保证发芽。将储存的种子取出来,在播种前 8~10 天(视气温变化而定),4 月 20~25 日处理种子。先用 28~30 ℃温水浸泡并不断搅拌,4~5 天后取出,控干后混 3 倍沙拌匀,放在通风处,每天翻动 1~3 次,始终保持种沙在湿润状态,4~5 天后即可出芽,待到 30% 发芽后即可播种,播后覆草、覆沙,沙子的厚度为种子的 3 倍。一般种子纯度在 90% 以上,每亩播种 15~20 kg,种子质量和育苗条件较差时,应酌情将播种量适当加大。

3. 新生幼苗管理

元宝槭播种后,由于槭树较耐阴,早晚应各浇水 1~2 次。一般经过 20~21 天可发芽出土,3~4 天可长出真叶,7~8 天内可出齐,4~5 天后将覆草撤除,出土 20 天后可间苗,1 m² 留苗 100 株左右,中间可施肥 2~3 次,浇水次数视其降水量而定,定期清除杂草。从播种开始到苗出齐整需 25~30 天。要细致观察苗木出土情况,当有 33%~40% 苗木出土时,应当撤草。

4. 幼苗水肥管理

幼苗生长期,5 月底至 6 月上旬,为促进苗木根系生长,要合理灌溉、中耕除草,结合喷水,追施尿素,每亩施入 5~10 kg,间苗 2~3 次,疏去过密的弱苗,保留每亩 5 000~6 000 株。随着气温的升高,喷洒 1~2 次波尔多液或 1%~2% 的硫酸亚铁,预防苗木立枯病的发生。8 月中下旬,苗木生长趋于缓慢。此期间要每隔 15~20 天追肥、灌水、中耕除草各 1

次,追施尿素 6~8 kg。将枝条上的腋芽除掉,以减少营养消耗。9 月中下旬时高生长停止,开始落叶休眠。这个阶段要停止追肥、灌水,防止徒长,促进苗木木质化。

(二)病害防治技术

元宝槭主要病害为褐斑病,危害果实和叶片,严重时果实发育不全,致使果实萌芽力减弱,如果在催芽时,混入染病果实,常会造成霉烂现象。为预防褐斑病,开沟施肥即可,但施肥时间不能过晚,促使苗木木质化,有利于苗木的越冬。4~6 月,褐斑病发生初期,苗出齐后必须用敌克松 500 倍液或甲基异硫磷 500 倍液喷洒苗床,每 7~8 天喷洒 1 次,持续 3~5 次。

五、元宝槭的作用与价值

(1)园林观赏作用。元宝槭树形优美,枝叶浓密,翅果奇异,秋叶多变,具黄、橙、红多变特色,且持续期长,观叶价值品位高,是优良的园林观赏经济树种。

(2)造林绿化作用。元宝槭宜作森林公园、景区林绿化点缀,城镇行道、庭院绿化树种。孤植、丛植或片植,均能各取其长,各显其色。元宝槭不仅抗二氧化硫、氟化氢能力强,还具吸尘功能,亦可用于厂矿周边营造环境保护林,发挥净化空气效能。

(3)经济价值。元宝槭木材坚韧细致,可作家具、器物工艺及装潢用材等特用材树种。种子可榨油,可食用或工业用。树皮纤维可造纸、造棉。元宝槭种仁油富含多种脂肪酸和维生素,具有极高的保健价值,有益人体身心健康。

51　五角枫

五角枫,学名:Acer mono(Maxim),槭树科槭属,又名五角槭、色木等,落叶乔木,是槭类树种中分布区域和栽培范围最广的树种,又是中原地区优良乡土树种。

一、形态特征

五角枫,高达 15~20 m,树皮粗糙,常纵裂,灰色,稀深灰色或灰褐色。小枝细瘦,无毛,当年生枝绿色或紫绿色,多年生枝灰色或淡灰色,具圆形皮孔。叶纸质,基部截形或近于心脏形,叶片的外貌近于椭圆形,长 6~8 cm、宽 9~11 cm,上面深绿色,无毛,下面淡绿色,除在叶脉上或脉腋被黄色短柔毛外,其余部分无毛;叶柄长 4~6 cm,细瘦,无毛。花多数,花的开放与叶的生长同时;黄绿色,长圆形,长 2~3 mm;花瓣 5,淡白色,椭圆形或椭圆倒卵形。翅果嫩时紫绿色,成熟时淡黄色;小坚果压扁状,长 1~1.3 cm,宽 5~8 mm;翅长圆形,宽 5~10 mm,连同小坚果长 2~2.5 cm,张开成锐角或近于钝角。花期 4~5 月,果期 9 月。

二、生长习性

五角枫,稍耐阴,深根性,喜湿润肥沃土壤,在酸性、中性、石灰岩上均可生长。萌蘖性强。干旱山坡、河边、河谷、林缘、林中、路边,有人工引种栽培,适生于海拔 800~1 500 m 的山坡或山谷疏林中。

三、主要分布

五角枫主要分布于中国东北、华北和长江流域等地。中原地区主要分布在平顶山、安阳、焦作、三门峡、南阳、驻马店等地。

四、种苗繁育与管理技术

(一)引种繁育苗木技术

1. 苗圃地选择

五角枫用作育苗的苗圃地,应重点选择地势平坦、排水良好的沙壤土或壤土,pH 值以 6.7~7.8 为宜。适应性强,不择土质;但是,繁育优质苗木的苗圃地,应该选择肥沃疏松、排水良好的沙质壤土,交通运输方便的地方。

2. 苗圃地整地

11~12 月,选好地后,及时整地,采用大型拖拉机旋耕整地,每亩地施农家肥 5 000~6 000 kg,有条件的施入复合肥 120~150 kg、过磷酸钙 40~50 kg 作基肥,然后拖拉机深翻 30~35 cm,精耕、耙细、整平即可。

3. 种子采收

9 月下旬,种子进入成熟期,采种种子,选择母树应为品质优良的壮年 20 年生以上的植株,在秋季翅果由绿色变为黄褐色时采集。采种后需晒 2~3 天,去杂后再干藏。从外地调进种子的检验、检疫,应该符合相关规定。

4. 种子处理

种子消毒时,要将种子用 0.5% 的高锰酸钾溶液浸泡 2 小时,捞出后再密封 0.5 小时。然后,用清水冲洗。种子催芽采用层积催芽时,将种子与含水量为 60%~70% 的湿沙以 1∶3 的体积比混合,在室内用容器或选背风向阳、地势高燥处挖深 80 cm、宽 100 cm 的储藏坑,坑长度视种子量多少而定。坑底铺湿沙 10~12 cm,置入种子与湿沙的混合物至距地面 10~20 cm,四周挖排水沟以防积水。种子入坑后,每 10~15 天翻动检查一次,严防坑内沙过干、过湿或种子霉变。层积时间 45~60 天。待种子有 30% 裂口露白即可播种。播种前如种子未发芽萌动,应按上法在背风向阳处挖浅坑 30 cm 层积,上覆盖塑料薄膜,或置于室内 20~30 ℃催芽。种子催芽采用中温水浸催芽时,将 50~60 ℃水倒入容器内,然后边倒种子边搅拌,倒完种子后,水面要高出种子 10~12 cm 以上。自然放凉后浸泡 20~24 小时,中间换水 1~2 次。种子捞出置于室温 25~30 ℃环境中保湿,每天冲洗 1~2 次。待有 30% 的种子裂口露白,即可进行播种。

5. 种子播种

大田育苗时,整地用低床或低垄。播种方法为条播,行距 15 cm。播种深度为 2~3 cm。播种量为每亩 15~20 kg。播后可以覆盖地膜或细碎作物秸秆。

6. 苗木管理

出苗率达 40% 左右时,应撤除覆盖物。用地膜覆盖的,应及时破膜放苗;用作物秸秆覆盖的,分 2~3 次撤除覆盖秸秆。苗高 10~12 cm 时间苗、定苗,株距 8~10 cm。定苗后,每 10~15 天灌溉并施肥一次,施尿素每亩 1~2 kg,9 月后,停止施氮肥和灌溉。适时中耕除草,本着"除早、除小、除了"的原则,见草就除,每除必净。

(二)主要病虫害的发生与防治

1. 主要虫害的发生与防治

(1)主要虫害的发生。五角枫主要害虫是蚜虫,又称腻虫、蜜虫。蚜虫以刺吸式口器从植物中吸收大量汁液,使植株长得矮小,叶片卷曲等;蚜虫也是地球上最具破坏性的害虫之一,是农林业和园艺业危害严重的害虫。蚜虫大小不一,身长 1~10 mm 不等。蚜虫的繁殖力很强,一年能繁殖 10~30 个世代,世代重叠发生危害。

(2)主要虫害的防治。3~5 月,发现大量蚜虫时及时喷施农药,用 50%马拉松乳剂 1 000 倍液,或 50%杀螟松乳剂 1 000 倍液,或 50%抗蚜威可湿性粉剂 3 000 倍液,或 2.5%溴氰菊酯乳剂 3 000 倍液,或 2.5%灭扫利乳剂 3 000 倍液,或 40%吡虫啉水溶剂 1 500~2 000 倍液等,喷洒植株 1~2 次即可。

2. 主要病害的发生与防治

(1)主要病害的发生。五角枫主要病害是猝倒病,多发生在 6~8 月的雨季。猝倒病是苗木幼苗期的重要病害,严重的可引起成片死苗。症状是幼苗大多从茎基部感病,初为水渍状,并很快扩展,缢缩变细如"线"样,病部不变色或者呈黄褐色,子叶仍为绿色。病情发展迅速,萎蔫前从茎基部倒伏贴于床面。苗床湿度大时,病残株周围床土上可生一层絮状白霉。种子出土前染病,引起子叶、幼根幼茎变褐腐烂,造成烂种烂芽。病害开始往往是个别幼苗发病,条件适合时,中心病株迅速向四周扩展蔓延,形成一块病区。主要靠雨水、喷灌等方式传播,带菌的有机肥和农具也能传病。浇灌后积水或者薄膜滴水处最易发病成为中心病株。光照不足、播种过密、幼苗徒长时往往发病重。

(2)主要病害的防治。五角枫猝倒病的防治,一是苗床选择地势高燥、避风向阳、疏松肥沃的地块,并使用腐熟的优质肥料。二是加强育苗管理,早春育苗,苗床温度不低于 15 ℃,空气湿度 85%以下。三是种子消毒,每千克种子可用 0.5~1 g 99%恶霉灵可溶性粉剂和 4 g 80%多·福·锌可湿性粉剂混合后拌种。四是苗期药剂防治。田间发现病株立即拔除,同时用上述药土均匀撒在苗床上,也可用 99%恶霉灵可溶性粉剂 3 000~5 000 倍液喷雾或灌根。移栽前 2~3 天,再施一次药,防效更佳。

五、五角枫的作用与价值

(1)经济价值。五角枫用途很多,树皮纤维良好,可作人造棉及造纸的原料;叶含鞣质,种子榨油,可供工业方面的用途,也可食用;木材细密,可供建筑、车辆、乐器和胶合板等制造之用。

(2)景观作用。五角枫叶秋季紫红变色型,红叶期长,观赏性强,极具开发前景,是优良的乡土彩色叶树种资源,是北方重要秋天观叶树种,叶形秀丽,嫩叶红色,入秋又变成橙黄色或红色,可作园林绿化庭院树、行道树和风景林树种。在风景区、城乡建设、园林绿化中具有良好的景观作用。其树体含水量较大,而含油量较小,枯枝落叶分解较快,不易燃烧,也是理想的林区防火树种。

第二章　灌木类林木树种

灌木类林木树种,以灌木为主体,具单层树冠,林层高一般3~5 m,不具主干而簇生,是由高大的灌木和小乔木组成的自然群落。灌木林可改善生态环境,具有保持水土和防风固沙等作用。灌木林是宝贵的生物资源,它是干旱、半干旱地区的主栽树种。由于许多灌木全身都是宝,集多种功能于一身,耐低温、耐干旱,在土壤瘠薄地方也能生长良好,还是牲畜的好饲草,又是医药保健价值高的植物。

1　异叶榕

异叶榕,学名:Ficus heteromorpha,桑科榕属,又名奶浆果,落叶灌木或小乔木,为亚热带第三纪残遗植物稀有种,是具有优良观赏、经济用途的野生树种。

一、形态特征

异叶榕,树高2~5 m。树皮灰褐色。小枝红褐色,节短。叶多形,琴形、椭圆形、椭圆状披针形,长10~18 cm,宽4~7 cm。叶柄长2~6 cm,红色。托叶披针形,长约1 cm。榕果成对生短枝叶腋,稀单生,无总梗,果球形或圆锥状球形,光滑,直径6~10 mm,成熟时紫黑色。雄花散生内壁,花被片4~5,匙形,雄蕊2~3;雌花花被片5~6,子房光滑,花柱短;雌花花被片4~5,包围子房,花柱侧生,柱头笔状,被柔毛。瘦果光滑。花期4~5月,果期5~7月。

二、生长习性

异叶榕喜散光,耐阴,喜湿润、疏松、肥厚的中性、微酸性土壤。适生于海拔350~800 m的山地、山谷、凹坡地林中。

三、主要分布

异叶榕主要分布于长江流域中下游及华南地区,北至陕西、湖北、河南。河南省舞钢市国有石漫滩林场南部秤锤沟、王沟、长岭头、老虎爬、灯台架、官平院、大雾场等有野生分布,林区海拔350~500 m的谷地阔叶林内有小片状野生。多为灌木状,大径植株少见。

四、种苗繁育与管理技术

(一)研究意义

异叶榕为亚热带第三纪残遗植物稀有种,对生态环境要求局限敏感,使其分布范围狭小、个体数量少,零散分布在沟谷落叶阔叶林下,故对于植物系统演化、物种起源与发展、物种区系地理研究和分析具有特殊意义。

(二)造林繁育探索

异叶榕枝干粗壮,叶大形异,形态微妙。可尝试用于公园、景区乔冠搭配点缀,以观赏灌木植于林荫内,尽显其特色景观品位,引人入胜,令人称奇。其苗木繁育有待进一步的研究试验。该树作为学术稀缺物种,应予以加强保护,进行多方面的科学研究,繁育发展。

五、异叶榕的作用与价值

(1)观赏价值。异叶榕枝干粗壮,叶大形异,形态微妙,是观赏灌木,具有特色景观品位。

(2)造纸作用。异叶榕树皮含纤维素可达50%,是造纸、人造棉优质原料。

2　茶树

茶树,学名 Camellia sinensis (L.) O. Ktze,山茶科山茶属,又名山茶树、茶叶树,常绿灌木或小乔木,是中原地区优良乡土树种,也是我国最古老的树种之一。

一、形态特性

茶树,其叶子呈椭圆形,边缘有锯齿,叶间开五瓣白花,果实扁圆,呈三角形,果实开裂后露出种子。嫩枝无毛。叶革质,长圆形或椭圆形,长 4~12 cm,宽 2~5 cm。花 1~3 朵腋生,白色,花柄长 4~6 mm,有时稍长;苞片 2 片,早落;萼片 5 片,阔卵形至圆形,长 3~4 mm,无毛,宿存;蒴果 3 球形或 1~2 球形,高 1.1~1.5 cm,每球有种子 1~2 粒。花期 10 月至第二年 2 月。在热带地区也有乔木型茶树,高达 15~30 m,基部树围 1.5 m 以上,树龄可达数百年至上千年。栽培茶树,因采叶制茶,往往通过修剪来控制纵向生长,所以树高一般在 0.8~1.2 m。茶树树龄一般在 50~60 年。

二、生长习性

茶树喜排水良好的沙质壤土,有机质含量 1%~2% 以上,通气性、透水性或蓄水性能好,酸碱度 pH 值 4.5~6.5 为宜;年降水量在 1 500 mm 以上,降水量不足和过多都有影响;光照不能太强,也不能太弱,对紫外线有特殊嗜好,因而高山出好茶;气温日平均需 10 ℃,最低不能低于-10 ℃;年平均温度在 18~25 ℃。山区丘陵,雨量充沛,云雾多,空气湿度大,光照强,在 500~1 000 m 生长良好,1 000 m 以上的高山种植在寒冷气温下有冻害。一般选择偏南坡为好,坡度不宜太大,一般要求 25°~30° 以下。茶树是多年生常绿木本植物,茶树品种按树形、叶片大小和发芽迟早 3 个主要性状,可分为乔木型、小乔木型、灌木型。

三、主要分布

茶树在我国主要分布于山东、江苏、浙江、福建、安徽、江西、河南、陕西、甘肃、四川、云南、贵州、湖北、湖南、广东北部及广西北部等地。在海拔400~1 000 m生长良好。在中原地区主要分布于信阳、平顶山、驻马店、新乡、安阳、三门峡、南阳等地。

四、种苗繁育与管理技术

(一)引种繁育苗木技术

1.整地做畦

育苗地应平坦、土壤肥沃。苗圃地选好后,深翻整平,并结合整地施足基肥。基肥的用量一般为优质土杂肥3 500~4 500 kg。圃地整好后进行做畦,畦以南北行向为好。

2.种子培育

茶树采用种子繁育,首先要培育优质种子,获得质优、量大的茶种子,就必须抓好对采收茶种子的茶园的管理,促进茶树开花旺盛、坐果率高而种子饱满。种子质量的好坏,其生活力的高低,取决于茶种子的采收时期及采收后的管理和储运。

3.采收种子

种子的采收,一定要选择生长20~40年的健壮、无病虫危害、成熟母树上的种子。做到适时采收,其物质积累多、籽粒饱满而发芽率高,苗生长健壮。茶种子采后若不立即播种,则要妥善储存(在5 ℃左右,相对湿度60%~65%,茶种子含水率30%~40%条件下储存),否则茶种子易变质而失去生活力。茶种子若运往他地,要做好包装,注意运输条件,以防茶种子劣变。

4.种子处理

做好种子处理,使种子出芽整齐、苗木生长一致。即将经储藏的茶种子在播种前用化学、物理和生物的方法,给予种子有利的刺激,促使种子萌芽迅速、生长健壮、减少病虫害和增强抗逆能力等。

5.大田播种

由于茶种子脂肪含量高,且上胚轴顶土能力弱,所以种子播种深度和播种粒数对出苗率影响较大。播种盖土深度为3~5 cm,秋冬播比春播稍深,而沙土比黏土深。穴播为宜,穴的行距为15~20 cm,穴距10 cm左右,每穴播茶种子大叶种2~3粒,中小叶种3~5粒。播种后要达到壮苗、齐苗和全苗,需做好苗期的除草、施肥、遮阴、防旱、防寒工作。

6.拔除杂草

压条周围的杂草要用人工及时拔除,不宜用锄头,以免松动或锄伤压条。要拔早、拔小,草长大后不仅拔起费力,而且容易松动压条,影响新生苗木生长。

(二)主要病虫害的发生与防治

1.主要病虫害的发生

茶树病害主要是轮斑病、茶枯病,这两种病害是越冬菌源在第二年3月发生,4~6月进入危害期,危害枝干或叶片。主要虫害是蚜虫、茶毛虫、毒蛾和茶小卷叶蛾等。蚜虫、茶毛虫、毒蛾等越冬虫卵块和茶小卷叶蛾越冬蛹第二年4~6月危害嫩芽或叶片;轻时嫩芽或叶片残缺不全,严重时芽或叶片全无,像火烧一样,致使茶树干枯或死亡。

2.主要病虫害的防治

(1)合理密植。一般采用单行条植法,行距1.5 m,丛距0.33 m,每丛3株,每亩栽苗

4 000~5 000 株。根系带土移栽,适当深埋,以埋没根颈为度,舒展根系,适当压紧,使植株生长健壮,发育良好,抗病虫能力相应提高。

(2)加强管理。平衡施肥,按产定量。施足基肥,以有机肥为主,少施化肥,尽量控制氮肥施用量。

(3)修剪管理。适时修剪和清园。每年都要适时修剪,剪去病虫枝叶,清除枯死病枝;轻修剪长度为 3~10 cm,中剪枝为现有树高的一半,深修剪离地面 20~30 cm。修剪的病虫枝梢深埋或火烧处理,以减少轮斑病、茶枯病的越冬菌源,减少茶蚜、茶毛虫、茶黑毒蛾的越冬虫卵块和茶小卷叶蛾的越冬基数。深翻中耕培土,不仅能改善土壤墒情,有利于茶树根系生长,而且能破坏病虫越冬场所,杀灭土壤中的越冬幼虫,深埋枯枝落叶,减少病原基数。同时及时分批留叶采摘,这样可以除去新枝上茶小卷叶蛾等害虫的低龄幼若虫和卵块,减轻茶枯病危害。有条件的地方挂诱杀灯诱杀害虫,对一些有趋性的害虫诱杀,或用毒饵、色板诱杀成虫。此法大面积应用效果更明显。

(4)药物防治。对虫口密度、病情指数超过防治指标的茶园,如茶毛虫每亩 7 000~9 000 头,根据国家无公害茶的生产标准,安全合理使用药剂防治。禁止使用高毒、高残留的农药,如甲胺磷、甲基对硫磷、氰戊菊酯、三氯杀螨醇等。用药时,应选准农药品种,注意使用方法、浓度及安全间隔期。如用 Bt 制剂 300~500 倍液防治茶毛虫、毒蛾和茶小卷叶蛾,安全间隔期 3~5 天;用 0.2%苦参碱水剂 1 000~1 500 倍液防治茶毛虫、茶黑毒蛾、茶小卷叶蛾,安全间隔期 5 天。注意轮换用药,每种农药在采茶期只能用 1 次。这样既可以防止病虫产生抗药性,又可以减少残留。

五、茶树的作用与价值

(1)绿化景观作用。造林绿化荒山,这样既起到了美观、绿化作用,又可多阴凉,果树开花结果时节,是一道风景线,具有良好的景观作用。同时,起到防护林绿化作用,可以降低风速、减轻风害,调节小气候。

(2)茶叶饮品作用。建立茶园,采收茶叶,供人们饮用,增加林农的经济效益。

3　覆盆子

覆盆子,学名:Rubus idaeus L.,蔷薇科悬钩子属,又名悬钩子、覆盆、覆盆莓、树梅、野莓、木莓、乌藨子、小托盘、山泡、茅藨子等,藤状落叶灌木,是野生绿化树种。

一、形态特征

覆盆子,树高 1~2 m。枝褐色或红褐色,幼时被茸毛状短柔毛,疏生皮刺。小叶 3~7 枚,长卵形或椭圆形,顶生小叶常卵形,有时浅裂,顶端短渐尖,基部圆形,顶生小叶基部近心形,上面无毛或疏生柔毛,下面密被灰白色茸毛,边缘有不规则粗锯齿或重锯齿。叶柄被茸毛状短柔毛和稀疏小刺,托叶线形,具短柔毛。总状花序,总花梗和花梗均密被茸毛状短柔毛和针刺;花萼外面密被茸毛状短柔毛和针刺;萼片外面边缘具灰白色茸毛,在花果时均直立;花瓣匙形,白色。果实红色,卵圆形。花期 4~5 月,结果期 6~7 月。

二、生长习性

覆盆子为喜光树种,性喜温暖湿润,喜散射光,适应性强,对土壤要求不严格,但以土壤肥沃、排水良好的微酸性、中性壤土较好。适生于海拔 300~2 000 m 的山区、半山区的溪旁、山坡灌丛、林边及乱石堆中。覆盆子生于山地杂木林边、灌丛或荒野,山坡、路边阳处或阴处灌木丛中常见。

三、主要分布

覆盆子全国各地均有分布。河南省舞钢市南部山区旁背山、人头山、瓦房沟、九头崖、秤锤沟、王沟、官平院、祥龙谷、五座窑等林区有野生分布,多与灌丛类伴生。

四、种苗繁育与管理技术

(一)引种繁育苗木技术

1. 根蘖繁育技术

一是选择优良健壮的母株作种株,选留发育好的根蘖,保持间距 10~15 cm;二是选择保持土壤湿润、疏松、营养充足的土壤作繁育苗圃地;三是采挖根蘖,9~10 月挖起根蘖,挖时宜深,深度 30~40 cm,保留较多的侧枝即可;四是栽培种植,做到人工采挖,随挖随栽,也可挖后先假植在温暖地窖或避风朝阳的地方保存储藏,第二年 2~3 月,引种移植培育苗木。

2. 扦插繁育技术

(1)选择种条。选择将粗度 1~1.5 cm 的侧生根挖出,选带芽的根,剪成 9~10 cm 的根条作种条。

(2)扦插时间。3 月中旬,气温 12~20 ℃时进行扦插。

(3)扦插技术。人工做畦,畦宽 90~120 cm,株距 2~3 cm,行距 12~15 cm,开挖 9~10 cm 深的沟,将根斜插入畦床中,露出 1/4 在土外,埋平即可。

(4)栽培移植。每年 11 月至第二年 3 月,从山上林地中挖取野生植株,剪去地上基生枝,保留 18~20 cm 长,注意不要损伤基部的休眠芽。随后移植于平整好的大田中,株距 20~25 cm,每亩栽植 2 200~2 300 株。栽后覆土踏实,浇定根水,覆盖秸秆或干草保湿、保墒等,促进苗木快速生长。

(二)造林绿化栽培技术

1. 造林时间

栽植时间为 3 月,覆盆子进行春季栽培;9 月可秋季栽培。11 月中下旬或 3 月中下旬栽培成活率高。

2. 建园与栽植

选择避风向阳、土质疏松、有机质含量高、土壤湿润不易积水的地块建园,排水良好的微酸性缓坡地,深翻整地。建园前应深耕平整,每亩施农家肥 2 500~5 000 kg。栽植方式为带状法,行距 1.5~2.0 m、株距 0.4~0.8 m。植穴规格 30 cm × 30 cm × 30 cm,栽苗时注意保护基生芽不受损伤。栽后及时平茬,留茬 18~20 cm,每穴栽 2~3 株,达到早日丰产的目的。

3. 造林后的管理

栽植前施足基肥,施农家肥每株 3~5 kg。生长期间结合松土除草,每年施追肥 2~3 次,以氮肥为主,适量搭配磷钾肥。在 3 月施苗肥,4 月施花肥,11 月施越冬肥。每亩施农家肥 1 500~2 000 kg。夏秋干旱时注意浇水。4~5 月新枝发生侧枝时,摘去顶芽促进侧枝生长,同时对侧枝摘心,促使其发生二次侧枝,枝多叶则茂,增加第二年结果母枝,增加产量。结果期要在每一植株旁立支柱,防止倒伏。防倒伏进行支架固定。覆盆子枝条柔软,常易下垂到地面,或遇风易倒伏,影响产量和质量。因而在园地中架设支架,将 2 年生枝条绑于架上,使枝条受光均匀,保持园内良好的通透性。加强肥水管理。每年 5~6 月或 8~9 月中耕除草 2~3 次,减少杂草对养分、水分的消耗,以促进覆盆子树体的健壮生长。每年秋季可每亩施农家肥 2 500~3 000 kg,在开花和果实发育期各追肥 1 次,以提高产果率和促果实膨大。追肥应以速效性氮肥为主,每次每亩施尿素 10~15 kg。同时每亩施硼砂和硫酸锌各 0.5~1 kg,以利保花保果。做好排灌水工作,遇天旱适时浇水,保持土壤湿润。遇大雨及时排除积水,防止落花落果。3 月,春季应及时剪除 2 年生枝顶端干枯部分,促使留下的枝条发出强壮的结果枝。疏去基部过密枝和病虫枝,每株留 7~8 个 2 年生枝,保留合理密度,利于通风透光,保证高产和稳产。在采果后剪除 2 年生枝,疏去枝蘖和过密的基生枝,以控制园内的总枝量。

(三) 果实的采收技术

覆盆子的采收时间为 5 月至 6 月上旬,此时果实已充分发育且呈现绿色,尚未转红成熟,采收分批进行,采下后,除去梗、叶、花托和其他杂质,然后倒入沸水烫 2~3 分钟再捞出,随后摊晒或烘干。成品以种粒完整、坚实色黄绿、味酸、无梗叶屑者为佳。如采收成熟的果实,由于成熟期不一致,应分批采收。当果实有品种风味、香气和色泽时,适时采收。一般在 16 时后采收为宜,切忌在早晨和雨天进行,防止果实变质。

(四) 主要病虫害的发生与防治

1. 主要病害的发生与防治

覆盆子主要病害是茎腐病、白粉病。一是茎腐病,是危害覆盆子树基生枝的一种严重病害。4~5 月发生在新梢上,先从新梢向阳面距地面较近处出现一条暗灰色的似烫伤状的病斑,长 1.5~5.5 cm、宽 0.6~1.2 cm。病斑向四周迅速扩展,病部渐变褐色,病斑表面出现许多大小不等的小黑点,木质部变褐坏死,随病部扩展,叶片、叶柄变黄、枯萎,严重时整株枯死。防治方法:8~9 月秋季清扫园地,将病枝剪下集中烧毁,消除病原;在 5~8 月生长期,可喷药防治。5 月中旬、7 月的发病初期分别在易发病的品种上喷布甲基托布津 500 倍液或百菌清 500~700 倍液或福美双 500~600 倍液。二是白粉病。4~5 月发生,感病叶覆有一层白色粉状物,从而引起叶片扭曲变形或变卷缩;有时叶片并不显现白色粉状物,而表现叶片有水浸状斑点。严重时新梢生长矮化,果实有时也受侵染。防治方法:11~12 月入冬前清扫园地,将病叶及病枝集中烧毁,消除病原;2~3 月,早春发芽前、开花后及幼果期,喷布 70% 甲基托布津可湿性粉剂 1 000 倍液,或 25% 粉锈宁可湿性粉剂 1 000~1 500 倍液即可。

2. 主要虫害的发生与防治

覆盆子主要虫害是柳蝙蝠蛾、穿孔蛾、蛀甲虫等。一是柳蝙蝠蛾,是危害覆盆子的主要害虫,严重影响覆盆子第二年的产量。柳蝙蝠蛾幼虫7月上旬开始蛀入新梢危害,一般蛀入口距地面40~60 cm,多向下蛀食,幼虫经常出来啃食蛀孔外边的韧皮部,大多环食一周,咬碎的木屑、粪便用丝粘在一起,环枝缀连一圈,经久不落,易于发现与鉴别,被害枝极易折断而干枯死亡。防治方法:在8月下旬成虫羽化前剪除被害枝梢;11~12月,植株越冬埋土防寒的覆盆子园可减轻此虫的发生;发生严重的果园,可在5月至6月上旬初龄幼虫活动期,地面喷布2.5%溴氰菊酯2 000~3 000倍液。二是穿孔蛾。9~10月,幼虫作小茧在基生枝基部皮下越冬。第二年3月下旬幼虫在展叶期爬上新梢,蛀入芽内,食尽芽的内部,而后又钻入覆盆子新梢内,新梢被害而很快死亡。成虫于花期羽化,傍晚在花内产卵,幼虫最初食害浆果,但不久转移至植株基部越冬。防治方法:10~11月秋季清扫园地,将剪下的结果母枝集中烧掉;3月中旬,展叶期喷布80%敌敌畏1 000倍液,或2.5%溴氰菊酯3 000倍液杀死幼虫。三是蛀甲虫。3~4月,成虫开始食害嫩叶,并咬入花蕾,取食雄蕊和蜜腺,被害花蕾脱落或者变为畸形果。成虫在花内产卵,经过8~10天孵化幼虫,随即钻入果内食害,被害浆果重量减轻,容易腐烂。防治方法:4~5月,发生严重的覆盆子园,在4月下旬成虫出土期进行地面施药,2.5%敌百虫粉剂0.4 kg兑水25 kg喷布;发生较轻时,采用人工防治,在成虫开始危害花时,可振摇结果枝,使成虫落在适当容器内,集中销毁,及时收集被害果实,并把脱果幼虫收集后销毁灭杀。

五、覆盆子的作用与价值

(1)食用价值。覆盆子果可食,茎、果实固精补肾、明目,治劳倦、虚劳、肝肾气虚恶寒、肾气虚逆咳嗽、痿、消瘅、泄泻、赤白浊。覆盆子果实含有相当丰富的维生素A、维生素C、钙、钾、镁等营养元素及大量纤维。覆盆子能有效缓解心绞痛等心血管疾病,但有时会造成轻微的腹泻。覆盆子果实酸甜可口,有"黄金水果"的美誉。

(2)绿化作用。覆盆子为藤状落叶灌木植物,植株的枝干上长有倒钩刺,又是园林绿化绿篱构筑的野生绿化树种。

4　山胡椒

山胡椒,学名:Lindera glauca(Sieb. et Zucc.)Bl,樟科山胡椒属,又名山花椒、狗椒(舞钢)、山龙苍、雷公尖、野胡椒、香叶子、楂子红、臭樟子、牛筋树、牛荆条、油金楠、假死柴、臭枳柴、勾樟、假干柴、鸡米风、牛筋条、诈死枫、白叶枫、老来红、臭胡椒,落叶灌木或小乔木,具有叶片气味芳香,秋季红叶且落叶晚的特点,是风景区、公园绿化的优质秋色观赏树种。

一、形态特征

山胡椒,树高可达7~8 m。树皮平滑,灰色或灰白色。冬芽长角锥形,芽鳞裸露部分红色,幼枝条白黄色,叶互生,叶片宽椭圆形、椭圆形、倒卵形到狭倒卵形,上面深绿色,下面淡绿色,秋季叶片浅红色,枯后不落,翌年新叶发出时落下。伞形花序腋生,雄花花被片黄色,椭圆形,花丝无毛,退化雌蕊细小,椭圆形,雌花花被片黄色,椭圆或倒卵形,子房椭圆形,柱头盘状;花梗熟时黑褐色。3~4月开花,7~8月结果。

二、生长习性

山胡椒为阳性树种,喜光,耐阴、耐寒、喜湿润。适宜生长于海拔300~900 m的山坡、林缘、沟谷,在中性和微酸性、疏松壤土上生长良好。抗寒力强,以湿润肥沃的微酸性沙质土壤生长最为良好。耐干旱、瘠薄,对土壤适应性广,根系深。

三、主要分布

山胡椒分布于河南、陕西、甘肃、湖南、四川等地。山胡椒属约100种,东西方均有分布,河南省舞钢市国有石漫滩林场的秤锤沟、王沟、冷风口、长岭头、人头山、灯台架、官平院、大河扒等林区分布较多,生长于阴坡、沟谷,野生。一般树高2~4 m,多伴生于乔木林荫下。

四、种苗繁育与管理技术

(一)引种繁育苗木技术

1. 种子选择

选择优质饱满、无病虫害的种子,饱满的种子出芽率高,苗木肥壮。

2. 苗圃地选择

选择土壤要求能保持水分。山胡椒喜欢潮湿的、墒情好、肥沃的土壤。繁育苗木前,每亩施入农家肥5 000~6 000 kg,堆肥更好。在堆肥之前,从堆肥中添加大量腐烂的有机物质以增加土壤肥力。同时,防止温度高的炎热区域,避免午后的阳光暴晒。

3. 播种管理

播种后的苗圃地,在夏季炎热或干燥的地区,苗木不会生长良好。种植雄性和雌性植物彼此靠近。苗圃地建立在土壤肥沃,浇水、排水方便的地方,苗木幼苗做到经常浇水、定期浇水,同时结合施肥才能苗壮成长。

(二)造林技术

1. 造林植树

移植栽培时,应先挖大穴定植。挖长70 cm×深70 cm×宽70 cm的大穴,穴内施入杂草后覆土定植,每亩栽200~250株即可。

2. 造林后期管理

山胡椒苗木栽后使用根施SSAP抗旱保湿剂,保湿苗木,促进须根茂密,生根、壮根,提升根系导管输送养分能力和成活率。栽植时间为10~11月至第二年3月,造林效果好。

3. 修剪整形

山胡椒采用人工自然开心形或主干疏层形修剪,70~80 cm定干,栽后2~3年开花结果。每年施肥2~3次,6~7月每亩施入50~90 kg复合肥,11~12月施入50~100 kg复合肥,3 月施入 60~70 kg 农家肥,促进苗木提早结果见效。

五、山胡椒的作用与价值

(1)用材价值。山胡椒木材坚硬,是农具、家具、人力车的良好材料。

(2)经济价值。山胡椒叶、果皮可提芳香油;种仁油含月桂酸,油可制肥皂和润滑油。

(3)观赏价值。山胡椒以其叶片气味芳香、秋季红叶且落叶晚的特点,宜作景区、公园秋色观赏树种配植。

5　狭叶山胡椒

狭叶山胡椒,学名:Lindera angustifolia Cheng,樟科山胡椒属,落叶灌木或小乔木,其叶片直立、光亮,秋季红叶且落叶晚,是园林栽培、风景区秋色观赏优良树种。

一、形态特征

狭叶山胡椒,树高 2~8 m,幼枝条黄绿色,无毛。冬芽卵形,紫褐色,芽鳞具脊;外面芽鳞无毛,内面芽鳞背面被绢质柔毛。叶互生,着生角度小,稍直立,椭圆状披针形,长 6~14 cm、宽 2~3 cm,先端渐尖,基部楔形,近革质,有樟香气,晚秋叶红。羽状脉,侧脉每边 8~10 条。伞形花序 2~3 生于冬芽基部,雄花序花 3~4 朵,花被片 6,雄蕊 9。雌花 2~7 朵,花被片 6,退化雄蕊 9,子房卵形,无毛,柱头头状。果球形,成熟时黑色。花期 3~4 月,果期 9~10 月。

二、生长习性

狭叶山胡椒耐干旱、耐瘠薄,适应性强,喜光、耐阴、耐湿润,喜中性、微酸性土壤,适生于海拔 400~1 500 m 的山坡、谷地、灌丛、疏林及林荫中。

三、主要分布

狭叶山胡椒主要分布于山东、浙江、福建、安徽、江苏、江西、河南、陕西、湖北、广东、广西等地,生于山坡灌丛或疏林中。河南省舞钢市境内南部山区的杨庄乡官平院、祥龙谷、长岭头、大河扒、大雾场等,海拔 200~500 m 以下沟谷林内、疏林中有零星分布,野生林中树高 2~4 m。

四、种苗繁育与管理技术

(一)引种繁育苗木技术

1.苗圃地选择

选择平坦沙壤土地,平地或缓坡地,有浇灌条件或靠近水源,土质肥沃、排水良好的沙壤土作育苗地最好。育苗地整地,在育苗前 20~30 天,用大型机器进行深耕细耙,人工清除石块和杂质,充分暴晒土壤,整平整细,然后按畦宽 100~120 cm、高 30~40 cm 开沟理墒,沟宽 40~50 cm,畦长视育苗地长度而定,四周开好排水沟,做好夏季排水,确保苗木生长安全。

2. 种条扦插繁殖

选择生长正常的 1~2 年生幼龄植株作为母株,制作种条,在 4~6 月,从母株上剪下种条,粗 0.5~0.7 cm 以上,整理的种条要发达健壮,无病虫害及机械损伤,顶部两节各带一条分枝及 5~7 片叶,然后剪成 25~30 cm 长,做到随剪随扦插,剪口蘸水或插条下部不带分枝的蔓节浸入水中 15~20 分钟,最好当天切取当天育苗,宜在阴天或晴天下午气温降低、光照减弱时进行取条育苗,在整好的育苗地畦面上按行距 30~40 cm 开沟,然后将插条按 8~9 cm 排在面上,使种条斜面扦插土壤,保持顶下第一芽露出地面,然后分别由下至上覆土压实,及时浇水,浇水采取淋水方法,淋水时要做到随育随淋,最后在畦上搭棚遮阴,荫蔽度保持在 75%~85%,以创造一个潮湿阴凉的环境条件,提高成活率,促进苗木快速生长。

3. 新生幼苗管理

狭叶山胡椒幼苗期间,要加强苗圃管理。晴天,每天上午 10 时或下午 4 时淋水 1~2 次,保持土壤湿润。扦插后 10~15 天,插条发根后,淋水次数可逐渐减少,可以 1~2 天淋水 1 次,新生幼苗生长 20~30 天,插条长出新根,随后加强肥水,浇水时,每亩施入复合肥 5~8 kg,促进幼苗快速生长,缺水或肥力,影响成活及生长。起苗时,应先把苗床淋透后再挖苗,避免伤根。把长得过长的根剪掉,只留用 5~7 cm,以利植株生长,最好当天挖苗当天定植,确保成活率。

(二) 营养袋扦插育苗技术

营养袋苗便于长途运输,同时可提高苗木的移栽成活率,在育苗时如苗用于出售或苗圃距椒园远,最好育营养苗。

1. 配制营养土

营养土配制是培育营养袋苗的关键,营养土配置的好坏直接影响苗木的生长发育和质量,配制营养土用的基质要根据苗圃地周围的条件而定,一般用森林土与火灰混合加适量普钙,比例以 10∶1∶0.2 为宜,目的是使营养土养分充足,能满足苗期对营养的要求,结合配制营养土用多菌灵 300 倍液或甲基托布津 500 倍液喷洒进行土壤消毒。

2. 营养土装袋

将配置好的营养土用网眼 0.8 cm × 0.8 cm 细铁筛过筛,把材料混合均匀,装入规格 10 cm × 12 cm 的塑料膜袋中,然后整齐地摆放在苗床上,摆放袋数以方便管理为准,一般以每行 15~20 袋为宜,装袋要满,摆袋要端正,袋与袋之间要压紧,不留空隙,苗床摆满后用土将苗床四周的袋子围起,高度以袋子高度的 1/2 即可,以保持苗床的水分和温度,一般每亩摆放 9 万~10 万袋。

3. 种条扦插

营养土装袋摆放好后 1~2 天,即可扦插,扦插时用小木棍在袋中插一小洞,顺孔把处理好的扦条插入,然后用手轻压袋土,使营养土与插条充分接触,并及时淋水,淋水做到随插随淋,以后隔天或 2~3 天淋 1 次水,插条发芽生根后确保袋内湿润,满足生长所需的水分即可,最后在畦面上搭棚遮阴,荫蔽度保持在 85%~90%,以创造一个潮湿阴凉的环境条件,提高苗木的成活率。

五、狭叶山胡椒的作用与价值

（1）经济价值。狭叶山胡椒种子油可制肥皂及润滑油。叶可提取芳香油,用于配制化妆品及皂用香精。

（2）造林绿化作用。狭叶山胡椒适应性强,耐干旱、耐瘠薄,冠幅圆正,叶片直立、光亮,10 月秋季,红叶满树,且落叶晚,是园林栽培、风景区绿化、荒山造林等秋色观赏优良树种。

6　溲疏

溲疏,学名:Deutzia scabra Thunb,虎耳草科溲疏属,又名空疏、巨骨、空木、卯花等,落叶灌木,落叶灌木,是庭园栽培、风景区、社区、公园造林绿化的优良观赏树种。

一、形态特征

溲疏,树高 1~2 m。树皮成薄片状剥落,小枝中空,红褐色,幼时有星状毛,老枝光滑。叶对生,有短柄;叶片卵形至卵状披针形,长 5~11 cm、宽 2~5 cm,顶端尖,基部稍圆,边缘有小锯齿,两面均有星状毛,粗糙。花白色或带粉红色斑点;萼筒钟状,花瓣 5,白色或外面略带红晕。花瓣长圆形,外面有星状毛,柱头常下延;蒴果近球形,顶端扁平具短喙。花期 4~6 月,果期 9~11 月。

二、生长习性

溲疏适应性强,耐干旱、性喜光,稍耐阴,喜温暖、湿润环境,亦耐寒,喜中性、微酸性土壤。海拔 300~1 000 m 的沟谷、岩边疏林或灌丛中有生长。溲疏性强健,萌芽力强,耐修剪,又是良好的春花盆景材料。多见于山谷、路边、岩缝及丘陵低山灌丛中。对土壤的要求不严,但以腐殖质 pH 6~8 且排水良好的土壤为宜,生长健壮。

三、主要分布

溲疏主要分布于河北、河南、山东、山西、安徽、四川、湖北、湖南、广东、广西、云南、贵州、浙江等地,我国有 53 种(其中 2 种为引种或已归化种)、1 亚种、19 变种,西南部的云南、贵州分布最多。河南省舞钢市主要分布于南部山区杨庄乡的官平院、长岭头,尹集镇的九头崖、王沟、秤锤沟、大河扒、老虎爬等林区,约 5 种,多见于沟谷、悬崖边及岩缝中。

四、种苗繁育与管理技术

（一）种条扦插技术

溲疏极易成活,6~7 月,用当年生枝条,即软材扦插,10~15 天即可生根,成活率均可达 95%;3 月上旬,即在春季萌芽前用硬材扦插,成活率均可达 90%。移植宜在落叶期进行。栽后每年冬季或早春应修剪枯枝。花谢后残花序要及时剪除。

(二)种子大田播种技术

种子播种,在 10~11 月采种,晒干脱粒后密封干藏,第二年 3 月春播,在平坦肥沃、浇水方便、运输条件好的地方繁育。播种采取撒播或条播,条距 12~17 cm,每亩用种量 0.25~0.3 kg。覆土以不见种子为度,播后盖草,待幼苗出土后揭草搭棚遮阴。幼苗生长缓慢,1 年生苗高 20~30 cm,需留圃培养 3~4 年方可出圃定植。溲疏在园林中可粗放管理。因小枝寿命较短,故经数年后应将植株重剪更新,这样可以促使生长旺盛而开花多,早日成苗出圃销售。

(三)虫害防治技术

溲疏主要虫害有红蜘蛛、蚜虫,为害叶片,影响树势生长,3 月至 4 月下旬,可喷洒敌敌畏 1 200~1 300 倍液进行防治,也可用吡虫啉 1 200~1 500 倍液喷洒。

五、溲疏的作用与价值

(1)观赏价值。溲疏树姿小巧美丽,花冠致密,初夏白花满树,洁净素雅,国内外庭园久经栽培。若与花期相近的山梅花配置,以次第开花,可延长树丛的错落观花期。花枝也可供瓶插观赏。

(2)药用价值。溲疏根、叶、果均可药用。

(3)盆景作用。溲疏性强健,萌芽力强,耐修剪,是良好的春花盆景材料。

(4)园林作用。溲疏适合丛状造林绿地的草坪、路边的绿化、山坡及林缘造林,也可作花篱及风景区种植材料。

7　小花溲疏

小花溲疏,学名:Deutzia parviflora Bunge,虎耳草科溲疏属,落叶小灌木,是园林绿化的优良树种。

一、形态特征

小花溲疏,树高 1~2 m;树皮灰褐色,剥裂;老枝灰褐色或灰色,表皮片状脱落;花枝长 3~8 cm,具 4~6 叶,褐色,被星状毛。叶纸质,卵形、椭圆状卵形或卵状披针形,长 3~6 cm,宽 2~4.5 cm,先端急尖或短渐尖,基部阔楔形或圆形,边缘具细锯齿,上面疏被 5 辐线星状毛,下面被大小不等 6~12 辐线星状毛,叶柄长 3~8 mm,疏被星状毛。伞房花序,多花;花序梗被长柔毛和星状毛;花蕾球形或倒卵形;花冠直径 8~15 cm,花瓣 5,白色,圆状倒卵形。蒴果扁球形,种子多数,细小。花期 6 月,果期 8~9 月。

二、生长习性

小花溲疏性喜光,稍耐阴,耐寒性较强,耐干旱,不耐积水,对土壤要求不严,喜深厚肥沃的沙质壤土,在轻黏土中也可正常生长,在盐碱土中生长不良。萌芽力强,耐修剪。生长于海拔 400~1 500 m 的沟谷、岩边疏林或灌丛中。

三、主要分布

小花溲疏主要分布于河南、吉林、辽宁、内蒙古、河北、山西、陕西、甘肃、湖北等地。河南省舞钢市主要分布于南部的九头崖、大河扒、官平院、王沟、灯台架、秤锤沟等山区,海拔200~400 m,阳坡分布少,阴坡沟谷、悬崖下部两侧及岩缝中分布较多,野生分布。

四、种苗繁育与管理技术

(一)扦插繁育技术

1. 种条采集

7月上旬,选取1年生半木质化的枝条,剪成长度12 cm左右的插穗,插穗上剪口为平口,下剪口为马蹄形,20个插穗一捆,在ABT生根剂溶液中浸泡12小时。

2. 扦插基质准备

扦插基质可采用素沙土或粗河沙,施用前要喷洒0.2%高锰酸钾溶液进行消毒。

3. 种条扦插

扦插株行距为6 cm × 7 cm,扦插后马上喷一次透水,然后搭设塑料拱棚,拱棚上搭设遮阴网,只许其见早上8时以前及下午6时以后的阳光,其余时间遮阴。每天对插穗喷两次雾,保持棚内湿度不低于80%,15天左右可生根。在生根半个月后,每隔10天喷施一次0.2%磷酸二氢钾和0.5%尿素的混合溶液进行施肥,利于插穗长根长叶。

4. 冬季苗木防寒

冬季采取防寒措施,翌年3月末可进行移栽,培育大苗。

5. 幼苗培育

小花溲疏常见的株形是丛生圆头形,苗木定植后,对所选留的主枝进行重短截,促使其生发分枝。冬季修剪时,将细弱枝及根颈部萌生的根蘖苗疏除。对于生长枝较弱的细弯枝,可截去全长枝条的1/5,只保留枝条中饱满的花芽,对长势较旺、顶端稍重的直立长花枝选择3~4个缓放,其余过长的花枝采取回缩方法处理;对于徒长枝可对其重短截,促其多生分枝,增加开花枝条,也可留作更新枝备用。

(二)造林绿化技术

1. 造林时间

栽植宜在早春3月下旬以前及11月中旬前后进行。栽植时苗子应尽量带土球,以保证其存活率。

2. 施肥浇水

栽植前应施用基肥。基肥可使用经腐熟发酵的牛马粪或鸡粪,基肥需与栽植土充分拌匀。栽植时应将回填土分层踏实,然后浇头水,7~8天后浇二水,再过7~8天浇三水。小花溲疏喜肥,除在种植时施用基肥外,在栽培中还应施用追肥。一般来说,追肥以肥效较快的化肥为宜,本着量少次多的原则施用。初夏时节可施用尿素,促其长枝长叶,初秋则应施用磷钾复合肥,促其新生枝条木质化。秋末结合浇冻水施用芝麻酱渣或者腐叶肥。施用方法采用环施或穴施均可。值得一提的是,如果树木移栽后长势较弱,可采用叶面喷施的方法,促其生长,提高长势。小花溲疏喜湿润环境,除栽植时要浇好头三水外,在整个生长期内要保持土壤湿润。一般来说,可于4月、5月、6月三个月,每月浇1~2次透水,7~8月为降水期,如不是过于干旱,可不浇水。9~10月及11月初浇1~2次透水即可。12月初浇封冻水。第二年早春3月浇解冻水。小花溲疏的根系较浅,虽然较耐旱,但充足的水分可使其枝繁叶茂,故生长期的浇水不可忽视。

(三)主要病虫害的发生与防治

1.主要虫害的发生与防治

危害小花溲疏的害虫有朱砂叶螨和双斑白粉虱。如果有朱砂叶螨发生,可于危害期喷施1.8%爱福丁乳油3 000倍液进行杀灭,也可于早春发芽前喷施4~5波美度石硫合剂,消灭越冬螨体。如果有双斑白粉虱发生,可在其低龄幼虫期喷洒25%扑虱灵可湿性颗粒1 000倍液或10%吡虫啉可湿性颗粒2 000倍液进行杀灭。

2.主要病害的发生与防治

小花溲疏的常见病害是煤污病,此病多发生在夏季高温高湿期,在栽培管理中,应加强树体修剪,使植株通风透光。平时管理还要注意防治虫害。如果有发生,可用75%甲基托布津可湿性颗粒1 000倍液进行喷洒,连续喷3~4次,可有效控制住病情。

五、小花溲疏的作用与价值

(1)绿化作用。小花溲疏花色淡雅素丽,花虽小但繁密,开花之时正值少花的夏季,是园林绿化的好材料。其鲜花枝还可供瓶插观赏。

(2)药用价值。小花溲疏有解热、发汗解表、宣肺止咳等功效,用于治疗感冒咳嗽、寒咳寒嗽、支气管炎。

(3)园林作用。小花溲疏花色淡雅,在园林绿化中可用作自然式花篱,也可丛植点缀于草坪、林缘,也可片植,还可用于点缀假山。

8　长梗溲疏

长梗溲疏,学名:Deutziavil morinae Lem,虎耳草科溲疏属,对物种多样性具有较大的价值,小灌木,是风景区、公园、小区绿化立体植物景观树种。

一、形态特征

长梗溲疏,树高1~2 m。1年生小枝淡褐色,被星状毛,2年生枝栗褐色,枝皮略剥落。叶长圆状披针形,先端渐尖或尖,基部圆或宽楔形,具细锯齿,上面粗糙,被星状毛,辐射枝4~6,下面灰白色,密被星状毛,沿中脉星状毛中央有直立长单毛。花,伞房花序,疏松,径5~7 cm;花梗被星状毛;萼裂片披针形,较萼筒长,密被星状毛;花瓣白色,倒卵圆形或倒卵形,长6~9 mm;雄蕊花丝具2裂齿,呈V形。蒴果近球形,径3.5~5 mm。花期5~6月,果期8~9月。

二、生长习性

长梗溲疏适应性强,喜散光,喜湿润、稍耐干旱,喜中性、微酸性疏松土壤。适生于海拔 300~1 500 m 的山谷、沟边、岩缝及山坡灌丛中,野生生长;土壤肥沃的地方生长良好。

三、主要分布

长梗溲疏主要分布于四川、河南、湖北、陕西等地,尤其是湖北建始、巴东、宜昌兴山、神农架、十堰等地生长较多。河南省舞钢市南部国有石漫滩林场官平院、老虎爬、灯台架、大河扒、秤锤沟、瓦庙沟海拔 350~500 m 的沟谷、崖边均有分布,野生。属小灌木野生种,多生于阴处、沟谷沿岸、岩石缝隙间。

四、种苗繁育与管理技术

(一)引种繁育苗木技术

1. 种子采收

10~11 月,采收种子,采收后及时储藏,3 月上旬进行播种。考虑到播种到发芽长枝时间长,一般结果 3~4 年。

2. 种子播种

采取条播或撒播。不管是条播还是撒播,在播种前,都应对种子进行筛选、浸泡消毒、晾干处理,尽量选择颗粒饱满、外壳没有破损的种子。

3. 苗圃地选择

选择疏松透气、排水良好的土壤,然后用多菌灵对土壤进行简单的消毒处理,消毒完后,在苗床上喷淋一遍水,保湿备播。

4. 撒播种子

采取条播,间距保持在 15~20 cm;撒完后盖上一层沙土,再覆上一层草卷或薄膜。出芽或者形成幼苗后,揭开草卷或者薄膜,然后对幼苗搭建遮阳棚,遮阳棚高 1.5~2.0 m,对幼苗进行遮阴防晒,同时,做好浇水施肥管理,每亩施入 5~10 kg 复合肥,浇水 3~4 次,促进苗木快速生长。

(二)造林绿化技术

1. 选择优良健壮的种条

选取根系发达、枝条健壮和表面无明显病虫害的苗株,先脱土用多菌灵或者波尔多液进行消毒杀菌处理。

2. 科学配制营养土

长梗溲疏对盆土要求不高,一般疏松肥沃、排水良好的沙质土壤就行,黏土也行。

3. 造林技术

造林选择在山谷、丘陵、山坡均可。造林株行距 2 m×3 m。长梗溲疏苗株,放在穴中位置,一边回土一边扶正。同时把苗株往上提一提,不让根系压得过于紧密。然后浇透水进行缓苗。浇完水后,将栽植好的长梗溲疏盆栽放置于阴凉通风处。缓苗期间保持土壤湿润,但不能过湿。8~12 天后即可进行正常养护,浇水 2~3 次,保湿保墒,促进苗木成活,快速生长。

五、长梗溲疏的作用与价值

(1)园林绿化作用。长梗溲疏对物种多样性具有较大的价值,以其低矮、花密洁白、耐阴性强等特性,宜作立体植物景观配植,或作游园草坪、景观石点缀配景。

(2)经济价值。长梗溲疏树根、叶、果具有一定的药用价值。长梗溲疏为野生植物,对物种多样性具有较大的价值。

9　山梅花

山梅花,学名:Philadelphus incanus,虎耳草科山梅花属,又名毛叶木通,落叶灌木,是园林绿化、风景区、城乡绿化、小区美化的优良观花树种。

一、形态特征

山梅花,树高 1~3.5 m。2 年生小枝灰褐色,表皮呈片状脱落,1 年生小枝浅褐色或紫红色,被微柔毛或有时无毛。叶卵形或阔卵形,先端急尖,基部圆形,花枝上叶较小,卵形、椭圆形至卵状披针形,先端渐尖,基部阔楔形或近圆形,边缘具疏锯齿,上面被刚毛,下面密被白色长粗毛。总状花序有花 5~7 朵,疏被长柔毛或无毛;上部密被白色长柔毛;花萼外面密被紧贴糙伏毛;萼筒钟形,裂片卵形,先端渐尖;花冠盘状,直径 2.5~3.5 cm,花瓣白色,卵形或近圆形,基部急收狭,花盘无毛;花柱无毛,近先端稍分裂,柱头棒形。蒴果倒卵形,长 7~9 mm,直径 4~7 mm;种子具短尾。花期 5~6 月,果期 7~8 月。

二、生长习性

山梅花喜光,喜温暖、耐寒、耐热,怕干旱、怕水涝。适宜中性、微酸土壤,一般山坡地生长势良好。适生于海拔 300~1 500 m 的山脚、谷地林下、疏林或灌丛中。

三、主要分布

山梅花主要分布于山西、陕西、甘肃、河南、湖北、安徽和四川等地,野生生长,湖北、河南等地平原、浅山丘陵有栽培。河南省舞钢市国有石漫滩林场三林区瓦庙沟、秤锤沟,四林区灯台架、老虎爬、大河扒、庙街乡的老金山、人头山等有野生分布;海拔 260~500 m 的沟谷、山脚有零星分布。多生于沟谷沿岸疏林、灌丛或林下。

四、种苗繁育与管理技术

(一)引种繁育苗木技术

1. 种子采集

选择优良健壮、没有病虫害的母树作良种采集。种子的母树,7 月下旬或 8 月初采种。

2. 苗圃地选择

选择土壤肥沃、浇水排灌方便、管理条件好的地方育苗。

3. 种子播种

3 月上旬播种,注意其种子细小,采取条播进行,播种后覆以 2~3 cm 厚细细的薄土。种子播种繁育的苗木,3~5 年才能开花观赏。扦插、压条、分株繁育的育苗 2~3 年即可开花。

(二)造林绿化技术

1.造林绿化的目的

山梅花造林可绿化荒山,保持水土流失,美化环境,提高观赏价值。

2.造林时间

一般造林成活率高的时间为 10~12 月或第二年 2~3 月,其他时间栽植,投入大、费工费时、成活率低。

3.造林后期管理

山梅花树性强健、管理粗放,施肥浇水、修剪整形后,花开鲜艳。人工根据植株的长势和生理特点,合理浇水,每年浇水 2~3 次,施入农家肥或复合肥 4~5 次,每亩每次施入 25~35 kg。尤其是造林树木进入冬季,11~12 月在树木周围,即树冠垂直投影挖浅沟施入肥料,浅沟要围绕树冠投影一周,深 35~40 cm、宽 20~35 cm,施入有机肥或复合肥,每亩每次施入 45~55 kg,施入肥料后,即封冻前灌 1 次透水。春季,3~4 月,在树木周围再次挖浅沟,深 20~30 cm、宽 15~25 cm 即可,施以磷钾肥,以满足植株花芽分化所需养分,从而提高开花、结果能力。

(三)主要病虫害的发生与防治

1.主要虫害的发生与防治

山梅花主要虫害是刺蛾、大蓑蛾、蚜虫等。4~5 月发生,危害叶片,影响树木生长。防治刺蛾,应在 11~12 月或 1~2 月,人工杀死在树干上的茧;4~6 月,喷布药物吡虫啉 100~1 200 倍液,杀死 2~3 龄幼虫,或使用 90%晶体敌百虫 800~1 000 倍液,或 80%敌敌畏乳剂 1 200~1 300 倍液。防治大蓑蛾,应喷布 90%敌百虫 900~1 000 倍液,或苦参碱 100~1 200 倍液,或甲维盐灭幼脲 800~1 000 倍液,防治蚜虫,可喷布 2.5%阿维高效氯氰菊酯乳油 1 000~1 200 倍液,或 50%抗蚜威 2 000 倍液,或 50%溴氰菊酯 2 500~2 800 倍液。

2.主要病害的发生与防治

山梅花主要病害是流胶病、枯枝病、叶斑病等。防治方法:3~6 月,喷布百菌清 600~800 倍液,或喷施 900~1 000 倍液的 20%粉锈宁可湿性粉剂,或 65%福美铁可湿性粉剂 900~1 000 倍液,或 70%甲基托布津可湿性粉剂,喷 3~4 次即可。

五、山梅花的作用与价值

(1)观赏价值。山梅花色泽鲜艳、美丽芳香、花香四溢、多朵聚集,花期较长,为优良的造林绿化观赏花木。

(2)园林绿化作用。山梅花是风景区、主题公园、城乡绿化、小区建设的点缀树木,可配植于园林小品,丛植、片植于草坪、山坡、林缘,造林绿化,更适合城市社区小游园点缀美化。

(3)药用价值。山梅花茎、叶可入药,根皮用于治疗挫伤、腰肋痛、胃痛、头痛。夏秋采集,晒干或鲜用。叶片清热利湿,用于治疗膀胱炎、黄疸型肝炎。

10　东北茶藨子

东北茶藨子,学名:Ribes mandshuricum(Maxim.)Kom,虎耳草科茶藨子属,落叶灌木,用于园林绿化、城乡美化、小区造林等,也是盆景观赏的良好树种,具有较高的经济价值和生态价值。

一、形态特征

东北茶藨子,树高1~2 m,小枝灰色或褐灰色。皮纵向或长条状剥落,嫩枝褐色,具短柔毛或近无毛,无刺。芽卵圆形或长圆形,先端稍钝或急尖,具数枚棕褐色鳞片,外面微被短柔毛。叶长5~9 cm,宽几与长相似,基部心脏形,边缘具不整齐粗锐锯齿或重锯齿。花两性,具花多达40朵,果实球形,直径7~8 mm,红色,无毛,味酸可食;种子多数,圆形。花期4~6月,果期8~9月。

二、生长习性

东北茶藨子适应性强,耐阴,喜湿润,喜中性、微酸性肥沃壤土。适宜海拔200~1 900 m,野生生长,尤其是在山坡、山谷阔叶林或杂木林下生长良好。

三、主要分布

东北茶藨子主要分布于黑龙江、吉林、辽宁、河北、山西、陕西、甘肃、河南等地,野生分布。河南省舞钢市国有石漫滩林场三林区大虎山、秤锤沟,四林区大河扒、老虎爬、灯台架、大雾场等地有零星分布,野生,呈匍匐状小灌木生于谷地林荫下。

四、种苗繁育与管理技术

(一)播种繁育苗木技术

1.种子采收

8月下旬至9月,当东北茶藨子的果实呈红紫色时即可采摘。采摘时,要选择树木生长健壮、无病虫害的母树上的果实。采后果实放入盆中,充分搓破浆果,再用清水漂去果肉、果皮等,然后将饱满的种子置于报纸上,阳光下晾晒2~3天,当种子含水率达5%~6%时,用塑料袋封存,冷藏于0~3 ℃的冰箱中。

2.种子处理

东北茶藨子种子需经过混沙变温层积处理,具体的处理方式为:将调制后的湿种子用38 ℃清水浸泡24小时,捞出与河沙(用0.3%高锰酸钾浸泡6小时进行消毒)混匀(种子:湿河沙=1∶3,体积比)后,置于25~30 ℃的条件下45天,后转至15~20 ℃的室温下层积,大概6天开始有种子发芽,此时需适当增加沙子含水量,出芽持续5~7天,发芽率较低,仅为32%,发芽期间种子的芽较长,可达1~1.5 cm,但不影响之后的播种育苗。种子混沙层积期间,注意保持沙子湿润,并每日上下翻动。

3. 苗圃地整地

以宽 1.2 m、高 30~40 cm 做床,将床面土块打碎、耙细,做到精耕细耙。

4. 播种技术

4 月至 5 月上旬进行播种。东北茶藨子种子千粒重为 7.1~7.5 g,属小粒种子,其播种量为每亩 0.5~1.0 kg。将种子与多菌灵混拌后,在床面上均匀扬撒播种,之后覆土压实并覆盖苇帘。

5. 种子播种后的管理

播种后的 7~10 天即可出苗。播种后一般每天浇水 1 次,其间要及时除草,并做好水量的管理,必要时需搭遮阳网。第二年春换床,再培育 12 个月,即可出圃。

(二)造林绿化技术

1. 造林技术

东北茶藨子一般在 3 月造林绿化。选择人工苗圃地繁育的苗木,又叫实生种子苗木。实生苗营建栽培园因苗木较小,穴的规格为 40 cm × 40 cm × 40 cm;每穴栽植 2~3 株。造林地以平地为宜,土层深厚,定植株行距为 2.5 m × 3 m,挖好后,先施土杂粪,后盖土踩实,并修剪定干,每亩为 1 个小区;明穴客土整地,规格为 50 cm × 50 cm × 50 cm;每穴栽植 1 株,栽植时要培表土,踏实,浇水并修剪定干。

2. 造林绿化苗木的管理技术

一是浇水施肥。基肥采取秋施,即 9~10 月,以施腐熟农家肥为主,施肥量控制在每亩 5 000~8 000 kg,施入肥料后,及时浇一次透水。二是土壤管理。每年要结合除草,翻耕树盘 2~3 次,保持树盘土壤疏松、无杂草,随树冠的扩展逐年扩穴。三是树木修剪整形。定植当年距地面 25~30 cm 高度定干,选留 3~4 个不同方向的枝条作为主枝;促进树冠长成;主枝上一般选留 2~3 个侧枝,侧枝修剪要注意剪口下留外芽,提早形成树冠结果。

五、东北茶藨子的作用与价值

(1)经济价值。东北茶藨子果实营养极为丰富,1 磅(1 磅 = 0.453 592 37 kg)鲜果含热量 240 cal、蛋白质 7.6 g、脂肪 0.4 g、钙 267 mg、铁 34.9 g、维生素 A 10~20 g、维生素 C 889 g,可制作饮料及酿酒。

(2)绿化作用。东北茶藨子树冠优美、果实鲜艳,小灌木,生长矮小,树形奇特,秋季果红、剔透漂亮,用于园林绿化、城乡美化、小区造林等,于林下种植,具美化环境的景观效果,是盆景观赏的优良树种。

11　牛鼻栓

牛鼻栓,学名:Fortunearia Sinensis Rehd. et Wils,牛鼻栓科牛鼻栓属,又名连合子、木里仙、千斤力等,落叶灌木或落叶小乔木,是森林景观搭配、公园观赏树种。

一、形态特征

牛鼻栓,树高 3~8 m。嫩枝有灰褐色柔毛,老枝有稀疏皮孔。单叶互生,叶片膜质,倒卵形或倒卵状椭圆形,长5~16 cm、宽3~9 cm,先端渐尖,基部圆形或钝,稍偏斜,缘具波状锯齿;叶脉深入齿端小尖头,沿主脉和下面有星状毛。雌雄同株,雄花序呈短荑黄状,蒴果木质,卵圆形,长1.5 cm,有白色皮孔,沿室间2片开裂,每片2浅裂。种子卵圆形,长约1 cm,暗棕色,有光泽。花期4~5月,果期7~8月。

二、生长习性

牛鼻栓喜光、稍耐阴,适宜中性、微酸性、湿润肥沃土壤。适生于海拔300~800 m的谷地、山腰林下或疏林内。

三、主要分布

牛鼻栓主要分布于陕西、江苏、安徽、浙江、江西、河南、湖北、四川等地。河南省舞钢市南山200~600 m海拔山坡、谷地林内或林缘均有分布。多与阔叶林伴生,河道、山谷沿边生长良好。

四、种苗繁育与管理技术

牛鼻栓常生于山坡杂木林中或岩隙中野生。药用价值高,但苗木无法大规模人工种植。其大田繁育技术目前还有待进一步研究。

五、牛鼻栓的作用与价值

(1)观赏价值。牛鼻栓主干稍低,干形多弯,树冠挺阔,叶片宽大,是森林景观搭配、公园观赏树种。

(2)药用价值。牛鼻栓枝、叶、根可入药,具有益气、止血之功效。常用于气虚劳伤乏力、创伤出血。性味苦、涩,性平。归经归脾、肝经。枝叶春、夏季采摘,根全年可采,晒干。

12　山白树

山白树,学名:Sinowilsonia henryi Hemsl.,金缕梅科山白树属,落叶灌木或小乔木,为中国特有树种、国家二级保护树种。

一、形态特征

山白树,树高8~10 m。嫩枝有灰黄色星状茸毛;老枝枝冠松散、秃净,略有皮孔。芽体无鳞状苞片,有星状茸毛。叶纸质或膜质,倒卵形,叶色特显浅绿。长10~17 cm、宽6~9 cm,先端急尖,基部圆形或微心形,脉上略有毛,网脉明显,边缘密生小齿突。雄花总状花序,萼筒极短,萼齿匙形,雄蕊近于无柄,花丝极短,与萼齿基部合生,花药2室。雌花穗状花序,与花序轴均有星状茸毛,苞片披针形,有星状茸毛;萼筒壶形,子房上位,有星毛,藏于萼筒内。果序长10~20 cm。蒴果无柄,卵圆形,长1 cm,种子长黑色,有光泽,种脐灰白色。

二、生长习性

山白树喜光、喜肥、耐湿润。喜中性、微酸性疏松土壤。适生于海拔 300~1 500 m 的山地、河谷壤土。

三、主要分布

山白树主要分布于湖北、四川、河南、陕西、甘肃等地。河南省舞钢市国有石漫滩林场三林区瓦庙沟、大石棚、秤锤沟、四林区大河扒、老虎爬等山区有野生分布。海拔 300~550 m 的沟谷、山腰坡地有散生。多与阔叶林混生。

四、种苗繁育与管理技术

(一) 种子采收

山白树通常用种子繁殖。种子在 10 月中旬成熟,采收时连同果穗一起采回,置室外晾干,去除果皮待用。

(二) 种子储藏

在当年 11 月上旬进行湿沙层积法催芽,其方法是:在露天地选择地势较高、土壤干燥的地方,挖深、宽各 65 cm 的坑,在坑底先垫 15~20 cm 厚的粗河沙,在中央竖 9 cm 粗细的草束,然后将种子与 3 倍的湿沙混匀,放入坑内,离地面 18 cm 时覆湿沙 28~35 cm,最后再覆土 14 cm 堆成屋脊形,并在周围挖好排水沟,防止积水造成种子霉烂。经过层积处理后的种子用 45 ℃温水浸泡 48 小时,然后用 5%福尔马林浸种 30 分钟,封闭 2 小时进行消毒即可进行播种。

(三) 苗圃地选择

选择地势平坦、土层较厚、土质较肥沃、光照充足、排灌条件较好的地块,细致整地播种。

(四) 种子播种

播前深翻土壤,拣除杂物,做床。床高 10~12 cm、宽 1~11 cm,床面均匀铺厚 5 cm 的腐殖土。播种在第二年 4 月中上旬进行。在苗床上横向开深 3 cm、宽 9 cm 的沟,沟间距 28~30 cm。将种子均匀撒入沟内,覆盖 2~3 cm 的腐殖质土,耙平,稍作镇压、浇水,再覆盖一层薄土保墒,以后根据土壤干湿情况适当浇水,大约半月后开始出苗,28~30 天后苗即可出齐,此时应搭好高 75 cm 的荫棚,避免日灼。随后的管理同一般育苗要求,6 月上旬进行间苗、松土、除草和施肥等,以保证植株生长旺盛。随着苗木的生长,遮阴时间可逐渐缩短,至 8 月中旬可撤除荫棚。山白树的出苗率可达 95%以上,1 年生苗高 30~50 cm,地径粗 0.5~1.0 cm 以上,2 年生山白树苗可以出圃移栽定植。

五、山白树的作用与价值

(1)观赏价值。山白树为中国特有,树干耸直,树形卵圆形,嫩叶苍翠欲滴,叶片疏密得当,果序悬垂,如一串铃铛随风飘荡,甚为美观,是庭院绿化和行道树树种,具有很高的观赏价值。

（2）造林绿化作用。山白树根系发达,喜水,能耐间歇性的短期水浸,固土能力强,是营造固岸护滩林的优良树种。

（3）用材价值。山白树木料结构细致,心材边材不甚分明,纹理通直,材质坚硬,是制造家具等的优良木材,具有一定的经济价值。

13 华北绣线菊

华北绣线菊,学名:Spiraea fritschiana Schneid,蔷薇科绣线菊属,落叶灌木是园林绿化中优良的观花观叶树种。

一、形态特征

华北绣线菊,株高 1~2 m。枝条粗壮,小枝具明显棱角,叶片卵形、椭圆卵形或椭圆长圆形,边缘有不整齐重锯齿或单锯齿,上面深绿色,下面浅绿色,叶柄幼时具短柔毛。复伞房花序顶生于当年生直立新枝上,多花,无毛;苞片披针形或线形,萼筒钟状,花瓣卵形,先端圆钝,白色,子房具短柔毛,蓇葖果开张,花柱顶生,5 月开花,7~8 月结果。

二、生长习性

华北绣线菊喜散光,耐寒、耐阴、耐旱,喜中性、微酸性疏松土壤。分布于海拔 200~1 000 m 的山坡、谷地,多生于岩石缝中。

三、主要分布

华北绣线菊主要分布于河南、陕西、山东、江苏、浙江等地。河南省舞钢市南部九头崖、灯台架、官平院、长岭头、秤锤沟、王沟、旁背山等山区有野生分布,海拔 300~600 m 的沟谷沿岸有分布。生于疏林、灌丛或林缘。

四、种苗繁育与管理技术

(一)种子繁育苗木技术

1. 种子采收

种子一般 2~3 天开始开花结实,4 天以后可以正常结实。种子无明显的休眠习性。

2. 种子处理

湿沙催芽 3~5 天即可,或将种子放在温水(30 ℃)中浸泡 24 小时,取出放在垫有湿润滤纸的培养皿内,在 18~20 ℃的室内 8~10 天就开始发芽,10 天左右发芽结束,发芽率达 80%~95%。种子在初夏成熟期较干燥时,可以采后即播。

3. 大田露地播种

3~4 月即可播种。播种量每亩 10~15 kg,种子播种后覆土 0.5~1.0 cm 并遮阴,并覆盖地膜保墒,7~10 天即可顺利出土,7 天后长出初生叶。当年生苗高可达 30~45 cm。移植一次即可定植,3 年左右即可普遍开花。另外,采用母树下种创造适度庇荫,有利于种子发芽和幼苗初期生长,可提高育苗出苗率和成苗率。

(二)种条扦插繁育技术

1.扦插时间

3月春季用硬枝扦插,6~7月夏季可用软枝扦插。用枝剪截取1~2年生插穗,长10~15 cm,用ABT生根粉浸泡24小时,插后用遮阳网遮阴,并喷雾以保持苗床湿润,成活率达95%以上。

2.种条扦插

嫩枝扦插育苗技术,将剪好的插穗基部浸泡在水100份+萘乙酸5份的溶液中,浸泡12~24小时,扦插于土壤肥沃的基质中,采用条播即可。插后架设遮阳网(透光度50%),成活率在90%以上。

五、华北绣线菊的作用与价值

(1)观赏价值。华北绣线菊花色艳丽,花朵繁茂,盛开时枝条全部为细巧的花朵所覆盖,形成一条条拱形花带,树上树下一片雪白,十分惹人喜爱。而且绣线菊繁殖容易,耐寒、耐旱,是一类极好的观花灌木,适于在城镇园林绿化中应用,具有极好的观赏价值。

(2)园林绿化作用。在城市园林植物造景中,华北绣线菊可以丛植于山坡、水岸、湖旁、石边、草坪角隅或建筑物前后,起到点缀或映衬作用,构建园林主景。初夏观花,秋季观叶,构筑迷人的四季景观。枝条细长且萌蘖性强,因而可以代替女贞、黄杨用作绿篱,起到阻隔作用,又可观花。由于其花期长,又可以用作花境,形成美丽的花带。

14　蜡梅

蜡梅,学名:Chimonanthus praecox(Linn.)Link,蜡梅科蜡梅属,又名金梅、香梅花、香梅、干枝梅、腊梅、蜡花、黄梅花等,落叶灌木,是中原地区优良乡土树种,冬季观赏的主要花木。

一、形态特征

蜡梅,株高达3~4 m,单叶对生,花被外轮蜡黄色,中轮有紫色条纹,有浓香,先叶开放,花着生于第二年生枝条叶腋内,芳香,直径2~4 cm;花被片圆形、长圆形、倒卵形、椭圆形或匙形,长5~19 mm、宽5~14 mm,无毛,内部花被片比外部花被片短;果托坛状,小瘦果种子状,果熟期8月。果托近木质化,坛状或倒卵状椭圆形,长2~4 cm,直径1~2.4 cm,口部收缩,并具有钻状披针形的被毛附生物。花期11月至第二年3月,果期4~11月。

二、生长习性

蜡梅性喜阳光,能耐阴、耐寒、耐旱,忌渍水,喜欢土层深厚、肥沃、疏松、排水良好的微酸性沙质壤土,在盐碱地上生长不良;树体生长势强,分枝旺盛,根茎部易生萌蘖。发枝力强,耐修剪。蜡梅花在霜雪寒天傲然开放,花黄似蜡,浓香扑鼻,是冬季观赏主要花木。怕风,较耐寒,在气温不低于-15 ℃时能安全越冬,花期遇-10 ℃低温,花朵受冻害。

三、主要分布

蜡梅主要分布于河南、山东、江苏、安徽、浙江、福建、江西、湖南、湖北、陕西、四川、贵州、云南、广西、广东等地。在中原地区主要分布于许昌、周口、安阳、郑州、开封、新乡、洛阳、三门峡、焦作、平顶山、南阳、驻马店、信阳等地,河南省鄢陵县姚家花园为蜡梅苗木生产中心。河南省舞钢市长岭头、围子园等山区有野生分布。

四、种苗繁育与管理技术

(一)引种繁育苗木技术

1. 苗圃地选择

苗圃地选择土层深厚、肥沃、疏松、排水良好的微酸性沙质壤土为好,其他土壤、盐碱土壤等地苗木生长不良。

2. 苗圃地整理

苗圃地选好后,在播前,深翻土地,施足基肥,每亩施基肥 3 500~6 000 kg,以农家肥为主,均匀地撒到地面上。深翻 30~35 cm,整平耙细,做畦备播。

3. 采收种子

蜡梅 8~9 月果实成熟后即可采收,可随采随播,或湿沙层积储藏,备播。

4. 种子播种

3 月播种,将种子湿沙层积储藏至第二年 2 月下旬至 3 月中旬条播。种子干藏到第二年的,播前应先做浸种处理,方法是先用 60 ℃ 左右的温水加 0.5% 洗衣粉浸泡半天,戴上手套反复揉搓,然后用清水洗净,再用清水浸泡 6~7 天,每 1~2 天换水一次,待有少量种子露白时捞出滤干待播。按照行距 20~25 cm,覆土厚 2~2.5 cm,播后 18~30 天出土出芽,初期适当遮阳,搭建遮阳网防晒。

5. 肥水管理

4~7 月,苗木生长期,做到平时浇水以维持土壤半墒状态为佳,雨季注意排水,防止土壤积水。干旱季节及时补充水分,开花期间,土壤保持适度干旱,不宜浇水过多。7~8 月,夏季每天早晚各浇一次水,水量保持浇透为止。

3 月上旬后,每 10~15 天施一次腐熟的饼肥水为好;7~8 月的花芽分化期,追施腐熟的有机肥和磷钾肥混合液,每亩施入 10~15 kg;秋后再施一次有机肥。每次施肥后都要及时浇水、松土,以保持土壤疏松,促进苗木快速生长。

(二)主要病虫害的发生与防治

1. 主要虫害的发生与防治

(1)主要虫害的发生。蜡梅主要虫害有卷叶蛾、刺蛾等。一是卷叶蛾,5~6 月,主要以蜡梅的叶片为食,还会钻进果实中吃果实,也被称为卷叶虫,卷叶蛾的幼虫咬食新芽、嫩叶和花蕾,仅留表皮呈网孔状,使叶片纵卷,潜藏叶内连续危害植株,严重影响植株的生长和开花。二是刺蛾,5~8 月,成虫的体长为 12~13 mm,体暗灰褐色,腹面及足色深,幼虫一共 8 龄,6 龄起可食全叶,以蜡梅的叶片为食。以上这些害虫呈交替危害或集中危害,造成树势衰弱,影响生长开花。

（2）主要虫害的防治。一是卷叶蛾防治，卷叶蛾一般在夜间活动，如果虫害较轻，可以将卷叶摘除；在幼虫发生期，可以用75%辛硫磷1 000倍液喷杀幼虫；在生长期，苗圃地挂诱杀剂瓶，每亩挂3~5个即可。诱杀剂的配置，应该选用糖5~6 kg、酒2~2.5 kg、醋4~5 kg、水100 kg，配成溶液诱杀成虫。二是刺蛾防治，检查植株树基周围的土壤中是否有虫茧，如果有，要及时地清除；有幼虫出现时，喷洒80%敌敌畏乳油1 200倍液，或50%辛硫磷乳油1 000倍液；如果不慎被刺蛾刺中，可用肥皂水涂抹，严重的话应该及时就医。

2. 主要病害的发生与防治

（1）主要病害的发生。主要病害为炭疽病。炭疽病多发生在叶尖和叶缘处，病斑近椭圆形，淡红色至灰白色，边缘红褐色或褐色，其上散生黑色小点，病斑易破裂。炭疽病是真菌病害，病原是一种盘长孢菌。

（2）主要病害的防治。炭疽病的防治方法，一是清除病落叶，集中销毁，减少侵染源。二是药剂防治。发病严重时可喷洒50%多菌灵可湿性粉剂1 000倍液。另外，病菌在病落叶上越冬，所以，11~12月，冬季集中清扫林下落叶，消灭在树叶杂草中越冬的病菌和害虫、虫卵等，减少第二年的危害。

五、蜡梅的作用与价值

（1）景观作用。蜡梅是一种先花后叶的植物，蜡梅开花在数九寒冬之时，正月开春之前，为百花之先，因此又有"凌寒独自开""为有暗香来"的优美诗句，又被人称为"寒客"。百花凋零的隆冬，蜡梅斗寒傲霜，在凄风雪雨中绽放花蕾，有着在强暴面前永不屈服的性格，这种坚韧不拔、百折不挠、独立自强的精神品质深受人们喜爱。

（2）饮品作用。蜡梅花可冲泡茶饮。冲泡蜡梅花茶时，加一点红糖或蜂蜜混合饮用，蜡梅的寒香与蜂蜜的甜润加在一起，口感绵软细腻，爽口柔和，也可以与其他花茶搭配食用。其茶淡雅、清香，女性朋友较为喜爱。

15　中华绣线菊

中华绣线菊，学名：Spiraea chinensis Maxim.，蔷薇科绣线菊属，落叶灌木，是极好的观花灌木，适于城镇园林植物造景。

一、形态特征

中华绣线菊，株高1~2 m。小枝红褐色，拱形弯曲，冬芽卵形，叶片菱状卵形至倒卵形，先端急尖或圆钝，基部宽楔形或圆形，边缘有缺刻状粗锯齿，上面暗绿色，被短柔毛，脉纹深陷。伞形花序，萼筒钟状，萼片卵状披针形，花瓣近圆形，先端微凹或圆钝，白色。花盘波状圆环形；子房具短柔毛，蓇葖果开张，4~5月开花，7~10月结果。

二、生长习性

中华绣线菊耐微光、耐旱、耐瘠薄，适宜中性、微酸性土壤。适生于海拔500~1 800 m的山坡、山谷岩缝或石砾间。

三、主要分布

中华绣线菊分布于河北、山东、河南等地。河南省舞钢市南部杨庄乡的长岭头、官平院、灯台架、旁背山等山区有野生;海拔300~500 m的沟谷、山脚有零星分布,多生于沟谷沿岸岩缝间。

四、种苗繁育与管理技术

(一)种子繁育技术

1.种子选择

种子一般2~3年开始开花结实,4年以后可以正常结实。种子无明显的休眠习性。

2.种子处理

将种子放在温水(30 ℃)中浸泡24小时,取出放在垫有湿润滤纸的培养皿内,在18~20 ℃的室内8~10天就开始发芽,10天左右发芽结束,发芽率达80%~95%。

3.种子播种

3月初即可播种。播后覆土0.5~1.0 cm,并覆盖地膜保墒,7~10天即可顺利出土,7天后长出初生叶。当年生苗高可达30~45 cm。移植一次即可定植,3年左右即可普遍开花。

(二)种条扦插繁育技术

1.种条时间

3月春季用硬枝扦插,夏季可用软枝扦插。

2.种条扦插

用枝剪截取1~2年生插穗,长10~15 cm,用ABT生根粉浸泡24小时,插后用遮阳网遮阴,并喷雾以保持苗床湿润,成活率达95%以上。

五、中华绣线菊的作用与价值

(1)观赏价值。中华绣线菊是极好的观花灌木,适于城镇园林植物造景。可丛植于山坡、水岸、湖旁、石边、草坪、建筑物间,实现点缀、映衬效果,还可用作绿篱、花境,起到阻隔、观花兼收之效,形成美丽的花带,是优良观赏树种。

(2)园林绿化作用。中华绣线菊因花色艳丽,花朵多如繁星,满树雪白,惹人喜爱,是极好的春季观花树种,是园林绿化、城镇公园、广场或居民区园林小品植物造景树种。可丛植于山坡、水岸、石边、草坪角隅或建筑物间点缀。初夏观花,秋季观叶,构筑四季景观。

16　三裂绣线菊

三裂绣线菊,学名:Spiraea trilobata L.,蔷薇科绣线菊属,又名三桠绣线菊、团叶绣球、三裂叶绣线菊、蚂蚱腿、老鼠球、翠枝、三桠绣球等,落叶灌木,是园林绿地、庭院、公园、街道、山坡、行道树等绿化树种。

一、形态特征

三裂绣线菊,树高 1~2 m。小枝细瘦,开展,稍呈"之"字形弯曲。叶片近圆形,先端钝,常 3 裂,基部圆形、楔形或心形,边缘自中部以上有少数圆钝锯齿,基部具显著 3~5 脉。伞形花序具总梗,无毛,有花 15~30 朵,萼筒钟状,外面无毛,内面有灰白色短柔毛。花瓣宽倒卵形,花盘约有 10 个大小不等的裂片,排列成圆环形;子房被短柔毛。蓇葖果开张。花期 5~6 月,果期 7~8 月。

二、生长习性

三裂绣线菊喜光、稍耐阴、耐寒、耐旱、耐瘠薄,适宜微碱、中性、微酸性土壤,对土壤要求不严。适生于海拔 300~2 000 m 的沟谷、岩缝、坡地灌丛或林内。耐修剪,性强健,生长迅速,引种栽培容易成活,在土壤深厚的腐殖质土上生长良好。

三、主要分布

三裂绣线菊主要分布于黑龙江、辽宁、内蒙古、山东、山西、河北、河南、安徽、陕西、甘肃等地山区。多生于岩石向阳坡地或灌木丛中,海拔 450~2 400 m。河南省舞钢市南部秤锤沟、大河扒、官平院、长岭头、大雾场等山区林中,海拔 300~500 m 的谷地、崖边有野生分布。

四、种苗繁育与管理技术

(一)种子繁育技术

1. 苗圃地选择

一定要选择阳光充足、排水良好的沙质壤土繁育或种植,也可栽培在半阴处。三裂绣线菊怕涝,不得种植于低洼处。移植宜在早春或晚秋休眠期进行。

2. 种子播种繁育

三裂绣线菊以秋季 10 月土壤上冻前至第二年 3 月繁育为宜。播种采用打畦,条播,行距 20~25 cm、株距 6~9 cm,每亩施入 5 000~6 000 kg 农家肥和 50~60 kg 复合肥作基肥;10~15 天出芽后,浇水 3~4 次,保墒;同时,搭建小拱棚,防止日晒,促进苗木快速生长,10 月幼苗生长高 80~100 cm。播种出芽率较高,一般情况下第二年可成苗。

(二)造林绿化技术

1. 造林时间

造林成活率高的时间是 3 月或 10~11 月。挖树坑,坑宽 50~55 cm、深 65~75 cm。栽植行距 100~120 cm、株距 70~80 cm。

2. 造林后生长期管理

三裂绣线菊每年施 2~3 次生物肥或农家肥或有机肥,第一次是 11~12 月施入基肥;第二次是 3~4 月施入有机肥;第三次在 6~7 月落花后,追施肥料。注意造林前施足基肥,一般施腐熟的粪肥,深翻树穴,将肥料与土壤拌均匀。造林后浇透水。生长盛期每月施 3~4 次腐熟的饼肥水,花期施 2~3 次磷钾肥(磷酸二氢钾),秋末施 1 次越冬肥,冬季停止施肥,减少浇水量。

3.修剪管理

修剪主要是剪去枯萎枝、徒长枝、重叠枝及病虫枝。修剪后的枝条要及时用愈伤防腐膜缠绕,使其伤口快速愈合,防止雨淋后病菌侵入,导致腐烂。

(三)主要病虫害的发生与防治

三裂绣线菊主要虫害是叶蜂,为食叶害虫,主要为害三裂绣线菊,通常10余头幼虫群集蚕食三裂绣线菊叶片,短期内可把叶片吃光,只剩下主脉,严重影响植株的生长和观赏。

(1)叶蜂发生规律。该虫1年发生2~3代,在浅土层结茧化蛹越冬。第二年3~5月间羽化后产卵于三裂绣线菊嫩叶背面。卵往往横卧排列,10~20粒为一堆。卵期3~7天,初孵幼虫先啮食卵壳和叶脉间叶肉,然后自叶缘蚕食叶片。5~6月为幼虫为害盛期。幼虫老熟后入浅土层结茧化蛹。第一代蛹期6~8天。在中午前后成虫交尾产卵活动活跃。

(2)叶蜂防治技术。注意在成虫羽化产卵盛期摘除产有卵堆的叶片,幼虫初孵化群集为害时剪除虫叶。当幼虫大量发生时,用敌百虫、敌敌畏等触杀剂1 000~1 200倍液喷杀。

五、三裂绣线菊的作用与价值

(1)绿化作用。三裂绣线菊树姿优美,枝叶繁密,花朵小巧密集,布满枝头,宛如积雪。在绿地中丛植或孤植,植于庭院、公园、街道、山坡、路旁、草坪,增添春夏绿意中"雪"的色彩,别有趣味,是作花篱、花径的优良绿化树种。

(2)药用价值。三裂绣线菊叶、果入药,具有活血祛瘀、消肿止痛的功效。

(3)观赏价值。三裂绣线菊是山区、低山向阳坡地造林绿化优良观赏树种。北京常见。其耐寒冷、耐瘠薄,是理想的绿篱材料和观花灌木,具有良好的观赏价值。

17　中华石楠

中华石楠,学名:Photinia beauverdiana C. K. Schneid.,蔷薇科石楠属,又名石楠、波氏石楠、假思桃、牛筋木等,落叶灌木或小乔木,是园林绿化、风景区美化、行道树造林的优良树种。

一、形态特征

中华石楠,树高3~10 m。小枝无毛,紫褐色,有散生灰色皮孔。叶片薄纸质,长圆形、倒卵状长圆形或卵状披针形,基部圆形或楔形,边缘有疏生具腺锯齿,侧脉9~14对。花多数,复伞房花序,直径5~7 cm;萼筒杯状,萼片三角卵形。花瓣白色,卵形或倒卵形,先端圆钝,无毛。雄蕊20,花柱2~3,基部合生。果实卵形,长7~8 mm,直径5~6 mm,红色或橘红色。花期5月,果期7~8月。

二、生长习性

中华石楠喜光、稍耐阴、深根性,喜温暖,对土壤要求不严,但以肥沃、湿润、土层深厚、排水良好、微酸性的沙质土壤最为适宜,能耐短期-15 ℃的低温,喜温暖、湿润气候。萌芽力强,耐修剪,对烟尘和有毒气体有一定的抗性。

三、主要分布

中华石楠主要分布于陕西、河南、江苏、安徽、浙江、江西、湖南、湖北、四川、云南、贵州、广东、广西、福建等地。喜欢生长在山坡或山谷林下,海拔 1 000~1 700 m。河南省舞钢市南部山区秤锤沟、大河扒、老虎爬、灯台架、官平院等林区有野生分布。

四、种苗繁育与管理技术

(一)种子播种繁育技术

1. 种子采种

在果实成熟期采种,采收饱满优质种子,将果实捣烂漂洗取籽晾干,采用层积沙藏至第二年春播。种子与沙的比例为1:3。

2. 苗圃地选择

选择地势平坦,土壤肥沃、深厚、松软(混入 1/3 河沙)的地块作为苗床进行露地大田播种繁育。

3. 种子播种

2~3 月,采用开沟条播,行距18~20 cm,覆土 2~3 cm 厚,略微镇压一下覆土,浇透水后覆草以保持土壤湿润,有利于种子出土。播种量为每亩 15~18 kg,进行浇水施肥管理,搭建遮阳棚,防晒,到 10 月,苗木生长达到 70~80 cm 即可出圃。

(二)造林绿化技术

1. 造林地选择

种植地土壤以质地疏松、肥沃、微酸性至中性为好,灌溉方便、排水良好的地方为佳。造林前,土壤翻耕深度在 30~35 cm 以上;同时,施用杀虫剂防治金龟子、金针虫等地下害虫。

2. 造林种植

翻耕后将土壤整平,开排水沟,造林株行距为 1.5 m × 2.0 m 或 1.0 m × 2.2 m。

3. 造林肥水管理

栽前施足基肥,栽后及时浇水。在定植后的缓苗期内,要特别注意水分管理,如遇连续晴天,在移栽后3~4 天要浇 1 次水,以后每隔 10~12 天浇 1~2 次水;如遇连续雨天,要及时排水。15~20 天后,种苗度过缓苗期即可施肥。第二年 3 月,每亩施入 4~5 kg 复合肥,7~8 月夏季和 9~10 月秋季每 15~20 天施 1 次复合肥,用量为每亩 4~5 kg,11~12 月冬季施 1 次腐熟的农家肥,用量为每亩 1 200~1 500 kg,以开沟埋施为好。施肥要以薄肥勤施为原则,不可一次用量过大,以免伤根烧苗,平时要及时除草松土,防止土壤板结。新造林苗木,必须注意防寒,尤其是 2~3 年造林苗木,同时进行人工整形和修剪管理。生长期,中华石楠的管理做到及时整形修剪,对枝条多而细的植株应强剪,疏除部分枝条;对枝少而粗的植株应轻剪,促进多萌发花枝。

(三)主要病虫害的发生与防治

1. 主要病害的发生与防治

中华石楠主要病害是叶斑病。

(1)发生规律。在中华石楠叶片上,初期病斑褐色,扩展后病斑呈半圆形或不规则形,灰白色稍显轮纹状;后期病斑干枯,着生黑色颗粒,严重时可引起落叶。病菌一般从伤口和皮孔侵染,病叶可作为病源引起再侵染。该病常年发生,7~8月梅雨季节发病较重。

(2)主要防治方法。发生后及时清理病叶;发病初期喷施波尔多液100~150倍液、60%~75%代森锌600~1 000倍液等进行防治。

2. 主要虫害的发生与防治

中华石楠主要虫害是介壳虫、石楠盘粉虱、白粉虱和蛀干害虫等。4月上旬防治介壳虫可用灭蚜威乳油1 000~2 000倍液喷洒处理。防治白粉虱,用20%氰戊菊酯乳油2 000倍液或10%吡虫啉可湿性粉剂2 000倍液对树冠喷雾,防效很好。防治蛀干害虫如天牛幼虫、吉丁虫等,可用吡虫啉200~400倍液或敌百虫100~200倍液喷洒,以喷至树干流液为止;成虫出现时,用80%敌敌畏1 000倍液喷雾;9月下旬在树干基部喷洒80%敌敌畏或氯氰菊酯900~1 000倍液毒杀成虫。

五、中华石楠的作用与价值

(1)观赏价值。中华石楠枝繁叶茂,枝条能自然发展成圆形树冠,漂亮美观。其叶片翠绿色,具光泽,早春幼枝嫩叶为紫红色,枝叶浓密,老叶经过秋季后部分出现赤红色,夏季密生白色花朵,秋后鲜红果实缀满枝头,鲜艳夺目,是一个观赏价值极高的树种,作为庭荫树或进行绿篱栽植效果更佳,获得赏心悦目的观赏效果。可用作景区、公园植物景观配植,亦可开发作为盆景材料。

(2)用材价值。中华石楠木材坚硬,可作小型家具、农具、伞柄、秤杆、算盘珠等用材。

18　吴茱萸

吴茱萸,学名:Tetradium ruticarpum (A. Jussieu) T. G. Hartley,芸香科吴茱萸属,又名吴萸、茶辣、漆辣子、臭辣子树等,小乔木或灌木,是园林绿化美化树种,也是优良的药用蜜源。

一、形态特征

吴茱萸,树高3~8 m,奇数羽状复叶,对生。小叶5~11片,小叶薄至厚纸质、卵形、椭圆形或披针形,长6~18 cm,全缘或浅波浪状,小叶两面被长柔毛,油点大且多。花序顶生,雄花序彼此疏离,雌花序密集或疏离。萼片及花瓣均5枚,雄花退化,雌蕊4~5深裂,子房及花柱下部被疏长毛。果密集或疏离,暗紫红色。种子近圆球形,褐黑色,有光泽。花期4~6月,果期8~10月。

二、生长习性

吴茱萸喜光、耐湿,对土壤要求不严。适生于海拔 100~1 000 m 的谷地、山地河岸疏林、灌丛或空旷地。吴茱萸生长多见于向阳坡地。吴茱萸喜阳光充足、温暖的气候环境。虽然也较为耐寒,但冬季严寒多风且干燥的地区则生长不良。在阴湿地带病害多、结果少,亦不适宜生长。除过于黏重而干燥的黄泥外,中性、微碱性或微酸性的土壤都能种植生长,尤以土层深厚、疏松肥沃、排水良好的壤土或沙质壤土为好。不耐涝,低洼积水的土地不宜生长。

三、主要分布

吴茱萸主要分布于河南、秦岭以南各地,但海南未见有自然分布,曾引进栽培,均生长不良。各地有少量或大量栽种。尤其是秦岭以南及伏牛山以东地域均有分布,多地区有人工栽培。河南省舞钢市南部长岭头、官平院、灯台架、秤锤沟等丘陵、山地有野生分布,多散生于河谷、山脚林缘、空旷、光照良好之地。

四、种苗繁育与管理技术

(一)种子繁育技术

1. 苗圃地选择

苗圃地选择在土质肥沃、疏松、排水良好的土地,12 月拖拉机旋耕土地,深翻暴晒几天后,再碎土耙平备用。

2. 种子播种

一是选择优良、无病虫害的种子;二是整地做畦,做成宽 1~1.3 m 的畦,畦面按 15~18 cm 的行距开沟,作苗床用。播种时间,在春季 3 月至 4 月初或秋季 11~12 月间。按株行距 2.5~3 m 开穴。穴宽 0.5~0.7 m,深约 0.5 m。穴内施腐熟人粪尿和土杂肥,并加入少量磷钾肥。春季播种 20~30 天苗木出芽,冬季第二年 3 月出芽;随后浇水保湿保护,9~10 月苗木生长高 60~80 cm,第二年就可移栽。

(二)造林绿化技术

1. 选择健壮苗木造林

人工定植苗木,每穴定植 1 苗,栽后覆土到穴深一半时,将苗缓缓向上提一下,使苗根理直舒展,而后覆土踏实浇水。

2. 肥水管理

苗木成活前,必须及时浇水,保持土壤湿润。成活后,一般不需浇水,但要及时中耕除草,合理施肥。3 月早春芽萌发前,施一次人粪尿,数量视植株大小而定。2~3 年生的小树,每株用肥 5 kg 左右;10 年以上的大树,每株 10~15 kg。开花前再施肥 1 次,每株施土杂肥 10~40 kg,以促进多孕花。开花后增施一次磷钾肥,每株施过磷酸钙 1~2 kg,再撒草木灰 1.5~2.5 kg,有利于果实增大饱满,并可减少落果,提高产量。

3. 修剪整枝

11~12 月,冬季落叶后到第二年 3 月发芽前,进行适当修剪。幼树在离地 1~1.3 m

高处,剪去顶心,促使分枝。老树适当剪去过密或重叠枝条,保留健壮、芽苞肥大的枝条。同时剪去有病虫害的枝条,并将病枝集中烧毁。

(三)主要病虫害的发生与防治

1. 主要病害的发生与防治

吴茱萸主要病害是锈病。锈病是一种由担子菌引起的叶部病害。5~7月发生为害,逐步严重。发病初期,叶片上出现黄绿色小点,逐渐变成橙黄色微突起的病斑,担子菌大量繁殖后,病斑不断增多,以致叶片枯死。可剪除病枝、病叶,集中烧毁;发病初期,用0.3波美度的石硫合剂或97%敌锈钠原粉400~500倍液或25%粉锈宁可湿性粉剂1 500~2 000倍液喷雾,每隔7~10天喷1次,连喷2~3次。

2. 主要虫害的发生与防治

吴茱萸主要虫害是褐天牛。褐天牛,又名蛀干虫,属鞘翅目天牛科。7~10月为害严重。幼虫常从离树干基部30~100 cm处钻蛀树干,咬食木质部,蛀空树干,导致植株枯死。可在树干下部100 cm内用石灰刷白,减少或防止成虫在上面产卵;5~7月成虫盛发期,进行人工捕杀,并用小刀在产卵裂口刮除卵粒及初孵幼虫;幼虫蛀入木质部后,用钢丝经蛀孔钩杀幼虫,或用棉球浸上80%敌敌畏原液塞入蛀孔,并用泥土封住孔口,毒杀害虫;也可用其天敌天牛肿腿蜂进行生物防治。

五、吴茱萸的作用与价值

(1)观赏价值。吴茱萸树干光滑,树冠紧凑,叶片墨绿,花开树梢,美观大方。吴茱萸是园林绿化美化树种,用于公园、城镇广场、城乡建设栽培点缀,能够起到意想不到的观赏效果。

(2)蜜源作用。吴茱萸花繁茂,蜜多,是优良的药用蜜源。

(3)药用价值。吴茱萸嫩果经炮制即是传统中药吴茱萸,为苦味健胃剂和镇痛剂,其性热、味苦辛,具温中、止痛、理气、燥湿功效,用于治疗肝胃虚寒、厥阴头痛、脏寒吐泻、脘腹胀痛、经行腹痛、五更泄泻、高血压症、脚气、疝气、口疮溃疡、齿痛、湿疹、黄水疮,又作驱蛔虫药。

19　白背叶

白背叶,学名:Mallotus apelta(Lour.)Muell.-Arg,大戟科野桐属,又名酒药子树、野桐、白背桐、吊粟、白鹤草、叶下白、白背木、白背娘、白朴树、白帽顶等,落叶灌木或小乔木,是园林景观优良野生树种。

一、形态特征

白背叶,树高2~3 m。小枝、叶柄、花序均密被淡黄色星状柔毛,散生橙黄色颗粒状腺体。单叶互生,卵形或心形,顶端急尖或渐尖,基部截平或稍心形,边缘具疏齿,叶面黄绿色,叶背具灰白色星状茸毛,基出脉5条,侧脉6~7对。雌雄异株,雄花序为圆锥花序或穗状,长15~30 cm。多朵簇生于苞腋,花蕾卵形或球形。蒴果近球形,密生被灰白色星状毛的软刺,种子近球形,褐色或黑色,具皱纹。花期6~9月,果期8~11月。

二、生长习性

白背叶喜光亦耐阴,耐湿润,喜深厚疏松土壤。喜生于海拔150~1 000 m的山脚、山谷林下或灌丛中,是荒地的造林树种。茎皮可供编织;种子含油率达36%,含a-粗糠柴酸,可供制油漆,是合成大环香料、杀菌剂、润滑剂等的原料。

三、主要分布

白背叶主要分布于云南、广西、湖南、江西、福建、广东、海南、湖北、安徽、江苏、河南等地,野生分布。河南省舞钢市南部山区的长岭头、大河扒、老虎爬、灯台架、秤锤沟、人头山、瓦房沟、蚂蚁山等地有野生分布,海拔200~400 m的山坡、谷地均有野生。多生于林下或灌丛。

四、种苗繁育与管理技术

白背叶,树形灌状,叶片似楸,色泛黄绿,花、果序似毛绒,形如穗、棒,垂于枝头。其形态奇异少见,可观赏性强。目前,选其作园林景观树的稀少。若能科学选作景园景观树,乔灌搭配、丛植林缘、路边;或作城镇园林小品点缀,定能丰富春观叶、夏观花、秋观果的观赏效应。当前,白背叶的繁育、造林绿化、园林美化研究工作被林业科技人员重视。

五、白背叶的作用与价值

(1)观赏价值。白背叶树形灌状,叶片似楸,色泛黄绿,花、果序似毛绒,形如穗、棒,垂于枝头。其形态奇异少见,具有良好的观赏价值。在园林景观中应用,可选作景园景观树,乔灌搭配,丛植林缘、路边,或作城镇园林小品点缀。具有春观叶、夏观花、秋观果的理想观赏价值。

(2)药用价值。白背叶根、叶可入药,根具有柔肝活血、健脾化湿、收敛固脱之功效,可用于治疗慢性肝炎、肝脾肿大、子宫脱垂、脱肛、白带、妊娠水肿。叶用于治疗中耳炎、疖肿、跌打损伤、外伤出血。

20 黄栌

黄栌,学名:Cotinus coggygria Scop.,漆树科黄栌属,又名红叶、红叶树、红栌木、红叶黄栌、黄道栌、黄溜子、黄龙头、黄栌材、黄栌柴、黄栌会等,落叶乔木或小灌木,既是中国北方著名的观叶树种,又是河南省山区野生优良乡土树种。

一、形态特征

黄栌,平均树高7~10 m。木材坚硬,黄色,树冠圆球形。树皮暗灰褐色,嫩枝紫褐色,有蜡粉;叶倒卵形,先端圆或微凹,无毛或仅下面脉上有短柔毛,叶柄细长;花黄绿色;果序长5~20 cm,许多不孕花的花梗伸长成粉红色羽毛状,果肾形。花期4~5月,果实成熟期

6~7月。

二、生长习性

黄栌喜光,耐阴、耐寒、耐旱,对土壤要求不严,耐瘠薄;不耐水湿及黏土。对二氧化硫有较强的抗性,滞尘能力强。萌蘖性强,耐修剪,根系发达,生长快。秋季温度降至 5 ℃,日温差在 10 ℃以上时,4~5 天叶可转红。在平原地区,因温差不够,秋叶难以转红变艳。

三、主要分布

黄栌主要分布于河南、山东、北京、山西、陕西、甘肃、四川、云南、河北、湖北、湖南、浙江等地。中原地区主要分布于平顶山、南阳、驻马店、信阳等地,种植或野生生长,河南省舞钢市南部灯台架、长岭头、官平院、秤锤沟、瓦房沟、支鼓山、五座窑等山区海拔 200~800 m 的沟谷、坡地、山脊均有分布。山脊、山坡灌丛或草丛多有片状野生,阔叶林下有散生。国有石漫滩林场四林区灯台架西坡 1 株,树高 5 m,胸径达 28 cm。

四、种苗繁育与管理技术

(一)引种繁育苗木技术

1. 苗圃地选择

要选择地势较高、土壤肥沃、土层深厚、水肥条件好,灌溉、排水方便的沙壤土为育苗地。土壤黏度较大时,可结合整地加入适量细沙或蛭石进行土壤改良,切忌选择土壤黏重、内涝地块。

2. 苗圃地整地

整地时间以 3 月上中旬为宜。整地时施足基肥,每亩施腐熟有机肥 3 000~4 000 kg,并施 30~50 kg 复合肥,深翻耙细,拣去草根、杂物等。

3. 种子采收

6~7 月,果实成熟后,选择结果早、无病虫害、健壮、5~10 年生品质优良的健壮母树,即 6 月下旬至 7 月上旬果实成熟变为黄褐色时,及时采收,否则遇风容易将种子全部吹落。将种子采集后风干,去杂,过筛,精选,晾干,存放到干燥阴凉处备用,并防止虫害、鼠害。种子经湿沙储藏 40~60 天播种。

4. 种实处理

黄栌果皮有坚实的栅栏细胞层,阻碍水分的渗透,因此必须在播种前先进行种子处理。一般于 1 月上旬先将种子风选或水选除去秕种,然后加入清水,用手揉搓几分钟,洗去种皮上的黏着物,滤净水,重换清水并加入适量的高锰酸钾或多菌灵,浸泡 2~3 天,捞出掺 2 倍的细沙,混匀后储藏于背阴处,令其自然结冰进行低温处理。2 月中旬选背风向阳、地势高燥处挖深 40~45 cm,长宽 60~80 cm 的催芽坑,然后将种沙混合物移入坑内,上覆 10~14 cm 的细沙,中间插草束通气,坑的四周挖排水沟,以防积水。在催芽过程中,应注意经常翻倒,并保持一定的湿度,使种子接受外界条件均匀一致,发芽势整齐,同时防止种子腐烂。3 月下旬至 4 月上旬种子吸水膨胀,开始萌芽,待有 25%~30% 种子露白即可播种。

5. 大田播种

黄栌播种时间以 3 月下旬至 4 月上旬为宜。育苗做低床为主,为了便于采光,采取南北行向做床,苗床宽 1.2~1.5 m,长视地形条件而定,床面低于步道 10~20 m,播前 3~4 天用福尔马林或多菌灵进行土壤消毒,灌足底水。待水落干后按行距 33~35 cm 拉线开沟,将种沙混合物稀疏撒播,每亩用种量 6~7 kg。下种后覆土 1.5~2 cm,轻轻镇压、整平后覆盖地膜。同时在苗床四周开排水沟,以利秋季排水。注意种子发芽前不要灌水。一般播后 14~20 天苗木出芽出齐。

6. 浇水施肥

黄栌苗木新苗出土后,在苗木生长期浇水要足,在幼苗出土后 20 天以内严格控制浇水,在不致产生旱害的情况下尽量减少浇水,10~15 天浇水一次;7~9 月,雨水多的季节做好排水,以防积水导致苗木根系腐烂。6~8 月苗木进入快速生长期,当苗木肥力不足时,结合浇水每亩施入 10~15 kg 复合肥。

(二)主要病虫害的发生与防治

1. 主要虫害的发生与防治

(1)主要虫害的发生。黄栌主要虫害有红蜘蛛、蚜虫。红蜘蛛、蚜虫在苗木生长期,是全年发生的虫害,主要危害叶片,受害严重时,将会影响苗木的生长,或导致大部分幼苗死亡。

(2)主要虫害的防治。5~6 月,在红蜘蛛发生危害初期,可喷清水冲洗或喷 0.1~0.3 波美度石硫合剂清洗,或喷洒 20% 三氯杀螨醇乳油 800 倍液或 73% 克螨特乳油 2 000 倍液等杀螨剂。在蚜虫危害期,喷药灭蚜威 1 000~1 200 倍液防治。喷药时一定抓住初发期,喷洒要均匀。每隔 10~15 天喷布 1 次,连续喷药 2~3 次即可控制。

2. 主要病害的发生与防治

(1)白粉病的发生。黄栌主要病害是白粉病。4 月下旬至 9 月发生危害,初期叶片出现针头状白色粉点,逐渐扩大成污白色圆形斑,病斑周围呈放射状,至后期病斑连成片,严重时整叶布满厚厚一层白粉,全树大多数叶片为白粉覆盖。白粉病由下而上发生。植株密度大、通风不良发病重,通风透光地方的树发病轻。受白粉病危害,可导致叶片干枯或提早脱落;有的被白粉病覆盖后影响光合作用,致使叶色不正,不但使树势生长衰弱,而且导致秋季红叶不红,变为灰黄色或污白色,严重影响红叶的观赏效果。

(2)白粉病的防治。3 月下旬至 4 月中旬,在地面上撒硫黄粉,黄栌发芽前在树冠上喷洒 3 波美度石硫合剂。5~9 月,在发病初期喷洒 20% 粉锈宁 800~1 000 倍液 1 次,或喷洒 70% 甲基托布津 1 000~1 500 倍液,每隔 9~10 天喷布 1 次,连续 2~3 次即可。

五、黄栌的作用与价值

(1)景观作用。黄栌叶片秋季变红,鲜艳夺目,著名的北京香山红叶就是该树种,在园林绿化风景区、公园、庭园中,可作为片林或景点绿化树种;在山地、水库周围可以营造风景林或荒山造林。黄栌是中国重要的观赏红叶树种。

(2)化工作用。野生黄栌是利用价值较大的资源型植物。其木材黄色,可提取黄色的工业染料,树皮和叶片还可提制栲胶,在化工方面已有将其作为鞣化剂的应用,叶片含有芳香油,可做调香原料,开发为新的天然食用色素。

（3）造林作用。黄栌在园林中适宜丛植于草坪、土丘或山坡,亦可混植于其他树群尤其是常绿树群中。黄栌也是良好的造林树种,是营建水土保持林、生态景观林的首选树种。也常有以其野生根桩栽培、整修,制成自然式盆景。

（4）用材价值。黄栌木材坚硬,黄色,是制作家具或用于雕刻的原料。

21　盐肤木

盐肤木,学名:Rhus chinensis Mill.,漆树科盐肤木属,又名肤拉头,落叶小乔木或灌木,是造林绿化、观赏、保持水土、药用等优良野生树种。

一、形态特征

盐肤木,树高 2~8 m。小枝棕褐色,被锈色柔毛,具圆形小皮孔。奇数羽状复叶,有小叶 3~6 对,纸质,边缘具粗钝锯齿,背面密被灰褐色毛,叶轴具宽的叶状翅,密被锈色柔毛。小叶椭圆状卵形或长圆形,长 6~12 cm,宽 3~7 cm,先端急尖,基部圆形,叶面暗绿色,叶背粉绿色,叶面沿中脉疏被柔毛,叶背被锈色柔毛。圆锥花序宽大,多分枝,雌雄同株。雄花序长 30~40 cm,密被锈色柔毛,花乳白色。花萼外面被微柔毛,裂片长卵形,边缘具细睫毛,花瓣倒卵状长圆形,雌花花萼裂片较短,外面被微柔毛,花瓣椭圆状卵形。子房卵形,长约 1 mm,密被白色微柔毛,花柱 3,柱头头状。核果扁球形,径 4~5 mm,成熟时红色。花期 6~8 月,果期 9~10 月。

二、生长习性

盐肤木喜光、喜温暖、耐寒、耐湿润,适应性强,对土壤要求不严。在海拔 150~2 000 m,酸性、中性、碱性土壤或干旱瘠薄之地,阳坡、沟谷、溪边疏林或灌丛均有分布。根系发达,萌蘖力强,生长快。

三、主要分布

盐肤木主要分布于云南、四川、贵州、广西、广东、江西、湖南、河南等地,生于海拔 280~2 800 m 的山坡、沟谷的疏林或灌丛中。东北、内蒙古和新疆有生长分布。河南省舞钢市境内杨庄乡瓦房沟、五座窑、火烧寺等地,海拔 500 m 以下的丘陵、山脚、谷地、河边有野生。空旷坡地多有片状萌生,林下或疏木多散生。

四、种苗繁育与管理技术

(一)引种繁育苗木技术

1. 种子采收

人工采收,10 月种子成熟即可采收,采收的种子去除杂物,晾干备用。

2. 种子播种

播种方法,9~10 月秋播或 3 月春播。秋播可采收后随采随播。有条件的地方采用人工植苗造林。苗圃地选择土壤肥沃、浇水方便的地方,做苗床打畦。

3. 种子处理

播种时间,春季3月中旬至4月上旬。播种前用40~50 ℃温水加入草木灰调成糊状,搓洗盐肤木种子。用清水掺入10%浓度的石灰水搅拌均匀,将种子放入浸泡3~5天后摊放在簸箕上,盖上草帘,每天淋水一次,待种子"露白"后,方可播种。播种量为每亩11~13 kg。

4. 播种方法

将种子均匀撒在苗床上,然后用细沙覆盖种子,其厚度以不见种子为宜。再用稻草或松针、谷壳盖上,然后喷洒清粪水,至湿透苗床为止。幼苗出土前要经常浇水,使苗床保持湿润,在幼苗大量出土后,应在阴天或少雨天揭去覆盖物炼苗。苗期要加强田间管理,以保苗木健壮。

(二)造林绿化技术

1. 造林地选择

盐肤木对土壤、水分、气候等条件要求不高,是荒山绿化的主要树种。选地造林时可选择海拔50 m以上、1 000 m以下的山地。以花岗岩、板岩、页岩发育的山地黄壤、黄棕壤均可。土层深厚、肥沃地生长良好。

2. 造林地整地

盐肤木造林地用拖拉机整地,人工采用带状、全垦、大穴整地。带状整地,可以得到较多的自然光照,提高土壤温度,降低湿度。穴垦整地穴规格(长×宽×高)为60 cm × 60 cm × 60 cm。有条件的地方先施基肥,每穴放入0.25 kg的过磷酸钙或等量的复合钾肥,与土壤拌匀,准备造林。

3. 造林栽植苗木

盐肤木造林株行距为1.5 m × 1.5 m或1.5 m × 2 m或2 m × 2 m。种植后浇水,封土高出地面20~30 cm,保湿保墒,防止春季大风吹倒、吹歪,影响成活率。

4. 苗木修剪整形

盐肤木一般不要修枝,采用自然整枝,个别单株分叉太多,可剪除分枝,保留一根主干就可以了,或根据不同的经营目的采用不同的经营方式。

5. 施肥管理

盐肤木对肥料没有特殊要求。有条件的地方早期可采取间种绿肥,结合抚育,将绿肥翻埋地下;或者在抚育时每亩施化肥50~60 kg。盐肤木初期生长缓慢,中期生长迅速,年高生长量可达25~30 cm。盐肤木林地土壤有黄壤、黄棕壤。土层肥厚,杂草、灌木生长迅速,而盐肤木生长缓慢,造林后要连续抚育5年以上。前3年每年抚育2次,以后每年1次,锄抚1~2次,抚育时间应在植被生长旺盛以前的月份进行,植树带上的杂草、灌木全部清除,保留带上的箭竹灌木也要拦腰斩断。海拔高、植被稀少的迹地,可进行弱度抚育,抚育次数和年限可以减少、缩短。

(三)主要病虫害的发生与防治

(1)盐肤木主要病害是白粉病、叶斑病。一是白粉病。4~5月春季或9~10月秋季,低温多雨时易发,主要为害叶片。防治方法:清洁田园,清除病残株;发病时用1:1:120波尔多液或50%可湿性甲基托布津1 000倍液喷施。二是叶斑病。6~8月夏季发生,主要为害叶片。防治方法:用5波美度石硫合剂或多菌灵600~700倍液喷布即可。

(2)盐肤木主要虫害是银纹夜蛾。6~7月发生,危害叶片,当幼虫咬食叶片时防治。防治方法:一是人工捕杀成虫或用诱杀灯诱杀成虫,成虫有趋光性,5~7月每亩林地挂诱杀灯1~2台即可;二是用90%敌百虫800倍液喷雾。

五、盐肤木的作用与价值

(1)观赏价值。盐肤木枝冠开张,羽叶壮阔,花开枝梢,秋色红叶,用于森林公园、风景区景观树点缀美化,观叶、观花、观果兼融,美不胜收,具有良好的观赏作用。

(2)经济价值。盐肤木可作经济树种造林。皮部、种子可榨油;花开盛夏,蜜粉丰富,为优质蜜源植物;亦是常用中药五倍子培育寄主树种。其嫩茎叶营养丰富,民间常采其叶作养猪饲料。

(3)药用价值。盐肤木幼枝、叶可作土农药等。全树可入药,有清热解毒、舒筋活络、散瘀止血、涩肠止泻之效。

(4)造林绿化作用。盐肤木适应性强,生长快,耐干旱、瘠薄,根蘖力强,是重要的造林及园林绿化树种。如在有机茶园的周围栽植割青铺园,可以解决茶园的施肥问题,又有利于水土保持。其花是初秋的优质蜜粉源。

22 肉花卫矛

肉花卫矛,学名:Euonymus carnosus Hemsl.,卫矛科卫矛属,半常绿灌木或小乔木,其树姿优美,秋季叶、果泛红,果实下垂,观赏性佳,可用于风景区、公园景观点缀,城乡广场、街区小品美化,孤植、群植于草坪、庭院、湖岸、河边,是极好的防护林优良树种。

一、形态特征

肉花卫矛,树高3~8 m。单叶对生,近革质,长圆状椭圆形,长5~10 cm、宽3~6 cm。聚伞花序有花5~15朵,花黄绿色,花瓣圆形,表面有窝状皱纹或光滑。蒴果近球形,有4条翅状棱,初黄色,成熟时红色。种子数颗,亮黑色,假种皮红色。花期5~6月,果期8~10月。

二、生长习性

肉花卫矛喜温暖湿润气候,耐半阴、耐寒,不耐积水,耐盐碱。适宜海拔200~1 000 m,碱性、中性及微酸性土壤,在谷地、山脚林缘、疏林或灌丛有野生生长。对土壤要求不严,适应性强。

三、主要分布

肉花卫矛主要分布于辽宁、河北、河南、山东、甘肃、安徽、江苏、浙江、福建、江西、湖北、四川等地。河南省舞钢市南部山地瓦庙沟、秤锤沟、大河扒、葡萄架、官平院、九头崖、人头山等山区有灌木状零星野生。

四、种苗繁育与管理技术

(一)引种繁育苗木技术

1. 种子采收

肉花卫矛 11 月上旬进入果熟期,选择优良健壮母树上的种子采收,当果皮开裂前采收,不然种子容易散失。采收后,经过日晒待蒴果开裂放在通风干燥处晒干,种子量少可用手搓,然后用簸箕或筛子除去果壳等杂质。种子处理干净后即冬藏,采用干藏效果好,即将种子完全晾干后装在密封的容器内放入地下室储藏。

2. 苗圃地选择

苗圃地应选择地势平缓、土质疏松、透水性好、不易积水且有灌溉条件的沙壤土,要求土壤有机质含量较高。土壤酸碱性适中,pH 值在 6.5~7.5。

3. 种子处理

采集后的种子进行干藏,11 月采收,放置到第二年 1 月下旬取出种子,人工进行催芽。先用 28~30 ℃温水浸泡 20~24 小时,捞出后拌入 2~3 倍的湿沙,堆置背阴处沙藏,上盖湿润草帘防干,并经常洒水保持一定的湿度。3 月中旬土地解冻后将种子移至背风向阳处,并适当补充水分催芽。为防止种子发霉,应经常翻倒。4 月初待 50%的种子露白时即可播种。

4. 种子播种

肉花卫矛播种前,清理圃内杂物,做到地平、土碎、肥均,做床整畦。播种采用条播,苗床的规格(长×宽×高)为 100 cm × 120 cm × 60 cm,床间距为 25~30 cm。先将腐熟饼肥铺于床面,厚度为 5~6 cm,施肥量每亩施入 300~350 kg;同时施入森得保粉剂每亩 15~20 kg,黑矾8~9 kg,以防新生苗木病虫害。播种前 5~7 天做床灌水,播种方法采用苗床开沟条播,行距25~30 cm,沟深 2~3 cm,播种量每亩 4.5~5 kg,播完种子将土耧平盖住种子,覆土厚 1~1.5cm,然后铺一层稻草,稻草的厚度以看不见床面为宜,铺完稻草立即浇透水。

(二)造林绿化技术

1. 造林苗木选择

选择健壮苗木,3~4 月可以移植造林,及时移苗扩大株行距,促进苗木快速生长,可按株距 80 cm、行距 100~110 cm 栽植。生长期,要注意修剪疏除下部萌生的侧枝、萌蘖,并要及时摘心,控其生长,促主干生长。

2. 苗木生长期管理

肉花卫矛定植时每株施 2~3 kg 农家肥或堆肥作基肥,生长期一般不需再追施化肥,可每年入冬时施 1 次腐熟有机肥作基肥。从 3 月春季萌动至 5 月可灌水 2~3 次,夏季天旱时可酌情浇水,入冬前灌 1 次封冻水。9~10 月秋季落叶后可适当疏剪,疏去一些过密枝、病枯枝、徒长枝,使枝条分布均匀,生长健壮。

五、肉花卫矛的作用与价值

(1)防护林作用。肉花卫矛树姿优美,秋季叶、果泛红,果实下垂,观赏性佳,是风景区、森林公园、城乡小区、城镇广场、街区、庭院、湖岸、河边的最佳防护林优良树种。

（2）造林作用。肉花卫矛适应性强，生长快，是孤植、群植、草坪绿化、庭院、林缘等造林优良树种。

23　栓翅卫矛

栓翅卫矛，学名：Euonymus phellomanus Loes.，卫矛科卫矛属植物，又名鬼见愁等，半常绿灌木，为观叶、观花、观果、观枝四季景观树种。

一、形态特征

栓翅卫矛，树高 1~3 m。枝条硬直，具 4 列纵栓翅。单叶对生，长椭圆形或椭圆倒披针形，长 5~8 cm，宽 3~5 cm，先端渐尖，边缘具细锯齿。聚伞花序，2~3 次分枝，花 7~15 朵，白绿色。雄蕊花柱头圆钝而小。蒴果 4 棱，倒圆心状，熟时红色。种子椭圆状，种皮棕色，假种皮橘红色。花期 6~7 月，果期 8~10 月。

二、生长习性

栓翅卫矛喜光、耐阴、耐瘠薄，适应性强，对土壤要求不严。适生于海拔 350 m 以上山地，中性、碱性、微酸性土壤，谷地、山坡灌丛或林中。同时，对温度极为敏感，可抗极端最高气温 36 ℃、极端最低气温−35 ℃。

三、主要分布

栓翅卫矛主要分布于甘肃、陕西、河南、宁夏、四川、湖北等地，野生分布。河南省舞钢市南部旁背山、九头崖、官平院等山地海拔 300 m 以上亦有分布，多生于山谷陡坡、裸岩，林下或灌丛内。

四、种苗繁育与管理技术

（一）引种繁育苗木技术

1. 种子播种

播种时间为春季或秋季。一是秋播，秋季播种的种子不必处理，采种后即在 10 月下旬播种，采用条播，播幅 8~9 cm，行距 18~20 cm，沟深 3.5~4 cm，覆土厚度为 2~2.5 cm，播后及时浇水，保湿保墒。二是春播，春播将处理过的种子在 3 月至 4 月下旬开始播种（技术同秋播）。注意播种期，3~4 月春播播种期随气温而定，一般地表气温 10 ℃ 以上、5~6 cm 土层平均地温 8~10 ℃ 为宜。

2. 种子播种量

每亩播种量 10~11 kg。千粒重 27 g 左右，发芽率可达 65%~70%。播种方法采用条播法，播幅 3~5 cm，行距 10~15 cm，覆土厚度为 0.1~0.3 cm，用腐殖土覆盖，保湿保暖保墒。

（二）造林绿化技术

1. 苗木选择

栓翅卫矛属浅根性树种，选择根系发达、健壮，侧根及毛细根比较发达的苗木。起苗根幅根据苗木大小来决定,要求根幅达到 30 cm 或 35 cm 或 40 cm,并带土球。远距离运输时根系要用草袋、草绳包扎,防止根系失水,并防止土球在运输途中颠簸损坏。

2. 苗木栽植

造林栽植时间,3 月 20~30 日起苗栽植;带土球栽植一年四季均可以,但以春季或秋季两季栽植最好,成活率可达 100%。挖坑,坑长、宽、高均为 50 cm,要求坑的大小上下一致,有利于疏松土壤和苗根舒展,促进栽植成活和提高生长量。该树种对气温很敏感,发芽极早。

3. 整形修剪

6~8 月,夏剪为主,11~12 月冬剪为辅,冬剪和夏剪相结合;控制高生长,促进主枝加粗生长,促发侧枝生长,形成牢固的骨架,迅速扩大树冠,使树冠主、侧枝结构合理,通风透光;抑制营养生长,促进生殖生长,多开花结果,提高观赏价值。第二年再从每个枝头的顶芽长出 5~8 个不等的新枝。依次类推,枝条越长越多,而且冠幅形成明显的年生长层次。掌握了栓翅卫矛芽、枝、花的这些生长习性和特点,进行科学合理的修剪。树形,根据栓翅卫矛生长习性及修剪实践,选择自然圆头型树形。这种树形具有整形修剪简便、冠幅美观、观赏性强的特点。冬季修剪时间为 11~12 月,必须在 3 月 15 日前结束,但在有金龟子严重为害的地区,可推迟到 4 月中下旬修剪;夏季修剪时间为 4~7 月。

五、栓翅卫矛的作用与价值

(1)观赏价值。栓翅卫矛枝冠开张,枝具四棱栓翅,叶色深绿,花淡绿色,秋叶火红,果色艳丽,具有显著季相特征,实为观叶、观花、观果、观枝四季景观树种。

(2)绿化作用。栓翅卫矛是森林公园、景区及城市园林绿化、美化“四观”树种,尤其是广场、公园、机关、学校、部队、厂矿、居民区点缀或道路、草坪、墙垣、假山石旁配植的绿化树种。

(3)防护林作用。栓翅卫矛叶含卫矛碱,对二氧化硫有较强的抗性,有净化城市空气的功能,是工厂、矿区、城镇周边净化空气的良好造林防护林树种,有益于人民身体健康。

24　西南卫矛

西南卫矛,学名:Euonymus hamiltonianus Wall. ex Roxb.,卫矛科卫矛属植物,落叶灌木或小乔木,是一种优良的观枝、观叶、观果树种,也是美丽的冬景树种。

一、形态特征

西南卫矛,树高 2~5 m。小枝有时具小木栓棱,叶片大,较厚,近革质。卵状椭圆形、长方椭圆形,长 7~13 cm、宽 7~8 cm。蒴果较大,直径 1~1.5 cm。花期 5~6 月,果期 9 月。

二、生长习性

西南卫矛喜光、稍耐阴,喜湿润,喜深厚疏松土壤。适生于海拔 300~2 000 m,中性、微碱、微酸性土壤,山脚、河谷林内、林缘或灌丛中。

三、主要分布

西南卫矛主要分布于甘肃、陕西、四川、湖南、湖北、江西、安徽、浙江、福建、广东、广西及河南等地。目前,多有人工栽培。河南省舞钢市国有石漫滩林场三林区瓦庙沟、对眼沟、秤锤沟,四林区老虎爬沟、大河扒有零星分布。野生于山地河谷林缘、疏林中。

四、种苗繁育与管理技术

(一)采种与种子处理

种子选择,选择20~30年生以上、光照充足、无病虫害的结果树为采种母树。当果实有部分开裂露出粉红色假种皮时,表明种子已充分成熟,应及时采种。可将种子置于水中浸沤48~72小时,或直接放入草木灰水中搓揉,去除假种皮,置阴凉通风处晾干,直播或室外挖坑混沙沙藏过冬。

(二)苗圃地整地

选择深厚、肥沃、排水良好、有充足水源的地块作苗圃地。冬前要深耕不耙,开春顶凌旋耕细耙,施足基肥。做成高床,床面宽50~60 cm,床高20~25 cm,床沟25~30 cm,床面土壤细碎,整平,每亩用20~30 kg硫酸亚铁均匀撒于床面对土壤消毒。

(三)种子播种

采用条播,行距20~25 cm,一垄双行,开沟深1.5~2 cm,播后覆1~1.5 cm细土,然后盖草或覆地膜。出苗前经常保持床面土壤湿润。还可以采用早春2月在日光温室内平畦育苗,至4~5月苗木高达10~15 cm时,移入大田进行培养,效果也很好。该方法幼苗期集中管理,省时省工,幼苗移植成活率高,返苗快,大田圃地苗密度均匀、生长一致,苗木质量好、规格高,值得推广。

(四)新生苗木管护

种子播种后25~30天,苗木开始发芽出土。基本出齐苗时,可逐渐揭去盖草或地膜。西南卫矛抗性较强,山区野生林分或人工栽培植株至今未发现什么明显病虫害,故苗期管理主要是松土除草和浇水施肥,只要水肥跟上,可连续生长,直到9月底10月初高生长仍不停止。1年生苗在6月中旬至8月中旬应搭遮阳棚遮阴,透光率50%左右即可,9月下旬,立秋前后应及时拆除遮阳棚,随后加强浇水、施肥管理,促进苗木快速生长。

五、西南卫矛的作用与价值

(1)观赏价值。西南卫矛树姿优美,枝叶茂密,叶片硕大,叶色浓绿光亮,红色蒴果挂满枝头,绿叶红果,妙趣横生,为优良观叶、观果、观枝树种和美丽的冬季景观树种。

(2)绿化作用。西南卫矛可选作景区、公园观赏树配植,城镇绿化、美化景观点缀,姿色宜人,据其姿态,近年多有作为树桩盆景栽培树种。

(3)用材价值。西南卫矛木材色黄白,材质细腻,是加工细工雕刻工艺品的树种。

25　茶条槭

茶条槭,学名:Acer ginnala Maxim. subsp. ginnala,槭树科槭属植物,落叶灌木或小乔木,为北方优良观赏绿化树种,亦是营造水土保持林、河道护岸林的造林绿化树种。

一、形态特征

茶条槭,树高 3~6 m。树皮粗糙,微纵裂,灰色。小枝细瘦,无毛,当年生枝绿色或紫绿色,多年生枝黄褐色。单叶对生,叶纸质,叶片长圆卵形或长圆椭圆形,长 6~10 cm、宽 4~6 cm。伞房花序,长 6 cm,具多花;花杂性,雌雄同株;萼片 5,卵形,黄绿色;花瓣 5,长圆卵形,白色;雄蕊 8,子房密被长柔毛。果实黄绿色或黄褐色,翅果长 2.5~3 cm,翅宽 0.8 cm,中段较宽,近于直立或呈锐角。花期 5 月,果期 8~10 月。

二、生长习性

茶条槭属阳性树种,喜光、稍耐旱、耐阴,对土壤 pH 值要求不严,根系发达,喜疏松土壤。生于海拔 200~800 m,耐寒,喜湿润土壤,耐瘠薄,抗性强,适应性广。常生长于海拔 800 m 以下的河岸、向阳山坡、湿草地,散生或形成丛林,在半阳坡或半阴坡杂木林缘也有分布。

三、主要分布

茶条槭主要分布于黑龙江、吉林、辽宁、内蒙古、河北、山西、河南、陕西、甘肃等地。河南省舞钢市南部九头崖、秤锤沟、长岭头、官平院、祥龙谷等山区 200~500 m 山脚、谷地有大量分布,多为灌木状与灌丛混生,林下少见分布。

四、种苗繁育与管理技术

(一)引种繁育苗木技术

1. 种子采收

茶条槭果熟期为 9~10 月,翅果成熟后不凋落,采种时选择黄褐色成熟果实,人工采集后,搓去果翅,去除杂质即为种子。种子呈长条形,收集的种子装袋后放入种子窖低温储藏。

2. 种子催芽

茶条槭种子具有深休眠特性,种子不经处理直接浸种,萌芽率不会超过 30%,所以种子的催芽处理对播种育苗尤为关键。播种前 30 天,将低温储藏的种子取出后,用 1% 浓度的过氧化氢浸泡 48 小时后,冷水浸泡 72 小时或 96 小时,均匀混入 3 倍体积的细沙,保持温度 5~10 ℃,湿度 60%~70%,18~20 天后,1/3 种子开裂即可播种。

3. 种子播种

茶条槭喜湿润,应选择离水源较近或浇水方便的地块,以土壤肥沃、排水性好的沙壤土为最佳。春季播种,播种地应提前秋季深翻,播种前做宽 0.5~0.8 m,长度适宜的苗床,结合整地施入基肥,每平方米施腐熟农家肥 10~15 kg。耙细表层土壤后,喷施 0.5% 的高锰酸钾溶液进行土壤消毒,浇透水后即可播种。

4. 新生苗木保护

种子播种后,真叶出苗期,其间的管理是茶条槭播种育苗成功与否的关键。其间要注意观察,保证床面始终湿润,浇水时以床面稍见积水为宜。播种后 10 天左右种子萌芽出苗,此时要及时除去草帘,以免子叶扎入草帘后被带出。大部分子叶出土后,用代森锰锌 400~500 倍液均匀喷雾,可有效防止立枯病等病害的发生。长出真叶后即进入苗期,对水分的要求仍以保证床面始终湿润为宜。

(二)主要病虫害的发生与防治

茶条槭病虫害主要是红蜘蛛和叶斑病。红蜘蛛和叶斑病主要危害叶片。红蜘蛛和叶斑病发生危害时间为 6~7 月,在 6 月红蜘蛛虫害发生时,可将苗床均匀喷施敌克松和乐斯本 600 倍液进行防治。对叶斑病可在叶面喷施代森锰锌或多菌灵 400~500 倍液进行防治。

五、茶条槭的作用与价值

(1)观赏价值。茶条槭叶形美丽,幼果泛红,秋叶红艳,引人入胜,为北方优良观赏绿化树种。

(2)绿化作用。茶条槭可用于森林公园、景区乔灌结合,立体景观配植;城镇绿化宜孤植、列植、丛植,凸显其叶、花、果观赏点缀效果。

(3)防护林作用。茶条槭根系发达,是营造水土保持林、河道护岸林的造林树种,既有防护效能,又能美化环境。

(4)经济价值。茶条槭嫩叶可加工茶叶,具生津止渴、退热明目之功效。木材供薪炭及小件农具制作。树皮纤维可做纸浆、人造棉。其花为良好蜜源,种子可榨油。

26　薄叶鼠李

薄叶鼠李,学名:Rhamnus leptophylla Schneid.,鼠李科鼠李属,又名郊李子、白色木、白赤木、细叶鼠李、蜡子树等,灌木,为优良的用材树种和庭院绿化树种。

一、形态特征

薄叶鼠李,树高 2~4 m。小枝对生或近对生,有时小枝端具刺状,褐色或黄褐色,平滑无毛,有光泽。叶对生或近对生,纸质。倒卵形至倒卵状椭圆形,长 3~8 cm、宽 2~5 cm,顶端短突尖或锐尖,基部楔形,边缘具圆齿或钝锯齿,叶面深绿色,无毛或中脉被疏毛,背面浅绿色,脉腋有簇毛,侧脉每边 3~5 条,叶柄长 0.8~2 cm。雌雄异株,花单性,4 基数。雄花簇生于短枝端,雌花簇生枝端或下部叶腋,花柱 2 半裂。核果球形,直径 5~6 mm,分核 2~3,成熟时黑色。种子宽倒卵圆形。花期 4~5 月,果期 5~10 月。

二、生长习性

薄叶鼠李是中国特有种。适应性强,耐阴,稍耐旱,喜疏松土壤。适生于海拔 300~2 000 m,中性、微酸性及石灰岩风化土壤,山谷、山坡之灌丛、林内或林缘。

三、主要分布

薄叶鼠李主要分布于陕西、河南、山东、安徽、浙江、江西、福建、广东、广西、湖南、湖北、四川、云南、贵州等地。河南省舞钢市南部山区围子园、秤锤沟、九头崖、祥龙谷、官平院等山区有野生分布,海拔 200~400 m 的沟谷、山脚林下或疏林内,多为小灌木状野生。

四、种苗繁育与管理技术

薄叶鼠李主要采用扦插的快速繁殖技术,选择土壤肥沃的地方作苗圃地,做好苗床,选择健壮优良的种条,对种条材料进行处理,3~4 月扦插,生长期 5~9 月扦插后进行肥水管理等,选择河沙做基质,扦插生根率高。

五、薄叶鼠李的作用与价值

(1)药用价值。薄叶鼠李全部入药,有清热、解毒、活血、利水行气、消积通便、止咳等功效。

(2)造林绿化作用。薄叶鼠李适应性强,是荒山、小区、城乡绿化、风景区、行道树、路边、山谷、山坡等绿化树种。

27　猫乳

猫乳,学名:Rhamnella franguloides（Maxim.）Weberb.,鼠李科猫乳属,又名鼠矢枣、山黄、长叶绿柴、七里头,落叶灌木或小乔木,是森林公园植物景观搭配,植于景观石边、草坪角隅的绿化树种。

一、形态特征

猫乳,树高 2~8 m。幼枝绿色,被短柔毛或密柔毛。叶倒卵状矩圆形、矩圆形或长椭圆形,长 4~10 cm,宽 3~5 cm,顶端尾状渐尖或短渐尖,基部圆形,边缘具细锯齿,上面绿色,无毛,下面黄绿色,被柔毛或仅沿脉被柔毛,侧脉每边 5~11 条。叶柄长 2~6 mm,被密柔毛。聚伞花序,两性,多花腋生,花黄绿色。萼片三角状卵形,边缘被疏短毛。花瓣宽倒卵形,顶端微凹。核果圆柱形,长 7~9 mm,直径 3~5 mm,成熟时红色或橘红色。花期 5~7 月,果期 7~10 月。

二、生长习性

猫乳耐阴,喜湿润、中性、微酸性壤土。适生于海拔 350~1 000 m 的山坡、谷地疏林和林中。

三、主要分布

猫乳主要分布于河北、山西、陕西、山东、江苏、安徽、浙江、江西、河南、湖北、湖南等地。河南省舞钢市南部秤锤沟、祥龙谷、官平院、九头崖、灯台架等山地沟谷、山脚阔叶林下有散生野生。

四、种苗繁育与管理技术

猫乳是鼠李科的落叶灌木或乔木,花期为5~7月。喜欢在半阴的环境中生长,最好种植在土壤疏松、肥沃的位置,此外还要保持土壤的湿润。猫乳是一种半阴的树种,一般在养护时可以使用高大的乔木来遮阴。猫乳苗木繁育主要是种子繁殖,催芽后进行种植即可,随后加强肥水管理,促进苗木快长。

五、猫乳的作用与价值

(1)观赏价值。猫乳树势瘦小,叶、果精巧,用作森林公园植物景观搭配,植于景观石边、草坪绿化等,具有观赏价值。

(2)制作盆景。猫乳借其细叶红果之美,其根桩用于制作盆景,颇具品位、妙趣横生,具有美化环境的作用。

(3)药用价值。猫乳果实及根入药,味苦,性平。归经,归脾、肝、肾经。具有补脾益肾、疗疮之功效,用于治疗体质虚弱、劳伤乏力、疥疮。

28 牛奶子

牛奶子,学名:Elaeagnus umbellata Thunb. ,胡颓子科胡颓子属,又名剪子果、甜枣、麦粒子等,落叶直立灌木,可作山地公园、风景区稀有景观植物点缀,打造观叶、观花、赏果趣味景观。

一、形态特征

牛奶子,树高1~4 m,具刺。小枝开展,多分枝,幼枝密被银白色和少数黄褐色鳞片,老枝灰黑色。芽银白色、褐色或锈色。叶厚纸质,椭圆形至卵状椭圆形或倒卵状披针形,长3~8 cm,宽1~3.2 cm,顶端钝形或渐尖,基部圆形至楔形,边缘全缘或波状,叶背密被银白色和散生少数褐色鳞片,侧脉5~7对。花先叶开放,黄白色,芳香。密被银白色盾形鳞片,单生或成对生于幼叶腋。果实近球形或卵圆形,直径3~4 mm,长5~7 mm,幼时绿色,被银白色鳞片和腺点,成熟时红色。花期4~6月,果期7~8月。

二、生长习性

牛奶子喜光,稍耐庇荫,喜湿润、稍耐旱,喜疏松、深厚土壤。适生于海拔200~2 000 m,中性及微酸、微碱性土壤,山脚、谷地,疏林、林缘、灌丛中或荒坡。

三、主要分布

牛奶子主要分布于辽宁、湖北、湖南、陕西、甘肃、青海、宁夏等地。世界上许多大的植物园都有栽培。河南省舞钢市国有石漫滩林场南部秤锤沟、九头崖、灯台架、大河扒、老虎爬、官平院、祥龙谷等林区海拔300~500 m的谷地、山腰林下、林缘或灌丛中有零星分布。

四、种苗繁育与管理技术

牛奶子以其形色,培养根桩盆景,造就艺术精品,美观好看;牛奶子果实可食,味酸甜,具有很高的营养价值。富含糖类、有机酸、矿质营养、粗蛋白、粗脂肪、多种维生素、多种氨基酸、番茄红素及核黄素等营养物质。为天然饮料资源,开发利用果实酿酒、制作果汁饮料、果酱等。牛奶子苗木繁育与造林是林业生产、乡村振兴发展产业经济的新课题,研究繁育受到科技人员的关注,前景广阔。

五、牛奶子的作用与价值

(1)观赏价值。牛奶子树势一般,枝冠开张,花开芳香,叶奇果红,是山地公园、风景区稀有的景观植物点缀,打造观叶、观花、赏果趣味景观树种。以其形色,培养根桩盆景,造就艺术精品,更加具有观赏价值。

(2)食用价值。牛奶子果实可食,味酸甜,具有很高的营养价值。富含糖类、有机酸、矿质营养、粗蛋白、粗脂肪、多种维生素、多种氨基酸、番茄红素及核黄素等营养物质。为天然饮料资源,开发利用果实酿酒、制作果汁饮料、果酱等。发展产业经济,前景广阔。

(3)药用价值。牛奶子根、茎、叶、果均可入药,具有活血行气、止咳、止血、祛风等功效,主治肝炎、肺虚、跌打损伤、泻痢等。叶作土农药,可杀棉蚜虫等。

29　八角枫

八角枫,学名:Alangium chinense(Lour.)Harms,八角枫科八角枫属,又名白金条、白龙须、八角梧桐、割舌罗、野罗桐、花冠木、华瓜木、木八角等,落叶灌木或小乔木,是良好的观赏树种。又可作为交通干道两边的防护林树种。

一、形态特征

八角枫,小枝略呈"之"字形,幼枝紫绿色,无毛或有稀疏的疏柔毛。叶纸质,掌状单叶,近圆形或椭圆形,顶端短锐尖或钝尖,基部两侧常不对称,阔楔形、截形或近心形,长13~19 cm、宽9~15 cm,不分裂或3~7裂,基出脉3~5,呈掌状,侧脉3~5对。聚伞花序,腋生,被稀疏微柔毛,多花性。总花梗长1~2 cm,花冠圆筒形,花瓣6~8,初为白色,后变黄色。核果卵圆形,成熟时黑色,种子1颗。花期5~7月,果期8~9月。

二、生长习性

八角枫性喜光、稍耐阴,喜肥厚、疏松、湿润土壤,具一定耐寒性。适生于海拔200~1 500 m的丘陵、山地或疏林中。萌芽力强,根系发达,适应性强。

三、主要分布

八角枫主要分布于河南、陕西、甘肃、江苏、浙江、安徽、福建、台湾、江西、湖北、湖南、四川、贵州、云南、广东、广西和西藏南部。生于山地或疏林中。河南分布较广,河南省舞钢市南部长岭头、九头崖、旁背山、官平院、灯台架、老虎爬等山区有野生分布。

四、种苗繁育与管理技术

(一) 种子繁育苗木技术

种子播种,2~3 月播种,按行距 15~20 cm、株距 2~3 cm,采用开浅沟条播,用种量每亩 5~6 kg,播后覆土 2~5 cm 或用草木灰覆盖,15~20 天出苗,浇水保湿,搭建遮阳棚防晒;出苗后及时间苗,保持株距 5~6 cm。8~9 月,当苗高 80~90 cm 时,可出圃移栽,11~12 月冬季落叶后或 3~4 月春季萌发前起苗,带土定植,行株距保持在 2.5 m × 2 m 即可。

(二) 分株繁殖苗木技术

11~12 月冬季或 3~4 月春季,挖取老树的分蘖苗栽种。或先提前把 1 年生或 2 年生苗木的根挖伤或铲伤,促使多生幼苗,第二年 3~4 月,选高 60~90 cm 的幼苗,连根挖起栽种,移植大田,加强肥水管理,促进苗木快速生长。尤其是育苗移栽的,发芽时要揭去盖草,并经常注意浇水。苗出齐后,要除草、追肥 1 次。苗高 10~13 cm 时,要松土、追肥 1 次。11~12 月冬季落叶后,再中耕除草、追肥 1 次。移栽后的 2 年或 3 年中,每年要中耕除草 2~3 次;第一次在春季发叶前,第二次在 6 月,第三次在冬季落叶后。每次中耕除草后都要追肥,促进苗木健壮生长。

五、八角枫的作用与价值

(1) 观赏价值。八角枫株丛宽阔,根部发达,适宜山坡造林,对涵养水源、防止水土流失有良好作用。八角枫叶形好,花色美,花期长。宜于城镇小区点缀,或作庭院绿荫、观赏树种。

(2) 药用价值。八角枫根、茎、叶、花入药,根、茎为历史传统中药材,可除湿、舒筋活络、散瘀止痛,常用于治疗风湿痹痛、四肢麻木、跌打损伤。叶用于治疗跌打骨折、外伤出血。花用于治疗头风痛及胸腹胀满等。

(3) 绿化作用。八角枫是良好的观赏树种。根系发达,适应性强,可作为交通干道两边的防护林树种。

30　华山矾

华山矾,学名:Symplocos chinensis,山矾科山矾属,又名米糁、土黄柴、米碎花、糯米树、羊子屎等,落叶灌木或小乔木,宜作公园、景区春季观花植物景观配植,或城区广场草坪、游园空旷地及园林小品孤植点缀,亦为蜜源植物树种。

一、形态特征

华山矾,树高 2~4 m。嫩枝、叶柄、叶背均被灰黄色皱曲柔毛。叶纸质,椭圆形或倒卵形,长 4~7 cm、宽 3~5 cm,先端急尖或短尖,有时圆,基部楔形或圆形,边缘有细尖锯齿,叶面有短柔毛;侧脉每边 4~7 条。圆锥花序顶生或腋生,花萼长 2~3 cm。花冠白色,芳香。雄蕊多 10 数,呈放射状布满花冠,子房 2 室。核果卵状圆球形,熟时蓝黑色。花期

4~5 月,果期 8~9 月。

二、生长习性

华山矾喜光、稍耐阴、耐旱、耐瘠薄,喜中性、微酸性土壤。适生于海拔 300~1 000 m 的山区沟谷、山坡灌丛、荒野或阔叶林中。

三、主要分布

华山矾主要分布于安徽、河南、陕西、四川、贵州、云南、广西等地。河南省舞钢市南部山地瓦房沟、秤锤沟、人头山、九头崖等山区有野生分布。海拔 260 m 以上谷地、山坡、山脊灌丛、疏林或林下均有大量分布。

四、种苗繁育与管理技术

华山矾苗木繁育技术,主要采取种子繁殖,一般 3~4 月春季播种,在土壤肥沃、湿润的土壤上播种,采用条播,播种后 14~15 天即可出苗,随后加强肥水管理即可。另外,采用分根繁殖苗木也可以,即当 2~3 年生的老根尚未萌芽前,挖出全株,分成若干块,再行分根栽植大田,加强肥水管理、搭建遮阳棚防晒保护即可。

五、华山矾的作用与价值

(1)观赏价值。华山矾树形小巧,枝冠玲珑,花开洁白,致密似绒,美丽诱人,宜作公园、景区春季观花植物景观配植,或城区广场草坪、游园空旷地及园林小品孤植点缀,可发挥其画龙点睛的观赏效果。

(2)造林绿化作用。华山矾适应性强,生长快,枝繁叶茂,其花开稠密,是优良蜜源植物树种。

(3)药用价值。华山矾根、叶入药,根解表退热、解毒除烦,治感冒发热、心烦口渴、疟疾、腰腿痛、狂犬咬伤、毒蛇咬伤。叶外用治外伤出血。

31　野茉莉

野茉莉,学名:Styrax japonicus Sieb. et Zucc.,安息香科野茉莉属,又名灰驴腿植物,灌木或落叶小乔木,其树形优美,枝叶浓密,花形奇特,垂若欲滴,金钟倒挂。花开似桃、似梅、似梨、似茉莉,洁白如雪,芳香宜人;秋季球果垂挂,恰似珍珠,更加令人称奇。实为园林观赏优良树种。

一、形态特征

野茉莉,树高 4~8 m。树皮暗褐色或灰褐色,平滑。嫩枝稍扁,开始具柔毛,后脱变无毛,暗紫色。叶互生,纸质或近革质,椭圆形至卵状椭圆形,长 4~10 cm、宽 3~5 cm,顶端急尖或钝渐尖,基部楔形或宽楔形,边近全缘或仅上部具疏离锯齿,叶面脉疏被星状毛,背面主、侧脉接合处有白色长髯毛,侧脉每边 5~7 条,两面具明显隆起。叶柄长 5~10 mm。

总状花序,顶生。花 5~8 朵,长 5~8 cm,亦有叶腋生花,花序梗无毛。花白色,长 2~3 cm,花梗纤细,开花时下垂,长 2~4 cm。果实卵形,熟时淡褐色。长 0.8~1.5 cm,直径 0.8~1 cm,顶端具短尖头,外面密被灰色星状茸毛,有不规则皱纹。种子褐色,有深皱纹。花期 4~6 月,果期 9~11 月。

二、生长习性

野茉莉是阳性树种,喜光、稍耐庇荫,喜中性、酸性、疏松、深厚、肥沃土壤。适生于海拔 400~1 500 m 的山区谷地、山脚、山腰疏林或密林中。

三、主要分布

野茉莉主要分布于陕西、河南、山东,黄河以南地区。河南省舞钢市南部九头崖、长岭头、官平院、大河扒、灯台架、围子园等山地有野生分布。海拔 300~500 m 的沟谷、坡地疏林或密林中有少量分布,林外少见。

四、种苗繁育与管理技术

(一)引种繁育苗木技术

1. 采收种子

9 月底采集成熟果实,在晒场风干后,干藏种子备用。在室内选择通风处保存种子。

2. 种子播种

3 月春播,发芽率可达 80%;如果采回果实即去壳,周内冬播发芽率 95% 以上。无论秋播或春播,种子处理技巧都在于去掉锈褐色的种皮,使之易透水、进气,打破种子休眠,缩短萌芽期。另外,播前采用 0.05% 赤霉素浸种催芽后进行条播,每亩播种量 10~15 kg。15~20 天出芽,保湿保墒,浇水管护。

(二)造林绿化技术

选择背风向阳、土层深厚、土坡肥沃的山窝、山脚作造林地,也可在湿润的荒地、行道、房前屋后栽植。

造林可按 3 m × 3 m 或 1.5 m × 1.5 m 距离打穴。要求穴宽 1 m 见方,深 0.6 m。回填表土,每穴施入有机肥 15 kg、钾肥 0.5 kg 作基肥。

造林时间以 3 月上旬为宜。用 1 年生大苗造林,主干留 10~15 cm 高截干,栽植后成活率更高,成活后生长势也强。在栽植穴中挖小穴栽植,要求苗根舒展、苗身端正,踩实,松土培蔸。栽植后浇定根水保湿,提高成活率。

五、野茉莉的作用与价值

(1)观赏价值。野茉莉树形优美,枝叶浓密,花形奇特,垂若欲滴,金钟倒挂,花开似桃、似梅、似梨、似茉莉,洁白如雪,芳香宜人,秋季球果垂挂,恰似珍珠,更加令人称奇,是园林观赏树种。

(2)绿化作用。野茉莉可用于公园、景区步道、溪流两旁、水滨湖畔、山坡谷地常绿、落叶混交搭配,林缘孤植、群植,效果佳。可作城镇行道树,居民区、庭园观赏栽培,填补传统观赏树种单一,提高城市园林景观品位。还可用于营造水土保持林等。

(3)用材价值。野茉莉木材黄白色至淡褐色,纹理致密,材质稍坚硬,可作器具、雕刻等细工用材。

32　海州常山

海州常山,学名:Clerodendrum trichotomum Thunb.,牡荆亚科大青属,又名臭梧桐、追骨风、香楸、山芝麻叶、臭芙蓉、马鞭草等,灌木或小乔木,为特色花果观赏野生树种。

一、形态特征

海州常山,树高1~3 m。幼枝叶多少被黄褐色柔毛,老枝灰白色,具皮孔,髓白色,有淡黄色薄片状横隔。叶对生,具臭椿叶样气味,纸质,卵形、卵状椭圆形,长6~15 cm、宽4~13 cm,表面深绿色,背面浅绿色,幼叶被白色短柔毛,老时表面无毛,叶柄长3~7 cm。伞房状聚伞花序,顶生或腋生,二歧分枝,疏散。末次分枝花3朵,花序长8~17 cm,花序柄长3~5.5 cm,多少被黄褐色柔毛。苞片叶状,椭圆形,早落。花萼蕾时绿白色,后紫红色,基部合生。核果近球形,直径6~7 mm,包藏于宿萼内,成熟时外果皮蓝紫色。花期5~6月,果期6~10月。

二、生长习性

海州常山萌蘖力强,喜阳光、稍耐阴、稍耐旱,喜湿润、深厚、疏松土壤,对土壤酸碱度要求不严。适生于海拔100~2 000 m的丘陵、山地田边、沟旁、村旁或荒野、灌丛、疏林中。

三、主要分布

海州常山主要分布于辽宁、甘肃、陕西以及华北、中南、西南各地。河南省舞钢市境内杨庄乡、尚店镇、尹集镇、庙街乡等山区有野生分布。海拔80~500 m的平原、丘陵、山地、旷野灌丛或林下有片状野生。山地多生于沟谷沿岸。

四、种苗繁育与管理技术

(一)引种繁育苗木技术

1. 种子播种繁育技术

秋天采收成熟浆果,除去果皮、果肉、果柄及瘪种子等杂物,阴干后用50%多菌灵700~800倍液进行消毒,即可秋天播种。也可将其置于0~5 ℃的地方沙储,第二年3月下旬至4月上中旬露地播种。土壤质地宜选用沙壤土,整平耙细,进行条播,行距40~45 cm,沟深2.5~3 cm,播后15~20天出苗,苗木生长期及时松土除草,6月中旬、7月中旬各追肥1次,每次每平方米施尿素10~15 g,施后及时浇水。雨季严防田间积水。实生苗须3~5年后开花。

2. 种条扦插繁育技术

扦插时间为6~7月。选择河沙与土1:1混合为苗床扦插基质,选取1年生木质化、生长健壮、无病虫害、腋芽饱满的枝条剪留 12~15 cm,去掉下部 2/3 长度插穗上的叶片。插条下剪口在叶或腋芽下端 0.5~1.0 cm 处,上剪口在叶或腋芽上端 0.5~1.0 cm 处,剪口平面形,亦可保留顶芽。剪口要平滑、不裂口、不撕皮。为促进生根,提高插穗的繁殖效果,在扦插前对插穗要进行一定的处理。扦插时采用 ABT2 号生根粉,可大大提高生根率。方法是 1 g 生根粉蘸根;扦插前将枝条基部浸蘸 2~4 小时,将处理好的插穗立即插在苗床上,株行距 10 cm × 10 cm,深度为 8~10 cm,插后压实,使基质与插条密接,然后喷透水。

3. 分株繁育技术

海州常山树株根系极易萌蘖,在成年树的周围形成不定根的新株,因此采用分株繁殖较为方便。秋后或早春植株萌动前,将成树周围的根蘖小苗从根颈处挖出,使分开的各株有良好的根系,适当修剪枝条,栽植于挖好的树坑中即可成活。分株的苗木当年便能开花。

(二)造林绿化技术

1. 造林栽植时间

春季 3~4 月,定植前施足腐熟的有机肥,然后埋土,栽后及时浇 3 遍水。为了保持海州常山旺盛生长,将植株栽于土壤深厚、光照条件好的环境下,以利于其生长良好。栽植土壤须增施有机肥,并在生长初期保持灌水,保证成活。为促进植株萌芽强,扩大株丛,每年须增施追肥,促进旺盛生长。

2. 水肥管理

对于定植后的树木,每年从萌芽至开花初期,可灌水 2~3 次,如遇夏季干旱灌水 2~3 次,秋冬时灌 1 次封冻水。除当年定植时施足基肥外,每年早春可在树木根际处沟施适量的磷钾肥或腐熟的堆肥,按每株 5 kg,覆土后浇水,以促进多开花。但是秋季不要施肥,以增加植株抗寒性能,有利于越冬。

3. 整形修剪

当幼树的主干长至 1.5~2 m 时,可根据需要截干,也可在主干 30 cm 以内短截,培养丛枝灌木。同时留 4~5 个强壮枝作主枝培养,使其上下错落分布。短截主枝先端,剪口下留一个下芽或侧芽。主枝与主干角度小则留下芽,反之留侧芽。过密的侧枝应及早疏剪。当主枝延长到一定程度,互相间隔较大时,宜留强壮分枝作侧枝培养,使主枝、侧枝均能受到充分阳光。

五、海州常山的作用与价值

(1)观赏价值。海州常山花序大,花果期长,变幻多彩,形色美丽,具白、红、蓝花果共存,缤纷亮丽,实为特色花果观赏植物。

(2)绿化作用。海州常山萌蘖力强,繁殖容易,成景快,成本低,景区、公园可开发利用其植于道旁、河边、湖岸、隙地等空旷、闲置之处,可达到绿化、造景速成的效果。可与常绿植物搭配点缀,以期得到优势互补、各显其色的绿化作用。

(3)食用价值。海州常山嫩叶营养丰富,食用价值高。早春采其嫩叶,焯制晒干,常年可食,民间称其为"山芝麻叶",具有长期食用的历史传统。近年食者甚多,多有饭馆、酒店作为山野菜烹饪各种美食,深得食客青睐。

33　荚蒾

荚蒾,学名:Viburnum dilatatum Thunb.,忍冬科荚蒾属,落叶灌木,是优良观赏树种。

一、形态特征

荚蒾,树高2~3 m。当年枝叶、花序均密被黄色或黄绿色刚毛状粗毛及簇状短毛,2年生小枝暗紫褐色,被疏毛或无毛,有凸起的垫状物。叶对生,厚纸质,叶面上下明显凹凸不平。宽倒卵形、倒卵形,长4~10 cm。顶端急尖,基部圆形至钝形或微心形,边缘有牙齿状锯齿,齿端突尖。脉上密毛,脉腋集聚簇状毛,具黄色或近无色透亮腺点,近基部两侧有腺体。侧脉6~8对,直达齿端。复伞形式聚伞花序,稠密,直径4~10 cm,总花梗长1~2 cm,萼和花冠外面均有簇状糙毛。萼筒有暗红色微细腺点,萼齿卵形。花冠白色,辐射状。果实红色,椭圆状卵圆形,长7~8 mm。种子扁卵形。花期5~6月,果期8~9月。

二、生长习性

荚蒾喜光、喜湿润,耐阴,喜中性、微酸性、深厚疏松土壤。适生于海拔200~1 000 m的山腰、山谷密林、疏林、林缘及灌丛中,各地有人工栽培。

三、主要分布

荚蒾主要分布于华北以南各省(区)。河南省舞钢市南部九头崖、秤锤沟、老虎爬、灯台架、祥龙谷等山地野生,海拔300~500 m的谷地、山脚、山腰均有野生分布。多呈灌丛状生于国有林场阔叶林下或疏林内。

四、种苗繁育与管理技术

(一)引种繁育苗木技术

1. 种子采收

荚蒾果实为核果,外果皮和内果皮肉质,果核多呈压扁状,内果皮木质,坚韧,黄色至灰褐色,内含有一粒种子。果核与种皮不易分离,种皮膜质,随着成熟逐渐长成形。9~10月进行秋冬采种,种子具休眠期。一般采用冷暖层积交替处理来打破种子的休眠。由于荚蒾种子的胚在果实成熟时还未完全成熟而使种子处于休眠状态,在种子胚发育和萌发前一般需要高温层积处理或者冷层积处理,或者两种处理交替使用。

2. 种子播种

解除休眠的种子,第二年3~4月才能播种。选择肥沃、浇灌方便的大田作苗圃地。播种采用条播,畦宽100~120 cm,株距2~3 cm、行距15~20 cm即可。播种后浇水,覆土1~1.5 cm,保湿保墒,促进苗木快速生长。

(二)造林绿化技术

1. 苗木选择与保护

苗木选择带土球移植是提高成活率的关键措施,还可以缩短起苗到栽植的时间。最好做到当天起苗当天栽植。如果运输距离过长,途中一定要严密覆盖,防止因风吹造成严重失水,影响成活率。根据荚蒾土球大小,严格按照技术要求挖好树坑,坑尽可能挖大点,土球放入后,周围最少要有 20~30 cm 填土空间,将所填土充分踩实,使土球和周围新土紧密结合。

2. 肥水管理

3~4 月,浇第一次水,尽量把围堰做大一些,以便储存更多的水,使土球充分渗透。栽植深度以新土下沉后,荚蒾基部原土即与地平面平行或低于地面 3~5 cm 为准;栽植过浅,根系易干燥失水,抗旱性差,根颈易受灼伤;栽植过深,造成根颈窒息,导致荚蒾生长衰落。修好灌水围堰后,解开捆扎在树冠上的草绳,使枝条舒展。施肥,促进新植荚蒾地下部根系生长恢复和地上部枝叶萌发生长,在荚蒾休眠期或秋季树木落叶后至土壤结冻前施肥,能确保树木正常生长发育。

3. 整形修剪

3~4 月荚蒾在栽植前需修剪。适当剪去一些枝叶及断枝,减少水分蒸腾,保持树体水分代谢平衡,有利于树木成活,尽快恢复生长。荚蒾在栽植后,5 月进行定植整形修剪,修剪苗木高度一致,修剪掉多余的枝条或受伤的枝条,伤口修剪平整,有利于伤口愈合和生长;5~8 月,及时人工锄草松土,及时清除杂草,并清理运出,保持苗圃地清洁、通风透光,促进苗木生长。

(三)主要病虫害的发生与防治

荚蒾主要病虫害是蚜虫、叶螨等。5~8 月,夏季易发生蚜虫、叶螨类,危害叶片枝梢等。可以在 11~12 月,进行越冬虫源防治,人工喷布溴氰菊酯 800~900 倍液,或树干涂抹石硫合剂,杀死越冬虫害或病菌,以控制第二年发生量。5~6 月病害发生前喷洒 65%代森锰锌 600 倍液、50%石硫合剂 500~800 倍液。4~5 月,喷布灭蚜威 900~1 000 倍液,防治蚜虫,可起到保护作用。平时养护管理中及时剪除患病枝叶。

五、荚蒾的作用与价值

(1)观赏价值。荚蒾枝叶稠密,树冠球状,叶形美观,花白果红。春夏花开雪白,布满枝头,秋冬红果累累,叶、花、果兼融,为观赏佳品树种。

(2)绿化作用。荚蒾可用于森林公园、绿地公园、景区和城镇人行道、篱墙、小区隙地、草坪广场、园林小品等配植点缀。孤植、列植或丛植,各具景观效果,令人赏心悦目。荚蒾还是制作盆景的良好素材,具有良好的绿化价值。

(3)食用药用价值。荚蒾果可食,亦可酿酒。根及枝叶入药,根辛、涩、凉。用于治疗瘰疬、跌打损伤。枝叶酸、微寒,用于治疗疔疮发热、暑热感冒,外用于过敏性皮炎。

34 黑果荚蒾

黑果荚蒾,学名:Viburnum melanocarpum Hsu,忍冬科荚蒾属植物,落叶灌木,为中国的特有植物,宜作山地公园、景区和城镇街区叶花主体观赏点缀,亦可作树桩盆景材料。

一、形态特征

黑果荚蒾,树高 1~3 m。当年生小枝浅灰黑色,疏被黄色簇状短毛,2 年生枝红褐色而无毛。叶对生,纸质,倒卵形、圆状倒卵形或宽椭圆形,长 6~10 cm。叶柄长 1~2 cm。复伞形式聚伞花序,生短枝顶端,直径 4~5 cm。花冠白色,辐射状,直径约 5 mm。裂片宽卵形,雄蕊花药宽椭圆形,柱头头状。果实由暗紫红色转为酱黑色,有光泽,椭圆状圆形,长 0.8~1.0 cm。种子扁,卵圆形,长约 8 mm,直径约 6 mm,腹面中央有 1 条纵向隆起的脊。花期 4~5 月,果期 8~10 月。

二、生长习性

黑果荚蒾为中国特有植物树种。喜光、耐阴,喜湿润,稍耐旱,喜中性、微酸性、深厚疏松土壤。适生于海拔 350~1 000 m 的山区谷地、山脚、山腰,多生于林下及疏林中。

三、主要分布

黑果荚蒾主要分布于江苏南部、安徽南部和西部、浙江东部和西北部、江西及河南。生于山地林中或山谷溪涧旁灌丛中,海拔约 1 000 m。河南省舞钢市国有石漫滩林场秤锤沟、王沟、冷风口、老虎爬、大河扒、灯台架、长岭头、官平院、祥龙谷等山区有野生分布;海拔 350~500 m,山腰、谷地林下或疏林中有零星分布。

四、种苗繁育与管理技术

(一)种子采收

9~10 月,种子进入成熟期,人工及时采收种子,成熟的种子需要高温层积处理或者冷层积处理,或者两种处理交替使用。

(二)种子播种

解除休眠的种子,第二年 3~4 月才能播种。选择肥沃、浇灌方便的大田作苗圃地。播种采用条播,畦宽 100~120 cm,株距 2~3 cm、行距 15~20 cm 即可。播种后浇水,覆土 1~1.5 cm,保湿保墒,促进苗木快速生长,提早成林。

五、黑果荚蒾的作用与价值

(1)观赏价值。黑果荚蒾长势不及荚蒾,其冠形疏散,枝叶稍稀,花白果黑,果实稀少。但是,可用于森林公园、山地公园、小区景区、城乡绿化和城镇街区叶花主体观赏造林。

(2)盆景作用。黑果荚蒾为落叶灌木,适应性强,好管理,亦作树桩盆景材料。

35 六道木

六道木,学名:Abelia biflora Turcz.,忍冬科六道木属,落叶灌木,是城乡绿化的优良野生景观树种。

一、形态特征

六道木,树高 1~3 m。幼枝被倒生硬毛,老枝无毛,灰褐色,树干及老枝具明显六棱特征。叶对生,半革质。矩圆形至矩圆状披针形,长 4~6 cm、宽 2~3 cm,顶端尖至渐尖,基部钝至楔形,全缘,或中上部羽状浅裂,至 1~4 对粗齿。叶面深绿色,背面白绿色,两面疏被柔毛,脉上密被长柔毛,边缘有睫毛。叶柄长 2~4 mm,被硬毛。花单生,着小枝叶腋。萼筒圆柱形,疏生短硬毛,萼齿 4,狭椭圆形或倒卵状矩圆形,花冠白色、淡黄色,狭漏斗形或高脚碟形,外面被短柔毛 4 裂,裂片圆形。果实具硬毛,种子圆柱形。花期 4~6 月,果期 8~9 月。

二、生长习性

六道木喜光,耐旱,抗寒,喜湿润、疏松中性、微酸性土壤。适生于海拔 400~3 000 m 的山地林下、疏林、灌丛或草坡。多由人工绿化栽培。

三、主要分布

六道木主要分布于河北、山西、陕西、安徽、浙江、江西、福建、河南等地。河南省舞钢市国有石漫滩林场围子园、灯台架、秤锤沟、大雾场、长岭头、官平院、瓦房沟、祥龙谷林区海拔 400~600 m 的谷地、山腰天然次生林下有片状或散生。

四、种苗繁育与管理技术

(一)引种繁育育苗技术

1. 苗圃地选择

育苗地以地势平坦、排水良好、土层深厚、较肥沃的沙壤土或壤土为宜。

2. 整地与施肥

采用条播繁育,做床整畦,在做床前,将圃地深翻 25~30 cm,然后将土耙细耙平,达到地平、土细。翻地时要施足基肥,同时要用硫酸亚铁进行土壤消毒。

3. 种子处理

种子催芽,先用 40 ℃温水浸泡 20~24 小时,后换凉水泡 72 小时,捞出放入 0.5%高锰酸钾液中消毒 3~4 小时,然后混 3 倍湿沙,置 15~20 ℃室内 25~30 天,保持种沙湿润,干时喷水,每天翻动,后移至 -5~10 ℃冷室中 50~60 天,注意种沙不能干,天暖见种子 1/3 裂嘴时下种,适时早播。

4. 种子播种

3 月至 4 月上旬播种,采用床作播种,播种前灌透底水,使土壤充分湿润,然后将种子和沙一起均匀撒播于床上,床面覆一层沙土,以盖上种子为限。播种后盖草帘防晒,每亩播种量 8~10 kg。

(二)造林绿化技术

1. 造林地选择

六道木喜光照,稍耐阴,养护时放在全日照的地方较好。

2. 人工浇水

4~9 月,植株完全成活后,可按不干不浇、浇则浇透的方法进行浇水,夏天和开花时要适当加大浇水量,开花时浇水不足会缩短开花时间。

3. 施肥管理

六道木喜肥,平时可薄肥勤施,4 月花前,或 5 月花后,要适当增加施肥密度,肥料以有机肥为主,11~12 月冬季植株停止生长后不要再施肥。

(三) 主要病虫害的发生与防治

1. 主要虫害的发生与防治

六道木主要虫害为蚜虫,4~5 月蚜虫发生,危害叶片、嫩芽,可用石硫合剂防治;或蚜虫为害期,喷施 3% 快杀乳油 2 000 倍液,或 20% 康福多 8 000 倍液防治。

2. 主要病害的发生与防治

六道木主要病害为煤污病。煤污病是蚜虫的排泄物引发的,4~6 月,发生煤污病时迅速摘除病叶,喷施石硫合剂和百菌清等杀菌类药物防治,防止病源扩散。

五、六道木的作用与价值

(1)观赏价值。六道木枝干弯垂,冠形阔展,叶色深绿,花形管状,花白秀美,清爽晶莹,为优良景观树种。

(2)造林绿化作用。六道木用于森林公园、景区乔灌搭配,山脚、崖边、林缘、路边丛植、群植或孤植,城镇行道、水边、宅旁绿化点缀等,效果俱佳。六道木对土壤要求不严,易成活,管理粗放,是观叶、观花盆景绿化树种。

(3)用材价值。六道木干茎韧性强,不易折断,是制作拐杖的良好材料。亦可用于制作烟袋杆和小型工艺品。

(4)行道树作用。枝叶繁茂、秀气,幼枝纤细微垂,叶密集、鲜绿;花管状、淡黄、晶莹俊俏,花冠优雅整洁,耐修剪,为优良的行道和绿篱树种。

36　金银忍冬

金银忍冬,学名:Lonicera maackii(Rupr.) Maxim.,忍冬科忍冬属植物,又名金银木、树金银、木银花、金银藤、千层皮、鸡骨头等,落叶灌木,金银忍冬花果并美,具有较高的观赏价值。春夏满树繁花,金银色彩相映,别致清雅芳香;秋后红果满枝,鲜艳晶莹透亮。且挂果期长,经冬不凋,可与冬雪辉映,给人以瑞雪纷纷点点红之美感。适合公园、景区山坡、林缘、路边点缀,城镇街区隙地、水滨、草坪及园林小品栽培观赏,也是优良的蜜源野生树种。

一、形态特征

金银忍冬,树高 2~6 m,茎干直径最大 10 cm。幼枝、叶、花被短柔毛和微腺毛。叶对生,纸质,卵状椭圆形或卵状披针形,长 5~8 cm,顶端渐尖或长渐尖,基部宽楔形至圆形,叶柄长 2~5 mm。花两性,唇形花冠,芳香,生幼枝叶腋,总花梗长 1~2 cm。花冠随时间长短,由白色变为黄色,长 2 cm,外被短伏毛或无毛,唇形,筒长约为唇瓣的 1/2,内被柔毛;雄蕊与花柱短于花冠。果实暗红色,圆形,直径 5~6 mm,种子表面具浅凹点。花期 5~6 月,果期 8~10 月。

二、生长习性

金银忍冬性喜强光、稍耐阴,喜湿润、稍耐旱,较耐寒,耐中性、微酸性疏松土壤。适生于海拔 400~2 000 m 的沟谷、山腰林内、林缘或灌木丛中。

三、主要分布

金银忍冬主要分布于河南、山东、湖北、湖南、河北、广东、广西等地。河南省舞钢市国有石漫滩林场南部秤锤沟、围子园、王沟、长岭头、灯台架、官平院、祥龙谷等山区有野生分布,海拔 400~600 m 的谷地、山腰天然阔叶次生林庇荫下有少量分布。

四、种苗繁育与管理技术

(一)引种繁育苗木技术

1. 种子采收

每年 10~11 月果实充分成熟后采集,采收后将果实捣碎,用水淘洗,搓去果肉,水选得纯净种子,阴干,干藏至第二年 1 月中下旬,取出种子催芽。

2. 种子处理

种子先用温水浸种 3 小时,捞出后拌入 2~3 倍的湿沙,置于背风向阳处增温催芽,外盖塑料薄膜保湿,经常翻倒,补水保温。3 月中下旬,种子开始萌动即可播种。

3. 种子播种

播种采用苗床开沟条播,行距 20~25 cm,沟深 2~3 cm,播种量为每亩 4~5 kg,覆土约 1 cm,然后盖农膜保墒增地温。播后 20~30 天可出苗,出苗后揭去农膜并及时间苗。当苗高 4~5 cm 时定苗,苗距 10~15 cm。5 月、6 月各追施一次尿素,每次每亩施 15~20 kg。及时浇水、中耕除草,当年苗高可达 40 cm 以上。

(二)种条扦插繁育技术

1. 种条选择

首先要选健壮母株上当年生的枝条;9 月秋末采用硬枝扦插,用小拱棚或阳畦保湿保温。10~11 月树木已落叶 1/3 以上时取当年生壮枝,剪成长 10 cm 左右的插条准备扦插。

2. 扦插处理

金银忍冬每年都会长出较多新枝,因此应该将部分老枝剪去,以起到整形修剪、更新枝条的作用,如此处理也有助于生产出品质优良的金银忍冬插条。扦插时间为 6~8 月;扦插前用 100 mg/L ABT 生根粉泡 2 小时;插深 2~2.5 cm;温度保持在 20~30 ℃,保持一定湿度,则成活率达 98% 以上。

3. 扦插密度

扦插密度为 5 cm × 10 cm,200 株/m^2,插深为插条的 3/4,插后浇一次透水。一般封冻前能生根,第二年 3~4 月萌芽抽枝。

4. 扦插后的管理

插前用 ABT 号生根粉溶液处理 10~12 分钟。苗木成活后每 25~30 天施一次尿素，每次每亩施 5~10 kg,9~10 月立秋后施一次复合肥,以促苗茎干增粗及木质化。当年苗高达 50 cm 以上。也可在 6 月中、下旬进行嫩枝扦插,管理得当,成活率也较高,也可以秋季选取 1 年生健壮饱满枝条进行硬枝扦插。剪取插条长 15~20 cm,保留顶部 2~4 片叶。将插条插入干净的细河沙中,深度为其长度的 1/3~1/2。插后适当遮阴保湿,待根系足壮后移植于圃地。

(三)造林绿化技术

1. 选择健壮苗木

造林用新生苗木,选择高 1.2~1.5 m、地径 2.0 cm 的健康苗木种植。

2. 造林种植

挖 50 cm × 50 cm 或 80 cm × 80 cm 的标准穴。株行距按 2 m × 3 m。生长后第二年春天,及时移苗或补充死亡的苗木。每年追肥 3~4 次,经 2 年培育,苗木健壮,提早结果。

3. 修剪管理

继续培养大苗。若培养成乔木状树形,应移苗后选一壮枝短截定干,其余枝条疏除,以后下部萌生的侧枝、萌蘖要及时摘心,控其生长,促主干生长培育优质苗木,达到丰产丰收的目的。

五、金银忍冬的作用与价值

(1)观赏价值。金银忍冬花果并美,春夏满树繁花,金银色彩相映,别致清雅芳香;秋后红果满枝,鲜艳晶莹透亮,且挂果期长,经冬不凋,可与冬雪辉映,给人以瑞雪纷纷点点红之美感。故适合公园、景区山坡、林缘、路边点缀,城镇街区隙地、水滨、草坪及园林小品栽培观赏,具有较高的观赏价值。

(2)经济价值。金银忍冬花朵清雅芳香,引来蜂飞蝶绕,因而金银忍冬又是优良的蜜源树种。茎皮可制人造棉,种子油可制肥皂。

37　葱皮忍冬

葱皮忍冬,学名:Lonicera ferdinandii Franch. ,忍冬科忍冬属植物,半常绿或落叶灌木,为理想花果观赏树种,其树桩亦为制作盆景的优良材料。

一、形态特征

葱皮忍冬,树高 1~3 m。幼枝有密或疏刚毛,兼生微毛和红褐色腺。老干枝皮常具纵向葱皮状剥落。叶对生,厚纸质,卵形至卵状披针形,叶背和总花梗都有刚伏毛和红褐色腺。花两性,唇形花冠,芳香。幼时外面密生直糙毛,内有长柔毛;萼齿三角形,顶端稍尖,被睫毛;花冠初时白色,后变淡黄色,长 1.5~1.7 cm,外面密被短刚伏毛、微硬毛及腺毛。果实红色,透亮,卵圆形。种子椭圆形,长 6~7 mm,扁平,密生小凹孔。花期 4~6 月,果期 9~10 月。

二、生长习性

葱皮忍冬喜散光,耐阴、耐旱,喜湿润、疏松、中性、微酸、微碱性土壤。适生于海拔 300~2 000 m 的山地沟谷、山腰密林、疏林或阴坡灌丛中。

三、主要分布

葱皮忍冬主要分布于黑龙江、吉林、辽宁、河北、河南、山东、山西、四川北部等地。河南省舞钢市国有石漫滩林场南部秤锤沟、王沟、蝴蝶溪、长岭头、官平院、祥龙谷、老虎爬等林区有零星分布,多呈灌丛状生于谷地、山脚林下或阴坡灌丛中。

四、种苗繁育与管理技术

(一)种条扦插繁育技术

1. 种条选择

选择健壮母树枝条为种条。

2. 种条扦插

在秋季 7~8 月进行温室或拱棚绿枝扦插,如温度 25~30 ℃,15~20 天即可生根。冬季 10 月或春季 3 月进行硬枝扦插,硬枝扦插可在温室扦插或露地扦插。露地扦插选阴雨天成活率较高,剪取 1~2 年生健壮枝条作插穗,长度为 15~20 cm,采用覆地膜垄插,垄宽 40 cm、垄距 20 cm,每垄插 2 行,株距 10 cm。

3. 插后管理

人工及时浇透水,生长期 5~8 月,浇水 2~3 次,除草,保湿保墒,促进苗木生长。

(二)种子播种繁育技术

9~10 月果实成熟后,采回放入布袋中捣烂,用水洗去果肉,种子捞出后阴干,按种子 3 倍的干净湿沙混匀沙藏,第二年春季 4 月上旬播种。未经处理的种子,播前先把种子放在 25 ℃温水中浸泡 24 小时,取出与湿沙混拌,置于室内,每天搅拌 1 次,待 1/3 以上的种子裂口时播种。圃地秋季深翻施有机肥,灌足冬水,春季播前做床,苗床可做成平床,宽 1.2 m。开沟条播,行距 25 cm,沟深 2~3 cm,播后覆土 1 cm,盖以稻草,每天早晨喷水 1 次,保持湿润,约 15 天出苗,出苗后分次揭去稻草,仍需每天喷水。为防止立枯病,待苗高 10 cm 时,可喷 1 次 200~300 倍波尔多液。

五、葱皮忍冬的作用与价值

(1)观赏价值。葱皮忍冬树势开张,枝叶疏展,其花形色彩变幻,果红玲珑剔透,为理想花果观赏树种。适宜公园、景区观赏点缀,独植、行植或丛植林下、林缘、草边、水边、路边俱佳。其树桩亦为制作盆景的优良材料,易培养,成型快。叶、花、果欣赏价值得天独厚,更能增添盆景观赏韵味。

(2)经济价值。葱皮忍冬叶和花蕾含有氯原酸、黄酮。枝条韧皮纤维可制绳索、麻袋,做造纸原料。

(3)药用价值。葱皮忍冬可入药,有清热解毒、散风消肿之功效,民间常用花蕾、叶治疗伤风感冒诸症。

38　雪柳

雪柳,学名:Fontanesia fortunei Carrière,木樨科雪柳属,又名灵乐木,落叶小乔木或灌木。雪柳干形坚挺,叶形似柳,簇花串枝,花白如雪,故称雪柳,舞钢林农称灵乐树,是优良野生树种。

一、形态特征

雪柳,树干高达 8 m;树皮灰褐色。枝灰白色,圆柱形,小枝淡黄色或淡绿色,四棱形或具棱角,无毛。叶片纸质,披针形、卵状披针形或狭卵形,长 3~12 cm、宽 0.8~2.6 cm,叶柄长 1~5 mm,上面具沟,光滑无毛。圆锥花序顶生或腋生。顶生花序长 2~6 cm,腋生花序较短,长 1.5~4 cm。果黄棕色,倒卵形至倒卵状椭圆形,扁平;种子长约 31 mm,具三棱。花期 4~6 月,果期 6~10 月。

二、生长习性

雪柳喜光照,稍耐阴,喜温暖和湿润的气候,耐寒,更喜欢在疏松深厚的土壤上生长;其适应性强,耐旱,耐瘠薄,在排水良好、土壤肥沃之处生长繁茂。适生于海拔 200~800 m 的丘陵、山地、沟谷、水沟、溪边空旷地、疏林内。

三、主要分布

雪柳主要分布于河南、河北、陕西、山东、江苏、安徽、浙江及湖北东部。河南省舞钢市境内的铁山乡卜冲沟、尚店镇马岗村,以及国有石漫滩林场的长岭头、秤锤沟等地的丘陵、山地有野生分布,一般树高 6~10 m,胸径 10~18 cm。地边、河谷、灌丛、疏林、林缘均有散生分布。

四、种苗繁育与管理技术

(一)引种繁育苗木技术

1. 扦插时间

用硬枝扦插和绿枝扦插均可,一般多采用绿枝扦插,在新梢生长缓慢时期到新梢停止生长之间都可进行。7 月上中旬扦插,气温高、湿度大,出芽率和成活率高。

2. 种条选择

采集枝条时一定要选择好母树,母树的性状对扦插的影响根大,一般在 3~5 年生的母树上采集树冠外围生长健壮的枝条较好,扦插成活率高。绿枝扦插最好采用当年半木质化的枝条或萌芽条,过嫩和过分木质化的枝条都生根较差。

3. 插穗剪取

插穗最好随采随剪随插,如果采穗圃不在苗床边,应尽量保护好穗条以防失水。插穗长度应根据枝条节间的长度而定,一般须有 3 个芽节,长 15~16 cm 为宜。插穗上端芽的叶片应尽量保护好,以便进行光合作用,制造营养物质和营养激素,以促进生根和发芽,一般留 2 片叶,叶片大时剪去叶片的 1/3 或 1/2,以减少蒸腾。

4.插床准备

扦插应选择地势较高,靠近水源,通风、排水良好的沙质黄壤土,最好在插前进行土壤消毒。插床宽 1 m,不能太宽,以便于扦插和管理。床面要平整,土壤要细。

5.扦插技术

扦插时先在床上画条细线,然后沿线扦插,扦插时叶片应朝同一方向,株距尽可能小一点,行距以叶片互不重叠为好。插好后在 20~30 cm 高处架设喷灌管,再在其上搭建拱棚,先将竹篾拱成弓形两端埋土后,再覆盖塑料薄膜,四周用土封严,并在薄膜上覆盖遮阳网遮阳,切忌阳光直射,以免造成膜内高温伤苗。

6.分栽幼苗

分株可结合移栽进行,在早春萌动前将植株挖起,剪除枯老枝,分栽即可。亦可培土促使母株多萌蘖,在第二年掘取分栽。

(二)造林绿化技术

1.植树造林

挖大穴 1 m×1 m 定植,栽植前穴中可施腐熟的农家肥,每穴施入 20~30 kg,栽植第二年,在入冬前施农家肥 15~20 kg 作基肥 1 次。生长季节每 20~30 天浇水 1 次,入冬前要浇足封冻水。3~5 年生树木,在花后及时剪除残留花穗,落叶后疏除过密枝,促进树木快速生长成材。

2.绿篱造林绿化

造林株距以 20~25 cm 为宜;双行栽植时,株距以 30~35 cm 为宜。树干生长到 20~30 cm 时,截干高度以 15~30 cm 为宜。截干更新宜于 3 月上旬发芽前或 10 月中旬落叶后进行,使其抽条多、生长快、枝条粗壮密集、健壮生长。

五、雪柳的作用与价值

(1)观赏价值。雪柳在夏季盛开的小白花聚成圆锥花序布满枝头,一团团的白花散发出芳香气味;秋季叶丛中黄褐色的果实挂满枝头;初冬绿叶依然葱翠,可谓园林绿化的优秀树种。可丛植于池畔、坡地、路旁、崖边或树丛边缘,颇具雅趣。若作基础栽植,丛植于草坪角隅及房屋前后,或孤植于庭院之中也均适宜。同时雪柳树冠开展,可为炎热的夏季提供凉荫,并且栽培管理粗放,病虫害少,可作为城市园林绿化的行道树。雪柳又具较强的萌芽能力,耐修剪,易造型,适于作绿篱、绿屏,加之其叶密下垂,作绿篱整体封密良好,没有裸露枝干的缺点,具有良好的观赏价值。

(2)经济价值。雪柳花枝、果枝也可做切花,枝条可编筐,茎皮可制人造棉;雪柳萌芽能力强,耐修剪,园林可以栽培作绿篱,具有良好的经济效益。

39　桂花

桂花,学名 Osmanthus fragrans (Thunb) Lour,木樨科木樨属,又名岩桂、木樨等,常绿小乔木或灌木,是中原地区优良乡土树种。

一、形态特征

桂花,平均高达8~15 m,树冠可达3.5~4.5 m。盆栽桂花高达1.2~3 m,树冠可达2~3 m。枝干灰色;叶对生、革质,长鸭子蛋圆形,长5~11 cm,宽1.9~4.2 cm,全缘;树皮粗糙,灰褐色或灰白色,有时显出皮孔。一般呈灌木状生长,在密植的苗圃或修枝修剪后,可生长成明显主干。桂花分枝性强,但分枝点低,9月开花,花期9~10月,聚集生长于叶腋,花淡黄白。其中金桂的花色金黄色,银桂的花色银白色,丹桂的花色木红色;果实椭圆形,长1~1.5 cm,第二年5月成熟,核果鸭蛋形,熟时紫黑色。

二、生长习性

桂花喜光,稍耐阴;喜温暖湿润气候,要求年降水量1 000 mm左右,年平均温度14~18 ℃,7月平均温度22~26 ℃,1月平均温度0 ℃以上,能耐短期-12 ℃左右的低温,空气湿润对生长发育极为有利,干旱、高温则影响开花。强日照或过分荫蔽对生长都不利。喜肥沃、排水良好的中性或微酸性的沙壤土,碱性土、重黏土或洼地都不宜种植。

三、主要分布

桂花在我国主要分布于河南、广西、湖南、贵州、浙江等地,是杭州、苏州等城市的市花,长江流域及以南各省都有栽培。在中原地区主要分布于许昌、漯河、平顶山、驻马店、信阳、南阳、周口等地。

四、种苗繁育与管理技术

(一)引种繁育苗木技术

1. 优质种子采集

桂花种子为核果,长椭圆形,有棱,一般4~5月成熟。成熟时,外种皮由绿色变为紫黑色,并从树上脱落。种子可以从树上采摘,也可以在地上拾捡,但要做到随落随拾,否则春季气候干燥,种子容易失水而失去播种价值,影响出芽率。

2. 种子处理

桂花种子采回后,要立即进行调制。成熟的果实外种皮较软,可以立即用水冲洗,洗净果皮,除去漂浮在水面上的空粒和小粒种子,拣除杂质,然后放在室内阴干。注意不要在太阳下晾晒,因为桂花种子种皮上没有蜡质层,很容易失水而干瘪,从而失去生理活性。

3. 种子储藏

桂花种子具有生理后熟的特性,必须经过适当的储藏催芽才能播种育苗。桂花种子储藏一般有沙藏和水藏两种方式,沙藏就是用湿沙层层覆盖;水藏就是把种子用透气而又不容易沤烂的袋子盛装,扎紧袋口,放入冷水中,最好是流水中。经常检查,看种子是否失水或霉烂变质。沙藏种子的地点最好先在阴凉通风处,并堆放在土地或沙土地上,不要堆放在水泥地上。水藏的种子袋不要露出水面,夏天种子袋要远离水面的高温水层,以免种子发芽,受热腐烂。

4. 种子催芽

种子催芽的目的是使种子能迅速而整齐地发芽,可将消毒后的种子放入 50 ℃左右的温水中浸 4 小时,然后取出放入箩筐内,用湿布或稻草覆盖,置于 18~24 ℃的温度条件下催芽。待有半数种子种壳开裂或稍露胚根时,就可以进行播种。在催芽的过程中,要经常翻动种子,使上层和下层的温度、湿度保持一致,以使出芽整齐。

5. 大田播种

播种时,把上一年储藏的种子于 2~4 月在大田播种。当种子裂口露白时方可进行播种育苗。一般采用条播法,即在苗床上做横向或纵向的条沟,沟宽 12 cm、深 3 cm;在沟内每隔 6~8 cm 播 1 粒催芽后的种子。播种时要将种脐侧放,以免胚根和幼茎弯曲,影响幼苗的生长。一般挖宽条沟,行距 20~25 cm、宽 10~12 cm,每亩播种 18~20 kg,可产苗木 25 000~28 000 株。

6. 苗木管理

大田播种后,要随即覆盖细土,盖土厚度以不超过种子横径的 2~3 倍为宜;盖草和喷水可保持土壤湿润,避免土壤板结,促使种子早发芽和早出土。应加强肥水管理,中耕除草宜勤,夏伏期遇天旱应灌溉培土。特别注意,当有观赏的景观时,要选择嫁接苗木或扦插苗木,3~5 年即可开花,实生苗 15~18 年以上才开花。

(二)主要病虫害的发生与防治

1. 主要虫害的发生与防治

(1)主要虫害的发生。桂花大树虫害很少。但是,其幼苗生长期,主要发生的虫害是蚜虫。蚜虫 1 年 1~3 代,繁殖快,危害重。它吸食作物汁液,使植株衰弱枯萎,危害叶片,轻时,造成叶片卷曲;严重时,缓慢落叶,苗木生长不良。

(2)主要虫害的防治。主要防治办法是,把桃叶加水浸泡一昼夜,加少量生石灰,过滤后喷洒;另外,用洗衣粉加水防治,对蚜虫等有较强的触杀作用,每亩用洗衣粉 400~500 倍溶液 60~80 kg,连喷 2~3 次,可起到良好的防治作用;或喷布灭蚜威 1 000 倍液防治,效果也很显著。

2. 主要病害的发生与防治

(1)主要病害的发生。桂花苗木因连作,苗木苗圃容易发生褐斑病和立枯病,造成叶片大量枯黄脱落,或苗木根颈和根部皮层腐烂而导致全株枯死。因此,病害防治工作不可忽视。

(2)主要病害的防治。褐斑病和立枯病可用 65%代森锰锌可湿性粉剂 0.2%溶液喷雾防治,白粉病可用 15%粉锈宁可湿性粉剂 0.05%~0.067%溶液喷雾防治。

五、桂花的作用与价值

(1)景观绿化作用。桂花树姿丰满,四季常绿,花色半黄色或橙红色,花香芬芳,是很好的绿化树种;同时,集绿化、美化、香化于一体,是观赏与实用兼备的优良园林树种及珍贵的传统香花树种;尤其是在园林绿化中,多种植于风景区、社区、庭园、公园、道路两侧等地,起到美化作用;在农村房前对植是传统美化方法,即所谓"两桂当庭""双桂流芳""桂花迎贵人"。

（2）食用作用。桂花清可绝尘,浓能远溢,堪称一绝。尤其是仲秋时节,丛桂怒放,夜静轮圆之际,把酒赏桂,陈香扑鼻,令人神清气爽。另外,桂花气味芳馨,可提取桂花精油,制桂花浸膏,可用于食物、化妆品的生产。花用作药物有散寒破结、化痰生津的功效。果榨油,食用。

40　华桑

华桑,学名:Morus cathayana Hemsl.,桑科桑属,落叶乔木或灌木,是良好的观赏性树种。

一、形态特征

华桑,树高3~10 m。无刺;冬芽具芽鳞,呈覆瓦状排列。根分枝多,深长。树皮纵裂,灰褐色。小枝初有褐色茸毛。叶互生,纸质,卵形或阔卵形,长4~16 cm、宽5~16 cm,先端短尖或长渐尖,稀尾尖或3深裂,基部心形或截形,边缘有粗钝锯齿,叶面粗糙,被糙伏短毛,背面密生短柔毛,边缘具锯齿,不裂。柄长1.5~5 cm,密被柔毛。花单性,雌雄同株或异株,均排成腋生穗状花序。雄花序长3~5 cm,雌花序长2 cm。花被片4片,黄绿色,有短毛。雄花有雄蕊4枚,有不育雌蕊。雌蕊花柱短,柱头2裂,柱头、花柱和花序梗有毛。果实为聚花果,窄圆柱形,长2~3 cm,白色、红色或黑色。种子小,近球形,种皮膜质,胚乳丰富,胚根向上弯曲,花期3~4月,果期5月。

二、生长习性

华桑,常生于海拔400~1 300 m的向阳山坡或沟谷、林缘、疏林或灌丛中。根系发达,适应性强,耐干旱、耐瘠薄、耐寒;对土壤酸碱度适应性强。喜光,喜温暖湿润的环境,喜深厚、疏松、肥沃的土壤,抗风,抗有毒气体,耐烟尘;华桑生长快,萌芽力强,耐修剪,寿命长。

三、主要分布

华桑主要分布于河北、山东、河南、江苏、陕西、湖北、安徽等地。河南省舞钢市国有石漫滩林场秤锤沟、长岭头、官平院等林区海拔400~600 m的山腰、谷岸林内或疏林中有分布,与阔叶林混生。

四、种苗繁育与管理技术

(一)引种繁育苗木技术

1.苗圃地选择

华桑繁育苗木要选择土层深厚、疏松、肥沃的土壤,远离污染的地方,要求能灌能排,最好选择水田,零星的山地、坡地、河滩地等都可以造林。

2.苗圃地整地

深耕土壤,促进心土氧化,增强通气性和透水性。同时,施足基肥,要求充分腐熟的猪牛粪及农家肥每亩施入5 000~6 000 kg作基肥,结合深耕将有机肥深埋土中。

3.种子播种

3月上旬,整地要求精细,无杂草、平整。开挖条沟,宽度1.3~1.5 m,沟深2~3 cm。撒入种子,保湿浇水。浇水要四周开挖排灌沟及田中间的十字沟,沟深8~10 cm,方便排水,同时喷布施入复合肥,每亩施入25~30 kg即可。

(二)造林绿化技术

1.造林时期

10~11月冬天或2~3月早春进行播种造林,要求土温稳定在10~12 ℃。

2.苗木选择

应选用良种健壮的苗木,并且不带病虫。起苗时尽可能不伤根,保全桑苗根系;冬春造林,应轻度修剪过长的主根,促使侧根多发,种植前,用混有磷肥的泥浆蘸根,利于发根成活。栽植密度,以每亩种植5 000~7 000株为宜,一般行距65~80 cm、株距12~18 cm。

3.造林方法

把桑苗根部埋入桑行线土中,盖土轻提使根伸展,踩实再壅一层松土,要求壅过根颈部3 cm,淋足定根水,种后2天内进行植株剪定,留株高10~20 cm,剪去梢端,达到统一高度。

4.造林管理

覆盖:用玉米秆、稻草、杂草覆盖地面或桑行,保墒保湿、防旱,减轻植株失水,抑制杂草丛生,防止土壤板结,培肥土壤。7~8月,淋水防旱,排除积水;保持土壤适宜的水分是新桑成活和生长的关键,土壤干旱及时淋水,多雨时及时排水。5~8月苗木生长期,及时松土除草,经过一定时间后,特别是雨后土壤容易板结,结合除草进行松土,利于桑根生长。施肥:3月上旬发芽展叶后,每亩施入尿素水肥1次。根据生长情况,追肥1~2次。施肥量为每亩施尿素5~10 kg或复合肥10~15 kg。

(三)病害防治技术

华桑主要病害是褐斑病、桑疫病、白粉病等。

(1)褐斑病。发生受害症状:桑叶上有褐色的不规则病斑,病斑初始只有芝麻大,随病情发展病斑逐渐增大,病斑中部淡褐色,周边浓褐色。发生危害时期:5月开始有发生,8~10月是发生危害盛期。多雨多湿是病害发生和流行的关键因素。从初次侵染到引起再次侵染只需8~10天。3月伐桑园较夏伐桑园受害严重。防治技术:一是11~12月,冬季清除桑园内的枯枝落叶集中烧毁,雨季注意开沟排水,由下向上采叶,改善桑园通风透光条件;二是药剂防治,用50%多菌灵可湿性粉剂800~1 000倍液喷杀,间隔9~10天再喷1次,可有效控制病害的发生。无残毒,但要求隔天采叶。

(2)桑疫病。发生受害症状:有黑枯型和缩叶型。初期桑叶上有油浸状病斑,以后扩大成黄褐色斑,病斑周围叶色稍黄,病叶变黄易脱落,病情扩展时,叶脉、叶柄、新梢上形成凹陷的暗黑色条斑,整个新梢变黑枯,俗称"烂头病"。发生危害时期:桑疫病的发生与气候条件关系密切,高温多湿利于该病细菌的生长和繁殖。7~9月是该病的高发期。防治方法:首先,因气孔和伤口是该病细菌的主要传染途径,因此夏秋采叶尽量留叶柄,减少树体创伤;其次,药剂防治,发病初期,在剪除病梢后,用多菌灵900倍液喷雾防治,隔7~8天喷1次,重点喷树梢和叶背,喷2~3次可控制病害。

（3）白粉病。发生受害症状：该病多发生于枝条中下部的叶片上，发病初期，叶背产生白粉状圆形霉斑，在霉斑相应的叶面出现淡褐色的斑块。病害严重时，霉斑扩大连接成片，白色粉末布满叶背。发生危害时期：该病 8～10 月是发病盛期。叶片硬化早的桑品种及地下水位高的山区桑园易发生本病。防治技术：一是及时采叶，改善通风透光条件，防止桑叶硬化；二是药剂防治，用多菌灵可湿性粉剂或百菌清 800～1 000 倍液喷杀，间隔 9～10 天喷 1～2 次。

五、华桑的作用与价值

（1）观赏价值。华桑树干高度适中，树冠丰满，枝繁叶茂，秋叶金黄，是绿化的优良树种，可作为庭院和公园绿化的优良树种。与耐阴花木配置树坛、树丛或与其他树种搭配作为风景林，果实能吸引鸟类，可形成鸟语花香的美丽自然景观。

（2）造纸作用。华桑茎皮纤维丰富，是制蜡纸、绝缘纸、皮纸和人造棉的优良材料。

（3）造林作用。华桑抗风，抗有毒气体，耐烟尘能力强，可以作为工矿区、石料厂、煤矿区的优良造林绿化树种。

41　鸡桑

鸡桑，学名：Morus australis Poir.，桑科桑属，又名桑树，落叶乔木或灌木，是优良野生树种，又是观赏、造林、加工食品的经济林树种。

一、形态特征

鸡桑，树高 3～8 m。叶互生，长 5～14 cm，宽 4～12 cm，边缘具锯齿，全缘至深裂，基生叶脉 3～5 出，侧脉羽状。先端急尖或尾状，基部楔形或心形，表面粗糙，密生短刺毛，背面疏被粗毛。托叶侧生，早落。雌雄异株或同株，雌、雄花序均为穗状，且花被覆瓦状排列。雌花球形，密被白色柔毛，花被片长圆形，暗绿色，内面被柔毛。雄花花序被柔毛，绿色。聚花果短椭圆形，直径 0.7～1.0 cm，成熟时红色或暗紫色，种子近球形。花期 4 月，果期 5 月。

二、生长习性

鸡桑喜光，稍耐阴，耐旱，耐瘠薄，喜中性、微酸、微碱性土壤。适生于海拔 400～1 000 m 的丘陵、山地、林下、林缘或灌丛中。多为小乔木或灌丛状。

三、主要分布

鸡桑主要分布于河北、陕西、甘肃、山东、安徽、河南、湖北、云南等地。河南省舞钢市境内山地海拔 400～600 m 的山坡、崖壁岩缝、林下、疏林或灌丛中有生长。

四、种苗繁育与管理技术

(一)引种繁育苗木技术

1. 苗圃地选择

鸡桑繁育苗木要选择土壤疏松、土层深厚、疏松肥沃,既能灌溉又能排水的平地。

2. 种子播种

鸡桑种子宜播在土壤深厚处,做到深耕细耙,促进土壤疏松,增强通气性和透水性。同时,施足基肥,采用农家肥每亩施入 5 000~8 000 kg 作基肥,结合深耕将有机肥深埋土中。开挖排灌沟。整地要求精细,无杂草,平整。整厢宽度 1.5~1.8 m,沟深 25~35 cm。田块四周开挖排灌沟及田中间的十字沟,沟深 9~10 cm,方便排水。

(二)造林绿化技术

1. 造林地选择

植树造林最好选择水田,零星的山地、坡地、河滩地等都可以造林。

2. 造林时期与造林栽培

气温在 10~12 ℃ 即可植树造林。苗木选择,应选用良种健壮的苗木;栽植密度,以每亩种植 3 500~5 000 株为宜,一般行距 65~80 cm、株距 12~18 cm。

五、鸡桑的作用与价值

(1)造林作用。鸡桑可以在荒地、荒沟、丘陵等地造林绿化应用;既可防风固沙,又可养蚕桑发展经济,桑叶是家蚕的主要饲料。

(2)用材价值。鸡桑材质坚硬,木材纹理细致,色泽美观,可作家具、细工艺品。鸡桑韧皮纤维丰富,是造纸、造棉的优质原材料。

(3)食用价值。鸡桑果实味甜可食,又是酿酒的优良原料,茎及树皮可提取桑色素。

42 蒙桑

蒙桑,学名:Morus mongolica(Bur.) Schneid. ,桑科桑属,落叶乔木或灌木,是优良野生用材、观赏树种。

一、形态特征

蒙桑,树皮灰褐色,纵裂;小枝暗红色,老枝灰黑色;冬芽卵圆形,灰褐色。叶长椭圆状卵形,长 8~15 cm,宽 5~8 cm,先端尾尖,基部心形,边缘具三角形单锯齿,稀为重锯齿,齿尖有长刺芒,两面无毛;叶柄长 2.5~3.5 cm。雄花序长 2.5~3 cm,雄花花被暗黄色,外面及边缘被长柔毛,花药 2 室,纵裂;雌花序短圆柱状,长 1~1.5 cm,总花梗纤细,长 1~1.5 cm。雌花花被片外面上部疏被柔毛,或近无毛;花柱长,柱头 2 裂, 内面密生乳头状突起。聚花果长 1.6 cm,成熟时红色至紫黑色。花期 3~4 月,果期 4~5 月。

二、生长习性

蒙桑喜光,稍耐阴,耐旱、耐寒、耐瘠薄,对土壤酸碱度要求不严格。适生于海拔 400~

1 500 m 的山地林下或疏林中。

三、主要分布

蒙桑主要分布于河南、辽宁、内蒙古、新疆、山西、山东、云南等地。河南省舞钢市山地海拔 400~600 m 的山坡或崖壁天然次生林下和疏林中有分布。

四、种苗繁育与管理技术

蒙桑原产中国内蒙古。分布区广泛,仅次于白桑,在蒙桑分布区域均有白桑分布。因此,认为蒙桑与白桑亲缘关系近。另外,蒙桑演化过程中形成较多变种。从这些变种也可说明蒙桑是较原始的一个种。但从形态来看,由于蒙桑树皮灰白色,小枝暗红色,长花柱,叶缘齿尖有刺芒,这些都是进化的性状。因此,总体来看,蒙桑应是在第四纪冰期(距今400万年)前就存在的类群,第四纪冰期中为抵御寒冷形成特有的抗寒性状,如树皮灰白色,叶表蜡质层。并逐渐向中原南部迁移。主要野生在山区、森林、杂灌木林中。其苗木繁育与引种造林,有待进一步研究,目前研究不深。

五、蒙桑的作用与价值

(1)造林绿化作用。蒙桑树干优美,果实既可观赏,又可生食,在风景区、小区造林绿化,是很好的风景树种。

(2)用材价值。蒙桑茎皮纤维丰富,是造高级纸的原材料。木材可供制家具、农具、器具等。种子含脂肪油,可榨油制香皂用。

(3)食用、药用价值。蒙桑嫩叶可饲养桑蚕,根皮入药,有消炎、利尿功效。果实可食,也可酿酒,可加工成桑葚酒、桑葚干、桑葚蜜等。

43　流苏

流苏,学名:Chionanthus retusus Lindl. et Paxt,木樨科流苏树属,又名牛筋、大角板茶、乌金子、茶叶树、白花茶、四月雪等,落叶乔木或灌木状,是中原地区优良乡土和野生树种、国家珍贵树种、国家二级保护树种。

一、形态特征

流苏,平均高达 6~20 m。树冠平展,树皮灰色,大枝皮常纸质剥裂,嫩枝有短柔毛,小枝灰褐色或黑灰色,圆柱形,开展,无毛,幼枝淡黄色或褐色,疏被或密被短柔毛;叶革质,椭圆形、倒卵状椭圆形,幼树叶缘有细锯齿,叶柄基部带紫色,有毛,叶背脉上密生短柔毛,后无毛;花白色,芳香,聚伞状圆锥花序顶生,花冠裂片狭长,长 1~2 cm,花冠筒极短,单性异株,花期 4~5 月;果椭圆形,被白粉,径 6~10 mm,呈蓝黑色或黑色。核果蓝黑色,长 1~1.6 cm,果熟期 7~10 月。

二、生长习性

流苏喜光照,不耐荫蔽,耐寒、耐旱、怕积水,生长速度较慢,寿命长,耐干旱、瘠薄,但以在肥沃、通透性好的沙壤土上生长最好,有一定的耐盐碱能力,在 pH 8.7、含盐量 0.2%的轻度盐碱土上能正常生长,未见任何不良反应。流苏喜中性、微酸性土壤。适生于海拔300~2 500 m 的山腰、谷地密林、疏林或灌丛中。

三、主要分布

流苏主要分布于河南、河北、山西、陕西、山东、甘肃、云南等地;在中原地区主要分布于平顶山、三门峡、驻马店、南阳、信阳、安阳、漯河等地,经常生长于灌丛中或山坡、河边、山沟。在海拔450~1 500 m 的向阳山坡或河边等野生生长,海拔 3 000 m 以下的稀疏混交林中也有分布。河南省舞钢市国有石漫滩林场秤锤沟、王沟、长岭头、老虎爬、官平院、祥龙谷等林区海拔 300~600 m 的谷地、山腰林缘、疏林或天然次生林内均有分布。

四、种苗繁育与管理技术

(一)引种繁育苗木技术

1. 苗圃地选择

苗圃地选择土地平坦、土壤肥沃、含沙质、浇灌、排水、交通便利的地方为佳。

2. 苗圃地整地

第一年 10~11 月,把选择好留作苗圃地的地块,精耕、细耙一遍,让冬季雨、雪淋积冻2~5 个月,可以杀死部分在土壤中越冬的害虫,更使土壤疏松不会板结。第二年 1~2 月底,再把苗圃地精耕、细耕、整平一遍;同时,耕作苗圃地时要施入基肥,每亩施入农家肥5 000~8 000 kg 和复合肥 80~100 kg 即可。

3. 种子采收

流苏种子采收要选择 8~10 年生以上、长势健壮、树形好、无病虫害的母树上的种子作繁育苗木的优良种子。

4. 采种时间

8 月下旬至 9 月上旬,流苏种子已经成熟,应及时采收;10 月过晚,种子已落。流苏果实成熟的特征是呈蓝紫色,此时种子进入成熟期,人工及时采收。采收的种子要及时晾晒后储藏备用。

5. 种子处理

种子处理的目的是提高出芽率。8 月下旬至 9 月上旬,采回后,用湿沙储藏。11~12月,及时去掉外壳储藏,挑选饱满、大小一致的种子,用干净的河沙,如果是中沙一定过筛去除;选择高燥处挖 1 m × 1 m 的坑,埋藏种子,用 1/3 种子与 2/3 的沙拌匀,坑底铺 18~20 cm 的沙,然后铺拌好的沙与种子,离地面 20 cm 处填沙,最后覆盖 1~3 cm 厚的细土,拍实,防止漏气。特别注意,沙的湿度以手握成团,不滴水,一动即散,同时,在冬季不要让埋藏种子的地方进入雨雪,每隔 30~35 天翻动、查看种子一次,不要发霉变质。

6. 播种时期

3月上旬至4月初,此期,气温回升快、地下土温高、墒情好,有利于种子出芽,出芽率高。

7. 大田播种

播种前,苗圃地要进行人工打畦,方便浇水管理。畦宽1~1.2 m,长度视地块长短而定。播种,采用条播,每畦按照沟深3~4 cm、株距9~10 cm,均匀摆放沟内,上用森林土覆盖,森林土是采收种子生长母树下的土壤,这里的土壤含有母树菌素,有利于提高出芽率。播种前,先顺沟浇水,水渗后播种,以后保持湿润,20~25天可出全苗。约3月中旬可出芽,以后加强管理,当年可达嫁接粗度,流苏是嫁接桂花、丁香的良好砧木。流苏本身就是优良绿化树种。

8. 苗木移植

在大田中整畦,漫灌浇水,每亩栽植19 000~20 000株;株行距30 cm×10 cm;2年后可用作嫁接桂花的砧木。若培养绿化苗,可逐年从中移植,根据株行距进行移植、培养大苗,苗木移栽宜在春、秋两季进行,小苗与中等苗需带宿土移栽,大苗带土球。在栽植过程中,可育苗后培养盆景,方法是栽根时,由于根系比较软,将根尖放入土中1 m,然后将剩余的根左转一下,再右转一下,按入土中堆土栽实,2年后将流苏苗上盆。嫁接时,把弯曲的那一部分根系提出土外,就形成了平常所见的桂花底部形形色色、奇形怪状的盆景,可根据造型不同,栽植时将根随意弯曲,但注意不能伤根。流苏喜肥,夏季应中耕除草,保持土壤疏松,1年生苗可长高至0.8~1.2 m,地径1 cm,3年生长达到3~4 cm,用于绿化。

9. 浇水管理

在播后20~25天,幼苗开始出土。流苏喜湿润环境,栽植后应马上浇一次透水,5~7天后浇第二次透水,再过5~7天浇第三次透水,此后每月浇1次透水。5~9月是苗木快速生长期,气温高,干旱,要加强肥水管理,每隔15~20天浇水1次,同时,及时开展人工松土除草,促进苗木快速生长。第一年进入夏季,7~8月是降水集中期,可不浇水或少浇水,大雨后还应及时将积水排除。秋末要浇好防冻水。第二年,3月初及时浇返青水。北方春季干旱少雨,风大且持续时间长,4月上旬和中旬要各浇一次透水。第三年可按第二年的方法进行浇水,第四年后每年除浇好封冻水和解冻水外,天气干旱降水不足时也应及时浇水。

10. 施肥管理

流苏在幼苗栽培过程中,特别是栽植的头三年,要加强水肥管理。栽植时,苗圃地要施入经腐熟发酵的羊、猪、牛、马粪肥作基肥,基肥与栽植土充分拌匀,并施用一次氮肥以提高植株长势,秋末结合浇防冻水施一次腐叶肥或生物肥。第一年,5月初施一次氮肥,8月初施用一次磷钾肥,秋末施一次半腐熟发酵的羊、猪、牛、马粪肥,第二年,可按第一年的方法进行施肥。从第三年起,只需每年秋末施一次足量的牛、马、羊、猪粪肥即可。

11. 搭建遮阳棚

有条件的地方,7~8月,夏季光照强时要及时搭盖遮阳棚进行遮阳,搭建遮阳棚的目的是防止高温伤苗木。当年苗木可达嫁接桂花、丁香作砧木的粗度,即流苏1年生苗可长至高1~1.2 m。

12. 整形修剪

流苏在园林应用中,常见的有单干型和多干型两种树型。单干型:小苗长到高1.2~1.5 m时,在冬季修剪时,将主干上的侧枝全部疏除,只保留主干,并对主干进行短截,第二年在剪口下选留一个长势健壮的新生枝条作主干延长枝培养,其他的新生枝条全部疏除,秋末继续对主干延长枝进行短截,第三年春季,在剪口下选择一个长势健壮且和第二年选留枝条的方向相反的芽作主干延长枝培养,此后继续按先前方法进行修剪,直至达到需求的高度。然后再对主干进行短截,翌年在剪口下选择3~4个长势健壮,且分布均匀的枝条作主枝培养,主枝长至一定长度后可进行短截,并选留侧枝。至此,乔木状树形基本形成,以后只需将冗杂枝、病虫枝、下垂枝、干枯枝剪除即可。多干型:在苗圃阶段,可选留3~4个长势健壮的大枝作为主干培养,以后在主干上选留角度好、长势均衡的分枝作为主枝培养,选留主枝时,一定要注意不能交叉,要各占一方。此后的修剪要选角度较大的上部枝条作延长枝,并对其进行中、短截。这样做的目的有两个:一是扩大树冠,二是利于树冠通风透光。

(二)主要病虫害的发生与防治

1. 主要虫害的发生与防治

(1)主要虫害的发生。流苏主要虫害是黄刺蛾(又名痒辣子)、金龟子(又名牧户虫)。它们主要在苗木生长期危害叶片,造成叶片残缺不全,其中金龟子的幼虫还危害苗木根系,致使苗木生长缓慢或死亡。

(2)主要虫害的防治。5~9月,是黄刺蛾发生危害盛期,可在幼虫发生初期,喷洒20%除虫脲悬浮剂6 000~7 000倍液或25%高渗苯氧威可湿性粉剂300~500倍液进行杀灭;同时,在成虫发生危害期,可采用灯光诱杀;金龟子发生期,苗木出苗后,当小苗长出之时,4~5月,幼虫将根咬断,防治方法是用50%辛硫磷乳油配成溶液后进行灌根,每亩施辛硫磷1~1.5 kg,兑水15~20 kg,或用90%敌百虫800~1 000倍液兑水灌根,每穴灌200~250 g;或用敌百虫1 000倍液喷布叶片防治成虫。

2. 主要病害的发生与防治

(1)主要病害的发生。流苏主要病害是褐斑病,褐斑病是半知菌类真菌侵染所致。6~8月,在高温、高湿期极容易发生。发病初期叶片出现多个褐色小斑点,随着病情的发展,病斑逐渐扩大并能连接在一起,最终整个叶片干枯而脱落。

(2)主要病害的防治。防治方法:褐斑病发生初期,一是加强水肥管理,注意通风透光,减少病害发生;二是可用75%百菌清可湿性粉剂500~800倍液或50%多菌灵可湿性粉剂500~600倍液进行喷洒防治,每7~10天1次,连续喷布2~3次,防治效果显著。

五、流苏的作用与价值

(1)观赏价值。流苏适应性强,寿命长,成年植株高大优美、枝叶繁茂,花期如雪压树,且花形纤细,秀丽可爱,气味芳香,在园林绿化、城乡美化、公园、风景区等作庭荫树、"四旁"树、行道树、观赏树。

(2)用材价值。流苏木材坚重细致,可制器具。花、嫩叶晒干,味香,可代茶叶作饮料。果实含油丰富,可以榨油,供工业用油料。

（3）砧木作用。流苏树桩是嫁接良种桂花砧木,山区林农应用广泛。

44　木槿

木槿,学名 Hibiscus syriacus Linn.,锦葵科木槿属,又名木棉、荆条、木槿花等,落叶灌木,是中原地区优良乡土树种。

一、形态特征

木槿,树高 3~6 m,小枝密被黄色星状茸毛。叶菱形至三角状卵形,长 3~10 cm,宽 2~4 cm,具深浅不同的 3 裂或不裂,先端钝,基部楔形,边缘具不整齐齿缺,下面沿叶脉微被毛或近无毛;叶柄长 5~24 mm,上面被星状柔毛,托叶线形,长 5~7 mm,疏被柔毛。花单生于枝端叶腋间,花梗长 4~15 mm,被星状短茸毛;小苞片 6~8 枚,线形,长 6~14 mm,宽 1~2 mm,密被星状疏茸毛;花萼钟形,长 14~19 mm,密被星状短茸毛,裂片 5,三角形;花钟形,淡紫色,直径 5~7 mm,花瓣倒卵形,长 3.5~4.5 cm,外面疏被纤毛和星状长柔毛;雄蕊柱长 2~3 cm;花柱枝无毛。蒴果卵圆形,直径 10~11 mm,密被黄色星状茸毛;种子肾形,背部被黄白色长柔毛。花期 7~10 月。

二、生长习性

木槿喜光而稍耐阴,喜温暖、湿润气候,较耐寒,但在北方地区栽培需保护越冬,好水湿而又耐旱,对土壤要求不严,在重黏土中也能生长。萌蘖性强,耐修剪。是一种在庭园很常见的灌木花种。在园林中可做花篱式绿篱,孤植、丛植均可。木槿种子入药,称"朝天子"。

三、主要分布

木槿在我国主要分布于山东、河北、河南、福建、广东、广西、云南、贵州、四川、湖南、湖北、安徽、江西、浙江、江苏、陕西等地。在热带和亚热带地区,木槿属物种起源于非洲大陆,非洲木槿属物种种类繁多,呈现出丰富的遗传多样性。在中原地区主要分布于漯河、周口、许昌、新乡、南阳、开封、洛阳、郑州、平顶山等地。

四、种苗繁育与管理技术

(一)引种繁育苗木技术

1. 苗圃地选择

苗圃地宜选地势平坦、整地做床有水源浇灌,且土层深厚、肥沃的沙壤土或轻壤土地。

2. 苗圃地整地

播种前,苗圃地要深翻细耕,清除杂草,施足基肥,每亩施入农家肥 4 000~5 000 kg。圃地细耙整平后,筑成宽 130 cm、高 20~25 cm 的苗床备播。

3. 整好苗床

按畦带沟宽 130 cm、高 25 cm 做畦,每平方米施入农家肥 6 kg、生物肥 1.5 kg、钙镁磷肥75 g作为基肥。

4. 秋季扦插

扦插要求沟深14～15 cm,沟距20～30 cm,株距8～10 cm,插穗上端露出土面3～5 cm或入土深度为插条的2/3,插后培土压实,及时浇水。扦插苗一般28～35天生根出芽,采用塑料大棚等保温增温设施,也可在秋季落叶后进行扦插育苗,将剪好的插穗用100～200 mg/L的APT溶液浸泡18～24小时,插到沙床上,及时浇水,覆盖农膜,保持温度18～25 ℃,相对湿度80%～85%以上,生根后移到圃地培育。

5. 春季扦插

3月中旬,在当地气温稳定通过15 ℃以后,选择1～2年生健壮、未萌芽的枝,修剪成长15～20 cm的小段,扦插时备好一根小棍,按株、行距在苗床上插小洞,再将木槿枝条插入,压实土壤,入土深度10～15 cm,即入土深度达插条的2/3为宜,插后立即灌足水。扦插时不必施任何基肥。室内盆栽扦插时,选1～2年生健壮枝条,长10 cm左右,去掉下部叶片,上部叶片剪去一半,扦插于以粗沙为基质的小钵里,用塑料罩保湿,保持较高的湿度,在18～25 ℃的条件下,20天左右即可生根。

6. 苗木管护

培育大苗,需要育苗移栽与间苗管理。扦插较易成活,扦插材料的取得也较容易,有的甚至用长枝,但入土深度至少要达18～20 cm,否则易倒伏或发芽后因根浅而易受旱害;当年夏、秋季节即可开花。一是育苗移栽法。为便于操作,按100 cm×25 cm做畦,按株、行距15 cm×30 cm插植;二是直接插植法。可按株、行距50 cm×60 cm单行插植,也可畦插,做60 cm×25 cm的畦,在畦上双行呈"品"字形插植,株距60～70 cm。栽培上可利用扦插苗当年开花的特性,按育苗移栽密度扦插,第二年后每年春季萌芽前按一定的密度进行间苗,保证木槿当年生长有足够的营养空间,以提高鲜花产量。

7. 田间管理

木槿为多年生灌木,生长速度快,可1年种植多年采收。为获得较高的产量,便于田间管理及鲜花采收,可采用单行垄作栽培,垄间距110～120 cm,株距50～60 cm,垄中间开种植穴或种植沟。木槿移栽定植时,种植穴或种植沟内要施足基肥,一般以垃圾土或腐熟的厩肥等农家肥为主,配合施入少量复合肥。移栽定植最好在幼苗休眠期进行,也可在多雨的生长季节进行。移栽时要剪去部分枝叶以利成活。定植后应浇1次定根水,并保持土壤湿润,直到成活。

8. 肥水管理

3月上旬,当苗木枝条开始萌动时,应及时追肥,以速效肥为主,促进营养生长;现蕾前追施1～2次磷、钾肥,促进植株孕蕾;5～10月盛花期间结合除草、培土进行追肥2～3次,以磷、钾肥为主,辅以氮肥,以保持花量及树势;冬季休眠期间进行除草清园,在植株周围开沟或挖穴施肥,以农家肥为主,辅以适量无机复合肥,以供应来年生长及开花所需养分。长期干旱无雨天气,应注意灌溉,而雨水过多时要排水防涝。

(二)主要病虫害的发生与防治

1. 主要虫害的发生与防治

(1)主要虫害的发生。木槿生长期间虫害主要有红蜘蛛、蚜虫、蓑蛾、夜蛾等,它们主要集中危害或交替危害叶片、嫩梢、新生枝干等,造成叶片孔洞或枝叶不全,严重影响树势健康生长,不能提早开花见效。

（2）主要虫害的防治。食叶害虫发生时,可剪除病虫枝,选用安全、高效、低毒的氯氰菊酯 1 200 倍液,或吡虫啉 1 000~1 200 倍液,或用 65%代森锌可湿性粉剂 600 倍液喷洒,喷雾防治或诱杀。应注意早期防治,避免在开花采收期施药,保证采收的木槿花不受农药污染。

2. 主要病害的发生与防治

（1）主要病害的发生。木槿主要病害有炭疽病、叶枯病、白粉病等。炭疽病发病症状,病害发生在叶片上,病斑多在主侧脉两侧,初为褐色小斑,圆形或不规则形,中央黑褐色,外部色较浅,边缘为深褐色,病斑周围常有褐绿色晕圈,后期病斑上出现黑色小粒点。叶枯病发生症状,发病初期,叶尖或叶缘出现圆形或不规则形的灰褐色斑块,边缘深褐色,后随着病情蔓延发展,斑块上出现细小的灰黑色霉点,并相互交错融合,造成叶片组织大面积坏死,干枯苍白,光合作用受阻,生长势减弱,开花稀疏,甚至植株僵死。高温、高湿、通风不良的环境下,发病较为严重。白粉病在叶片上发生,开始产生黄色小点,而后扩大发展成圆形或椭圆形病斑,表面生有白色粉状霉层。一般情况下部叶片比上部叶片多,叶片背面比正面多。霉斑早期单独分散,后联合成一个大霉斑,甚至可以覆盖全叶,严重影响光合作用,使正常新陈代谢受到干扰,造成早衰,产量受到损失。

（2）主要病害的防治。炭疽病,发病期喷施 50%炭疽福美可湿性粉剂 1 000~1 400 倍液,每 10~15 天 1 次,连续 2~3 次。叶枯病,高温高湿季节要定期喷药预防,用 75%可湿性粉剂 500~800 倍液有良好的效果,每 7~8 天 1 次,连续 2~3 次。一旦发现病害,就要及时摘除病叶,集中烧毁,以减少传染源,并喷洒 25%多菌灵可湿性粉剂 200~300 倍液,每隔 7~10 天 1 次,直至病情被控制住。白粉病越冬期用 3~5 波美度石硫合剂稀释液喷或涂枝干。叶枯病,生长期在发病前可喷保护剂,发病后宜喷内吸剂,根据发病症状、花木生长和气候情况及农药的特性,间隔 5~20 天施药 1 次,连施 2~5 次。一种药物只能施 1~2 次。要经常更换农药种类,避免病菌产生抗药性。白粉病,病害盛发时,可喷 15%粉锈宁 1 000 倍液、2%抗霉菌素水剂 200 倍液、10%多抗霉素 1 000~1 400 倍液。传统药物因反复使用使病菌产生抗体,效果锐减,故提倡交替使用。

五、木槿的作用与价值

（1）景观作用。木槿是夏、秋季的重要观花灌木,南方多作花篱、绿篱,北方作庭园点缀及室内盆栽。木槿对二氧化硫与氯化物等有害气体具有很强的抗性,同时还具有很强的滞尘功能,是有污染工厂的主要绿化树种,又是城乡绿化、风景区绿化景观树种。

（2）食用作用。木槿花的营养价值极高,含有蛋白质、脂肪、粗纤维,以及还原糖、维生素 C、氨基酸、铁、钙、锌等,并含有黄酮类活性化合物。木槿花蕾,食之口感清脆,完全绽放的木槿花,食之滑爽。利用木槿花制成的木槿花汁,具有止渴醒脑的保健作用。高血压病患者常食素木槿花汤菜有良好的食疗作用。

45　连翘

连翘,学名 Forsythia suspensa,木樨科连翘属,又名黄花杆、黄寿丹、落叶灌木,是中原地区优良乡土树种。

一、形态特征

连翘树,树高可达 2.8~3.1 m,枝干丛生,小枝黄色,拱形下垂,中空。枝开展或下垂,棕色、棕褐色或淡黄褐色,小枝土黄色或灰褐色,略呈四棱形,疏生皮孔,节间中空,节部具实心髓。叶通常为单叶,叶片卵形、宽卵形或椭圆状卵形至椭圆形,长 2~10 cm,宽 1.5~5 cm,叶缘除基部外具锐锯齿或粗锯齿,上面深绿色,下面淡黄绿色,两面无毛;叶柄长 0.7~1.4 cm,无毛;花先叶开放,花开香气淡,满枝金黄,艳丽可爱,花冠黄色,1~3 朵生于叶腋,花期 3~4 月;果呈卵球形、卵状椭圆形或长椭圆形,先端喙状渐尖,表面疏生皮孔;长 1.3~2.4 cm,宽 0.5~1.3 cm,果梗长 0.8~1.4 cm。果期 7~9 月。

二、生长习性

连翘喜光,有一定程度的耐阴性;喜温暖、湿润气候,也很耐寒;耐干旱瘠薄,怕涝;不择土壤,在中性、微酸或碱性土壤上均能正常生长。在干旱阳坡或有土的石缝,甚至在基岩或紫色沙页岩的风化母质上都能生长。连翘根系发达,虽主根不太显著,但其侧根都较粗而长,须根众多,广泛伸展于主根周围,大大增强了吸收和固土能力;连翘耐寒力强,经抗寒锻炼后,可耐受−50 ℃低温,其惊人的耐寒性,使其成为北方园林绿化的佼佼者;连翘萌发力强、发丛快,可很快扩大其分布面。在阳光充足、深厚肥沃而湿润的立地条件下生长较好。

三、主要分布

连翘在我国主要分布于河南、河北、山西、陕西、山东、安徽、湖北、四川等地。在中原地区主要分布于平顶山、漯河、周口、许昌、新乡、南阳、开封、洛阳、郑州等地,生长在山坡灌丛、林下或草丛中,或山谷、山沟疏林中,海拔 250~280 m。

四、种苗繁育与管理技术

(一) 引种繁育苗木技术

1. 苗圃地选择

连翘苗木繁育的育苗地最好选择土层深厚、疏松肥沃、排水良好的夹沙土地;扦插育苗地,最好采用沙土地,通透性能良好,容易发根,而且要靠近有水源的地方,以便于灌溉。要选择土层较厚、肥沃疏松、排水良好、背风向阳的山地或者缓坡地成片栽培,以有利于异株异花授粉,提高连翘结实率,一般挖穴种植。同时,可利用荒地、路旁、田边、地角、房前屋后、庭院空隙地零星繁育种植。

2. 苗圃地整地

苗圃地选好后,于播前或定植前,深翻土地,施足基肥,每亩施基肥 3 500~5 000 kg,以农家肥为主,均匀地撒到地面上。深翻 30~35 cm,整平耙细做畦,畦宽 1.3 m、高 16 cm,畦沟宽 30~40 cm,畦面呈瓦背形。栽植穴要提前挖好。施足基肥后栽植。

3. 种子采种

要选择优势母株。选择生长健壮、枝条间短而粗壮、花果着生密而饱满、无病虫害、品种纯正的优势单株作母树。注意观察开花、结实的时期,掌握适宜的采种时间。采集要及时,避免种子成熟后自行脱落。一般于 9 月中下旬到 10 月上旬采集成熟的果实。要采发育成熟、籽粒饱满、粒大且重的连翘果,然后薄摊于通风阴凉处,阴干后脱粒。经过精选去杂,选取整齐、饱满又无病虫害的种子,储藏留种。

4. 种子储藏

在不同条件下储藏连翘种子,对其发芽率影响极大。连翘采收回来的种子,经晾晒、挑选后,采用鱼皮袋装储,在干燥的地方储存较好。储存 11 个月出苗率仍可达 85.3%;同时,也可以用干沙储存,沙储 7 个月,出苗率则降至 31.3%,储存 8 个月以上则完全丧失发芽力;而用潮沙储存,在储存期间种子已陆续发芽,故播种后期出苗率不如干燥器储存高。所以,连翘树种子储藏采用鱼皮袋装储,在干燥的地方储存出芽率高。

5. 种子催芽

春播在 4 月上中旬进行。连翘种子的种皮较坚硬,不经过预处理,直播圃地,需 1 个多月时间才发芽出土。因此,在播前可进行催芽处理。选择成熟饱满的种子,放到 28~33 ℃温水中浸泡 4~6 小时,捞出后掺湿沙 3 倍,用木箱或小缸装好,上面封盖塑料薄膜,置于背风向阳处,每天翻动 2~3 次,经常保持湿润,10~15 天后,种子萌芽,即可播种。播后 8~9 天即可出苗,比不经过预处理的种子可提前出苗 20 天左右。如土地干旱,先向畦内浇水,水渗下表土稍松散时播种。

6. 种子播种

3~4 月,即春播在"清明"前后,播时,在整好的畦面上,按行距 20~25 cm,开 1~1.5 cm 深的沟,将种子掺细砂,均匀地撒入沟内,覆土耧平,稍加镇压。10~15 天幼苗可出土。每亩用种量 2~3 kg。覆土不能过厚,一般为 1~1.5 cm,然后再盖草保持湿润。种子出土后,随即揭草。苗高 10 cm 时,按株距 10~15 cm 定苗,第二年 4 月上旬苗高 30~35 cm 时可进行大田移栽。

7. 秋冬直播

在选择好的苗圃地,可在深秋土壤封冻前播种。每穴播入种子 10 余粒,播后覆土,轻压。注意要在土壤墒情好时下种。按行距 2 m、株距 1.5 m 开穴,施入堆肥和草木灰,与土拌和即可。

8. 压条繁殖

在选择好的苗圃地,3~4 月,即春季将植株下垂枝条压埋入土中,第二年春剪离母株定植。一般以扦插繁殖为主,苗木宜于向阳而排水良好的肥沃土壤上栽植,若选地不当、土壤瘠薄,则生长缓慢、产量低,每年花后应剪除枯枝、弱枝及过密、过老枝条,同时注意根际施肥。

9. 扦插繁殖

在选择好的苗圃地,9~10 月秋季落叶后或 3~4 月春季发芽前,均可扦插,但以春季为好。选 1~2 年生的健壮嫩枝,剪成 20~30 cm 长的插穗,上端剪口要离第一个节 0.8~0.9 cm,插条每段必须带 2~3 个节位。然后将其下端近节处削成平面。为提高扦插成活率,可将插穗分扎成 30~50 根 1 捆,用 500 mg/L ABT 生根粉或 500~1 000 mg/L 吲哚丁酸溶液,将插穗基部 1~2 cm 处浸泡 9~10 秒,取出晾干待插。无论秋季扦插或春季扦插,扦插前,将苗床耙细整平,做高畦,宽 1.5 m,按行株距 20 cm × 10 cm,斜插入畦中,插入土内深 18~20 cm,将枝条最上一节露出地面,然后埋土压实,天旱时经常浇水,保持土壤湿润,但不能太湿,否则插穗入土部分会发黑腐烂。正常管理,扦插成苗率可高达 90%。加强田间管理,秋后苗高可达 40~50 cm 以上,第二年春季即可挖穴定植。

10. 中耕除草

苗木生长期,要经常松土除草,保持苗圃地干干净净、通风透光,促进苗木快速生长;尤其是苗木定植后的新生苗木,每年冬季在连翘树旁要中耕除草 1 次,植株周围的杂草可铲除或用手拔除,减少病虫害的越冬场所。

11. 施肥管理

苗期勤施、量少,也可在行间开沟。定植后,每年冬季结合松土除草施入腐熟厩肥、饼肥或土杂肥,用量为幼树每株 2 kg、结果树每株 7~10 kg,采用在连翘株旁挖穴或开沟施入,施后覆土,壅根培土,以促进幼树生长健壮,多开花结果。有条件的地方,春季开花前可增加施肥 1 次。

12. 浇水管理

5~7 月,苗木生长快速时期,又是高温天气、干旱期,注意保持苗圃地的土壤湿润,旱期及时浇灌水,雨季要开沟排水,以免积水烂根。

13. 整形修剪

定植后,在连翘幼树高达 1 m 左右时,于冬季落叶后,在主干离地面 70~80 cm 处剪去顶梢。再于夏季通过摘心,多发分枝。从中在不同的方向上,选择 3~4 个发育充实的侧枝,培育成为主枝。尤其是在主枝上再选留 3~4 个壮枝,培育成为副主枝,在副主枝上,放出侧枝。通过几年的整形修剪,使其形成低干矮冠、内空外圆、通风透光、小枝疏朗、提早结果的自然开心型树形。同时,每年冬季,将干枯枝、重叠枝、交叉枝、纤弱枝以及徒长枝和病虫枝剪除。生长期还要适当进行疏删短截。对已经开花结果多年、开始衰老的结果枝群,也要进行短截或重剪,即剪去枝条的 2/3,可促使剪口以下抽生壮枝,恢复树势,提高结果率。在连翘修剪后,每株施入磷肥 2~2.2 kg、过磷酸钙 0.4 kg、饼肥 0.5 kg、尿素 0.2 kg。树冠下开环状沟施入,施后盖土、培土保墒。早期连翘株行间可间作矮秆作物,提高经济收入。

(二) 主要病虫害的发生与防治

1. 主要虫害的发生与防治

(1) 主要虫害的发生。连翘的主要虫害有蝉类、蚧类、蛾类、卷叶象虫、蚜虫等,它们会危害连翘的不同部位,交替危害或重复危害,严重影响植株的生长,严重时落花落叶,植株萎蔫。

（2）主要虫害的防治。对于以上害虫侵扰，可以采取不同的方法防治，蝉类可用吡虫啉除尽悬浮剂 1 000~1 200 喷雾防治，蚧类在虫卵期喷洒蚧螨灵或速克灭防治，卷叶象虫可在成虫期喷洒高渗苯氧威乳油 1 200 倍液防治，蛾类可喷洒康福多浓或烟参碱 1 200 倍液防治，蚜虫可在幼虫期喷洒高渗苯氧威 1 200~1 500 倍液防治。

2. 主要病害的发生与防治

（1）主要病害的发生。连翘的主要病害是叶斑病，它是一种真菌性病害，病菌首先侵染叶缘，随着病情发展逐渐向叶片的中部发展，在病情后期会致使植株死亡。叶斑病主要在高温时发生，一般在 5 月发作，7~8 月为发病高峰期，高温高湿气候以及通风不良环境利于病害的传播蔓延，病菌在短时间繁殖，最终导致植株死亡。

（2）主要病害的防治。防治连翘叶斑病首先要经常修剪枝条，疏剪冗杂枝和过密枝，增加植株的通透性，保持良好的通风透气性。在种植连翘时，要加强肥水管理，注意营养的均衡，施肥时不宜偏施氮肥，以免植株徒长，枝繁叶茂，造成枝叶郁闭，有利于病菌的繁殖。发现植株患有叶斑病时，要及时喷洒百菌清和多菌灵药液，每 9~10 天 1 次，连续喷洒 3~4 次，可以有效地控制病情。

五、连翘的作用与价值

（1）经济价值。连翘属于野生油料植物，连翘籽含油率达 25%~33%，籽实油含胶质，挥发性能好，是绝缘油漆工业和化妆品的良好原料，还富含易被人体吸收、消化的油酸和亚油酸，油味芳香，精炼后是良好的食用油。连翘提取物可作为天然防腐剂用于食品保鲜，尤其适用于含水分较多的鲜鱼制品的保鲜，能有效抑制环境中常见腐败菌的繁殖，延长食品的保质期，是一种较有希望的成本低而安全的新型食品防腐剂。

（2）造林作用。连翘根系发达，其主根、侧根、须根可在土层中密集成网状，吸收和保水能力强；侧根粗而长，须根多而密，可牵拉和固着土壤，防止土块滑移。连翘萌发力强，树冠盖度增加较快，能有效防止雨滴击溅地面，减少侵蚀，具有良好的水土保持作用，是国家推荐的退耕还林优良生态树种和黄土高原防治水土流失的最佳经济作物。

（3）观赏价值。连翘树姿优美、生长旺盛。早春先叶开花，且花期长、花量多，盛开时满枝金黄，芬芳四溢，令人赏心悦目，是早春优良观花灌木，可以做成花篱、花丛、花坛等，在绿化美化城市方面应用广泛，是观光农业和现代园林难得的优良树种。

46　杜鹃

杜鹃，学名：Rhododendron simsii Planch，杜鹃花科杜鹃属，野生木本花卉，又名杜鹃花、山踯躅、山石榴、映山红、照山红、唐杜鹃，落叶灌木。相传，古有杜鹃鸟，日夜哀鸣而咯血，染红遍山的花朵，因而得名。1985 年 5 月杜鹃花被评为中国十大名花之六；又因花冠鲜红色，为著名的花卉植物，具有较高的观赏价值，是中原地区优良野生树种。

一、形态特征

杜鹃，株高 1.5~3 m；分枝多而纤细，密被亮棕褐色扁平糙伏毛。叶革质，常集生枝端,卵形、椭圆状卵形或倒卵形或倒卵形至倒披针形,长 1.5~4.5 cm,宽 0.8~2.5 cm,先端短渐尖,基部楔形或宽楔形,边缘微反卷,具细齿,上面深绿色,疏被糙伏毛,下面淡白色,密被褐色糙伏毛,中脉在上面凹陷,下面凸出;叶柄长 2.2~5.5 mm,密被亮棕褐色扁平糙伏毛。花芽卵球形,鳞片外面中部以上被糙伏毛,边缘具睫毛。花 2~3 朵簇生枝顶;花梗长 7 mm,花冠阔漏斗形,玫瑰色、鲜红色或暗红色,长 3.5~4.1 cm,宽 1.5~2.1 cm,裂片 5,倒卵形,长 2.5~3.1 cm,上部裂片具深红色斑点;雄蕊 10,长约与花冠相等,花丝线状,中部以下被微柔毛;子房卵球形,10 室,密被亮棕褐色糙伏毛,花柱伸出花冠外,无毛。蒴果卵球形,长 0.6~1.1 cm,密被糙伏毛;花萼宿存。花期 4~5 月,果期 6~8 月。

二、生长习性

杜鹃喜欢酸性土壤,喜凉爽、湿润、通风的半阴环境,既怕酷热又怕严寒,生长适温为 12~25 ℃。夏季气温超过 35 ℃,新梢、新叶生长缓慢,处于半休眠状态。夏季要防晒遮阴,冬季应注意保暖防寒。忌烈日暴晒,适宜在光照强度不大的散射光下生长,光照过强,嫩叶易被灼伤,新叶老叶焦边,严重时会导致植株死亡。冬季,露地栽培杜鹃要采取措施进行防寒,以保其安全越冬。生长在海拔 500~1 200 m 的山地疏灌丛或松林下。

三、主要分布

杜鹃主要分布于江苏、安徽、浙江、江西、福建、台湾、湖北、湖南、广东、广西、四川、贵州和云南等地。原产于东亚,生长在海拔 450~2 600 m。在中原地区主要分布于舞钢、鲁山、叶县、南召、栾川、卢氏、方城等地,野生分布。

四、种苗繁育与管理技术

(一)引种繁育苗木技术

杜鹃优质苗木繁育技术,主要采用种条扦插、砧木嫁接、种条压条、良种分株、种子播种等技术方法,其中以扦插法最为普遍,繁殖量最大;压条成苗最快,嫁接繁殖最复杂,只有扦插不易成活的品种才用嫁接,播种主要用培育品种;2 年种植的苗木开花早,是通过嫁接或扦插的良种苗木。

1. 扦插时间

一般在 3 月下旬至 6 月上旬,种条选择 0.5~1.2 cm 的当年生半木质化新生枝条或上一年的健壮秋枝梢做种条。

2. 制作插穗

在良种母树上剪取适当的枝条,修剪成长 12~14 cm,上面修平剪口,下面修剪成马蹄形,同时剪去下部叶片,保留顶部 2~3 片叶,保湿待插。

3. 种条扦插

苗圃地做畦,即扦插的基质,选择优良细土或林山腐殖土或黄心土或蛭石等,精耕细耙。种条处理,采用维生素 B12 针剂 1 支,打开后,把扦插条在药液中蘸一下,取出晾一会儿即可进行扦插。插时,先用筷子在土中戳个洞,再将插穗插入,用手将土压实,使盆土与插穗充分接触,然后浇一次透水。扦插种条深度以穗长的 1/3 或 1/2 为宜,扦插完成后要喷透水,加盖薄膜保湿,给予适当遮阴,1个月内始终保持扦插基质湿润,25~30天开始生根,40天左右萌芽。

4. 种条扦插后的管理

扦插后防止阳光的直晒,种条保湿、防晒,及时搭建遮阳网,每天都要喷水,除雨天外,阴天可喷1次,气候干燥时宜喷2次,但每天喷水量都不宜过多。10天后继续喷水,注意经常保持土壤湿润。萌芽后30~35天也要遮阴,直至萌芽生长3~8 cm以后才可逐渐让其接受一些阳光。此后只需要在中午遮阴2~3小时,其余时间可任其接受光照,以利其在光合作用中自行制造养分。

5. 种条压条繁育苗木

采用优质良种,高枝压条。4~5月进行压条。人工剪取2~3年生的健壮枝条,离枝条顶端11~14 cm处用锋利的小刀割开约1 cm宽的一圈环形枝皮,将韧皮部的筛管轻轻剥离干净,切断叶子制造有机物向下输送的渠道,使之聚集,以加速细胞分裂而形成瘤状突起,萌发根芽。然后用一块长方形塑料薄膜松松地包卷两圈,在环形切口下端2~3 cm处用细绳扎紧,留塑料薄膜上端张开成喇叭袋子状,随即将潮湿的泥土和少许苔藓填入,再把袋形的上端口扎紧,将花盆移到阳光直射不到的地方做日常管理。浇水时应向叶片喷水,让水沿着枝干下流,慢慢渗入袋中,保持袋内泥土经常湿润,以利枝条上伤口愈合,使之及早萌生新的根须。在90~120天地下根须长至2~3.5 cm长时,即可切断枝条,使其离开母株,栽入新的盆土中。

6. 良种嫁接繁育苗木

嫁接时间5~6月,采用嫩梢劈接或腹接法;砧木选择,选用2年生的野生杜鹃苗木,要求新梢与接穗粗细得当为好。接穗选择,在健壮优良母株上,剪取3~4 cm长的嫩梢,去掉下部的叶片,保留端部的3~4片小叶,基部用刀片削成楔形,削面长0.5~1.0 cm。嫁接后的管理,当年生新梢2~3 cm处截断,摘去该部位叶片,纵切1 cm,插入接穗楔形端,皮层对齐,用塑料薄膜带绑扎接合部,套正塑料袋扎口保湿;置于荫棚下,忌阳光直射和暴晒。接后6~8天,只要袋内有细小水珠且接穗不萎蔫,即有可能成活;55~60天去袋,第二年3月再解去绑扎带即可。

7. 种子播种繁育苗木

选择优良品种、结实早的母树采种。采种在每年的10~12月,当果皮由青色转黄至褐色时,果的顶端裂开,种子开始散落,此时要随时采收。未开裂的变褐均采下来,放在室内通风良好处摊晾,使之自然开裂,再去掉果壳等杂质,装入纸袋或布袋中,保存在阴凉通风处。如果有温室条件,随采随播发芽率高。播种时间为3~4月,选择苗圃地土壤肥沃、沙壤土、通透性好、湿润、含有丰富有机质的酸性土。为了出苗均匀,种子掺些细土,上面盖一层薄细土,浇水喷雾渗入,搭建小拱棚或塑料薄膜,目的是提高盆内温度。小苗出土后,逐渐减少覆盖时间,因苗嫩小,注意温变,突然高低变化,避免强光的照射。苗长得很慢,5~6月,苗木长出2~3片真叶时,在室内做第一次移栽,株行距2~3 cm,苗高2~3 cm,大苗移栽在苗高8~9 cm时进行。随后加强肥水管理,培育健壮大苗。

(二)造林绿化技术

1.造林地选择

杜鹃是喜阴的植物,太阳的直射对它生长不利,所以造林地点最好选择在有树影遮阴的地方,或者在做绿化设计时,就考虑遮阴情况,在乔木下种植杜鹃。保护杜鹃苗木健康生长。

2.造林种植

造林时间,2月至3月上旬,萌芽前栽植,地点宜选在通风、半阴的地方,土壤要求疏松、肥沃,含丰富的腐殖质,以酸性沙质壤土为宜,并且不宜积水,否则不利于杜鹃正常生长。栽后踏实,浇水。

3.造林后管理

造林后,及时搭建遮阳网,或必须架设荫棚,定植时必须使根系和泥土匀实,但又不宜过于紧实,而且使根颈附近土壤面呈弧形状态,这样既可保护植株浅表性的根系不受严寒的冻害,又有利于排水。4月中下旬进行遮阴,或间作大树树下疏荫处,避免强光直射。杜鹃对土壤干湿度要求是润而不湿。对露地栽种的杜鹃可以隔2~3天浇1次透水,在炎热夏季,每天浇1次水,促进苗木生理平衡。施肥,在每年的冬末春初,施入有机肥料做基肥。4~5月杜鹃开花后,由于植株在花期中消耗掉大量养分,随着叶芽萌发,新梢抽长,可每隔10~15天追1次化肥。同时,做好修剪整枝维护管理工作,它能调节生长发育,从而使树木长势旺盛。花蕾期应及时摘蕾,使养分集中供应,促花大色艳。修剪枝条一般在3月或9月进行,剪去交叉枝、过密枝、重叠枝、病弱枝,及时摘除残花。整形一般以自然树形略加人工修饰,因树造型,提早开花见效。

(三)主要病虫害的发生与防治

1.主要病害的发生与防治

(1)主要病害的发生。杜鹃的病害主要有根腐病、褐斑病、黑斑病、叶枯病、缺铁黄化病等。杜鹃患根腐病后,生长衰弱,叶片萎蔫、干枯,根系表面出现水渍状褐色田块,严重的软腐,逐渐腐烂脱皮,木质部变黑。此病在温度高、湿度大的环境下最易发生。

(2)主要病害的防治。3~6月,保持苗木生长环境干净,土壤疏松、湿润,使其有良好的通透性,避免积水。如果发现植株患病,要及时处理病株及盆土。治疗时,可用0.1%的高锰酸钾水溶液或2%的硫酸亚铁淋洗病株,再用清水冲洗后重新上盆。用70%的甲基托布津可湿性粉剂加900~1000倍水制成溶液喷洒盆土,防效较好。其中褐斑病,病害初发时,叶面上出现褐色小斑点,逐渐发展成不规则状大斑点,病斑上产生许多黑色或灰褐色小点,使受害叶片变黄、脱落,影响当年开花及来年花蕾的发育。这种病常发生于梅雨季节湿度大的时候。6~8月,发现病叶要及时摘除,集中烧毁。病害发生初期,喷洒0.5%波尔多液或0.4波美度石硫合剂,并加4%的洗衣粉增加黏附力。叶斑病、黑斑病也可以用同样方法治疗。黄化病发生病情轻时,只出现植株迟绿现象;严重时,叶组织可全部变黄,叶片边缘枯焦。发病时,以植株顶梢的叶片表现最为明显,一般皆由内部缺铁所造成。防治方法是改变土壤中缺铁性质,降低土壤碱度。增施有机肥改造黏质土壤。对缺铁植株可直接喷洒0.2%~0.3%硫酸亚铁溶液。也可在植株周围土壤上用筷子戳几个深15~17 cm的孔,用1:30的硫酸亚铁水溶液慢慢注入,将孔注满,以增加土壤酸性、减少碱性。

2. 主要虫害的发生与防治

(1)主要虫害的发生。杜鹃常见的虫害有红蜘蛛、梨网蝽、蚜虫等。虫体微小,但对杜鹃危害严重。危害轻时,叶片发黄失绿,严重时使叶片脱落,造成树势衰弱,影响生长及开花。

(2)主要虫害的防治。一是梨网蝽,又名梨冠网蝽、梨花网蝽。其成虫体小而扁平,长 3~4 mm,黑色,是对常绿杜鹃危害最严重的一种害虫,常在叶片背后刺吸叶液为害,被害处叶面上面出现黄白色斑点,使叶片脱落,造成树势衰弱,影响生长及开花。温室中杜鹃极易发生此虫。防治方法主要是用药物喷杀。喷布 90%敌百虫原药 1 000 倍液或氯氰菊酯 1 300~1 500 倍液或 50%杀螟松乳剂 1 000~1 500 倍液防治。二是蚜虫。其危害杜鹃幼枝叶,轻者可使叶片失去绿色,重者使叶片卷缩,变硬变脆,不能吸收养分,影响开花。成虫、若虫在叶背吸食汁液,被害叶正面形成苍白点,叶片背面有褐色斑点状虫粪及分泌物,使整个叶背呈锈黄色,严重时被害叶早落。防治方法是平时要特别注意越冬期的蚜虫,11~12 月可在植株上喷洒一次 5 波美度的石硫合剂,消灭越冬虫卵,铲去花卉附近杂草,消灭虫源。在蚜虫危害期,喷布吡虫啉 1 200 倍液或溴氰菊酯 1 000~1 200 倍液进行连续防治,3~4 次即可。9 月在树干上绑草诱集越冬成虫,12 月人工清除树干绑草或林间杂草、落叶,集中烧毁,可大大压低虫源,减轻来年为害。3 月中旬,越冬成虫出蛰后及时喷布 2.5%敌杀死或氯氰菊酯 1 000~1 500 倍液即可。

五、杜鹃的作用与价值

(1)观赏作用。杜鹃枝繁叶茂,绮丽多姿,萌发力强,耐修剪,根桩奇特,是优良的盆景材料。城乡绿化、园林美化中最宜在林缘、溪边、池畔及岩石旁成丛成片栽植,也可于疏林下散植。杜鹃也是花篱的良好材料,毛鹃还可经修剪培育成各种形态。杜鹃专类园极具特色。在花季绽放时总是给人热闹而喧腾的感觉,而不是花季时,深绿色的叶片也很适合栽种在庭园中作为矮墙或屏障。

(2)药用价值。杜鹃根活血、止痛、祛风。有的叶、花可入药或提取芳香油,有的花可食用,树皮和叶可提制栲胶,木材可做工艺品等。高山杜鹃根系发达,是很好的水土保持植物。该物种全株供药用:有行气活血、补虚,治疗内伤、咳嗽、肾虚耳聋、月经不调、风湿等疾病。

47 黄荆

黄荆,学名:Vitex negundo L,马鞭草科牡荆属,又名荆条、荆条子、五指柑、五指风、布荆等,灌木或小乔木,野生树种,是中原地区优良水土保持林树种。

一、形态特征

黄荆,小枝四棱形,密生灰白色茸毛。掌状复叶,小叶 5,少有 3;小叶片长圆状披针形至披针形,顶端渐尖,基部楔形,聚伞花序排成圆锥花序式,顶生,花序梗密生灰白色茸毛;

花萼片钟状,花冠淡紫色,外有微柔毛,子房近无毛。核果近球形,4~6月开花,7~10月结果。核果近球形,径 1~2 mm;宿萼接近果实的长度。花期 4~6 月,果期 7~10 月。

二、生长习性

黄荆耐寒、耐干旱、耐瘠薄,对土壤要求不严,山脊、石质、石缝、灌木林中均可生长,萌芽能力强,适应性广,在肥沃、腐殖质、土壤较厚的地方生长健壮,种子产量高;多见荒山、林间、林下野生生长。

三、作用分布

黄荆主要分布于河南、山西、山东、河北、湖南等长江以南各省,北达秦岭—淮河。生于山坡路旁或灌木丛中。黄荆在中原地区济源、安阳、焦作、平顶山、南阳等地野生分布;尤其是太行山、伏牛山各地常见于荒山、荒坡、田边地头。舞钢市山区分布在灯台架、祥龙谷、蚂蚁山、瓦房沟等山坡路旁或灌木丛中。

四、种苗繁育与管理技术

(一)引种繁育苗木技术

黄荆主要采用春季播种、分株、压条、扦插等法繁殖苗木。

1. 种子采收与处理

10月,当黄荆果实呈黄褐色时采集,采收后的黄荆种子,过筛,选择剩余的黄荆种子,用水淘洗,选择出优良饱满的黄荆种子,进行沙藏。

2. 苗圃地选择

选择地势平坦、排灌条件方便、土壤肥沃的壤土或沙壤土作为苗圃地,出芽率高。

3. 播种育苗

2月上旬,将选择出的黄荆种子浸泡在温水中24~48小时,提高出芽率。即在播种前用 20~25 ℃温水浸泡24天,用清水冲洗几次,条播、穴播均可。出苗后加强肥水管理,幼苗生长萌生速度快,4~8月人工采取多次摘心,促进枝叶生长萌发。同时,根据幼苗生长高度,适时进行截顶修剪。第二年,苗木长至 20~30 cm 高,即可造林用苗。

(二)造林绿化技术

1. 苗木选择

选择高 20~30 cm 的 1 年生健壮苗木。黄荆适应性强,可以人工选择野生苗木,即人工采挖林间种子野生实生根部的分蘖苗分栽造林,苗木要带着土球起苗。

2. 造林地选择

黄荆对土壤无特殊要求,阳坡面或背阴坡面或浅山丘陵、石质土壤等地均可造林栽植。

3. 造林地整地

一是清除造林地的杂灌,造林前进行植被清理。二是根据造林位置、地点、坡度、面积大小、形成特点及配置需要,确定整地时间、方式、方法、规格。可在栽前临时整地,或可提前 2~3 月整地,以改善立地条件,提高造林成活率和促进幼林生长。

4.造林密度

挖穴,穴采用 30 cm × 30 cm × 30 cm,紧实板结等山地边坡和地段,扩大整穴规格为 50 cm × 50 cm × 50 cm。整地中做好翻土堆放,以便回土。按照株行距 2 m × 3 m,从坡顶到坡底"品"字形、三角状配植。造林时每个树穴的底部均施入厚度不低于 0.2 m 的农家肥;苗木栽植前要进行根系修剪,修剪黄荆的根系时保留小根和毛须根,将多余的修剪掉,促进成活率。

5.造林时间

11~12 月或 2~3 月,即初冬落叶后或早春萌芽前,挖掘黄荆苗木,人工选择栽植深度和树干方向造林,种植后及时浇水,浇水后及时进行扶正、填土以及压实,保墒保湿,提高成活率。

6.抚育管理

黄荆生长慢,8~9 月可施用一些氮肥,或采取深翻埋青,或以耕代抚,间种豆类和绿肥。疏松土壤,增强土壤透气和蓄水性能,有利于根系伸展,促进幼林生长。第二年 3 月,做好补植、除萌、开沟排水、除草松土等项工作。按照留优去劣、留稀去密、分布均匀的原则,进行 1~2 次间伐,最后每亩保留 300~350 株即可。

五、黄荆的作用与价值

(1)绿化作用。黄荆常作园林盆景栽培,管理比较粗放,也很适合家庭盆栽观赏;在城乡绿化中可用作绿篱或景观种植。

(2)经济作用。黄荆灌木小径材,材质好,可加工成小型用具;茎皮可造纸及制成人造棉,花和枝叶可提芳香油。黄荆俗有"千年锯不得板,万年架不得桥"的说法,也就是永远长不大的意思。因此,只可作为造林困难地绿化、水土保持之用,选择立地条件较差的地栽种。黄荆是营造边坡防护林,较快实现边坡生态恢复、固坡、防止水土流失的优质保持林种。

48　珊瑚樱

珊瑚樱,学名 Solanum pseudocapsicum,茄科茄属,又名冬珊瑚、红珊瑚、四季果、看果、吉庆果、珊瑚子、玉珊瑚、野辣茄、野海椒,常绿灌木,具有观赏价值,果色随季节由绿演变成红色,再到橙黄,浑圆玲珑,受人喜爱,是中原地区优良野生灌木树种。

一、形态特征

珊瑚樱,干高 50~175 cm,直立,冠幅直径 50~80 cm,叶互生,狭矩圆形至倒披针形,边缘呈波状。花小,辐射状,白色,单生或稀成蝎尾状花序花,萼 5 裂;花冠檐部 5 裂;雄蕊 5,着生于花冠筒喉部。花期 5~12 月。浆果球形,橙红色或黄色,留存枝上经久不落;种子扁平。果熟期 5 月至第二年 2 月。根系发达,须根多,地径上部 5~15 cm 的干有气生根。

二、生长习性

珊瑚樱喜光照、温暖、湿润、土层深厚疏松的肥沃土壤,在肥沃的腐殖质和石质土壤上生长旺盛,枝繁叶茂,花朵洁白靓丽,果实累累。同时。还耐半阴、耐寒、耐干旱。

三、主要分布

珊瑚樱原产南美洲,河南、山东、广西、广东、福建、云南、安徽等地多有栽培。在河南省主要分布于平顶山、南阳、漯河、信阳等地。河南省舞钢市山区鹁鸽楼山、鸡山、长岭头、支鼓山等麻栎林下有野生分布,在路边、沟边和旷地野生生长。

四、种苗繁育与管理技术

(一)引种繁育苗木技术

1. 采收种子

珊瑚樱,9~12月,种子成熟期,人工采收成熟的种子;在晒场中堆放2~5天,果实变软时,人工在清水中抓烂,漂洗沥干后晒干,在干燥处储存备用。

2. 种子播种

3月中旬,即第二年清明前播种,少量繁殖可在花盆里进行,将种子均匀撒在上面,覆上一层薄土,然后在水盆里浸透水。为保持湿润,花盆口要盖玻璃或塑料薄膜,播种后5~7天便可发芽,待长出新叶时,可分苗移植。如要大量育苗,可用苗床播种,种后用细孔喷壶喷透水,以后见干再喷,保持湿润即可,移栽后喷布1~2次复合肥水,并放在光照充足处即可,随后20~30天,加强除草、松土、浇水管理,确保苗木健壮生长。

3. 栽培技术

珊瑚樱繁殖和管理比较简单,多采用种子繁殖,冬、春采集红色的成熟浆果,在水中淘洗干净,捞出种子晒干备用。春季将种子播于露地,播后当温度合适发芽迅速,整齐,生长快,当幼苗长出2~3片真叶时,应移栽假植一次,苗床中施足基肥,按15 cm×25 cm的距离栽种。栽后经常进行中耕除草,以利根系发达。当苗高15~25 cm时,再移栽一次,栽植距离为35~45 cm。

(二)主要病虫害的发生与防治

1. 主要虫害的发生与防治

在大田管理生长中,没有发现虫害危害。

2. 主要病害的发生与防治

(1)主要病害的发生。珊瑚樱病害主要是炭疽病,5~7月,天气高温高湿、积水情况下,易感染发生病害,造成幼苗或植株炭疽病,影响生长成活。

(2)主要病害的防治。5~7月,进入夏季雨天,应及时排除苗圃地树穴内的积水,为使幼苗生长健壮,减少炭疽病的感染,应每隔7~10天喷施1~2次50%托布津或百菌清500~700倍液。同时每隔10~15天施一次腐熟的液肥,到了开花盛期,还要在叶面喷施0.2%磷酸二氢钾溶液,以保证开花多,坐果多,果实肥大,颜色艳丽。

五、珊瑚樱的作用与价值

（1）观赏作用。珊瑚樱的最大优点就是观果期长,浆果在枝上宿存很久不落。常常是老果未落,新果又生,终年累月,长期观赏。尤其在寒冷的严冬,居室里摆置一盆红艳满树的珊瑚樱,会显得生机勃勃。

（2）药用价值。珊瑚樱全株有毒,叶比果毒性更大。人畜误食会引起头晕、恶心、嗜睡、剧烈腹痛、瞳孔散大等中毒症状,但其根可供药用。

（3）绿化作用。珊瑚樱四季常青,根系发达,须根多,耐阴、耐干旱、耐瘠薄,适应性强,是良好的林下经济林、林下水土保持林,又是绿化树。

第三章　阔叶类林木树种

　　阔叶类林木树种,一般指多年生木本树种,其叶片、叶面宽阔,叶形随树种不同而有多种形状。阔叶类林木树种分常绿树种和落叶树种,落叶树种在秋冬季节叶从枝上脱落。由阔叶树组成的森林,称作阔叶林。阔叶林木树种的经济价值高,多数是生活、生产中重要的用材树种,其中有些为名贵木材,如核桃、天目木姜子、麻栎等。阔叶类林木树种繁多,在林木生产中又称作硬杂木。阔叶林木树种多数适用于建筑工程、木材包装、机械制造、造船、车辆、桥梁、枕木、家具、坑木及胶合板等,是优质用材林木。

1　天目木姜子

　　天目木姜子,学名:Litsea auriculata,樟科木姜子属,落叶乔木,是濒危物种,被列为国家三级保护植物,野生树种。

一、形态特征

　　天目木姜子,树高 10~20 m,胸径达 40~50 cm。树皮灰色或灰白色,小鳞片状剥落,内皮深褐色。小枝紫褐色,无毛。树皮小鳞片剥落后呈鹿斑状,叶大,叶柄长,果托杯状,易识别。叶互生,椭圆形、圆状椭圆形、近心形或倒卵形,长 9~20 cm,宽 5~10 cm。伞形花序,无总梗或具短梗,先叶开花或同时开放,雌雄异株。苞片 8,开花时尚存,雄株每一花序有雄花 6~8 朵;花被裂片 6,有时 8,黄色,长圆形或长圆状倒卵形,长 4~5 mm,外面被柔毛。果实卵圆形或椭圆形,表面黑色或紫黑色。外皮薄,除去外皮可见硬脆的果核,内含种子 1 粒。4 月中旬盛花期,4 月底叶全展,花期 3~4 月,9 月中旬果熟,11 月中旬开始落叶。

二、生长习性

　　天目木姜子喜散光,耐庇荫,喜侧方遮阴,喜湿润、稍耐旱,喜深厚、肥沃的中性、微酸性土壤。天目木姜子生于海拔 500~1 000 m 的山坡谷地落叶阔叶林或针阔混交林内。一般要求土层深厚、肥沃和侧方遮阴。幼苗自海拔 650 m 开始至 1 000 m 均有,但成树率不高。引种到海拔 300 m 以下初期生长不良,孤植和园栽易遭日灼。

三、主要分布

　　天目木姜子主要分布于浙江(天目山和天合山)、安徽、河南(舞钢、鸡公山、南召)及江西九岭山,是我国特产树种。中原地区主要分布于舞钢、栾川、卢氏、灵宝、鲁山等地。

河南省舞钢市国有石漫滩林场三林区秤锤沟海拔 500 m 阴坡生长有数十株,伴生于栎类、化香阔叶林中,最大树高 15 m,胸径 50 cm,树龄百年,仍生长良好,枝叶茂盛,2008 年已被舞钢市政府列为古树名木。

四、种苗繁育与管理技术

(一)引种繁育苗木技术

1. 种子采收

9 月,种子采收即可育苗。种子因含油质,寿命不长,采种后立即播种,成活率高;采收种子冬季不繁育的及时储藏,果实 9~10 月采摘,晒干。

2. 苗圃地选择

要选择土壤肥沃的土地作苗圃地。天目木姜子喜温暖潮湿环境,土壤肥沃、疏松,夹沙土或富含腐殖质。选择海拔 500~1 000 m 以下的缓坡、丘陵、平原处的夹沙土或富含腐殖质的土壤的地块作为种苗圃地。清理地块后,拖拉机耕地耙整地,每亩地施入腐熟的堆肥或农家肥 2 000~2 500 kg。

3. 播种后管理

种子播种后,尤其是苗期需要遮阴,保持土壤及空气湿度,幼树最忌直射阳光,宜在稀疏林内种植,定植后,必须在西向遮阴,否则将产生严重日灼,使苗株死去。种植地可用遮阳网搭成拱形棚。幼苗生长初期加强荫蔽管理,搭建遮阴棚保护;10 月下旬,随着植株生长,逐渐降低遮阳网的遮阴,可以拆除遮阳网;冬季苗木做好防冻保暖措施,保护苗木越冬。

4. 苗圃地施肥管理

施肥与结合浇水进行。每亩施尿素 10~15 kg、过磷酸钙 80~120 kg,配已腐熟的人畜粪水,在 5~8 月进行 2 次追肥。3~8 月,搭建拱形棚,棚内应保持空气流通和土壤湿润,不积水,以防根茎腐烂,并适当调节荫蔽度,促进苗木健壮生长。

(二)病虫害防治技术

1. 主要病害与防治

天目木姜子主要病害是根腐病,危害根系。7~8 月,气温高、湿度大,在须根发病,症状为褐色干腐,并逐渐蔓延至根茎。根茎部横切,可见维管束病变为褐色,后期根茎部腐烂,地上部分萎蔫枯死、果实早落等。防治措施:在 6 月底发病初期,用 50% 的托布津 1 000~1 500 倍液喷雾,连续 2~3 次,间隔 7~10 天即可。

2. 虫害

在野外苗木繁育与大树生长观察,无虫害发生。

五、天目木姜子的作用与价值

(1)园林绿化作用。天目木姜子为中国特有种,叶片巨大,树体壮观,树干端直,树皮美丽,材质优良,是一种值得发展的用材和园林绿化树种。

(2)经济价值。天目木姜子木材带黄色,重而致密,是制作家具等的优质用材。

(3)药用价值。天目姜子果实和根皮,民间用来治寸白虫;叶外敷治伤筋。

2　山麻杆

山麻杆,学名:Alchornea davidii Franch.,大戟科山麻杆属植物,直立丛生落叶灌木,为独具形态、鲜艳美丽的园景、庭院观赏树种。

一、形态特征

山麻杆,树高 1~3 m。嫩枝被灰白色短茸毛,1 年生小枝具微柔毛。叶互生,薄纸质,幼叶近紫红。阔卵形或近圆形,顶端渐尖,基部心形、浅心形;边缘具粗锯齿或具细齿,齿端具腺体,上面沿叶脉具短柔毛,下面被短柔毛,基部具斑状腺体多个,基出脉 3 条。长 8~14 cm、宽 7~13 cm。雌雄异株,雄花序穗状。雄花 5~6 朵,簇生苞腋,无毛,基部具关节;雌花序总状,顶生,长 4~7 cm,花 4~7 朵,各部均被短柔毛。蒴果近球形,种子卵状三角形。花期 3~5 月,果期 6~7 月。

二、生长习性

山麻杆为阳性树种,喜光,喜湿润、疏松、深厚、酸碱度适中土壤。适生于海拔 100~700 m 的沟谷、溪畔、山脚灌丛或旷野。

三、主要分布

山麻杆主要分布于陕西、四川、云南、贵州、广西、河南、湖北、湖南、江西、江苏、福建、浙江等地。河南省舞钢市境内武功乡平原、尹集镇丘陵、杨庄乡山地海拔 80~400 m 的山脚、谷地、河岸、田边、古老村旁、旷野、林缘或灌丛均有片丛状分布。谷地林下亦有生长。

四、种苗繁育与管理技术

(一)种子播种繁育技术

1. 种子采收

山麻杆果实 7~8 月成熟即可采收,采收后,阴干种壳便可取出种子储藏备用。

2. 种子播种

播种时间为 3 月中下旬,对其萌发生长极为有利。播种前,应在房前屋侧挑选地势稍高、土质疏松肥沃的地方进行翻整,制作露地苗床,苗床的大小可根据种子的多少决定。播种时,种子要用 40 ℃左右的温开水浸泡,再用 0.1%的多菌灵水溶液浸泡,然后捞起种子,直接播种在苗床内。山麻杆种子适宜保湿浅播,以促进发芽,播种初期种子要求土壤绝对湿润,但覆土不能太厚,一般以细砂土盖住种子为宜,床上用竹条拱架,覆盖塑料薄膜,以保持苗床湿润和温度。出苗以前,应注意通风,不断调节苗床的温度,如果温度在 25 ℃左右,经过 15~25 天,胚芽便破土而出,新生苗木加强保湿浇水,搭建遮阳棚保护,促进苗木快速生长。

(二)种条扦插繁育技术

1. 种条选择

山麻杆扦插是繁殖中最为简便的方法。扦插时间为 2～3 月,挑选生长一年的枝条作插穗,每段长 12～15 cm,一般保持 3～4 个节间,顶端削成 45°的斜面,基部平截,注意保持茎干皮层,剪口要光滑,皮层不能破裂。

2. 种条处理

剪好的种条,置于阴凉通风处,待其切口干燥后便可进行扦插。扦插苗床要选地势稍高、背风向阳的地方,翻整土地,制作露地苗床。苗床的大小可根据枝条的多少而定,最好在苗床上铺一层素黄沙土,厚度为 25～30 cm,用 3 000 倍的高锰酸钾水溶液进行消毒,稍晒一晒,便可进行扦插。插入土壤的深度为插穗长度的 1/2,填土压实,用细孔喷壶喷透水。苗床上用竹条拱架,架上覆盖塑料薄膜,以利保温保湿。山麻杆插条,皮层带有根的原始体,扦插后生根较快,成活率高,但要注意空气相对湿度不宜过大,以免烂茎。

(三)造林绿化技术

1. 造林地选择

选择肥沃土壤或山地、山坡、荒山等地块。栽植后,山麻杆性喜湿润土壤,在生长季节不耐干旱,不论露地栽培还是盆栽,都应随时补充水分。

2. 露地栽培

露地栽培的植株,在春季的干燥季节,株行距按照 2 m × 3 m 造林。每 7～10 天灌透水 1 次,以利土壤中肥料的分解,使植株开始活动时就有充足的水分和养分。夏季雨水多,可以不浇水,若遇上伏旱,可每星期灌水 2 次。秋季要控制浇水,以土壤干润即可,以利植株进行花芽分化。冬季浇水更少,一般在入冬前灌水 1 次即可。

3. 造林管理

大田露地栽培的植株,可在植株周围挖放射状浅沟,重施一次肥,然后回土填平,9～10 月,秋季再施 1 次即可满足植株生长的需要。盆栽植株,在施足基肥的同时,注意随时追肥,春季,每 15～20 天追施 1 次,以有机肥和无机肥交叉施入,无机肥不可用农用化肥或劣质化肥,以免烧根灼叶,应到化学药剂商店买氮、磷、钾等元素配合好的等量式肥料,浓度以 0.1%～0.2%为宜。夏季施肥要降低浓度,秋季施肥要减少次数,冬季停施。

五、山麻杆的作用与价值

(1)观赏价值。山麻杆萌蘖性强,生长迅速,自然繁殖能力强。其茎干直立通达,株形矮壮,片状丛生,枝冠少见,干茎粗细、高低匀称。叶片硕大,幼时红色或紫红色。其叶色、叶形变化丰富,观赏价值高,为独具形态、鲜艳美丽的园景、庭院观赏树种。

(2)绿化作用。山麻杆适于景园、湿地旷地、亭台缘丛植,庭院、别墅角隅丛植或门侧、窗前孤植,也可路边、水滨列植观赏。目前,采用该种作绿化观赏的很少,若能就地取材,科学应用,合理点缀,成本低,且不失其较高的观赏性。

3　栓皮栎

栓皮栎,学名:Quercus variabilis Bl. ,山毛榉科栎属,又名林子、栎树、柴河等,落叶乔木,是中原地区优良乡土树种,中国珍贵树种。

一、形态特征

栓皮栎,树冠广卵形,树皮灰褐色,深纵裂,木栓层特厚。小枝淡褐黄色,先端渐尖,基部楔形,缘有芒状锯齿,背面被灰白色星状毛,雄花序生于当年生枝下部,雌花序单生或双生于当年生枝叶腋。总苞杯状鳞片反卷,有毛。坚果卵球形或椭球形。花期 5 月,9~10 月果实成熟。

二、生长习性

栓皮栎喜光,常生于山地阳坡,幼树以侧方庇荫为好。对气候、土壤的适应性强。在 pH 4~8 的酸性、中性及石灰性土壤上均能生长,亦耐干旱、瘠薄,以深厚、肥沃、适当湿润、排水良好的壤土和沙质壤土最适宜,不耐积水,幼苗地上部生长缓慢,地下主根生长迅速,以后枝干生长渐快。抗旱、抗风力强,耐火,不耐移植。萌芽力强,天然更新好,寿命长。

三、主要分布

栓皮栎主要分布于辽宁、河北、山西、河南、湖北、湖南、广东、广西等地。在中原地区主要分布于舞钢、栾川、鲁山、林州、淅川、南召等地;在河南省舞钢市分布于国有石漫滩林场秤锤沟、王沟、瓦房沟、五座窑、卜冲沟,国有林场四林区大河扒林区自然生一株 30 年生的栓皮栎,树高 14 m,胸径 78 cm,枝下高 10 m,冠幅 12.3 m,枝繁叶茂。

四、种苗繁育与管理技术

(一)引种繁育苗木技术

1. 苗圃地的选择

选择光照充足、浇灌方便、排水良好、土壤深厚、肥沃的沙壤土为佳。

2. 苗圃地的整地

9~10 月,采用大型拖拉机旋耕犁地,深翻土壤,做到精耕细耙;同时,每亩施入 8 000~10 000 kg 的农家肥作基肥。

3. 采收种子

选择 30 年以上树龄、生长健壮、无病虫害的母树采种。采收时期,种子成熟期一般为 8 月下旬至 10 月上旬。种子成熟的表现特征:种壳呈棕褐色或黄色,良好的种子呈棕褐色或灰褐色,有光泽、饱满、个大、粒重。

4. 种子储藏

栓皮栎种子含水率为 40%~60%,无休眠期,遇适宜的土壤就能够发芽,易发芽霉烂,且易受虫害。种子采后应放在通风处摊开阴干,每天翻动 2~3 次,至种皮变淡黄色,种内水分减少至 15%~20%,即可储藏。储藏前,用二硫化碳或敌敌畏密闭熏蒸 24 小时杀虫处理,然后储藏。采用室内沙藏法,选通风干燥的室内或棚内,先铺 1 层沙,接着铺 1 层种子,厚度为 8~10 cm,如此 1 层沙、1 层种子堆上去,堆的高度不超过 70 cm。另外,可将沙和种子拌和堆藏,堆之间必须间隔竖立草把,以利通气,防止种子发热霉烂。注意定期检查,发现有霉烂或鼠害及时处理。

5. 种子催芽

种子需进行催芽处理,用 50 ℃温水浸种,自然冷却,如此反复 3~4 次,可以提前 10 天左右发芽,发芽率可达 80%~90%;也可以用湿沙层积催芽,待种壳开裂露白时播种。

6. 大田播种

播种一般采取苗床播种。株行距 10 cm × 20 cm 或 15 cm × 15 cm,沟深 6~7 cm,沟内每隔 10~15 cm 平放 1 粒种子,播种量为每亩地 350~400 kg。

7. 肥水管理

在施足基肥的基础上,因地因苗适时追肥,第一次追肥,6 月上中旬生长旺期进行;第二次追肥,7 月下旬左右,即在第一次新梢生长基本停止时追肥,以提供孕育二次新梢的养分。幼苗出土前后,苗床必须保持一定湿度,并注重浇灌和松土除草。7~8 月进入雨季,在大雨后,必须在苗床上加盖 1 层细肥土,以补充苗木根部土壤流失的不足。

8. 苗木间苗

4~6 月,为使苗木迅速生长,需及时间苗。间苗强度、次数和具体时间,根据苗木生长情况和立地条件而异。通过人工间苗,可培育壮苗,壮苗的标准为:平均高 40~50 cm,平均地径 6~8 mm,每亩达到优质苗木 8 000~10 000 株。

(二)主要病虫害的发生与防治

(1)主要虫害的发生。栓皮栎主要害虫,一是豆天蛾,危害特征:4 月中旬至 5 月下旬,幼虫危害树叶,大发生时,虫口密度一株树可达数千条,短期内可把树叶全部吃光。二是云斑天牛,1 年 1 代,危害特征:幼虫在树干内越冬,并且危害主干和嫩皮层,严重的可使树枝干枯致死,或树被危害后,易遭风折。

(2)主要虫害的防治。4~5 月,豆天蛾幼虫出现时,采取喷布灭幼脲或苦参碱 1 400~1 800 倍液灭杀;发生虫害严重的地方,用敌杀死 1 200 倍液喷杀。冬季可以防治,剪除消灭小枝条上越冬的卵块,减少第二年的发生量。云斑天牛,1~6 月,进入幼虫化蛹、蛹羽化成虫的活动期,此时,清除蛀孔的排泄物,用 80% 的敌敌畏 200 倍液注入蛀孔,然后用泥团封口,杀死幼虫;成虫盛发期,可组织人工捕捉成虫灭杀。

五、栓皮栎的作用与价值

(1)造林作用。栓皮栎是优良乡土树种,又是中国重要的荒山造林绿化树种。栓皮栎特性显著,其根系发达,适应性强,叶色季相变化明显,是良好的绿化观赏树种;适宜孤植、丛植或混交,干高叶大,是很好的防风林;根系发达,树皮不易燃烧,耐火,又是难得的水源涵养林及防护林、防火隔离带等优良树种。

(2)观赏价值。栓皮栎树干通直,枝条广展,树冠雄伟,浓荫如盖,秋季叶色转为橙色,季节变化明显,是良好的观赏绿化树种。

(3)用材作用。材质坚韧耐磨,纹理直,耐水湿,结构粗略,是重要用材,可供建筑、车船、家具、枕木等用。栓皮可作绝缘、隔热、隔音、瓶塞等原料。

4　麻栎

麻栎,学名:Quercus acutissima Carruth.,壳斗科栎属植物,又名栎树、林子等,落叶乔木,是中原地区优良乡土树种,荒山造林绿化优良树种。

一、形态特征

麻栎,树高达 30 m,胸径达 1 m,树皮深灰褐色,深纵裂。幼枝被灰黄色柔毛,后渐脱落,老时灰黄色,具淡黄色皮孔。叶片形态多样,通常为长椭圆状披针形,长 8~19 cm、宽 2~6 cm,顶端长渐尖,基部圆形或宽楔形,叶缘有刺芒状锯齿,叶片两面同色,叶柄幼时被柔毛,后渐脱落。雄花序常数个集生于当年生枝下部叶腋,有花,花柱壳斗杯形,小苞片钻形或扁条形,向外反曲,被灰白色茸毛。花期 3~4 月;坚果卵形或椭圆形,顶端圆形,果脐突起,果熟期 9~10 月。

二、生长习性

麻栎喜光,深根性,对土壤条件要求不严,耐干旱、瘠薄,亦耐寒、耐旱;能耐酸性土壤,亦适石灰岩钙质土,是荒山瘠地造林的优良乡土树种。与其他树种混交能形成良好的干形,深根性,萌芽力强,但不耐移植。抗污染、抗尘土、抗风能力都较强。寿命长,可达 500~600 年。

三、主要分布

麻栎主要分布于河南、山东、云南等地。常生于海拔 1 000~2 200 m。中原地区主要分布于舞钢、栾川、鲁山、林州、淅川、南召、方城等县(市),为造林绿化树种。

四、种苗繁育与管理技术

(一)引种繁育苗木技术

1. 苗圃地选择

苗圃地选择在交通便利、水源条件较好、土壤深厚肥沃、排水良好的缓坡或平坡荒地;不宜选择常年耕作的熟土,因其易发生苗木病虫害。由于麻栎对土壤要求不严,可选择酸性、中性或微碱性土壤育苗,均能生长良好。

2. 苗圃地整地做床

9~10 月,先清除圃地杂草、杂灌,全面翻垦晾晒土壤,深 20~25 cm,同时每亩撒入 9~10 kg 生石灰对土壤消毒;第二年 3 月进行土壤耙耕,施入育苗基肥,即农家肥或饼肥均匀施入土中,每亩施用 1 000 kg,平整土地,细致做床,苗床宽 1~1. 2 m、高 18~20 cm,要求床面平整,土壤细碎、疏松,还要根据地形开好苗圃排水沟,沟深 20~25 cm、宽 20~30 cm即可。

3. 种子采收

选择 30~40 年生长健壮的母树,在 10~11 月,当成熟的麻栎种子从壳斗中自然掉落在地上时及时采收,否则,容易被老鼠、野兔等野生动物采食。种子收回后,剔除病种、残种及劣质种子,留下种粒饱满、无明显病虫害的种子备用。

4. 种子处理

将采回的麻栎种子,及时用 0.5% 高锰酸钾溶液消毒处理 2~3 小时,捞出密封 0.5~1小时,用清水冲洗干净后阴干;再用绿色植物生长调节剂浸种 2 小时,然后用新鲜河沙与种子混匀堆藏,待种子露白后,及时播种育苗。

5. 大田播种

3月,采用开沟点播法,将露白后的麻栎种子,按行距 28~30 cm、播幅 3~4 cm,均匀点播在宽 9~10 cm、深 2.5~3 cm 的沟内,播种量每亩施入 140~150 kg,播后覆土 2~3 cm,稍加填压、耙平即可。

6. 肥水管理

苗木出土后,每隔 15~20 天,苗地松土锄草一次;当苗高 20~30 cm 时即可间苗,剔除细弱病残苗,选留健壮苗,原则上苗木间距 5~6 cm。6月初,可对苗木进行第一次施肥,苗地松土锄草后兑水浇施,施肥量为每亩 4~5 kg;当苗高 25~30 cm 时,需对苗木进行第二次施肥,施肥量为每亩 9~10 kg;7~8月,进入干旱季节,要注意抗旱保苗,可结合浇水抗旱施肥,每亩施入 5~10 kg 即可。

(二)主要病虫害的发生与防治

1. 主要虫害的发生与防治

(1)主要虫害的发生。麻栎主要虫害,一是栎毛虫,是栎类树木的食叶害虫,1年1代,7~8月发生危害,受害轻的林木,叶片残缺不全,受害严重的叶子全无,呈夏树冬景;二是果实害虫栗实象鼻虫,每2年发生1代,以老熟幼虫在土内越冬,6月化蛹,经25天左右成虫羽化,羽化后在土中潜伏8天左右成熟。8月上旬成虫陆续出土,上树啃食嫩枝、栗苞吸取营养。8月中旬至9月上旬在栗苞上钻孔产卵,成虫咬破栗苞和种皮,将卵产于栗实内。一般每个栗实产卵1粒。成虫飞翔能力差,善爬行,有假死性。经10天左右,幼虫孵化,蛀食栗实,虫粪排于蛀道内。栗子采收后幼虫继续在果实内发育,为害期30多天。10月下旬至11月上旬,老熟幼虫从果实中钻出入土,在 5~15 cm 深处做土室越冬。

(2)主要虫害的防治。栎毛虫7~8月发生期,可用90%敌百虫或80%敌敌畏乳剂或25%亚胺硫磷乳剂均为 1 400~1 500 倍液喷杀。栗实象鼻虫,7月下旬至8月上旬成虫出土,可喷洒50%杀螟松乳剂 500~1 000 倍液、80%敌敌畏 800 倍液等药剂;8月中旬成虫上树补充营养和交尾产卵期间,可向树冠喷布90%晶体敌百虫 1 000 倍液、25%蔬果磷 1 000~2 000 倍液、20%杀灭菊酯 2 000 倍液或40%吡虫啉 1 000 倍液等药液;树体较大时,亦可按20%杀灭菊酯:柴油为1:20的比例用烟雾剂进行防治。利用成虫的假死性,于早晨露水未干时,在树下铺设塑料薄膜或床单,轻击树枝,兜杀成虫。

2. 主要病害的发生与防治

(1)主要病害的发生。麻栎主要病害是白粉病,6~8月发生,危害叶片。在叶片上开始产生黄色小点,而后扩大发展成圆形或椭圆形病斑,表面生有白色粉状霉层。

(2)主要病害的防治。6~8月,病害发生期,以硫黄、石硫合剂、甲基托布津、代森锰锌等无机硫和其他广谱杀菌剂为代表,对白粉病喷布防治;以三唑酮(又名粉锈宁)、腈菌唑、烯唑醇、苯醚甲环唑、氟硅唑等为代表的三唑系列杀菌剂喷布,喷布 600~800 倍液即可,防治效果比第一代杀菌剂对白粉病的活性有较大提高。

五、麻栎的作用与价值

(1)食用价值。麻栎种子含淀粉和脂肪油,可酿酒和作饲料,油可制肥皂;全木可以截段成段木后种植香菇和木耳。

（2）经济价值。麻栎树叶含蛋白质13.58%，可饲柞蚕；种子含淀粉56.4%，可作饲料和工业用淀粉；壳斗、树皮可提取栲胶。

（3）造林作用。麻栎树形高大，树冠伸展，浓荫葱郁，因其根系发达，适应性强，可作庭荫树、行道树；造林绿化与枫香、苦槠、青冈等混植，可构成城市风景林；抗火、抗烟能力较强，也是营造防风林、防火林、水源涵养林的乡土树种。

（4）用材价值。麻栎木材坚硬，不变形，耐腐蚀，作建筑、枕木、车船、家具用材。

5　毛白杨

毛白杨，学名：Populus tomentosa Carrière，杨柳科杨属，又名棉白杨、大叶杨、响杨等，落叶乔木，是中原地区优良乡土树种。

一、形态特征

毛白杨，树高达28～35 m。树皮灰绿色或灰白色，皮孔菱形散生，或2～4连生，老树干基部黑灰色，纵裂。芽卵形，花芽卵圆形或近球形，微被毡毛。长枝叶阔卵形或三角状卵形，长10～15 cm、宽8～13 cm，先端短渐尖，基部心形或平截，边缘具波状牙齿；叶柄上部侧扁，长3～7 cm；短状叶通常较小，卵形或三角状卵形；边缘具深波状牙齿，叶柄稍短于叶片，侧扁，先端无腺点。花期3～4月，雄花序长10～20 cm；雌花序长4～7 cm，苞片尖裂，边缘具长毛；子房长椭圆形，柱头2裂，粉红色。果序长达13～14 cm；蒴果2瓣裂，果期4～5月。

二、生长习性

毛白杨，深根性，耐干旱力较强，适应性强，主根和侧根发达，枝叶茂密，在黏土、壤土、沙壤土或低湿轻度盐碱土上均能生长。在水肥条件充足的地方生长最快，20年生即可成材。树姿雄壮、冠形优美，生长快，树干通直挺拔，是造林绿化的优良树种，广泛应用于城乡绿化，其品种是速生用材林、防护林和行道河渠绿化的好树种。适生于在海拔1 500 m以下的温和平原地区。

三、主要分布

毛白杨主要分布于河南、山东、辽宁、河北、安徽等地。中原地区主要分布于安阳、濮阳、开封、洛阳、郑州、平顶山、驻马店、许昌等地。在水肥条件充足的地方生长最快，20年生即可成材，是中国速生树种之一。

四、种苗繁育与管理技术

（一）引种繁育苗木技术

1. 苗圃地选择

毛白杨繁育苗圃地，要选择地势平坦、土壤肥沃、湿润、排水良好的土地。同时，苗圃地一定要设在浇水方便、交通便利的地方。

2. 苗圃地整理

9月下旬,对准备育苗的苗圃地进行旋耕,晾晒冬冻土壤60～80天。12月中下旬,再次对晾晒的苗圃地旋耕深翻,每亩施入8 000～12 000 kg农家肥和100 kg复合化肥作为基肥;翻耕土地深度为25～30 cm,做到精耕细耙;然后,整地筑畦,在整好的土地上筑成边长10～12 m、宽1～1.2 m,垄宽12～15 cm、高5～10 cm的畦备用。

3. 种条选择

9月下旬至10月上旬,杨树落叶后,选择生长健壮、发育良好、芽子饱满、无病虫害的1年生苗干作种条,用红漆标记备用。

4. 种条处理

11月,把选定的种苗在扦插前20～24小时采收,采收当天及时把种条分别截成15～20 cm长,截时用修枝剪剪截为好,上部留1～2个饱满芽子,芽顶离切口长1～1.5 cm,下截口为马蹄形,便于扦插,有利于吸收水分或伤口愈合及促进萌蘖新根,提高苗木成活率。

5. 扦插时间

每年的11月至12月上中旬进行种条扦插入土,种条全部插入土壤内,地面以上不留种条即可。

6. 扦插技术

采取高垄育苗,在垄地表土稍松的情况下,可进行直插,插穗上切口与垄面平或略低于垄面。扦插前,把截好捆整齐的枝条放在冷水中浸泡45～48小时,使其充分吸水、沥干,然后放在SSAP抗旱保水剂糊状物(1 kg水∶0.02 kg SSAP抗旱保水剂)中浸蘸一次,进行种条包衣即可扦插,按株行距20 cm×25 cm,垂直插入土内,而后踏实,使插穗与土壤紧密结合。

7. 肥水管理

扦插后一般先长叶,后生根,管理上一定要精细,促使其迅速生根。扦插后3月中旬,对扦插的种条浇水一次;4月上中旬,对扦条萌发的多余芽子要及时抹去,选留一个健壮良好的芽,把其他芽摘除;在5～8月,要及时增施追肥,并掌握"多次、量少"的原则,每次每亩施入50～70 kg的复合化肥。注意及时松土、除草。

(二)主要病虫害的发生与防治

1. 主要虫害的发生与防治

(1)主要虫害的发生。在5月中旬的幼苗期,主要害虫是金龟子,其幼虫(蛴螬)是主要地下害虫之一,危害严重,常将植物的幼苗咬断,导致幼苗枯黄死亡。成虫危害林木的叶片,危害轻时叶片呈孔洞,严重时叶片全无。

(2)主要虫害的防治。防治方法是:在发生期使用氯氰菊酯1 000倍液喷雾叶片防治,每隔15天喷药一次,连喷2次;在6～9月苗木生长期,主要是杨小舟蛾、杨扇舟蛾、杨黄卷叶螟等食叶害虫的发生为害,在害虫危害初期,对苗木喷布灭幼脲3号1 200～1 500倍液或氯氰菊酯1 500倍液进行防治。

2. 主要病害的发生与防治

(1)主要病害的发生。主要是毛白杨破腹病,在7～8月高热多雨季节易发生,在潮湿低洼处易感染发生。在同一地方连年繁育杨树苗木的苗圃地也易发生病害。危害部位在树干基部和中部,纵裂长度不一,自数厘米至数米,宽度 1~3 cm,露出木质部,裂缝初形成时,表现为机械伤。春季 3 月树木萌动后,逐渐产生愈合组织,但多数不能完全愈合。当树液流动时,树液不断从伤口流出,逐渐变为红褐色黏液,并有异臭。破腹病常常引起毛白杨红心。这种现象发生在已是裂缝的组织上时,裂缝就向内及上下延伸。靠近水源及湿度大的地方,病害发生率低。

（2）主要病害的防治。每 7~10 天喷一次 1% 的波尔多液,连续喷 3~4 次。一是适地适树发展毛白杨,选择土层较厚的林地植树造林。二是营造适当密度的纯林或混交林。山地造林应选择阴坡或半阴坡,以减小温度变动的幅度。加强抚育管理,提高树势,增强植株的抗逆性。三是冬季寒流到来之前树干涂白或包草防冻。早春对伤口可用刀削平以利提早愈合。加强病虫害的防治,并保护好树干,避免人畜或其他原因造成的机械伤。

五、毛白杨的作用与价值

（1）观赏价值。毛白杨树干灰白、端直,树形高大广阔,在园林绿地中很适宜作行道树及庭荫树。孤植或丛植于空旷地及草坪上,更能显出其特有的风姿。在广场、干道两侧规则列植,则气势严整壮观。该树种还是防护林及用材林的重要树种。

（2）造林作用。人工培育的新品种三倍体毛白杨叶片大而浓绿,落叶期晚,比二倍体毛白杨落叶推迟 15~20 天,增加了中国北方深秋初冬季节的景观效益;毛白杨是人造纤维的原料,因材质好、生长快、寿命长、较耐干旱和盐碱、速生等特性,又是杨树中寿命较长的一个优良用材林和防护林树种。

（3）用材价值。毛白杨因木材轻而细密,淡黄褐色,纹理直,纤维含量高,易干燥,易加工,可做建筑、家具、胶合板、造纸及人造纤维等用材。

6　构树

构树,学名:Broussonetia papyrifera,桑科构属;又名构桃树、构乳树、楮树、楮实子、沙纸树、谷木、谷浆树、假杨梅褚桃、构桃,落叶乔木,是中原地区优良乡土树种。

一、形态特征

构树,平均高 10~16 m,胸径 50~70 cm。树皮浅灰色;小枝密被丝状刚毛;叶卵形,叶缘具粗锯齿,不裂或有不规则 2~5 裂,两面密生柔毛;聚花果圆球形,橙红色。花期 4~5 月,果熟期 7~8 月。

二、生长习性

构树喜光、耐干旱、耐瘠薄,亦耐湿,生长快,病虫害少,根系浅,侧根发达,根蘖性强;对气候、土壤适应性强;对烟尘及多种有毒气体抗性强。

三、主要分布

构树在我国主要分布于河南、河北、山东、山西等省。在中原地区主要分布于平顶山、许昌、开封、周口、驻马店、信阳、南阳、三门峡、洛阳、安阳、濮阳等地,在浅山丘陵、田间地头野生分布或种植。

四、种苗繁育与管理技术

(一)引种繁育苗木技术

1. 种子采收

在 8 月下旬至 10 月,人工采集成熟的构树果实,装在大锅或桶内捣烂,漂洗 2~3 次,除去渣质,把获得的纯净种子在晒场晾干,即可干藏备用。

2. 苗圃地选择

苗圃地要选择背风向阳、疏松肥沃、交通便利、浇水方便、土层深厚的壤土地。

3. 苗圃地整理

9~10 月,及时翻犁苗圃地一遍,同时去除杂草、树根、石块等杂物。播种前 25~30 天,施入基肥,每亩施入农家肥 600~800 kg,同时施入粉碎的饼肥 120~150 kg,而后精耕细耙土壤。

4. 种子播种

播种时间为 3 月中旬至 4 月上旬。播种方法:采用窄幅条播,播幅宽 5~6 cm,行间距 20~25 cm,播前用播幅器镇压,种子与细土按 1:1 的比例混匀后撒播,然后覆土 0.3~0.5 cm,稍加镇压即可。需盖草保湿、保墒。

5. 浇水管理

构树新生苗木生长期的管理,即种子播种后,采取盖草防晒保护。对于苗圃地有盖草防晒的育苗,当出苗后,有 1/3 出苗时,开始第一次揭草,3~4 天后第二次揭草。当苗出齐后的 7~8 天,人工用细土培根护苗。此期间注意墒情不足的喷水保湿;对连续下雨的天气,做好排水,防止新生苗木受淹死亡。

6. 施肥管理

夏季,5~8 月,新生幼苗进入速生快长期,可追施化肥 2~3 次,每次每亩施入 5~10 kg 复合肥。同时加强松土除草、间苗等技术管理。8~9 月,当年繁育的幼苗生长高达 40~50 cm,10 月,落叶后可以移植或出圃造林销售。

(二)主要病虫害的发生与防治

1. 主要虫害的发生与防治

(1)主要虫害的发生。构树的主要害虫是天牛,幼虫蛀食树干和树枝,影响树木的生长发育,使树势衰弱,导致病菌侵入,也易被风折断。受害严重时,整株死亡,木材被蛀,失去工艺价值。

(2)主要虫害的防治。对天牛成虫,采用敌敌畏和敌百虫合剂 800 倍液喷杀;对蛀干幼虫,用脱脂棉团蘸敌敌畏原液,塞入树干虫孔道,再用黄泥等将孔口封住毒杀。

2. 主要病害的发生与防治

（1）主要病害的发生。构树的主要病害是烟煤病，烟煤病其实就是其表面产生一层暗褐色至黑褐色霉层，以后霉层增厚成为煤烟状。因为症状有点像烟煤，所以也叫烟煤病。烟煤病具体症状，表现为叶子慢慢起皱，在叶面、枝梢上形成黑色小霉斑，然后扩大到整个叶面、嫩梢上布满黑霉层。要注意的是它具有传染性，慢慢其他的叶子也出现了同样的状况，最后会导致整株枯萎。

（2）主要病害的防治。防治烟煤病，用石硫合剂每隔15天喷1次，连续2~3次即可。同时，在苗木生长期一定要加强杀虫，特别是在夏季，因为害虫大多数在夏天暴发。可用药物喷布，多数杀菌药都有一定效果，代森铵、多菌灵(5%以上浓度，可以用高浓度比例的原液加水稀释)、波尔多液、甲基等菌类药物。

五、构树的作用与价值

（1）绿化景观作用。构树枝叶茂密，抗干旱，耐瘠薄，适应性广，是人们喜爱的"四旁"树、防护林树种。尤其是在农村绿化、矿区绿化、景观绿化中，起到绿化作用。构树分雌雄株，在城市园林、公园、风景区等地种植雌株，其构桃果实为聚花果，红色鲜艳美观，能吸引鸟类啄食，以增添景区、公园内鸟语花香的山林野趣，很受人们欢迎，具有良好的景观作用。

（2）经济价值。嫩叶可喂猪、羊等。构树青贮饲料采用构树叶为主要原料发酵制成，不含农药、激素。植株具有造纸作用。构树以乳液、根皮、树皮、叶、果实及种子入药。夏秋采乳液、叶、果实及种子，冬春采根皮、树皮，鲜用或阴干。

7　桑树

桑树，学名：Morus alba Linn，桑科桑属，又名家桑、桑食、黑食等，落叶乔木或灌木。桑树生命力极其旺盛，植株高大，郁闭度高，根系发达，可以保持水土，萌生能力极强，耐砍伐，种子容易发芽，自播能力强，桑叶可作饲料，经济价值极高，是中原地区优良乡土树种，又是荒山造林的优良乡土树种。

一、形态特征

桑树，树高达10~15 m，胸径1~2 m。树冠倒卵圆形；叶卵形或宽卵形，先端尖或渐短尖，基部圆或心形，锯齿粗钝，幼树之叶常有浅裂、深裂，上面无毛，下面沿叶脉疏生毛，脉腋簇生毛。花期4月；果为聚花果(桑葚)，紫黑色、淡红色或白色，多汁味甜。果熟期5~7月。

二、生长习性

桑树喜光，对气候、土壤适应性都很强。耐寒，耐−30~−40 ℃的低温；耐旱，不耐水湿。也可在温暖湿润的环境生长。喜深厚、疏松、肥沃的土壤。抗风，耐烟尘，抗有毒气体。根系发达，生长快，萌芽力强，耐修剪，寿命长。

三、主要分布

桑树主要分布于河南、山东、河北、青海、甘肃、陕西、广东、广西、四川、云南等地。中原地区主要分布于平顶山、三门峡、漯河、周口、驻马店、信阳、许昌、南阳等地,散生种植或集中采果种植。

四、种苗繁育与管理技术

(一)引种繁育苗木技术

1. 采收种子

桑树采种应该选择生长健壮、无病虫害的大树为母树。当桑树果实充分成熟时人工采收。采后的果实堆放在晒场上,堆放2~3天,堆放时候要用草苫子或麻袋片覆盖。在堆放过程中要注意经常翻动,防止温度过高发热,影响种子的成活率。然后进行洗种,淘洗前,先将桑葚捣烂,然后放入细眼箩内,用净水漂洗,得到饱满的种子。洗净的种子需摊放在通风处晾干,不可暴晒,以免降低发芽率。

2. 种子储藏

桑树春播的种子,需要用低温、干燥等方法储藏,抑制其呼吸作用,减少种子内养分的消耗,才能出芽率高。储藏方法为:把充分干燥的桑籽装入塑料袋,储放在3~4 ℃低温的冰箱或冷库内;也可把桑籽装进布袋,储藏在以生石灰为干燥材料的容器内。桑籽重量为生石灰的1.4~1.9倍,两者之间用物隔开。容器内留1/3的空隙,密封后放置于阴凉干燥处。应特别注意:桑树种子在温暖多湿的环境下随意放置,易造成种子发芽率低。

3. 苗圃地选择

桑树苗圃地应选择地势平坦、土壤肥沃、日照充足、排灌便利,同时没有种植过桑树的地块。

4. 苗圃地整理

为了给桑树繁育苗木创造良好的生长条件,苗圃地要深耕、施基肥、做畦。深耕的目的是提高土壤肥力和出苗率。施基肥的目的是让苗木能在较长时间内吸收到养分,基肥以有机肥为主,每亩施腐熟农家肥400~500 kg和化肥40~50 kg,结合深耕把基肥翻入土中。做畦时精耕细耙,耙匀基肥,然后起畦,要求做到畦面平、土粒细。畦宽90~120 cm、高20~25 cm,畦间距30~40 cm即可。

5. 播种时间

桑树种子育苗,播种方法分为秋播和春播。当年采种,当年播种,9月中下旬播种,即秋播;种子采收后,第二年3月播种育苗的,即春播。

6. 播种方法

桑树春播种子育苗,播种前,用39~40 ℃的温水浸泡,并不停地搅拌,待水凉后继续浸泡12~24小时,捞出后稍加晾干即可播种。播种方法分撒播和条播两种。撒播是将桑籽用4~5倍沙子或细土拌匀后,均匀地撒在已整好的畦面上,然后用扫帚轻扫畦面,并用木板轻轻镇压,使桑籽与土壤紧密接触。条播是先在畦面上开播种沟,然后将种子撒在播种沟内,覆土厚0.5~1.0 cm。播种沟与畦向垂直,沟距15~20 cm,沟深8~10 cm、宽8~

10 cm,沟底要平坦,泥土要充分打碎,略压实,保证出苗整齐。每亩用种量撒播为 0.75~1.5 kg、条播为 0.5~1.0 kg。春播和夏播均可当年出圃。每亩出苗 1.5 万~2.0 万株。

7.幼苗管理

桑树苗长出 2~3 片叶时,及时进行第一次间苗,按株距 3~4 cm,把过密的、细小的幼苗拔去;在桑树苗长出 5~6 片叶时再间苗一次,株距 4~5 cm。苗木过疏的地方,在雨后进行移苗补植。两次间苗后,一般每亩留苗 3 000~4 000 株为宜;以培养砧木为目的时,通常每亩留苗 3 万株左右。

(二)主要病虫害的发生与防治

1.主要虫害的发生与防治

(1)主要虫害的发生。桑树主要虫害是地下害虫,分别是地老虎、蝼蛄等。4~9 月,在地下交替危害,主要危害幼苗根系。

(2)主要虫害的防治。及时发现地老虎、蝼蛄等虫害,立即喷杀虫剂,可用森得宝 1 kg 兑水 2 kg,拌沙或细土 20~25 kg,制成毒土,傍晚撒于桑根附近,效果较好。

2.主要病害的发生与防治

(1)主要病害的发生。桑树主要病害是猝倒病,该病害主要危害苗木,尤其是在苗期发生后,造成新生幼苗猝倒或死亡,影响新生苗木速生快长。

(2)主要病害的防治。对猝倒病,用多菌灵 500~800 倍液喷洒幼苗或 50%甲基托布津 300~400 倍液防治,喷布 1~2 次,预防病害的发生,减少苗木死亡,确保苗木质量,促进苗木健壮生长。

五、桑树的作用与价值

(1)绿化作用。桑树树冠丰满,枝叶茂密,秋叶金黄,适生性强,管理容易,是美丽乡村、居民新村、厂矿绿地美化环境树种,又是农村"四旁"绿化的主要树种,在城乡造林中广泛应用,起到绿化作用。

(2)景观作用。在园林、风景区、山庄绿化中与各类花、灌木等搭配,培育种植成树坛、树丛或与其他树种混植作为风景林,其果能吸引鸟类,构成鸟语花香的自然景观,起到景观作用。

(3)经济价值。桑树经济价值很高,叶可以饲蚕或作为畜牧养殖饲料;根、果入药,果酿酒;木材供雕刻;茎皮是制蜡纸、皮纸和人造棉的原料。

8　楸树

楸树,学名:Catalpa bungei C. A. Mey,紫葳科梓树属,又名旱楸蒜台、水桐、梓桐、金丝楸等,落叶乔木,是中原地区优良乡土树种。

一、形态特征

楸树,平均树高 20~30 m,胸径 50~60 cm。树冠窄长倒卵形;树干耸直,主枝开阔伸展;树皮灰褐色、浅纵裂,小枝灰绿色、无毛。叶三角状卵形,长 6~16 cm,有紫色腺斑。叶柄长 2~8 cm,幼树之叶常浅裂。总状花序伞房状排列,花冠浅粉色,有紫色斑点,花期 5 月;果为蒴果,长 25~50 cm、径 5~6 mm。种子连毛长 3.5~5 cm,果熟期 8~10 月。

二、生长习性

楸树喜光,较耐寒,适生于年平均气温 10~15 ℃、降水量 650~1 150 mm 的环境。喜深厚肥沃、湿润的土壤,不耐干旱、积水。萌蘖性强,幼树生长慢,8~10 年以后生长加快,侧根发达。耐烟尘、抗有害气体能力强,生长寿命长。

三、主要分布

楸树原产中国,主要分布于河南、山东、山西、河北、陕西、甘肃、江苏、浙江、湖南、广西、贵州、云南等地种植栽培。中原地区主要分布于舞钢、平顶山、漯河、许昌、洛阳、开封、三门峡、焦作、安阳、周口等地,是中原地区优良乡土树种。

四、种苗繁育与管理技术

(一)引种繁育苗木技术

1. 苗圃地选择

楸树苗圃地应选择在交通便利、地势平坦、水源充足、土层厚度 50~60 cm、土壤肥沃的沙质土壤上。

2. 采收种子

楸树采种,选择在 20~35 年生的健壮母树和优种树上采种。9 月上旬至 10 月,当果荚由黄绿色变为灰褐色、果荚顶端微裂时种子就已成熟,采下果实摊晾晒干后脱粒即得种子,储存备用。

3. 种子处理

种子处理是提高出芽率的重要技术措施,处理后种子早发芽、早出苗、出苗齐。播种前必须进行催芽处理。把楸树种子放到 28~30 ℃的温水中浸泡 12 小时,捞出种子放在筐内或编织袋内,每天用清水早晚各冲种子一次,5~7 天种子裂嘴露白即可播种。

4. 整畦做床

苗圃地精耕细耙后,然后按南北方向整畦做床,畦宽 1.8~2.2 m,长依地形而定。

5. 大田播种

3 月上旬,大田播种。播前畦床要灌足水,条沟撒播,沟宽 5~10 cm、深 1.5~2 cm,行距 30~35 cm,穴状点播,每穴 3~5 粒种子,穴距 20~25 cm。覆盖土厚 0.5~1.0 cm,每亩播种量 1~1.5 kg,播种 8 000~10 000 粒。播后用细碎杂草、细湿沙和细土各 1/3 拌匀过筛后覆盖,厚度为 0.5~1.0 cm。覆土后畦床面架设薄膜小拱棚,既增温又保湿,给幼苗出土和生长提供有利的繁育条件。

6. 肥水管理

楸树对水分的要求比较严格,在日常养护中应加以重视。以春天栽植的苗子为例,除浇好头三水外,还应在 5 月、6 月、9 月、10 月各浇两次透水,7~8 月是降水丰沛期,如果不是过于干旱,则可以不浇水,12 月初要浇足浇透防冻水;第二年春天,3 月初应及时浇返青水,4~10 月,每月浇 1~2 次透水,12 月初浇防冻水;第三年可按第二年的方法浇水;第四年后除浇好返青水和防冻水外,可靠自然降水生长,但天气过于干旱,降水少时仍应浇水。楸树喜肥,除在栽植时施足基肥外,还可在 5 月初给植株施用些尿素,可使植株枝叶繁茂。

7. 幼苗管理

5~8 月,苗木快速生长期,人工及时拔草和锄草,最好 3~5 天除草一次。锄草只能在苗木稍大时进行,即苗木高 10~15 cm,苗木太小用锄除草容易伤苗,最好采取人工进行。

(二)主要病虫害的发生与防治

1. 主要虫害的发生与防治

(1)主要虫害的发生。楸树主要害虫是楸螟,楸螟以幼虫钻蛀嫩梢、树枝及幼干,容易造成枯梢、风折、断头及干形弯曲。不仅显著影响林木正常生长,而且降低木材工艺价值。楸螟 1 年发生 2 代,以老熟幼虫在枝、干中越冬。5 月为第二代成虫羽化盛期及第一代幼虫孵化盛期,世代较整齐。

(2)主要虫害的防治。第一,人工剪除被害虫危害的枝条,然后销毁;第二,当成虫出现时,可以喷洒敌百虫或马拉松 1 000 倍液,以此来毒杀成虫和最初孵化的幼虫;第三,第二代成虫羽化盛期及第一代幼虫孵化盛期,即 5 月中旬,进行药剂防治,喷洒 90% 敌百虫 1 000~1 500 倍液,或 50% 杀螟松乳油 1 000 倍液 3~4 次,每隔 5~7 天喷布 1 次;第四,根部埋敌百虫等药物防治地下幼虫。

2. 主要病害的发生与防治

(1)主要病害的发生。楸树主要病害是炭疽病,当楸树感染炭疽病时,其叶片和嫩梢受危害较大,在高温高湿及通风较差的情况下容易发病;楸树染上炭疽病后,其在缓慢发病后叶片呈现枯萎或萎蔫,逐步造成早期脱落。

(2)主要病害的防治。其主要技术措施是,在通风透光的环境下养护,进行良好的水肥管理,可以自然提高植株的抗病能力,但是如果植株感染炭疽病,可喷洒防病制剂如炭疽福美可湿性颗粒 500~600 倍液进行防治,每隔 7~10 天喷布 1 次,连续喷 3~4 次,效果显著。

五、楸树的作用与价值

(1)用材价值。楸树材质好、坚实美观、用途广、经济价值高,居百木之首。其树干直、节少、材性好;木材纹理通直、花纹美观、质地坚韧致密、坚固耐用,绝缘性能好,耐水湿、耐腐,不易被虫蛀;加工容易、切面光滑、钉着力中等、油漆和胶粘力佳。楸材用途广泛,被国家列为重要树种,专门用来加工高档商品和特种产品。主要用于枪托、模型、船舶,还是人造板很好的贴面板和装饰材;此外还用于车厢、乐器、工艺、文化体育用品等。

(2)观赏价值。楸树枝干挺拔,楸花淡红素雅,自古以来楸树就广泛栽植于皇宫庭院、胜景名园之中,如北京的故宫、北海、颐和园、大觉寺等游览胜地和名寺古刹,到处可见百年以上的古楸树苍劲挺拔的风姿。楸树用于绿化的类型如密毛灰楸、灰楸、三裂楸、光叶楸等,或树形优美、花大色艳作园林观赏;或叶被密毛、皮糙枝密,有利于隔音、减声、防噪、滞尘,此类型分别在叶、花、枝、果、树皮、冠形方面独具风姿,具有较高的观赏价值和绿化效果。

(3)造林作用。楸树的根系80%以上集中在地表面40 cm以下的土层中,地表耕作层内须根很少,与农作物的根系基本错开,不会与农作物争水肥,是胁地最轻的乔木树种之一,是最为理想的农田林网防护树种。楸树还较耐水湿,据研究,抗涝可达18~25天,耐积水10~15天,仍能正常生长。因此,楸树是很好的固堤护渠的造林树种。

9　泡桐

泡桐,学名 Paulownia Sieb. et Zucc,为玄参科泡桐属,又名兰考泡桐、桐树、毛泡桐、光泡桐、楸叶泡桐、白花泡桐等,落叶乔木,兰考泡桐是中原地区优良乡土树种。

一、形态特征

泡桐,皮灰色、褐色或黑色。树干多低矮弯曲,高达25~30 m。幼枝、叶、叶柄、花序各部及幼果均被黄褐色星状茸毛;叶呈卵形或心脏形,叶对生,叶大而长柄,叶片长18~20 cm,叶柄长达11~12 cm;花萼肉质,倒圆锥状或钟状;花冠大,紫色或白色,花序狭长几成圆柱形,长24~25 cm,呈小聚伞花序,有花3~8朵,秋天生花蕾,第二年花先叶开放;总花梗与花梗近等长,花萼倒圆锥形,长2~2.5 cm,花期4~5月。幼树树皮光滑但皮孔显著,大树逐渐纵裂,叶枝稀疏,树冠呈圆锥状或伞状,大多数树种属假二杈分枝,顶芽越冬后枯萎。随树龄增大,叶面积逐渐变小,果为蒴果,卵状或椭圆状,种子椭圆状,很小,数量多,果期8~9月。

二、生长习性

泡桐,阳性光照树种,怕积水,最适宜生长于排水良好、土层深厚、通气性好的沙壤土或沙砾土上,它喜湿润、肥沃土壤,以 pH 6~8 为好,对镁、钙、锶等元素有选择吸收的倾向,因此要多施氮肥,增施镁、钙、磷肥。由于泡桐的适应性较强,一般在酸性或碱性较强的土壤中,或在较瘠薄的低山、丘陵或平原地区也能生长。泡桐对温度的适应范围也较大,在北方能耐-20~-25 ℃的低温。

三、主要分布

泡桐在我国主要分布于河北、河南、山东、湖北、江苏等地,栽培或野生,适应性强。在中原地区主要分布于开封、平顶山、漯河、许昌、商丘、周口、驻马店、南阳等地。中原地区主要品种是兰考泡桐,本种一般很少结籽,但它的干形较好,树冠稀疏,发叶晚,生长快,根系主要集中在35~40 cm以下的土层内,不与一般农作物争夺肥力,故适于农桐间作。兰考泡桐是中原地区进行农桐兼作的优良乡土树种,在河南等地已普遍种植。河南有野生树种。

四、种苗繁育与管理技术

(一)引种繁育苗木技术

1. 苗圃地选择

育苗地应该选择背风向阳、沙壤土或壤土,排水、浇水、交通运输方便的地方。

2. 苗圃地整地

苗圃地要深耕细作,每亩施入 8 000~10 000 kg 农家肥作基肥,同时施入 100~150 kg 复合肥,整理苗床,平床或高床,方便浇水管理。

3. 埋根时间

一般选择时间为春季,即 2 月下旬至 3 月中旬进行。

4. 埋根种条采集

10~11 月出圃苗木或 2~3 月出圃苗木留下的根,要及时收集,集中埋在湿润的土穴内保存,或选择沙藏第二年 3 月备埋。

5. 埋根整理

采集的种根,截成长 15~20 cm,按粗细分级处理,即直径 0.5~2 cm 的根为一级,按 30 根捆一捆存放;直径 2~3 cm 的根为二级,按 20 根捆一捆存放;直径 4~5 cm 的根为三级,按 10 根捆一捆存放。

6. 大田埋根

圃地要深耕细作,施足基肥,筑高床。埋根按照分级集中成片育苗;同时,埋根按株行距 0.8 m × 1 m 直插入土中,上端与地面平;埋后覆土、浇水,18~20 天可发芽出土。另选择根直径 0.5~1.0 cm 的细根育苗时,要集中平埋于深 2~3 cm 的条沟中,头尾相接,覆土压实即可。3 月出圃的苗木留下的根,挑选 0.5~2 cm 的根,晾晒 1~3 天即可埋根繁育。

7. 埋根苗木管理

2~3 月埋的根,20 天出芽后及时管理,当新生苗高 9~10 cm 时,从数个萌蘖芽中选留 1 个壮芽,其余的全部抹去,保留 1 个壮芽,促使生长。日后,根据天气、土壤墒情加强肥水管理。另外,冬季或春季可以随采集泡桐树根,随即埋根育苗。做高 15~20 cm 的高垄苗床,选用 1~2 年生苗根,以直埋根为好,埋根株行距以 1 m × 0.8 m 或 1 m × 1 m 为宜,施足基肥,在 6~8 月生长旺盛期,及时追施速效化肥,促使其快速生长。当年苗高一般可达 3~6 m。

(二)主要病虫害的发生与防治

1. 主要虫害的发生与防治

(1)主要虫害的发生。泡桐主要虫害,一是龟甲,其发生规律为 1 年发生 2 代。以成虫在树皮裂缝、树洞及石块等处越冬,甚至在表土中越冬。翌年 4 月中下旬出蛰,在新叶上取食、交配产卵。幼虫孵化后,群集叶面啃食叶肉。5 月下旬幼虫老熟化蛹,6 月上旬第二代幼虫发生。8 月中旬以后第二代成虫陆续羽化,10 月在杂草、石头下、树缝等场所越冬。

二是泡桐大袋蛾,其发生规律为 1 年发生 1 代。以老熟幼虫在枝梢上的虫囊内越冬。春天,4 月中下旬陆续化蛹。5 月下旬成虫陆续羽化。卵产于雌成虫袋囊内。幼虫孵化后吐丝下垂,遇到寄主后即吐丝做囊,背负行走、取食。幼虫危害叶片,11月自行封闭囊口,休眠越冬。

（2）主要虫害的防治。泡桐龟甲的防治方法,一是在树冠投影外围,挖宽18~20 cm、深15~20 cm、长30~50 cm的弧形沟2~3条,施入3%的呋喃丹颗粒剂,并浇水,然后用土将沟填平。胸径5 cm以下的泡桐,每株用药20 g;胸径5~10 cm的泡桐,每株用药50 g;胸径为11~20 cm的泡桐,每株用药100 g;胸径20 cm以上的泡桐,每株用药200~300 g。二是在幼虫发生期,即6月,喷40%的氯氰菊酯乳油1 000~1 200倍液等进行防治。

大袋蛾的防治方法,一是大面积营造泡桐树林时,开展间作其他树林,采取农桐间作时,应以大袋蛾不喜食的杨、柳树做防护林带,以阻隔传播,减轻大袋蛾危害。二是11~12月或3~4月,人工摘除袋囊。三是在幼虫发生期,大树可于树干基部打3个孔,注入50%的氯氰菊酯乳油原液2~3 mL;也可用90%的晶体敌百虫800~1 000倍液喷雾防治。

2. 主要病害的发生与防治

（1）主要病害的发生。泡桐主要病害,一是丛枝病,俗称扫帚病,主要症状表现为:泡桐树的枝、叶、干、根、花都能发生危害,该病对苗木和幼树的生长影响很大,会导致植株生长缓慢,严重情况下甚至造成死亡。幼树发病后,常常于主干或主枝上部丛生小枝小叶,看上去就像是扫帚或鸟窝等。常见的有两种类型:①丛枝型。即个别枝上的腋芽或不定芽大量萌发,侧枝丛生,节间变短,叶片黄而小且薄,有时皱缩。整个丛枝呈扫帚状;幼苗发病,则植株矮化。②花变枝叶型。花瓣变成叶状,花柄及柱头生出小枝,花萼明显变薄,花托多裂,花变形。地下根系亦呈丛生状。该病病原体为类菌原体,可通过病根及嫁接苗传播,亦可通过茶翅蝽、烟草盲蝽等传播。从影响发病的因素来看,不同品种的泡桐抗病程度不同。一般兰考泡桐、楸叶泡桐、绒毛泡桐发病率较高,白花泡桐、川泡桐发病较少。一般土层深厚、生长健壮的植株发病较轻,土壤瘠薄、生长不良的植株发病重。

二是炭疽病,主要危害幼苗的叶、叶柄和嫩梢。受害叶片上,病斑初为点状,失绿,后扩大,呈褐色近圆形病斑。病斑周围黄绿色,直径约1 mm,病斑多时可连结成不规则较大的病斑,后期病斑中间常破裂,病叶早落。叶柄、叶脉及嫩梢受害,初为淡褐色圆形小斑点,后纵向延伸,呈椭圆形或不规则形、中央凹陷的病斑。发病时,病斑连成片,常使叶片和嫩梢枯死。泡桐炭疽病是由半知菌亚门的胶孢炭疽菌浸染引起的。病菌主要以菌丝体在寄主组织内越冬。

（2）主要病害的防治。丛枝病的防治方法,一是培育无病苗木,选取无病母树的根作为繁殖材料。种子育苗不易发生丛枝病。二是建立无病幼林。用无病苗木造林,加强抚育管理,适时施肥,防治病虫害,促进苗木健壮生长。三是在生长期或树枝初发病时应及早剪除。除去病枝或进行环状剥皮,减少病害的传播。四是选育抗病品种和抗病无性系。或将带病根插穗浸泡于50 ℃左右的温水中约10分钟。用石硫合剂残渣埋在病株根部土中,并用0.3波美度石硫合剂喷洒病株,能有效抑制病害的发展。

炭疽病的防治方法,一是科学培育实生苗,采用塑料薄膜覆盖的温床要早播种,然后挑选健壮苗,并将其带土移植于露地苗圃中,适时追肥浇水,促进苗木迅速生长,提高植株抗病和抗旱能力。二是插根育苗并加强田间管理,可避免该病发生。三是泡桐育苗应远离泡桐大树及有丛枝病的植株,防止大树及丛枝病株上的越冬炭疽病菌传播到苗木上危害。四是在发病期向泡桐幼苗上喷 1:2:200 波尔多液,或 50% 的甲基托布津 600~800 倍液 2~3 次,防治效果较好。另外,播种苗密度要适当,出苗后要及时间苗、施肥、中耕、排水,培育壮苗、提高抗病力;同时,如果是带病菌圃地,应该处理土壤。播种前将硫酸亚铁均匀撒在地表,然后翻入土中;新生幼苗,可以喷施波尔多液或 50% 退菌特 800~1 000 倍液,每隔 8~10 天喷 1 次。在 5~6 月可喷施波尔多液防治炭疽病,也可喷施 65% 的代森锌 500 倍液或 50% 的退菌特 800 倍液,每 15 天喷 1 次。

五、泡桐的作用与价值

(1)用材作用。泡桐为高大乔木,材质优良,轻而韧,具有很强的防潮、隔热性能,耐酸耐腐,导音性好,不翘不裂,不被虫蛀,不易脱胶,纹理美观,油漆、染色性能良好,易于加工,便于雕刻,还可制作各种乐器、家具、电线压板、雕刻手工艺品和制造优质纸张等;建筑上做梁、檩、门、窗和房间隔板等;在农业生产中用途广泛。

(2)工业作用。泡桐在工业和国防方面,可利用其制作胶合板、航空模型、车船衬板、空运水运设备。

(3)饲料作用。泡桐叶、花可作猪、羊的优良饲料。

10　梧桐

梧桐,学名 Firmiana platanifolia(L. f.) Marsili,梧桐科梧桐属,又名青桐、桐麻、碧梧、中国梧桐,落叶乔木,是中原地区优良乡土树种。

一、形态特征

梧桐,平均树高达 15~20 m,胸径 40~50 cm。树冠卵圆形,主干通直。树皮青绿色,平滑;小枝粗壮,主枝轮生状;叶掌状 3~5 裂,基部心形,裂片全缘,裂片线形,淡黄色,反曲,密生短柔毛;花后心皮分离成 5 果,开裂成舟形,网脉明显,有星状毛,花期 6~7 月;果熟期 9~10 月。

二、生长习性

梧桐喜光,耐侧阴,喜温暖气候,稍耐寒,喜在肥沃湿润的土壤上生长。不耐盐碱,怕低洼积水。深根性,顶芽发达,侧芽萌芽弱,故不宜短截,对有害气体有较强的抗性。每年萌发迟,落叶早,“梧桐一叶落,天下尽知秋”。生长快,寿命不长。梧桐在生长季节受涝 3~5 天即烂根致死。对多种有毒气体都有较强抗性。怕病毒病,怕大袋蛾,怕强风。宜植于村边、宅旁、山坡、石灰岩山坡等处。

三、主要分布

梧桐在我国主要分布于河南、山东、河北、山西等地,在黄河流域发展栽培。民间俗语“屋前栽桐,屋后种竹”,是我国传统的种植方法,尤其是农村庭院、校园、居民新村都有种植。在中原地区主要分布于濮阳、舞钢、驻马店、平顶山、漯河、许昌、洛阳、开封、三门峡、焦作、安阳、周口等地。

四、种苗繁育与管理技术

(一) 引种繁育苗木技术

1. 苗圃地选择

苗圃地要选土层深厚、疏松、富含腐殖质、排水良好的土壤,并且土壤肥沃、交通便利的地方。

2. 苗圃地整地

10 月下旬,对准备繁育苗木的圃地进行精耕细耙,深翻 30~40 cm。同时,每亩施入腐熟的有机肥 1 000~3 000 kg。

3. 种子选择

梧桐播种种子,要选择生长健壮、干形通直、无病虫害、生长树龄在 15~25 年的母树上的种子作良种,这样的种子饱满,出芽整齐,苗期一致。

4. 种子采种

梧桐种子 9 月下旬至 10 月上旬成熟,当果皮黄色有皱时,即可以采收。梧桐种子未成熟前已开裂,如果不及时采收,种子易散落。所以,进入成熟期就应人工连果梗一起及时采下。种子以个大、饱满、棕色、无杂质者为佳。采集种子后摊开晾晒,在晾晒时,每天人工翻动 2~3 次,轻轻揉去果皮,去杂后即可干藏或沙藏。由于梧桐种皮薄,易失水干燥而丧失发芽力,以沙藏为好。种子千粒重 125 g 左右,发芽率 85%~90%。

5. 种子浸种

播种前 30~40 天对种子进行精选,选出发育健全、饱满、粒大、无病虫害的种粒,对挑选好的种子进行消毒处理,可用 0.5% 高锰酸钾溶液浸种 2 小时;或选择 3% 的高锰酸钾溶液浸泡 30 分钟,取出密封 30 分钟,再用清水冲洗 4~5 次。最后用温水浸种催芽,用 60~80 ℃的温水,水面淹没种子 10 cm 以上,24 小时后捞出,混湿沙堆 20~30 cm 厚,并用湿麻袋或湿稻草覆盖,置背风向阳处催芽,每天淋水 2~3 次,当种子有 30% 以上裂嘴时即可播种。

6. 种子播种

3 月下旬至 4 月上旬进行。在苗床内进行条播,行距 25 cm,播种量为每亩 14~15 kg,播种要均匀,且边播边覆土。覆土厚度 1.0~1.5 cm,厚薄要均匀一致,以利出苗整齐。播后覆盖一层稻草或杂草或麦秸,覆盖厚度以不见地面为宜,保持土壤湿润,20~25 天幼苗出土。

7. 幼苗管理

4 月,当种子萌动后,约有 30% 的子叶出土时即可揭去覆草。当苗高达 4~5 cm 时,进行人工第一次间苗,当苗高达 8~10 cm 时进行第二次间苗,株距 20~30 cm。同时,浇水、人工除草。幼苗生长初期,要小水勤浇,保持土壤湿润,以利种子发芽出土及幼苗根系的生长。4~5 月,当苗木真叶出现后,每亩施入磷肥 2.5~2.8 kg、钾肥 2 kg。采用喷肥方法施入肥料,2~3 次完成。9 月以后,为防止苗木徒长,有利于木质化,应停止追施氮肥,增施磷、钾肥等,可以促使新生苗木枝干充实、健壮,有利于防寒越冬。

（二）主要病虫害的发生与防治

1. 主要虫害的发生与防治

（1）主要虫害的发生。梧桐主要虫害是梧桐木虱等食叶害虫。梧桐木虱，又名青桐木虱，以若虫、成虫在梧桐叶背或幼嫩枝干上吸食树液，以幼树容易受害，严重时导致整株叶片发黄，顶梢枯萎。若虫分泌的白色棉絮状蜡质物，将叶面气孔堵塞，影响叶部正常的呼吸和光合作用，使叶面呈现苍白萎缩症状，起风时，白色蜡丝随风飘扬，形如飞雾，絮状飘落，人不小心碰到会有黏糊糊的感觉，还有一股臭味，且很难清洗，严重污染周围环境，影响市容市貌。同时易招致霉菌寄生，严重时树叶早落、枝梢干枯，表皮粗糙脆弱，易受风折。

（2）主要虫害的防治。5月中下旬，可喷洒10%蚜虱净粉2 000~2 500倍液、2.5%吡虫啉1 000~1 200倍液或1.8%阿维菌素2 500~3 000倍液，另外，可采用在危害期喷清水冲掉絮状物，可消灭许多若虫和成虫。在早春季节喷布65%肥皂石油乳剂8倍液，杀死虫卵，防其越冬卵。4~6月，虫害发生集中时，可用25%敌百虫、马拉松800倍液喷射，或40%乐果2 000倍液或80%敌敌畏乳油1 000~1 500倍液喷雾。刺蛾类，其幼虫取食叶片的下表皮及叶肉，严重时把叶片吃光，仅留叶脉、叶柄，严重影响植株生长。可于冬季摘虫茧或敲碎树干上的虫茧，减少虫源。虫害发生期及时喷洒40%的辛硫磷乳油1 000倍液、45%的高效氯氰菊酯1 500倍液、20%的绿安1 000~1 500倍液，均匀喷雾。另外，在若虫初龄期或大发生期先用稀释100倍的生态箭杀菌消毒，再用稀释1 500倍的绿丹二号喷施，或者直接用树体杀虫剂进行树干注射，防治十分有效。12月，人工结合冬季修剪工作防治，除去多余侧枝。可用石灰16.5 kg、牛皮胶0.25 kg、食盐1~1.5 kg，配成白涂剂，涂抹树干，消灭过冬卵。

2. 主要病害的发生与防治

（1）主要病害的发生。梧桐主要病害是白粉病，4~5月发生。白粉病害主要造成梧桐树的叶片出现泛黄、卷缩，逐渐干枯，最后致使早期落叶，十分影响苗木正常生长。

（2）主要病害的防治。4~5月，在没有发生白粉病时，可选用50%的甲基托布津可湿性粉剂1 000倍液喷布叶片，发生后选择75%百菌清可湿性粉剂500~600倍液或百菌清600倍液，每隔5~7天喷一次即可治愈。

五、梧桐的作用与价值

（1）观赏价值。梧桐树干挺秀，叶大荫浓，树干端直，树皮绿色，平滑光洁清丽，果形奇特，是人们喜爱的行道树及庭园绿化观赏树种。可点缀于庭园、宅前，也可种植作行道树。花小，淡黄绿色，圆锥花序顶生，盛开时显得鲜艳而明亮。

（2）绿化作用。在园林绿化、美丽乡村、城乡道路、公园、小区等建设中作庭荫树、行道树、观赏树，是良好的造林绿化树种。

（3）用材价值。梧桐木材轻韧，纹理美观，是木匣、乐器、箱盒、家具制作的良好用材。

（4）食用价值。梧桐种子炒熟可食或榨油，油为不干性油。

（5）药用价值。梧桐以叶、花、种子、树皮入药，治疗腹泻、疝气、须发早白等，一般可进行烘干使种子风干，水煮后口服，有良好的消肿作用。有防虫作用，叶做土农药，可杀灭蚜虫。

11　无患子

　　无患子,学名:Sapindus,无患子科无患子属,又名油患子、海苦患树、黄目子、油罗树、洗手果、肥皂树、菩提子、黄金树、搓目子、假龙眼、鬼见愁等,落叶乔木,是中原地区的优良野生树种。

一、形态特征

　　无患子,树干高可达 17~25 m,树皮灰褐色或黑褐色;嫩枝绿色,无毛。单回羽状复叶,叶连柄长 25~45 cm 或更长,叶轴稍扁,上面两侧有直槽,无毛或被微柔毛;小叶 5~8 对,通常近对生,小叶柄长约 5 mm。花序顶生,圆锥形;花小,辐射对称,花梗常很短;萼片卵形或长圆状卵形,大的长约 2 mm,外面基部被疏柔毛;花瓣 5,披针形,有长爪,长约 2.5 mm,外面基部被长柔毛或近无毛,鳞片 2 个,小耳状;花盘碟状,无毛;雄蕊 8,伸出,花丝长 3.4~3.5 mm,中部以下密被长柔毛;果的发育分果片近球形,直径 2~2.5 cm,橙黄色,干时变黑。核果球形,熟时黄色或棕黄色。种子球形,黑色,花期 6~7 月,果期 9~10 月。

二、生长习性

　　无患子喜光,稍耐阴,耐寒能力较强。对土壤要求不严,深根性,抗风力强。不耐水湿,能耐干旱。萌芽力弱,不耐修剪。生长较快,寿命长。适生于海拔 300~1 500 m 的谷地、山坡,混生于阔叶林内。

三、主要分布

　　无患子在河南(舞钢)、浙江(金华、兰溪)等地区有大量栽培,安徽、陕西亦有分布,其他地区不多。5~6 年长成结果树,1 年 1 结果,生长快,易种植养护。100~200 年树龄,寿命长。各地寺庙、庭园和村边常见栽培。无患子对二氧化硫抗性较强,是工业城市生态绿化的首选树种。河南省舞钢市国有石漫滩林场秤锤沟、长岭头、官平院等林区均有野生分布,多生于海拔 300~500 m,立地条件较好的沟谷、山坡,与阔叶林伴生。最大树高 16 m,胸径 35 cm。

四、种苗繁育与管理技术

(一)引种繁育苗木技术

1. 苗圃地选择

苗圃地要求土层深厚、肥沃,排水良好。整地要求,大型拖拉机旋耕,而后深翻细耕,施足基肥,每亩施入 5 000~6 000 kg 农家肥、50~80 kg 复合肥。为了方便排水,开好排水沟。

2. 苗圃地整地

选好苗圃地,施足基肥,按东西向做床,床宽 1.5 m、高 24~25 cm。

3. 采收种子

种子繁殖一定要选择优良种子。果期 9~10 月,果熟时即可采收,及时去皮净种。因种壳坚硬,可当年秋播,当年不能播种的,种子要沙层积埋藏,第二年才能播种出芽。

4. 种子处理

采收的种子可用湿沙层积埋藏越冬后春播才能出芽。11 月或 12 月,一是选择沙子,沙子应选用干净的河沙,用细筛子过筛,去除大的颗粒及杂质,筛子的孔径大小以漏沙不漏种子为宜;第二年播种前还要筛掉沙藏的沙子,方便播种。二是拌种,拌种时沙子与种子按 1:5 的体积比混合均匀,沙子用水洗净并用 0.5% 多菌灵消毒,湿度要手握成团,一触即散为宜。混匀后用通透性好的网袋装好。三是埋种,沙藏处理的种子在沙藏期间不能积水,应选择地势稍高的地方埋种。储藏坑不需要太深,以种子离地面 20~30 cm 为宜,长、宽以种子多少而定,沟底先铺 10 cm 厚的湿沙,培土成土丘状,防积水。背阴面埋种往往早春萌发较晚,需提前取出催芽,阳面埋种可通过覆盖草帘防提前萌发。层积以后的种子在 3~4 月气温回升后,要及时检查发芽情况,对出芽不整齐或不出芽的种子要及时取出,并进行室内催芽处理,当种子胚根露白长到 0.5 cm 左右时,即可进行田间播种。

5. 播种方式

无患子播种,主要采用点播,密度为行距 25 cm、株距 12~15 cm,盖土厚度以 5~6 cm 为好。每亩用种 50~60 kg,每亩产苗 1 万~1.2 万株,苗木出圃高度 60~100 cm,当年地径 0.8~1.0 cm。

6. 种子播种

播种前首先要对种子进行挑选,种子选得好不好,直接关系到播种能否成功。一是选用当年采收的无患子种子。种子保存的时间越长,其发芽率越低。二是选用籽粒饱满、没有残缺或畸形的无患子种子。三是选用没有病虫害的无患子种子。四是催芽,用温热水浸泡种子 12~24 小时,直到种子吸水并膨胀起来。对于很常见的容易发芽的种子,这项工作可以不做。播种:对于用手或其他工具难以夹起来的细小的种子,可以把牙签的一端用水沾湿,把种子一粒一粒地粘放在基质的表面上,覆盖基质 1 cm 厚,然后把播种的花盆放入水中,水的深度为花盆高度的 1/2~2/3,让水慢慢地浸上来,这个方法称为"盆浸法",对于能用手或其他工具夹起来的种粒较大的种子,直接把种子放到基质中,按 3 cm × 5 cm 的间距点播。播后覆盖基质,覆盖厚度为种粒的 2~3 倍。

7. 苗木管理

播后可用喷雾器、细孔花洒把播种基质淋湿,以后土略干时再淋水,仍要注意浇水的力度不能太大,以免把种子冲起来。无患子播种后的管理:在播种后,遇到寒潮低温时,可以用塑料薄膜覆盖,以利保温保湿;幼苗出土后,要及时把薄膜揭开,并在每天上午 9:30 之前,或者在下午的 3:30 之后让幼苗接受太阳的光照,否则幼苗会生长得非常柔弱;大多数的种子出齐后,需要适当地间苗,把有病的、生长不健康的幼苗拔掉,使留下的幼苗相互之间有一定的空间;当大部分的幼苗长出 3 片或 3 片以上的叶子后就可以移栽了。

8. 大苗培育

大苗培育,要挑选树形好、长势旺盛、无病虫害的 1 年生苗木,按株行距 60 cm × 80 cm 定植。起苗及定植时,应保护好顶芽及根系,并尽量多带宿土。定植后,要做好常规的田间管理。一是定植后,如有侧枝萌发要及早抹除,以利培养通直的主干,定干高度 2~2.5 m。二是修剪时,要特别注意顶端一层侧枝的修剪,确保中心主干顶端延长枝占绝对优势,削弱并疏除与其同时生出的一轮分枝,保留定干后的第二、三树枝。三是采用自然式树冠可促进枝繁叶茂,要特别注意保护顶芽,切忌碰伤,除密生枝和病虫枝要及时修剪外,其余应任其生长。经过 3~4 年的培育管理,所培育的苗木生长良好,苗木平均胸径可达 4 cm,苗高可达 3.5 m,此时,可出圃销售。

9. 施肥管理

幼树期以营养生长为主,施肥以氮肥为主,配合磷、钾肥,并根据树龄大小逐年提高施肥量。幼树定植成活后 1 个月左右,开始施肥,1 年可施 2 次,5 月、8 月各施肥 1 次。

（二）造林绿化技术

1. 造林种植

根据造林地的环境条件、树种特性、造林密度和经营水平等具体情况而定,一般应进行到幼林郁闭为止,大约需要 3 年。一般造林株行距 2 m×4 m。松土除草的季节和次数,要根据造林地具体条件和幼林生长特点综合考虑,一般地说造林初期幼林抵抗力弱,抚育次数宜多,后期逐渐减少。

2. 抚育管理

造林第一年和第二年,每年松土除草 2~3 次;第三年,每年 1~2 次。应根据幼林年生长规律,土壤的水分、养分动态及杂草生活习性而定。一般松土除草时间应在 5~6 月和 8~9 月。

3. 树形培育

无患子定植后,等树苗长高到 1 m 处定干,开始剪除顶芽,适当保留主干,促进侧芽生长,使树冠扩展成伞形,抑制树形直上,这样有利于今后采收果实、病虫害的防治、树冠的修剪等操作;第一年在 20~30 cm 处选留 3~4 个生长健壮、方位合理的侧枝培养为主枝;第二年再在每个主枝上保留 2~3 个健壮分枝作为副主枝;第三年和第四年在继续培养正、副主枝的基础上,将其上的健壮春梢培养为侧枝群,并使三者之间比例合理,均匀分布。

（三）主要病虫害的发生与防治

1. 主要虫害的发生与防治

（1）主要虫害的发生。无患子的主要虫害有蜡蝉、天牛、桑褐刺蛾。一是蜡蝉,又名透明疏广蜡蝉,体长 1 cm,以若虫刺吸嫩枝梢为害,成虫产卵于寄主小枝一侧,造成长 10~20 cm 伤口,影响树木枝条的生长。二是天牛,以幼虫在树干基部、根颈处迂回蛀食,有粪屑积于隧道内,数月后方蛀入木质部,并向外蛀一通气排粪孔,排出粪屑堆积于基部。三是桑褐刺蛾,主要以幼虫啃食或蚕食无患子叶部,当虫口密度大时,能在短期内把叶片吃光,仅剩下主脉,严重影响苗木生长。

（2）主要虫害的防治。一是蜡蝉的防治。采取 80% 敌敌畏乳油加 10% 吡虫啉乳油 1 000~1 500 倍喷施,或 40% 速扑杀乳油加阿维菌素 1 000 倍液喷施,或 50% 杀螟松乳油或者 20% 杀灭菊酯 1 000 倍液喷施。二是天牛的防治。发现无患子基部有粪屑堆积,可以用细铅丝从排粪孔沿着隧道刺杀幼虫;如找不到幼虫,也可以塞入用 80% 敌敌畏乳油或40%乐果乳油10~50倍液浸过的药棉球或注入80%敌敌畏乳油500~600倍液,施药后用湿泥封口;还可以用敌百虫精或杀虫双500倍液进行浇灌,效果显著。三是桑褐刺蛾防治。结合冬季修剪,剪除在枝上越冬的虫茧;或发动群众挖除在土中越冬的虫茧。幼虫发生期可喷施每克孢子含量100亿以上青虫菌0.5 kg兑水1 000倍液,或90%晶体敌百虫1 000~1 500倍液,或青虫菌0.5 kg加90%晶体敌百虫0.2 kg兑水1 000倍的菌药混合液。

　　2. 主要病害的发生与防治

　　(1)主要病害的发生。无患子主要病害是枯萎病,是一种毁灭性病害,在密不透风、排水不良的苗圃地,危害新生苗木,造成苗木受害后缓慢死亡。

　　(2)主要病害的防治。作为树干内部病害,木本植物枯萎病向来就难以治愈,加上目前尚未得知病原菌属,更是无行之有效的治疗方法。因此,防治该病,重点是在控制生长条件和日常管理上,如控制合理种植密度、加强清沟排水、严控刺吸式害虫危害等。在4~5月,用百菌清或多菌灵或12.5%烯唑醇可湿性粉剂等,配制900~1 000倍液喷布叶片和枝干,做好预防。

五、无患子的作用与价值

　　(1)园林绿化价值。无患子树干通直,树形高大,枝叶广展,绿荫稠密。到了秋冬季,满树叶色金黄,故又名黄金树,是彩叶树种之一。到了10月,果实累累,橙黄美观,是园林绿化景观中的优良观叶、观果树种。另外,其萌芽力强,深根性,抗风力强。生长快,寿命长达100~200年。对二氧化碳及二氧化硫抗性很强,是工业城市生态绿化的首选树种。

　　(2)用材价值。无患子由于木材内含天然皂素,不必用防腐药物处理就可自然防虫。树干笔直少枝,木质硬且重,可制作成各种家具用品,也可制作木梳。在当前重视环保的世界潮流中,生产无患子有机木材是一种非常有前瞻性的新兴产业。

　　(3)油料价值。无患子种仁含油量高,用来提取油脂,制造天然滑润油;用无患子种仁提取油脂,可用来制造生物柴油,故无患子具有广泛的利用价值和开发前景。

12　青檀

　　青檀,学名 Pteroceltis tatarinowii Maxim. ,榆科青檀属,又名金钱朴、檀、翼朴、檀树、青壳椰树,落叶乔木,是国家三级保护稀有种,中原地区优良野生乡土树种。

一、形态特征

　　青檀,树高达18~20 m,胸径70~100 cm以上。树皮灰色或深灰色,不规则的长片状剥落;小枝黄绿色,干时变栗褐色,疏被短柔毛,后渐脱落,皮孔明显,椭圆形或近圆形;冬芽卵形。小坚果两侧具翅,其材质坚韧,纹理细密,耐腐,耐水浸。树皮淡灰色,幼时光滑,老时裂成长片状剥落,剥落后露出灰绿色的内皮,树干常凹凸不圆;小枝栗褐色或灰褐色,叶纸质,宽卵形至长卵形,长3~10 cm,宽2~5 cm。单叶互生,花期3~5月,花色为淡绿色,雌雄同株。两性花单生于叶腋。果期8~10月。果实圆形,周围呈长翅状,具细长柄,悬垂,直径10~17 mm,黄绿色或黄褐色,翅宽,稍带木质,有放射线条纹,果实外面无毛或多少被曲柔毛,常有不规则的皱纹。

二、生长习性

青檀喜钙,较耐干旱、瘠薄,根系发达,喜欢在岩石隙缝间盘旋伸展。适应性较强,生长速度中等;萌生性强,寿命长;但是,种子天然繁殖力较弱。常生长在山麓、林缘、沟谷、河滩、溪旁及壁石隙等处,成小片纯林或与其他树种混生。

三、主要分布

青檀主要分布于河南、河北、山西、陕西、山东、江苏、安徽、浙江、江西等地。生于山谷溪边石灰岩山地疏林中,海拔 100~1 500 m。在中原地区主要分布于平顶山、安阳、林州、焦作、济源、栾川、鲁山、卢氏、南召、西峡、舞钢等地,在河南省舞钢市分布在南部山区海拔 200~500 m,沟谷、山腰、崖边均有片状或散生分布,多生于庇荫处。国有林场长岭头青檀沟,面积 33.3 hm²,树龄 10~50 年,平均树高 20~30 m,平均胸径 8~30 cm,生长健壮良好。最大树高 15 m,胸径 30 cm,树龄 60~80 年。

四、种苗繁育与管理技术

(一)引种繁育苗木技术

1. 苗圃地选择

苗圃地选择浇水方便、交通便利、肥沃、疏松的沙壤土为好。

2. 苗圃地整地

9~10 月,苗圃地采用大型拖拉机旋耕土壤,同时,施入农家肥作基肥,施肥量每亩 5 000~8 000 kg,复合肥每亩 50~100 kg 即可。

3. 采收种子

青檀,8~9 月成熟,即种子在"处暑"到"白露"左右成熟,果实由青变黄,就应及时采收。果实有圆翅,唯顶部有隙,基部具有长柄。果实采回后应去翅,阴干,防潮湿,但也不能过分干燥,以免影响发芽能力。凡种壳色泽鲜艳、种仁饱满、种肉白色,均为良种。

4. 种子催芽

为了使种子发芽整齐,促进幼苗生长,播种前可采取催芽方法,一种为冷水浸种,其方法是把纯净的种子放在容器内,加入冷水浸渍,每天更换清水一次,一般浸种 2~3 天,种皮吸水柔软后,即能促进发芽。此法简易稳定,但效果较差。另一种为热水浸种,青檀种壳坚硬,因此热水浸种比冷水浸种效果更好,方法相同,唯热水温度掌握在 30~40 ℃,每天需调换温水 2~3 次。

5. 大田播种

播种以春播为好,时间为 2~3 月。好的青檀种子,每亩播种量 1~1.5 kg 即可。播种的方法,以条播为宜。苗床土壤保持湿润状态,床面一般按照行距 2~5 cm,即播幅 2~3 cm,行间距在 5~6 cm,即用锄头开一条小沟,沟底要平实,沟深 2~3 cm,做到播种、覆土、覆草均匀,覆土厚度为 1~2 cm,覆草厚度以不见覆土为宜,覆草可以保湿保墒,提高出芽率。

6. 幼苗管理

幼苗发芽出土 50%~60%,即可揭去部分覆草,发芽出土整齐后,覆草全部揭去,揭草最好在阴天或傍晚进行。种苗发育生长期间要防涝、防旱、清除杂草。幼苗出齐 30 天后,开展 2~3 次间苗。管理好的幼苗,一年就可以出圃,一般每亩可产 8 000~10 000 株高 1~1.5 m 的壮苗。

7. 肥水管理

苗木生长期,除草松土,每年施肥 2~3 次,或除草浅松土 2~3 次。要合理施肥,土壤肥沃时,施肥要少施或不施肥;土壤肥力不足时,可适当施肥,每次施肥量每亩 10~15 kg 复合肥。7~8 月,雨季雨后开浅沟撒施化肥。

8. 压条繁育

压条繁育即无性繁殖,主要是压条法,即将青檀细长的枝条弓形压弯,中间埋在土里,上压石块,2~3 年后,待压在土里的部分已生根,将其砍断即是一棵新生苗木。采用这种方法,青檀树桩越低越有利于发展。

(二)主要病虫害的发生与防治

1. 主要虫害的发生与防治

(1)主要虫害的发生。一是檀香粉蝶,又名斑马虫,以幼虫啃食叶片,造成叶片残缺不全。二是象鼻虫,成虫咬食叶片嫩枝,造成枝条干枯或死亡,影响树势生长。

(2)主要虫害的防治。檀香粉蝶、象鼻虫等主要发生在生长期,即 5~9 月,使用 90% 敌百虫草原药 800 倍液或 80% 敌敌畏乳油 1 000~1 500 倍液喷杀。同时,可人工捕杀象鼻虫的幼虫、卵、蛹,或用 50% 吡虫啉 600~800 倍液喷雾。

2. 主要病害的发生与防治

(1)主要病害的发生。青檀主要病害,一是幼苗立枯病,由立枯丝核菌侵染所致,侵害幼苗,6~8 月,多在土壤排水不良时发生。二是根腐病,是一种常见病害,幼苗、幼龄树和大树均会发生。

(2)主要病害的防治。6~8 月,立枯病发病前用 0.25%~0.5% 的波尔多液喷洒,或 1%~2% 石灰水浇施;发病期间用托布津可湿性粉剂 900~1 000 倍液或百菌清 600 倍液喷杀防治。根腐病,发病初期可用 5% 退菌特可湿性粉剂 500~800 倍液,或 50% 托布津 800~1 000 倍液,或 70% 敌克松原粉 500 倍液喷洒防治。

五、青檀的作用与价值

(1)经济价值。木材坚硬细致,纹理细密,耐腐、耐水浸,可作农具、车轴、家具和建筑用的上等木料,是园艺、室内装饰等的珍贵树种。树皮、枝皮纤维为制造书画宣纸的优质原料,且已有数百年历史,其宣纸制品在国内、国际畅销。种子可榨油,可作工业用油。其叶营养丰富,是牲畜喜食的良好饲料。

(2)科研价值。青檀喜钙,较耐干旱、瘠薄,根系发达,常在岩石隙缝间盘旋伸展生长,为我国特有的单种属,对研究榆科系统的发育有学术价值;对我国的气候、物种演化等具有十分重要的科学价值。

(3)观赏价值。青檀花色为淡绿色,雌雄同株。青檀根系发达,劲如盘龙,寿命长。

西南部山区古寺、庙宇尚有数百年的大树,仍沧桑不老,枝叶茂盛。具有良好的观赏价值。

(4)造林绿化作用。青檀,适应性较强,耐阴、耐湿、较耐瘠薄、喜钙。常自然生长于海拔 100~1 500 m 的石灰岩山地林缘、沟谷、河滩、溪旁及岩石隙缝间,具小片纯林、散生或与其他树种混生。所以,林业、园林等部门在公园、山地森林公园、景区进行园林绿化、美化时,青檀为理想的点缀树种。

13　黄檀

黄檀,学名:Dalbergia hupeana Hance,蔷薇目豆科黄檀属植物,又名山荆、檀树、檀木、不知春,落叶乔木,优质用材树种。

一、形态特征

黄檀,树干皮暗灰色,高 10~15 m。幼枝淡绿色,叶互生,羽状复叶,长 15~25 cm。小叶 3~5 对,近革质,椭圆形至长圆状椭圆形,长 3~5 cm,宽 2~4 cm,先端钝,或稍凹入,基部圆形或阔楔形,两面无毛,细脉隆起,上面有光泽。圆锥花序顶生或生于最上部的叶腋间,连总花梗长 14~19 cm,花萼钟状,花冠白色或淡紫色,花柱纤细;果实为荚果,呈长圆形或阔舌状,种子肾形,果瓣薄革质,熟时黄褐色,有种子 1~2 粒。花期 5~7 月,果期 9~10 月。

二、生长习性

黄檀喜光,阳性、耐干旱、瘠薄、深根性,萌芽力强。不择土壤,适应多种土壤。对土壤酸碱度要求不严格。适生于海拔 200~1 400 m 的丘陵、山地林中、灌丛或旷野。陡坡、山脊、岩石裸露、干旱瘠瘠的地区均能生长,山沟溪旁及有小树林的坡地常见。在深厚、湿润、排水良好的土壤上生长健壮、发育良好。

三、主要分布

黄檀主要分布于山东、江苏、安徽、浙江、江西、福建、湖北、湖南、广东、广西、四川、贵州、云南等地。河南省舞钢市境内,南部山区、丘陵、山地沟谷、坡地、片麻岩岭脊、林下、疏林、灌丛或荒坡、田埂旷野之地,均有成片状萌生和散生,生长良好。

四、种苗繁育与管理技术

(一)引种繁育苗木技术

1. 种子采种

选择健壮母树,当荚果呈现黄褐色时,采回予以暴晒,开裂脱粒,除净杂质,装入布袋或麻袋中,干藏于高燥处,以待播种。

2. 苗圃地选择

选择疏松、排灌方便、无病虫害、肥沃的土地作圃地,按一般要求做好苗床,在 2~3 月上旬播种。采用条播,条距 25~30 cm,每亩播种量为 5~8 kg。用 1~2 年生苗木,10 月下旬选择健壮苗木出圃即可造林。

(二)造林绿化技术

1. 造林技术

黄檀为阳性深根树种,对土壤要求不甚严格,酸性、中性或石灰性土壤都能生长,无论山区、丘陵均可造林。但要培育商品林,应选土层深厚肥沃的阳坡或半阳坡为造林地。造林密度宜稍大,株行距 2.5 m × 4 m。可采用水平带垦挖大穴栽植,穴径 50~80 cm 以上,深度 40~50 cm,回填表土。造林时期,可在当年 10 月或第二年 2~3 月进行,选择雨后阴天造林成活率高。

2. 造林管理

黄檀造林后,须加强抚育培养工作,每年中耕除草 2 次。郁闭后,每隔 2~3 年仍需割灌挖翻 1 次,发现被压木、损折木,结合疏伐,予以伐除。

(三)主要病虫害的发生与防治

1. 主要虫害

黄檀的主要虫害是黄刺蛾(又名痒辣子、毛辣虫),为害叶片,幼虫取食叶的下表皮和叶肉,仅留上表皮成一层膜。4 龄幼虫取食全叶,常将叶片吃光,仅剩叶脉或枝条或叶柄。其茧椭圆形,11.5~14.5 mm,质坚硬,灰白色,有黑褐色不规则纵条纹,极似雀卵。1 年发生 2 代,4 月下旬至 5 月上中旬化蛹,5 月下旬至 6 月上中旬羽化,羽化多在傍晚,以 15~20 时为盛。白天静伏在叶背面,夜间活动,有趋光性。成虫多夜晚交尾,次日产卵于树叶近末端处背面,散产或数粒在一起。卵经 5~6 天孵化,初孵幼虫取食卵壳,然后取食叶的下表皮和叶肉组织,留下上表皮。进入 4 龄时取食叶片呈洞孔状,5 龄后吃光整叶,仅留主脉和叶柄。7 月老熟幼虫营茧化蛹,茧一般多在树枝分杈处。8 月第一代成虫羽化,8 月下旬以后第二代幼虫大量出现,取食为害。秋后在树上结茧越冬。

2. 防治技术

10~12 月,人工消灭越冬虫茧,结合冬季抚育与修剪进行;6 月和 8 月利用成虫的趋光性进行灯光诱杀,效果显著;药剂防治:用氯氰菊酯或吡虫啉配制 1 000~1 200 倍药液喷雾,效果很好。另外,蚜虫危害幼苗,影响生长。蚜虫为害较重时,用灭蚜威 1 800~2 000 倍液喷雾。黄檀小卷蛾,幼虫危害叶芽、嫩梢及种子。可用苦参碱 1 500 倍液防治。

五、黄檀的作用与价值

(1)用材价值。黄檀木材黄白色或黄淡褐色,木材坚韧、致密,可作各种负重力及拉力强的用具及器材,木材横断面生长轮不明显,心、边材区别也不明显,结构细密、质硬重,切面光滑,耐冲击,不易磨损,富于弹性,材色美观,是运动器械、玩具、雕刻及其他细木工优良用材。林农利用此材作斧头柄、农具。

(2)园林绿化作用。黄檀根系发达,树干坚挺,枝冠紧密,春叶黄润,花黄芳香,花果满枝,秋叶金黄,形、姿、色俱佳。可作园林观叶树种配植点缀,可于林间、林缘、园内空隙地孤植、丛植,凸显叶色景观效果。可作城镇行道树、居民区绿化美化,亦有其特色感。也可用于荒山荒地绿化。

(3)食用价值。黄檀,其花香,开花能吸引大量蜂蝶,可作蜜源或放养紫胶虫等。其嫩茎叶可食,民间常采其叶,焯制晒干,作为美味山野菜,与肉类烹饪,香味浓郁。

（4）油料价值。果实可榨油。

（5）药用价值。根皮入药,具有清热解毒、止血消肿之功效。主治疮疥疔毒、毒蛇咬伤、细菌痢疾、跌打损伤等。民间用于治疗急慢性肝炎、肝硬化腹水等。

14　糯米椴

糯米椴,学名:Tilia henryana Szyszyl. var. subglabra V. Engl. ,椴树科椴树属,落叶乔木,是园林绿化、造林的优良用材和观赏野生树种。

一、形态特征

糯米椴,树高 10~15 m,嫩枝及顶芽均无毛或近秃净。叶圆形,长 6~10 cm,宽 6~10 cm,上面无毛,背面脉腋有毛,侧脉 5~6 对,边缘具叶脉射出而成尖锯齿,齿尖多呈倒钩刺状,长 3~5 mm,叶柄长 3~5 cm。花,聚伞花序,长 10~12 cm,多花 30 朵以上,花序柄有星状柔毛。苞片狭窄倒披针形,长 7~10 cm,宽约 1 cm,先端钝,基部狭窄,下半部与花序柄合生,基部有柄,萼片长卵形,外面有毛。花瓣长 6~7 mm。果实倒卵形或圆形,长 7~9 mm,有棱 5 条,被星状毛,熟时灰黑色,种子圆形。花期 5~6 月,果期 7~8 月。

二、生长习性

糯米椴喜光、稍耐阴,喜湿润、稍耐旱,对土壤要求不严。喜中性、微酸、微碱性疏松壤土,适生于海拔 350~1 200 m 的山腰、谷地山林中。

三、主要分布

糯米椴主要分布于河南、辽宁南部、北京、河北、山东、湖北、湖南、江苏、浙江、江西、安徽等地。河南省舞钢市国有石漫滩林场秤锤沟、灯台架、官平院等山区有野生分布,海拔 300~500 m 的山坡、谷地、疏林内有分布,多与阔叶林一起生长,最大树高 10~12 m,胸径 18~20 cm。

四、种苗繁育与管理技术

（一）引种繁育苗木技术

1. 种子采集

8 月下旬,糯米椴果实成熟后即可采摘。成熟后的种子易遇风、雨、雪而脱落,所以尽量在 10 月中旬前采收。采集方法:在开阔地可采用振落后收集,在山区或密林地可用高枝剪、布毯等工具采收。

2. 种子处理

采集后的种子,要清除果柄、苞片等杂物,用清水漂去空粒和秕粒。然后将种子放于干燥处阴干。种子不宜直播,因为糯米椴果皮坚硬,透水性差,如不进行处理,当年发芽率极低,要 2~3 年以后才会陆续出齐。经过处理的种子当年发芽率可达到 90% 以上。处理方法主要有浓硫酸浸种。用浓硫酸浸种主要是破坏种子的硬壳,由于浓硫酸处理法较麻烦,处理过程也不太安全,生产中用九二零(植物生长调节剂,又名赤霉素)处理最好。用九二零溶液,比例 1:12,浸种 48 小时,然后沙藏 100~120 天,即可播种。

3. 播种方法

种子经过 100~120 天的沙藏处理后,约有 75%开裂露白,即可播种。采用条播,播前灌一遍透水,开浅沟,深 3~5 cm,然后把筛去沙的种子撒于沟中,每亩播种量为 12.5 kg 左右,上面覆碎土,厚度为 1~2 cm。播后用地膜覆盖,处理良好的种子,播后 7~8 天即可出土。

(二)幼苗管理技术

新生幼苗喜阴,出土后易受日灼危害,应设置荫棚,以保证幼苗正常生长,幼苗生长极为缓慢,缺少水分时常枯死,所以幼苗要经常保持土壤湿润,苗高 5~10 cm 开始间苗,1 m² 保存 80~100 株为宜。10 月上旬,当年苗木生长高 80~120 cm,即可出圃造林。

五、糯米椴的作用与价值

(1)观赏价值。糯米椴树形美观,树姿雄伟,叶大荫浓,寿命长,花香馥郁,可用于城乡行道树或庭园观赏造林绿化。

(2)食用价值。糯米椴也是蜜源树种,种子可榨油。

(3)经济价值。糯米椴树皮纤维经处理后还可编织麻袋、造纸和制人造棉。嫩茎叶可喂猪,干叶可做羊的冬季饲料。

(4)用材价值。糯米椴木材轻软、细致,可供建筑、家具、雕刻、火柴杆、铅笔、乐器等用材。

15　刺楸

刺楸,学名:Kalopanax septemlobus(Thunb.)Koidz.,五加科刺楸属,又名鸟不宿、钉木树、刺桐等,落叶乔木,小枝具粗刺,是树木中具有粗犷野趣、独树一帜的优良野生树种。

一、形态特征

刺楸,树高 10~20 m。树皮暗灰棕色,小枝淡黄棕色或灰棕色。散生粗刺,刺基部宽阔扁平,长 5~6 mm,宽 6~7 mm。掌状叶,纸质,叶互生或簇生,圆形或近圆形,直径 9~25 cm。掌状 5~7 浅裂,裂片阔三角状卵形至长圆状卵形,壮枝叶片分裂较深,基部心形,上面深绿色,无毛或几无毛,下面淡绿色。幼时疏生短柔毛,边缘有细锯齿,放射状主脉 5~7 条。叶柄长 10~50 cm,圆锥花序大,长 15~25 cm,直径 20~30 cm。伞形花序直径 1~2.5 cm,花多数。总花梗细长,长 2~3.5 cm。花梗无毛或少短柔毛,长 5~12 mm;花白色或淡绿黄色。果实球形,蓝黑色,直径 5~7 mm。花期 6~8 月,果期 9~11 月。

二、生长习性

刺楸适应性很强,喜阳光充足和湿润的环境,稍耐阴,耐寒冷,适宜在含腐殖质丰富、土层深厚、疏松且排水良好的中性或微酸性土壤上生长。多生于阳性森林、灌木林中和林缘,湿润、腐殖质较多的密林,向阳山坡,甚至岩质山地也能生长。适生海拔 350~1 600 m 的山区谷地、山脚、山坳林内、疏林、林缘或灌木丛中。

三、主要分布

刺楸主要分布于河南、辽宁、吉林、河北、山东、湖北、湖南、云南、贵州、四川、广东、广西等地。生于山地疏林中。河南省舞钢市国有石漫滩林场南部林区瓦庙沟、大石棚、王沟、秤锤沟、大河扒、老虎爬、支锅石沟、官平院等处海拔 300~500 m 的沟谷、山凹坡地湿润疏松褐土立地环境有丛生或散生。多与阔叶落叶林伴生。舞钢市境内三林区秤锤沟擦子坡一株刺楸大树,树高 15 m,胸径 40 cm,枝繁叶茂。

四、种苗繁育与管理技术

(一)引种繁育苗木技术

1. 采收种子

刺楸的引种苗木繁殖以播种为主,种子繁殖方法简单易行,并能在短期内获得大量苗子。10 月上旬,果实成熟后,及时采摘种子,取出种子进行沙藏,第二年的春季进行室外大田畦播。

2. 种子处理

选留果粒大、均匀一致的刺楸果实,单独干燥和保管。干燥时切勿火烤、炕烘或锅炒。可晒干或阴干,放通风干燥处储藏。在 10~11 月,将选作种用的果实,用清水浸泡至果肉胀起时搓去果肉。刺楸的秕粒很多,出种率 60% 左右,在搓果肉的同时可将浮在水面上的秕粒除掉。搓掉果肉后的种子再用清水浸泡 5~7 天,使种子充分吸水,每隔 2 天换 1 次水,在换水时还可清除一部分秕粒。浸泡后捞出控干,与 2~3 倍于种子的湿沙混匀,放入室外准备好的深 0.5 m 左右的坑中,上面覆盖 10~15 cm 的细土,再盖上柴草或草帘子,进行低温处理。第二年 5~6 月即可裂口播种。处理场地要选择高燥地点,以免水浸烂种。2 月下旬将种子移入室内,清除果肉,拌上湿沙,装入木箱,进行沙藏处理,其温度可保持在 5~15 ℃,第二年 3 月即可裂口播种。刺楸种子的休眠属于复杂的形态——生理休眠类型,休眠期 6 个月以上,种子成熟时,种胚尚未分化完全,需先温暖层积,完成胚的生长与发育,然后转入低温层积,种子才能解除休眠,即种胚必须经所谓的形态后熟和生理后熟 2 个不同的阶段,种子才能获得萌发能力。

3. 种子播种

苗圃地选择肥沃的腐殖土或沙质壤土。育苗以床作为好,可根据不同土壤条件做床,低洼易涝、雨水多的地块可做成高床,床高 15~18 cm。高燥干旱、雨水较少的地块可做成平床。床土要耙细清除杂质,1 m² 施腐熟厩肥 5~10 kg,与床土充分搅拌均匀,搂平床面即可播种。

4. 播种时期

在 3 月至 5 月上旬,播种经过处理的种子,进行条播或撒播。条播行距 10~15 cm,覆土 1.5~3.0 cm。1 m² 播种量 25~30 g。另外,8 月上旬至 9 月上旬播种当年鲜籽,即选择当年成熟度一致、粒大而饱满的果粒,搓去果肉,用清水漂洗一下,控干后即可播种。

5.幼苗管理

播种后搭 1~1.5 m 高的棚架,上面用草帘或苇帘等遮阴,土壤干旱时浇水,使土壤湿度保持在 30%~40%,待小苗长出 2~3 片真叶时可撤掉遮阴帘,第二年 3 月即可移栽定植。造林选地,选择土壤肥沃、土层深厚、排水良好的林缘地或熟地,以腐殖土和沙质壤土为好,选好地,每亩施基肥 5 000~7 000 kg,整平耙细备用。造林,在 4 月下旬至 5 月上旬移栽,株行距 50 cm×120 cm,为使株行距均匀,可以拉绳定穴,在穴的位置上做一标志,然后挖成深 30~35 cm、直径 28~30 cm 的穴,每穴栽一株。栽时要使根系舒展,防止窝根与倒根,栽后踏实,灌足水,待水渗完后用土封穴。15 天后进行查苗,没成活的需进行补苗。3 月造林,栽种时施腐熟的有机肥作基肥。栽后浇透水,平时管理较为粗放,天气干旱时注意浇水,每年秋末落叶后在根部周围开沟施一次腐熟的有机肥,并浇足封冻水即可安全越冬。

(二)主要病虫害的发生与防治

刺楸主要病虫害有刺蛾、褐斑病。刺蛾,5~9 月,对树冠喷布 1 200 倍液的氯氰菊酯,每 15~20 天喷布 1 次,连续喷布 2~3 次。褐斑病,4~5 月,喷布 3~4 波美度石硫合剂药液或百菌清 800~900 倍液,喷布 2~3 次即可。

五、刺楸的作用与价值

(1)观赏价值。刺楸叶形美观,叶色浓绿,树干通直挺拔,满身的硬刺在诸多园林树木中独树一帜,既能体现出粗犷的野趣,又能防止人或动物攀爬破坏,是行道树或园林配植的优良树种。

(2)用材价值。刺楸木质坚硬细腻、花纹明显,是制作高级家具、乐器、工艺雕刻的良好材料。

(3)食用价值。刺楸 3 月初嫩叶采摘后可供食用,气味清香、品质极佳,是特产美味山野菜。

16　房山栎

房山栎,学名:Quercus×fangshanensis Liou,壳斗科栎属,又名麻栎、栎树、林子等,因研究标本采自北京房山,故称房山栎,落叶乔木或灌木树种,是优良野生生态造林绿化树种。

一、形态特征

房山栎,树高 2~8 m。小枝有棱,初被灰黄色星状毛,后渐脱落。叶片长倒卵形或倒卵形,长 8~14 cm,顶端短渐尖,基部浅心形或耳形,叶缘波状粗齿,幼时叶背被薄星状毛,后渐脱落。侧脉每边 9~12 条叶柄,长 1~2 cm,被星状毛。壳斗钟形,小苞片窄披针形,背面紫红色,外面被灰黄色茸毛。坚果椭圆形,无毛,果脐微突起。花期 4 月,果实 10 月成熟。

二、生长习性

房山栎喜光、耐旱，耐微酸、微碱性土壤。适生于海拔 200~800 m 的山坡、山谷。常与其他栎类、阔叶树、松类等混生，有时成纯林。抗风、抗烟、抗病虫能力强。对土壤要求不严格，在酸性土、钙质土、轻度石灰土上都能生长，在水肥较好的地方，生长较快。

三、主要分布

房山栎主要分布于河北、山西、河南等省。河南省舞钢市国有石漫滩林场三林区的九头崖，四林区大河扒、灯台架，五林区埋头山等林地多呈片状分布，野生。

四、种苗繁育与管理技术

房山栎喜光照的阳坡，耐干旱、耐瘠薄，抗病虫害，对土壤要求不严格，尤其是适生海拔 200~800 m 的山坡、山谷，所以是荒山造林绿化、保持水土的优良树种。由于苗木造林成活率低，在造林中，多采用 10~11 月直接点播造林，成活率达 97%以上。

五、房山栎的作用与价值

（1）造林作用。房山栎耐干旱、瘠薄，深根性，叶形大而奇特，秋叶色彩红艳，可作森林公园旷地、林缘绿化点缀；常于山区城市游园、广场角隅丛植，路旁列植，弥补景观素材之不足；还可作荒山营造绿化生态林。

（2）经济价值。房山栎叶片可喂养柞蚕，是山区林农发展蚕业、增加经济收入、发家致富的有效之路。房山栎果实含淀粉 50%~60%，可作羊、猪的优良饲料，具有良好的经济价值。

17　槲栎

槲栎，学名：Quercus aliena Bl. ，壳斗科栎属，又名大叶栎树、白栎树、虎朴、板栎树、青冈树、白皮栎、孛孛栎、白栎、细皮青冈、大叶青冈、青冈、菠萝树、槲树、橡树等，落叶乔木，既是美丽的观叶树种，又是风景区造景树种和家具及薪炭等用材优良树种。

一、形态特征

槲栎，树高 20~30 m，树皮暗灰色，深纵裂。老枝暗紫色，有灰白色突起的皮孔；小枝灰褐色，近无毛，具圆形淡褐色皮孔；芽卵形，芽鳞具缘毛。叶片长椭圆状倒卵形至倒卵形，长 10~20 cm、宽 5~13 cm，顶端微钝或短渐尖，基部楔形或圆形，叶缘具波状钝齿，叶背被灰棕色细茸毛，侧脉每边 10~15 条，叶柄长 1~1.5 cm。雄花序长 4~7 cm，雄花单生或数朵簇生，微有毛。花被 6 裂，雄蕊通常 10 枚。雌花序生于新枝叶腋，单生或多朵簇生。壳斗杯形，包着坚果约 1/2，直径 1.2~2.0 cm，高 1~1.5 cm；小苞片卵状披针形，长约 2 mm，排列紧密，被灰白色短柔毛。坚果椭圆形至卵形，直径约 1.5 cm，高 1.5~2.4 cm，果脐微突起。花期 4~5 月，果期 9~10 月。

二、生长习性

槲栎喜光照,耐干旱,耐山石瘠薄的土壤;对土壤酸碱度要求不严。适生于海拔 100~
2 500 m 的丘陵、谷地、山坡,与其他树种混交或成片状纯林。

三、主要分布

槲栎主要分布于河南、陕西、山东、江苏、安徽、浙江、江西、湖北、湖南、广东、广西、四
川、贵州、云南等地。河南省舞钢市九头崖、蚂蚁山、瓦房沟、人头山等地海拔 200~600 m
的山坡有片状分布,多与其他栎类或阔杂林混生。

四、种苗繁育与管理技术

(一)引种繁育苗木技术

1.种子采收

10 月,选择 20~25 年生、无病虫害的健壮槲栎作采种母树。果实成熟时由绿色变为
黄褐色,坚果有光泽,可自行脱落。在树下拾取或将种子打落后收集起来进行粒选,剔除
病虫损害及色泽不正常的种子,可得 90% 以上优良种子。槲栎种子中常有橡实象鼻虫,
外观不易发现,浸入 55 ℃温水 10 分钟后即可全部杀死种内害虫。经杀虫处理后的种子
在庇荫干燥的地方摊开晾干,每天翻动 3~4 次,以防种子发热生霉。晾干后即可储藏于
地势高燥、地下水位较低的地方。挖坑深 80~90 cm、宽 90~100 cm,长度以种子数量多少
而定,在坑底铺厚 14~15 cm 的细沙,沙上摊放种子 4~5 cm 厚,种子上再盖细沙 3~4 cm
厚。如此细沙、种子交替摊放,直至距坑口 9~10 cm。在坑中每隔 100 cm 插一束草把或
玉米秆通气,以防止种子发热生霉。覆土封盖要略高于地面,在坑的四面挖 30~35 cm 深
的排水沟,防止雨水浸入。

2.大田播种

选择地势高燥、平坦、有排灌条件的沙壤土作苗圃地,精耕细耙,深翻,整平做床,并施
足基肥。播种前将种子放在水中浸泡 24 小时,捞出后摊放在阴凉处晾干。春播为 3 月下
旬,秋播在种子成熟后随采随播。土层深厚的山坡,梯田翻耕后,也可整平做畦育苗。出
苗后,及时中耕除草、间苗,以达到苗全、苗旺的目的。

(二)造林绿化技术

1.造林地整地

在平缓地用机械进行全面或带状整地,深 30~40 cm。山地陡坡多采用鱼鳞坑整地,
坑的长径 100~120 cm、短径 60~70 cm。草皮表土放入坑中,拣出石块和草根,松土深度
30~60 cm,坑面外高里低。沿横坡方向排列成行,上下交错,以利于保持水土。

2.造林抚育管理

造林后的地块,连续进行除草松土 2~3 年,第一年在 4~8 月进行,第二年在 4~6 月
进行,第三年在 6~7 月进行,促进幼苗快速生长成林。如苗木干形不直,可在造林后 3~4
年平茬,10~12 月,槲栎停止生长季节,即从基部平地面砍伐截干,切口力求平滑、不劈
裂,重新萌生新株,第二年 3 月中旬,选留 1~2 株竖立粗壮的萌芽条抚育成林,其他多余

的萌条抹掉。槲栎要及时修枝,以培养优良干形,提高木材品质。在树木休眠期间进行修枝,把枯死枝、弱枝、虫害枝及竞争枝修剪掉。切口要平滑,不伤树皮,不要留桩,伤口愈合快。修枝强度不能过大,避免影响林木生长量,确保成材见效。

五、槲栎的作用与价值

(1)造林作用。槲栎叶片大且肥厚,叶形奇特、美观,叶色翠绿油亮、枝叶稠密,属于美丽的观叶树种,适宜浅山风景区造景之用。

(2)用材价值。槲栎木材坚硬,耐腐,纹理致密,供建筑、家具及薪炭等用材。

(3)经济价值。槲栎种子富含淀粉,可酿酒;也可制凉皮、粉条,又可榨油;亦为良好的牲畜饲料。壳斗、树皮富含单宁,可作轻工业染料。叶片大且肥厚,在农村家庭蒸馒头替代笼布,蒸出的馒头清香好吃,特别有味,深受人们喜爱。

18　蒙古栎

蒙古栎,学名:Quercus mongolica Fisch. ex Ledeb.,壳斗科栎属,又名柞树、柞栎、橡树、蒙栎、蒙古柞、青冈柞、大青冈等,落叶乔木,是国家二级珍贵树种,又是营造防风林、水源涵养林及防火林的优良树种。

一、形态特征

蒙古栎,树高达20~30 m,树皮灰褐色,纵裂。幼枝紫褐色,有棱,无毛。顶芽长卵形,微有棱,芽鳞紫褐色,有缘毛。叶片倒卵形至长倒卵形,长7~19 cm、宽3~11 cm,叶缘7~10对钝齿或粗齿,幼时沿脉有毛,后渐脱落,侧脉每边7~11条;叶柄长2~7 mm,无毛。雄花序生于新枝下部,雌花序生于新枝上端叶腋。壳斗杯形,壳斗外壁小苞片三角状卵形,呈半球形瘤状突起,密被灰白色短茸毛。坚果卵形至长卵形,直径1.3~1.8 cm,高2~2.3 cm,果脐微突起。花期4~5月,果熟期9月。

二、生长习性

蒙古栎喜光,喜温暖、湿润气候,耐寒、耐干旱、耐瘠薄。对土壤要求不严,适生于海拔200~2 000 m的山坡、谷地,形成片状纯林或混交林。喜酸性、中性或碱性土壤,多与其他栎类或阔杂林混生。不耐水湿。根系发达,有很强的萌蘖性。蒙古栎种子发芽的适宜温度为25~30 ℃,15 ℃时发芽缓慢,30~35 ℃时发芽最快,但幼芽细弱。茎叶生长适宜的白天温度为23~30 ℃、夜间温度为15~18 ℃;温度高于35 ℃或低于15 ℃生长缓慢。蒙古栎对环境有广泛的适应力,能适应中国大部分地区。

三、主要分布

蒙古栎主要分布于黑龙江、吉林、辽宁、内蒙古、河北、山东、河南等地。河南省舞钢市国有石漫滩林场九头崖、秤锤沟、老虎爬、灯台架、官平院、瓦房沟、二郎山等林区有散生分布,与其他栎类伴生;南部杨庄乡、尚店镇等山区有零星生长,与其他栎类或阔杂林混生。

四、种苗繁育与管理技术

(一)引种繁育苗木技术

1. 苗圃地选择

育苗地要选择地势平坦、排水良好、土质肥沃、土层厚度 50~80 cm 的沙壤土和壤土。

2. 整地做床

整地做床从 9 月中旬开始,整地深翻 30~40 cm,拣出草根、石块,春播在秋翻后于翌年春耙地,每亩施有机肥 3 000 kg。翻地时进行土壤消毒,每亩施 4 kg 硫酸亚铁,防治地下害虫,每亩可施 2.5 kg 辛硫磷。然后每平方米施入熟好的农家肥 5 kg,做床高 18~20 cm,床面宽 100 cm,步道 40 cm。

3. 种子处理

为防治苗木病害,种子采收后用 50~55 ℃温水浸种 15 分钟或用冷水浸种 24 小时,同时将漂浮的不成熟、虫蛀种子捞出;或用敌敌畏熏蒸一昼夜进行杀虫处理;每平方米用 5 g 溶液喷洒床面,用药 5 天后播种。春播种子在冷室内混沙(种沙比为 1:3)催芽,每周翻动一次,随时拣出感病种子并烧掉,第二年 3 月春播种前一周将种子筛出,在阳光下翻晒,种子裂嘴达 30% 以上可播种。春播的种子要储藏。种子调制及播种种子精选后,放到凉爽湿润的库里储藏。

4. 种子播种方法

将选好的种子在播种前 10~15 天,用清水浸泡 1~2 天,然后捞出种子,放在席子上晾干,再堆成堆,在堆上轻轻地洒少量水,上面盖湿草帘。以后每天喷水润种,直到种子露白时即可播种。播种,在做好的苗床内,顺床播种,行距 25~30 cm,床宽 90~100 cm,可播 3~4 行。沟深 5~6 cm,每米长的沟可播 50 粒优良橡实,覆土 3~5 cm,轻轻镇压。

5. 幼苗管理

一是灌水,因种实大,覆土厚,就需要一定的湿度,湿度一般保持地表下 1 cm 处土壤湿润即可,不是特别干旱的不必天天灌水,苗木出土前不必浇水,防止土壤板结,造成顶土困难或种子腐烂。二是间苗,在苗高进入高生长速生期定苗,间去病苗、弱苗,疏开过密苗,同时补植缺苗断条之处,间苗和补苗后要灌水,以防漏风吹伤苗根。留苗密度每平方米 60~80 株。三是松土、除草,按照"除早、除小、除了"的原则及时清除,采用人工除草,保持床面无杂草,除草结合松土,松土深度 2~8 cm,以利苗木的正常生长。四是施肥,当年有 2~3 次生长的习性,采用 2~3 次追肥,即第一次封顶后进行追肥,约 6 月 20 日,硝酸铵每平方米施入 5 g;第二次追肥在苗木第二次封顶后进行,7 月下旬左右,硝铵每平方米 7 g;第三次追肥,8 月中旬每平方米施入生物肥 9 g。五是起苗,秋季起苗,进行挖沟越冬假植;春季起苗,可原垄越冬,不必另加防寒措施。

(二)造林绿化

1. 苗木选择

苗木在苗圃内生长 2 年后,即可出圃造林,春、夏、秋均可栽植,一般晚秋树液停止流动后造林成活率高,最好选无风的阴天栽植。

2. 栽植技术

挖穴,穴的直径 40～60 cm,坑底施菌根土,将苗木放于菌根土中。每坑 3～4 株,覆土、踏实即可。栽后应加强管理,注意防旱保墒,在休眠期进行造林,提高成活率。

(三)主要病虫害的发生与防治

1. 主要病害的防治

白粉病,发生时期为 9～10 月,褐斑病,7～9 月多湿、多雨、多风时期发生,病重时柞叶焦枯;旱烘病,发生在 8 月至 9 月上旬,多雨和连年砍伐过度或病虫害食叶过多处均易发生旱烘,严重时整个树叶出现红褐色干枯状。防治方法:用波尔多液、石灰硫黄合剂和防霉灵等农药防治柞树褐斑病,效果明显。

2. 主要虫害的防治

蒙古栎主要虫害为栎黄掌舟蛾、黄二星舟蛾和刺蛾类,集中发生在 7 月至 8 月中旬,容易暴发成灾,害虫吃光叶片。防治方法:用 2.5% 的敌百虫粉药杀鳞翅目害虫,用灭幼脲 3 号 1 500 倍液或氯氰菊酯 1 200 倍液喷布灭杀即可。

五、蒙古栎的作用与价值

(1)造林作用。蒙古栎是营造防风林、水源涵养林及防火林的优良树种,孤植、丛植或与其他树木混交成林均很适宜。

(2)观赏价值。蒙古栎有很高的观赏价值,它的树干苍劲独特,树的形状也千奇百怪,优雅壮美,枝叶比较茂盛。蒙古栎很适合修剪,可以修成多种造型,修剪后树冠幽雅壮观,独具神韵。在很多园林和庭院内都有蒙古栎的存在,增添了很多古色古香和优雅风味。园林中可植作园景树或行道树,树形好者可为孤植树做观赏用。

(3)经济价值。蒙古栎叶经过加工之后,可以成为食用级包装纸,采用栎叶包装食物,可以使人自然而然地想到天然、绿色、无公害。用叶包装,既不污染食物,还可以保护环境。可以包装粽子等,十分新颖独特,并且健康。

(4)用材价值。蒙古栎木材边材淡褐色,心材淡灰褐色,材质坚硬,耐腐力强,干后易开裂;可供车船、建筑、坑木等用材。

(5)食用药用价值。蒙古栎枝梢粉碎可用于栽培香菇等菌类。叶含蛋白质 12.4%,可饲柞蚕;种子含淀粉 47.4%,可酿酒或作饲料;树皮入药等。

19　二乔玉兰

二乔玉兰,学名:Yulania × soulangeana (Soul. -Bod.) D. L. Fu,木兰科木兰属,又名朱砂玉兰、紫砂玉兰,落叶小乔木,系玉兰和紫玉兰的杂交种,为早春重要观花树种。

一、形态特征

二乔玉兰,树高 6～10 m,小枝无毛。叶片互生,叶纸质,倒卵形,长 6～14 cm,宽 4～8 cm。花蕾卵圆形,花先叶开放,浅红色至深红色。聚合果长 7～8 cm,直径 2～3 cm;蓇葖卵圆形或倒卵圆形,具白色皮孔。种子深褐色,宽倒卵形或倒卵圆形,侧扁。花期 2～3 月,果期9~10月。

二、生长习性

二乔玉兰喜光,耐旱、耐寒,喜中性、微酸性疏松肥沃土壤,适合在气候温暖地区生长。与二亲本相近,但更耐旱、耐寒。不耐积水和干旱。喜富含腐殖质的沙质壤土,但不能生长于石灰质和白垩质的土壤中。可耐-20 ℃的短暂低温。

三、主要分布

二乔玉兰主要分布于中国,多为栽培种。分布范围很广,河北、山东、山西、甘肃、云南等地均有分布。河南省舞钢市国有石漫滩林场四林区的老虎爬沟有零星生长,树高16 m,胸径约50 cm,树龄虽已近百年,但仍枝繁叶茂,生长健壮。

四、种苗繁育与管理技术

(一)引种繁育苗木技术

1. 种子播种繁育

(1)种子采种。二乔玉木兰花后一般不结实,少量结实的果实在9~10月成熟。当蓇葖转红绽裂时即采,早采不发芽,迟采易脱落。采下蓇葖后经薄摊处理,将带红色外种皮的果实放在冷水中浸泡搓洗,除净外种皮,取出种子晾干,层积沙藏。

(2)播种方法。2~3月播种,发芽率70%~80%。二乔玉兰实生苗的株形好,适宜于地栽,但由于它为杂交种,后代性状不稳定,不能保持优良品种的所有习性,在良种繁殖时较少使用,多用于选育新品种。

2. 种条扦插繁育

在5~7月生长旺盛期进行。选择幼树当年生枝条作插穗,上部留少量叶片,将枝条下部浸入50 g的吲哚乙酸、生根粉或萘乙酸中6小时后,插入湿沙或蛭石床内,适当遮阴,并经常喷雾保湿,成活率可达70%左右。

3. 嫁接苗木繁育

3~4月,通常以亲本紫玉兰或玉兰,或用含笑属的黄兰和白兰等作砧木,可采用劈接、芽接、切接、腹接等方法进行嫁接,劈接和芽接的成活率较高。

4. 种条压条繁育

3~6月,选取生长良好的植株,取粗0.5~1.1 cm的1~2年生枝条作压条,如有分枝,可压在分枝上。压条的时间选择在2~3月成活率最好,压后当年能生根。定植后2~3年能开花。

(二)造林绿化技术

1. 造林种植

大面积可以造林绿化,同时,可以盆栽时宜培植成桩景。以早春发芽前8~10天或花谢后展叶前栽植最为适宜。播种苗出土后1~2年的盛夏季节需适当遮阴,入冬后,在中国北方地区还应防寒。移植时间以萌动前,或花刚谢、展叶前为好。移栽时无论苗木大小,根须均需着着泥团,并注意尽量不要损伤根系,以确保成活。

2. 技术管护

大苗栽植要带土球,挖大穴,深施肥,即一般在栽植前应在穴内施足充分腐熟的有机肥作基肥。适当深栽可抑制萌蘖,有利生长。栽好后封土压紧,并及时浇足水。二乔玉兰较喜肥,但忌大肥。新栽植的树苗可不必施肥,待落叶后或翌年春天再施肥。生长期一般施2次肥即可,有利于花芽分化和促进生长,可分别于花前与花后追肥,前者促使鲜花怒放,后者有利于孕蕾,追肥时期为2月下旬与5~6月。肥料多用充分腐熟的有机肥。除重视基肥外,酸性土壤应适当多施磷肥。修剪期应选在开花后及大量萌芽前,应剪去病枯枝、过密枝、冗枝、并列枝与徒长枝,平时应随时去除萌蘖。此外,花谢后如不留种,还应将残花和蓇葖果穗剪掉,以免消耗养分,影响第二年开花。

(三) 主要病虫害的发生与防治

1. 主要病害的发生与防治

二乔玉兰主要病害为炭疽病,其防治方法为:5~7月,发生病害应该及时清除病株病叶,同时向叶片喷施50%多菌灵500~800倍液,或用70%托布津800~1 000倍液进行防治。

2. 主要虫害的发生与防治

二乔玉兰主要虫害防治技术:①蚜虫,在若虫孵化盛期,喷25%亚胺硫磷乳油1 000倍液,每隔4~6天喷1次,喷2~3次即可见效,也可采用洗衣粉500倍液喷灭,过后再用清水喷洗枝叶。②介壳虫,用0.3%~0.4%的醋酸液喷杀。

五、二乔玉兰的作用与价值

(1)观赏价值。二乔玉兰是早春色香俱全的观花树种,花大色艳,花先叶开放,浅红色至深红色。观赏价值很高,是城市绿化的极好花木。广泛用于公园、绿地和庭园等孤植观赏。可用于排水良好的沿路及沿江河生态景观建设。

(2)药用价值。二乔玉兰芽鳞、花可以入药。

20　野鸦椿

野鸦椿,学名:Euscaphis japonica(Thunb.)Dippel,省沽油科野鸦椿属,又名酒药花、鸡肾果(广西),鸡眼睛(四川),小山辣子、山海椒(云南),芽子木(湖南),红椋(湖北、四川),落叶小乔木,是一种极具利用潜力的观赏树种,又是伏牛山野生优良树种。

一、形态特征

野鸦椿,树高2~8 m。树皮灰褐色,具纵条纹,小枝及芽红紫色,枝叶揉碎后发出恶臭气味。叶对生,奇数羽状复叶,长8~33 cm,叶轴淡绿色,小叶5~8 cm,厚纸质,长卵形或椭圆形,稀为圆形,长4~8 cm,宽2~5 cm,先端渐尖,基部钝圆,边缘具疏短锯齿,齿尖有腺体,主脉在上,叶面明显,叶背面突出,侧脉8~11。圆锥花序顶生,花多,密集,黄白色,萼片与花瓣均5,椭圆形,蓇葖果长1~2 cm,果皮软革质,紫红色,有纵脉纹,种子近圆形,径4~5 mm,假种皮肉质,黑色,有光泽。花期5~6月,果期8~9月。

二、生长习性

野鸦椿喜光、稍耐阴,喜深厚、疏松、湿润的中性、微酸性土壤,亦耐瘠薄、干燥。适生于海拔 300~1 000 m,多生长于山脚、山谷,常与灌木混生,少有成片纯林。其幼苗耐阴、耐湿润,大树则偏阳喜光,耐寒性较强。在土层深厚、疏松、湿润、排水良好而且富含有机质的微酸性土壤上生长良好。

三、主要分布

野鸦椿主要分布于河北、河南、山东、安徽、广东、广西、云南、湖北、湖南等地。河南省舞钢市国有石漫滩林场三林区秤锤沟、仓房沟等林区仅有零星分布。最大树高 3~4 m,胸径 13~14 cm。

四、种苗繁育与管理技术

(一)引种繁育苗木技术

1.种子采收与种子处理

采收优质健壮母树的种子作良种;种子需经催芽处理,发芽率才能保证。一是用高温催芽,将未经处理的种子泡在 65~70 ℃的水中,等其自然冷却,浸种 18~24 小时后捞起直播,发芽率可达 80%以上。水温太低,种壳难以软化吸水,播种发芽率不高;而应特别注意水温超过 80 ℃,种壳易开裂,裂后种胚容易被烫熟,发芽率也不高。二是保湿储藏法,即湿沙层积催芽。将种子采回后用湿沙拌种储藏,储藏期间,注意保湿,以软化种皮。待来年春天播种,发芽率高而整齐。如果不急于用苗,用这种方法处理是一种比较理想的选择。

2.苗圃地选择与幼苗管理

苗圃地应该选择沙质壤土作苗床育苗,当幼苗芽苗长出 4~5 片真叶时移苗,可移入配制好的营养袋培育。幼苗期,一要遮阴防晒,有条件的最好在苗床上加盖遮阳网进行防晒;二要保持土壤湿润,苗床间要求通风,以防发病;三要防病、防虫。一般管理正常的当年苗高生长可达 30~50 cm,第二年可达 80~150 cm,即可出圃。

3.分苗间苗

对 1~2 年生苗采取相对密植的方法管理培育,分栽栽植的适宜密度为:1 年生苗分床株行距在 0.5~0.7 m,具体视栽培管理条件而定。栽植地应选择排水良好、湿润、肥沃、土层深厚的微酸性土壤。一般 4 年生树高可达 2.5~3.0 m,胸径 3~4 cm,7~8 年后可大量开花。大苗移植容易成活,发芽能力强,适应性广。

(二)主要病虫害的发生与防治

1.主要病害的发生防治

野鸦椿主要病害是根腐病、茎腐病。7~8 月,根腐病、茎腐病在高温多雨季节发生,造成苗木枯死;6 月下旬,发生初期,可用 5%的多菌灵可湿性粉剂 600~800 倍液或托布津 900~1 000 倍液喷布防治,每隔 10~15 天喷雾 1 次,连续 2~3 次即可防治根腐病与茎腐病。

2. 主要虫害的发生防治

野鸦椿主要虫害是蚜虫、蠓甲，主要危害叶片。发现有食叶害虫蚜虫、蠓甲发生时，4~6月，可用吡虫啉1 000~1 200倍液或苦参碱1 800~2 000倍液喷杀。

五、野鸦椿的作用与防治

（1）观赏价值。野鸦椿因具有观花、观叶和赏果的效果，观赏价值高。具有春花白银，秋果满枝，果熟荚裂，果皮反卷，内皮鲜红，种粒幽黑等特色。犹如满树红花点缀颗颗黑珍珠，十分奇特艳丽，令人赏心悦目，实为少有的观赏树种。可用于庭园和公园、景区景观配植。亦可群植、丛植于草坪点缀，具有良好的观赏价值。

（2）经济价值。野鸦椿木材细腻，可为器具用材及小件家具用品；种子含油量25%~38%，种子油可制皂。树皮可提取栲胶。

（3）药用价值。野鸦椿可入药，有温中理气、消肿止痛、清热解毒、利湿等功效。

21　苦树

苦树，学名：*Picrasma quassioides*（D. Don）Benn.，苦木科苦树属植物，又名苦木、熊胆树、黄楝树、苦皮树、苦檀木、苦楝树等，落叶乔木，是风景区、森林公园绿化、城市街区行道树栽培绿化等景观树种。

一、形态特征

苦树，树高10~15 m。树皮紫褐色，平滑，有灰色斑纹，全株有苦味。奇数羽状复叶，叶互生。羽叶长15~30 cm，小叶9~15，卵状披针形或广卵形，边缘具不整齐的粗锯齿，先端渐尖，基部楔形，不对称，叶面无毛。雌雄异株，腋生复聚伞花序，浅黄色。萼片小，通常5，卵形或长卵形，外面被黄褐色微柔毛。雄花瓣与萼片同数，与萼片对生，雌花花盘4~5裂；心皮2~5。核果成熟后蓝绿色。种皮薄，萼宿存。花期4~5月，果期6~9月。

二、生长习性

苦树性喜光，喜湿且耐旱、耐瘠薄，也耐阴，喜中性、微酸性土壤。多生于山坡、山谷及村边较潮湿处。在排水良好、有机质丰富的壤土上生长发育较好。生于海拔300~2 000 m的山坡、山谷杂木林中。

三、主要分布

苦树主要分布于山东、河南、安徽、山西、湖北、湖南等黄河流域及以南各省（区）。河南省舞钢市国有石漫滩林场南部秤锤沟、王沟、蝴蝶溪、长岭头、灯台架、官平院、四头脑等林区有野生分布，海拔300~600 m的沟谷、坡地均有生长。多与阔叶林伴生，独木少见。

四、种苗繁育与管理技术

(一)引种繁育苗木技术

1. 采收种子

9~10月,种子成熟后,人工及时采收。采收种子,要选择10~20年生健壮母树采收。将果穗剪下或用手摘取,也可用木棒拍打下来使其聚在一起。果实采摘收获后,将其放入缸中,用清水浸泡,搓揉淘洗,去除果肉豆蔻皮,淘洗出核果,晒后进行储藏。储藏期每隔10~15天翻动一次,避免胚珠发霉。

2. 种子处理

3月,及时进行催芽,春播需对胚珠实行催芽处置,否则播后40~60天才开始发芽,幼苗生长慢而凌乱。种子处理,在播种前18~20天,将胚珠在烈日下暴晒2~3天,用70~80℃的温水泡种,任其天然冷却。泡在水中一天半,胚珠吸水膨胀后捞出,混3倍湿沙。沙的湿润程度为手握成团,放开即散。在温床上遮盖分子化合物塑料薄膜催芽,8~9天胚珠开始萌动。当有10%的胚珠露白时即可下种。

3. 种子播种

一是苗圃地整地,拖拉机精耕细耙,3月春季播种整地深度30~40 cm,每亩施入农家肥5 000~6 000 kg。9月秋季播种翻松土地深度为25~30 cm。3月,春天耕作时每亩用50%辛硫磷颗粒剂1~2.5 kg,掺加细土,掺匀后撒入培育幼苗的园地土,消灭地下害虫。整地时施足农家肥或复合肥,每亩施腐熟的有机肥6 000~8 000 kg、过磷酸钙45~65 kg。采取条播育苗,畦宽90~120 cm、高8~10 cm,长根据地块自定;播种量每亩10~20 kg;播种后20~23天出芽,之后做好浇水、施肥管理即可。

(二)造林绿化技术

(1)主要用于荒山绿化造林苗木,一般采用2 m×3 m的株行距造林。

(2)园林绿化中作行道树栽植,选用胸径5~8 cm的苗木栽培。

五、苦树的作用与价值

(1)观赏价值。苦树秋季叶色泛红黄,美丽好看,是风景区、森林公园绿化、城市街区行道树栽培绿化等景观树种,具有良好的秋色观叶效果。尤其是园林上可作为风景树、观赏树,绿化观赏价值高。

(2)药用价值。苦树树皮及根皮极苦,含苦楝树甙与苦木胺,为苦树中的苦味质,有毒,入药能泻湿热、杀虫治疥。

(3)经济作用。苦树木材稍硬,心材黄色,边材黄白色,刨削后具光泽,供制器材;亦为园艺上农药,多用于驱除蔬菜害虫。苦树是制作饰品、家具、木桶等的优质木材原料,具有良好的经济价值。

22　喜树

喜树,学名:Camptotheca acuminata Decne. ,蓝果树科喜树属,又名旱莲、水栗、水桐树、天梓树、旱莲子、千丈树、野芭蕉、水漠子等,落叶乔木。1999 年 8 月,经国务院批准,喜树被列为第一批国家重点保护野生植物,保护级别为 Ⅱ 级。

一、形态特征

喜树,树高达 20~25 m。树皮灰色或浅灰色,纵裂成浅沟状。小枝平展,当年生枝紫绿色,冬芽腋生,锥状。单叶互生,纸质,矩圆状卵形或矩圆状椭圆形。长 10~19 cm、宽 6~9 cm,顶端短锐尖,基部近圆形或阔楔形,全缘,上面亮绿色,下面淡绿色,疏生短柔毛,侧脉 11~15 对。头状花序近球形,雌雄同株。常由多个头状花序组成圆锥花序,顶生或腋生,通常上部为雌花序,下部为雄花序,总花梗圆柱形。花萼杯状,5 浅裂,花瓣 5 枚,淡绿色。矩圆形或矩圆状卵形,顶端锐尖,花盘显著,微裂;雄蕊 10,雌花花药 4 室,子房下位。翅果矩圆形,长 2~2.8 cm,成熟后黄褐色。花期 5~7 月,果期 9 月。

二、生长习性

喜树喜光,喜温暖、湿润,不耐严寒和干燥,适宜年平均温度 13~17 ℃、年降水量 1 000 mm 以上地区生长。对土壤酸碱度要求不严,在酸性、中性、碱性土壤上均能生长,在石灰岩风化的钙质土壤和板页岩形成的微酸性土壤上生长良好,但在土壤肥力较差的粗沙土、石砾土、干燥瘠薄的薄层石质山地都生长不良。萌芽力强,较耐水湿,在湿润的河滩沙地、河湖堤岸及地下水位较高的渠道埂边生长都较旺盛。

三、主要分布

喜树主要分布于江苏、浙江、福建、江西、湖北、湖南、四川、贵州、广东、广西、云南等省(区),在四川西部成都平原和江西东南部均较常见,河南有零星栽培。河南省舞钢市 20 世纪 70 年代有引种,目前国有石漫滩林场场部附近及苗圃仅存数株。尹集镇石岗苗圃一株 50 年树龄喜树,树高 12 m,胸径 35 cm,树势一般,生长正常。近年,被舞钢市政府列为"古树名木"。

四、种苗繁育与管理技术

(一)苗圃地选择
苗圃地宜选择气候温和、雨量充沛、土层厚度为 60~80 cm 以上的黄壤土。育苗前,需经秋季翻耕培肥,第二年春耙地、及时平整,做到深耕细整,做床。一般采用高苗床育种,即床高 20~35 cm,床底宽 1.0~1.2 m、长 10~25 m。床面要求平整、土壤细碎,并用 0.3%硫酸亚铁溶液进行床面消毒。

(二)采收种子
繁育苗木,用种需选择优质种子。喜树 11 月下旬种子成熟,采种宜选在 20~30 年的成熟母树上采种,采种时间可根据果实的颜色来判断种子是否成熟,熟时瘦果由青绿色变为淡黄褐色,即为种子充分成熟的特征。

(三)种子储藏与播种

种子播前,需经催芽处理。一是先用 0.5% 高锰酸钾液消毒 1~2 小时,然后漂洗干净,用 35~40 ℃温水浸泡 12~13 小时,然后将种子取出与 1/3 的鲜河沙混合均匀储藏;第二年 3 月上旬,当有 80% 的种子张口露芽时即可播种。撒播时,先浇 0.3% 的硫酸亚铁溶液进行床面消毒,再将种子均匀地撒在床面上,覆土厚度为 0.5~2.0 cm。最后,搭上塑料拱棚,随后观察出苗情况。

待小苗长出 2 片子叶时,可浇 1 次小透水。利用阴雨天或傍晚打开塑料薄膜两头进行放风炼苗,炼苗 3~5 天即可掀去塑料薄膜。去掉塑料薄膜后,首先浇一遍透水,然后开始松土、除草。注意播种,一定采取条播,一般每亩播种量 4~5 kg,播后盖土 0.5~2 cm,用稻草、麦秸等进行覆盖,保温保湿,促进萌芽。播种后 20~30 天后,即可出苗。待幼苗大部分出土时,选阴天或傍晚分批揭去覆盖物。当小苗长出 2 片叶时浇一次透水,并视情况及时间苗、补苗,保持株行距 10~14 cm。小苗长出 4 片叶子时可进行叶面喷肥,选用 0.3% 尿素液或 0.3% 的氮、磷、钾复合肥液喷 1~3 次,进入 9 月中旬停止施肥,加强苗木管理,待苗木充分木质化后即可出圃造林。起苗前进行苗木调整、分级统计,起苗时注意不伤顶芽,不撕裂根系,去劣留好,分级包装待用。

(四)幼苗管理

5~6 月,加强幼苗田间管理,即间苗、补苗,间苗时应掌握去弱留强,去病留优的原则;间苗时保持株距 10~15 cm,并且结合间苗同时进行补苗,做到苗全、苗旺,并及时浇透水 1 次。当小苗长出 4 片子叶时可进行叶面喷肥,可选用 0.3% 尿素,或喷 0.3% 的氮磷钾复合肥 1~3 次。进入 6 月下旬可追施尿素、二铵或复合肥,每亩施入 2~3kg,并及时浇透水,除掉杂草促进苗木快速生长。

五、喜树的作用与价值

(1)绿化作用。喜树树干挺直,生长迅速,可作庭园树或行道树。目前,河南省引种、培育喜树苗木不断加大,园林绿化选种正在广泛应用。喜树易于种子繁殖,成苗快,是新兴城镇绿化、美化及园林绿化的优良树种。

(2)用材价值。喜树木材轻软,适于做造纸原料、胶合板、火柴、牙签、包装箱、绘图板、室内装修、日常用具等。

(3)观赏价值。喜树树干挺直,生长迅速,是园林、庭园树或行道树的优良造林观赏树种。

23 野漆

野漆,学名:Toxicodendron succedaneum(L.)O. Kuntze,漆树科漆属,又名野漆树、染山红、臭毛漆树、山漆、漆树、痒漆树、漆木等,落叶乔木或小乔木,易使人过敏,在野外应避免直接接触。野漆是园林绿化建设中的优良观赏树种。

一、形态特征

野漆树高达 10 m。小枝粗壮,无毛,顶芽大,紫褐色,外面近无毛。奇数羽状复叶,叶互生。羽叶长 25~35 cm,小叶 4~7 对。小叶对生或近对生,纸质至薄革质,长圆状椭圆形、阔披针形或卵状披针形,长 5~16 cm、宽 3~5 cm,先端渐尖或长渐尖,基部圆形或阔楔形,全缘,两面无毛,侧脉 15~22 对。圆锥花序,多分枝,无毛,花黄绿色。核果大,径 7~10 mm,果皮薄,淡黄色,果核坚硬。花期 5~6 月,果期 7~9 月。

二、生长习性

野漆稍喜光,喜湿润,稍耐寒,耐阴,耐旱。适生于海拔 200~2 000 m 的中性、微酸性深厚肥沃土壤。

三、主要分布

野漆主要分布于河北、河南、山东、安徽、湖南、湖北等地。河南省舞钢市国有石漫滩林场南部林区大虎山、秤锤沟、大河扒、老虎爬、稠子印等林区有野生分布,海拔 300~500 m 有零星野生,多生于阴坡疏林或阔叶林内。最大树高 10 m,胸径 22 cm。

四、种苗繁育与管理技术

(一)采收种子

育苗种子需要在 8~9 月采收,即种子成熟期,采收饱满、无病虫害的优良种子,然后将种子上面的蜡质物洗干净,置于阴凉处放干,然后封闭收藏。

(二)苗圃地整理与播种

做苗床整地播种,第二年 2~3 月大田播种可以育苗,育苗采取条播,建立苗床,苗床高 28~30 cm、宽 90~100 cm,长度根据地块的大小而定,苗床畦里面铺上 9~10 cm 的细沙子,将野漆种子撒在沙子里,让沙子正好将种子盖住,然后用木板压住。

(三)播种后管理

做到保湿保温,4~5 天喷雾浇水 1 次,保持湿度,苗床畦上面搭建支起塑料薄膜小棚防晒,发现种子发芽率达到 40%~50%时,就可以将塑料薄膜揭开了,当新生小苗长出 2~3 片叶子时,就可以移栽到大片田地里,以便它快速成长。移栽时按照株距 15 cm、行距 30 cm 进行,在栽的过程中,要求根部完全展开放置,栽完后及时浇透水,并保持适宜的温度。栽完之后,由于小苗不耐日晒风吹,要搭建遮阳网防晒防风,在苗木成长期间,要及时除虫、除草、松土、施肥,让它苗壮成长。在进行造林绿化的时候,需要提前出苗,出苗时要保证苗根的完整,栽后第一年的苗要注意防冻,可用稻草防寒,第二年 3~6 月继续浇水保湿,促进苗木生长。

五、野漆的作用与价值

(1)观赏价值。野漆树形大方,秋叶泛红美观,但其枝叶有毒,人体接触易皮肤过敏瘙痒,是森林公园不宜游人接近之地的景观树种。

（2）经济价值。野漆主要作为经济植物,树干皮部可割取生漆,用于生产防腐、防锈涂料,作为建筑物、家具、电线、广电器材涂漆。种子可榨油,制油墨、肥皂。果皮可取蜡,作蜡烛、蜡纸。

第四章　藤本类林木树种

藤本类林木树种,其茎为木质化,具有缠绕茎和攀缘茎。木质藤本植物的主要特征是茎不能直立,必须缠绕或攀附在他物上向上生长。

1　粉枝莓

粉枝莓,学名:Rubus biflorus Buch. −Ham. ex Smith,蔷薇科悬钩子属,又名红公鸡刺,攀缘灌木,是山区造林和风景区、小区绿化的围墙绿篱优良野生树种。

一、形态特征

粉枝莓,树高2~3 m;枝紫褐色至棕褐色,无毛,具白粉霜,疏生粗壮钩状皮刺。小叶常3枚,宽卵形、近圆形或椭圆形,顶端急尖或渐尖,基部宽楔形至圆形,叶面伏生柔毛,中脉有小皮刺,边缘具不整齐粗锯齿或锯齿;花2~8朵,常4~8朵簇生或成伞房状花序,通常2~3朵簇生;花瓣近圆形,白色。果实球形,浅红色或黄色。核肾形,具细密皱纹。花期5月,果期7~8月。

二、生长习性

粉枝莓喜光、喜湿,喜疏松、肥沃土壤,稍耐旱,怕阴暗;对土壤酸碱度要求不严。生于海拔300~3 500 m的山谷、山坡林下、林缘、灌丛和山地杂木林内。

三、主要分布

粉枝莓主要分布于陕西、河南、湖北、四川、云南、西藏。河南省舞钢市南部山区长岭头、官平院、大河扒、秤锤沟等林区有成片野生分布,多生于阳坡与灌丛混生,阴坡或林荫下生长不良。

四、种苗繁育与管理技术

(一)根蘖繁育苗木技术

粉枝莓根系具有发生不定芽的特性,极容易发生大量根蘖苗,因此应用分株繁殖最为普遍。5~6月,夏季植丛周围发生大量根蘖,其中以4年生的株丛发生的根蘖为最多,质量也较好。利用大量根蘖是培育高质量粉枝莓苗木的关键;3~4月,人工修剪及时疏去过弱、过密的根蘖苗,修枝截干8~10 cm作种条,扦插在沙壤土、基质、肥料混合的营养条畦内,小拱棚覆盖,改善通风条件,使株距保持在10~15 cm,同时加强对母株的土肥管理,追施速效有机肥,并配合氮肥,及时灌水中耕,保持土壤湿润疏松和营养充足,促使根蘖苗生长旺盛健壮,10月繁育的新生幼苗可达70~100 cm。

(二)分株繁育苗木技术

1.大田育苗

5~6月,夏季初期,人工挖掘根蘖进行分株繁殖。将未木质化的根蘖挖出植株,大田定植或雨天移植;9~10月,秋季落叶后人工挖掘根蘖苗木,按10~20捆的数量分级扎捆,假植越冬,第二年春季4月至5月上旬大田栽植。挖苗时注意要尽量少伤根系,并将所有枝条剪留1/3左右即可。9月,秋季挖苗后可以直接大田栽培,然后再埋土防寒。冬季做好防寒准备,粉枝莓抗寒力较差,故注意将枝、芽、根全部埋严,防止冻伤,以免成活率下降。

2.科学管理

不管夏、秋季节,只要在生长季的雨天,当根蘖苗有一定高度,就深挖根蘖,随挖随栽,也能取得较高的成活率。在繁育苗木生产中,注意挖苗和栽苗的时间不宜过晚,以免影响苗木生长萌芽。

(三)种条扦插繁育苗木技术

1.根蘖扦插育苗

主要依靠根系容易发生不定芽,在9~10月进行秋季挖掘根蘖苗时,把带有芽的根段(俗称根条)挖出,或单独在距母株50~60 cm以外人工挖根,选出带有芽的根段,根条粗度要求为0.5~1.0 cm,根段上部有芽,修剪留12~18 cm,将剪好的根条按一定数量扎捆,埋在窖内湿沙中储藏。第二年3月,即春季在苗圃地内挖9~10 cm的深沟,将根条平放在沟底,然后用松散而肥沃的土把沟填平,踩实耙平,充分浇水,撒一层疏松的土,保持土壤水分并防止土壤板结,加强生育期的田间管理,到10月苗木生长达到70~100 cm。

2.枝条扦插育苗

选择优良健壮母树枝条作种条,即可用枝梢或地下茎扦插进行繁殖。只不过它的扦插比较特殊,将粉枝莓的1年生枝剪下,截成长30~40 cm的枝段,采用条畦、小拱棚扦插,扦插时先将插条的一端插入土中9~10 cm,然后将另一端也插入土中8~9 cm,使插条在地面呈弓形,一般90~120 cm宽的畦可插2~4行,株距15~25 cm。插条生根后,即可从中间剪断,变成2株小苗,从而使原来的2~4行变成4~6行,在肥水充足的管理条件下,当年10月可成苗出圃。

(四)种条压条繁殖育苗技术

粉枝莓枝条细,易下垂,除扦插外,还可采用先端压条和水平压条法进行繁殖。一是在8~9月将已不再延伸的新梢顶端埋入土中,促使叶腋处发出新梢和不定根而成秧苗,秋季即可分株;二是水平压条,即在母株附近挖5~6 cm深的小沟。3月,在春季将整个枝条都弯曲在沟内,枝条的各节均能发梢生根,次年春将秧苗与母株分离,挖出定植培育即可。

五、粉枝莓的作用与价值

(1)园林绿化作用。粉枝莓茎色紫红,茎蔓弓垂,勾刺满身,春花秋实。具有多种形态,在森林公园、风景区、丘陵山地、空旷地丛植栽培,以达到春观叶花、秋赏果、冬显茎色红的独特观赏绿化效果。同时,植株勾刺满身,可作围墙绿篱,起到"敬而远之"的良好安全防护功能。

（2）食用价值。粉枝莓果可食,野生状态果实小,粉枝莓聚合果色泽鲜黄、味甜、多浆,营养价值极高,是鲜食的美味水果,也可用于酿酒、制作果酱、饮料、果冻及多种食品添加剂。

（3）经济价值。人工栽培、选育优良可食性浆果品种,用于山区发展经济,开发产业经济等。根、茎、果可入药,入肝、肾、肺经,可止渴、祛痰、解毒,具有补肾、固精、明目的功效;茎皮、根皮可提制栲胶。

2　野蔷薇

野蔷薇,学名:Rosa multiflora Thunb.,蔷薇科蔷薇属,又名张张台,攀缘落叶灌木,是优良造林绿化树种。

一、形态特征

野蔷薇,高 2~3 m。小枝圆柱形,通常无毛,有短、粗稍弯曲皮束。羽状单叶,小叶 5~9,小叶片倒卵形、长圆形或卵形,先端急尖或圆钝,基部近圆形或楔形,边缘有尖锐单锯齿,上面无毛,下面有柔毛。圆锥状花序,花多朵。花直径 1.5~2 cm,萼片披针形,花瓣粉红或白色。宽倒卵形,先端微凹,基部楔形。果近球形,直径 6~8 mm,红褐色,有光泽,无毛,萼片脱落。人工栽培的蔷薇花并不会结果,野蔷薇却会长出娇翠欲滴的红色果实。花期 5~7 月,果期 10 月。

二、生长习性

野蔷薇为喜光植物,在阳光比较充足的环境中才能正常生长或生长良好,而在荫蔽环境中,生长不正常,甚至死亡。性强健,喜光、耐半阴、耐寒、耐瘠薄,适应性强。适生于海拔 100~800 m 的平原、丘陵、地边、沟谷、坡地草丛或灌丛。对土壤要求不严,在黏重土上也可正常生长。耐瘠薄,忌低洼积水;以肥沃、疏松的微酸性土壤最好。

三、主要分布

野蔷薇原产中国,河南、河北、山西、山东、安徽等地有野生;主产黄河流域以南各省(区)的平原和低山丘陵,宅院亭园多见。河南省舞钢市境内的杨庄乡旁背山、瓦房沟、五座窑、尚店镇尹楼、五峰山、下河、尹集镇九头崖、围子园、秤锤沟,庙街乡人头山、四头脑山、九龙山,铁山乡蚂蚁山等林区有野生分布。海拔 100~600 m 的丘陵、山地旷野、灌丛多有分布,野生。

四、种苗繁育与管理技术

(一)种条分株繁育技术

野蔷薇分株繁育,即是将野蔷薇的根、茎基部长出的小分枝与母株相连的地方切断,然后分别栽植在肥沃的沙壤土中,通过浇水、施肥,使之长成独立的新植株的繁殖方法。

此法简单易行,成活快,当年幼苗可达 70~80 cm。

(二)种条扦插繁育技术

采取种条扦插繁育,也称插条,是一种培育植物的常用繁殖方法。可以剪取某些植物的茎、叶、根、芽等(在园艺上称插穗),或插入优良沙壤土中、沙中,或浸泡在水中,等到生根后就可栽种,使之成为独立的新植株。扦插繁育苗木,成活率高,生长快。

1. 种条插穗的选择和处理

要选择生长健壮、没有病虫害的枝条作插穗。选好插穗后要精心处理。嫩枝插的插穗采后应立即扦插,以防萎蔫影响成活。人工剪取插条后应放在通风处晾几天,等切口略有干缩,即伤口愈合后,再扦插;或用微火略烧烤下面的切口,以防止腐烂。

2. 扦插时间

3~5 月,温度保持 20~25 ℃时扦插,为最佳时期,此时期生根最快。温度过低生根慢,过高则易引起插穗切口腐烂。所以,如果人为控制温度条件,一年四季均可扦插。自然条件下,则以春 3~4 月、秋 9~10 月温度为宜。注意湿度,扦插后要切实注意使扦插基质保持湿润状态,但也不可使之过湿,否则易引起腐烂。同时,还应注意空气的湿度,可用覆盖塑料薄膜的方法保持湿度,但要注意在一定时间内通气,才能促使苗木快速生长成苗。

(三)种条压条繁育技术

压条是将植物的枝、蔓压埋于湿润的基质中,待其生根后与母株割离,形成新植株的方法。压条成株率高,但繁殖系数小,多用在其他方法繁殖困难,或要繁殖较大的新株时采用。压条是对植物进行人工无性繁殖(营养繁殖)的一种方法。与嫁接不同,枝条保持原样,即不脱离母株,将其一部分埋于土中,待其生根后再与母株断开。普通压条,将母株近地 1~2 年生枝条向四方弯曲,于下方刻伤后压入坑中,用钩固定,培土压实,枝梢垂直向上露出地面并插缚一支木杆或竹竿持扶物帮助生长。

(1)水平压条。适于枝条较长且易生根的树种(如苹果矮化砧、藤本月季等),又称连续压、掘沟压。顺偃枝挖浅沟,按适当间隔刻伤枝条并水平固定于沟中,除去枝条上向下生长的芽,填土。待生根萌芽后在节间处逐一切断,每株苗附有一段母体。

(2)波状压条。适于枝蔓特长的藤本植物(如葡萄等)。将枝蔓上下弯成波状,着地的部分埋压土中,待其生根和突出地面部分萌芽并生长一定时期后,逐段切成新植株。

(3)堆土压条。适于根颈部分蘖性强或将根颈部枝条基部刻伤后堆土埋压,待生根后,分切成新植株。

(四)主要病虫害的发生与防治

1. 主要病害的发生与防治

(1)主要病害的发生。野蔷薇的主要病害,一是白粉病,该病一般在 3 月至 4 月初出现发病中心,4 月中旬后随气温逐渐回升,病株率迅速增加,在适宜的条件下导致大流行。

二是黑斑病,野蔷薇叶、叶柄、嫩枝和花梗均可受害,但主要危害叶片。症状有两种类型:一种是发病初期叶表面出现红褐色至紫褐色小点,逐渐扩大成圆形或不定形的暗黑色病斑,病斑周围常有黄色晕圈,边缘呈放射状,病斑直径 3~14 mm。后期病斑上散生黑色小粒点,即病菌的分生孢子盘。严重时植株下部叶片枯黄,早期落叶,导致个别枝条枯死,如月季黑斑病。另一种是叶片上出现褐色至暗褐色近圆形或不规则形的轮纹斑,其上生长黑色霉状物,即病菌的分生孢子。严重时,叶片早落,影响生长,如榆叶梅黑斑病。

黑斑病的发病规律:黑斑病是野蔷薇上的主要病害,发生普遍,为害严重。病菌以菌丝体或分生孢子盘在枯枝或土壤中越冬。第二年 5 月中下旬开始侵染发病,7~9 月为发病盛期。分生孢子借风、雨或昆虫传播、扩大再侵染。雨水是病害流行的主要条件,降雨早而多的年份,发病早而重。低洼积水处、通风不良、光照不足、肥水不当等有利于发病。

(2)主要病害的防治。白粉病的防治方法:一是农业措施,种植抗病品种;二是合理密植,合理施肥;三是药剂喷布防治。9 月,苗发病重的地块,可药剂拌种;在秋季或春季,田间发病率 3%~5% 时(成株期调查以旗叶到旗叶下 2 叶计算发病率),每亩用 20% 粉锈宁乳油 800~900 倍液喷布,或 15% 粉锈宁可湿性粉剂 50 g 兑水 50~60 kg 喷雾,或兑水 10~15 kg 低容量喷雾。也可用 25% 病虫灵乳油 900~1 000 倍液,兑水 50~60 kg 均匀喷雾。

黑斑病的防治方法:选用优良抗病品种。9~10 月后清除枯枝、落叶,及时烧毁。11~12 月,加强栽培管理,注意整形修剪,通风透光。3~4 月,新叶展开时,喷 50% 多菌灵可湿性粉剂 500~1 000 倍液,或 75% 白菌清 500~600 倍液,或 80% 代森锌 500~600 倍液,7~10 天 1 次,连喷 3~4 次。

2. 主要虫害的发生与防治

(1)主要虫害的发生。野蔷薇主要虫害有蚜虫和刺蛾。刺蛾的发生规律:河南省平顶山市 1 年发生 1 代,长江下游地区 2 代,少数 3 代。均以老熟幼虫在树下 3~6 cm 土层内结茧以前蛹越冬。1 代区 5 月中旬开始化蛹,6 月上旬开始羽化、产卵,发生期不整齐,6 月中旬至 8 月上旬均可见初孵幼虫,8 月为害最重,8 月下旬开始陆续老熟入土结茧越冬。2~3 代区 4 月中旬开始化蛹,5 月中旬至 6 月上旬羽化。第一代幼虫发生期为 5 月下旬至 7 月中旬。第二代幼虫发生期为 7 月下旬至 9 月中旬。第三代幼虫发生期为 9 月上旬至 10 月。以末代老熟幼虫入土结茧越冬。成虫多在黄昏羽化出土,昼伏夜出,羽化后即可交配,2 天后产卵,多散产于叶面上。卵期 7 天左右。幼虫共 8 龄,6 龄起可食全叶,老熟幼虫多夜间下树入土结茧。

(2)主要虫害的防治。应利用各种手段,停止其危害活动。一是消灭蚜虫,要从花卉越冬期开始,可收到事半功倍之效。在蚜虫危害最严重的 4~6 月或 9~10 月进行,可用 70% 甲基托布津可湿性粉剂 1 000 倍液喷洒,防治效果并不显著。二是对新引进的花种、花苗,应严格检查,防止外地新害虫的侵入,对土壤及旧花盆进行消毒,以杀死残留的虫卵。三是结合修剪,将蚜虫栖居或虫卵潜伏过的残花、病枯枝叶彻底清除,集中烧毁。四是花卉的品种不同,其抗虫性也有所不同,应选用抗病虫品种,既减轻蚜虫危害,又可节省药物费用。五是发现少量蚜虫时,可用毛笔蘸水刷净,或将盆花倾斜放于自来水下旋转冲洗,既灭了蚜虫,又洗净了叶片,提高了观赏价值和促进叶面呼吸作用;有条件的还可利用瓢虫、草蛉等天敌进行防治。六是发现大量蚜虫时,应及时隔离,并立即选用药物或土法消灭虫害,用 1:15 的比例配制烟叶水,泡制 4~8 小时后喷洒;或用 1:4:400 的比例,配制洗衣粉、尿素、水的溶液喷洒;或用吡虫啉 1 000~1 200 倍液或敌敌畏乳油 1 000 倍液喷布防治。

刺蛾的防治技术:2~3月,挖除树基四周土壤中的虫茧,减少虫源。同时,开展幼虫盛发期防治,喷洒80%敌敌畏乳油1 200倍液,或氯氰菊酯900~1 000倍液,或苦参碱900~1 000倍液,或5%来福灵乳油3 000倍液,或甲维盐1 200~1 300倍液均可。

五、野蔷薇的作用与价值

(1)观赏价值。野蔷薇疏条纤枝、横斜披展、叶茂花繁、色香四溢,是良好的春季观花树种,适用于花架、长廊、粉墙、门侧、假山石壁的垂直绿化,对有毒气体的抗性强。可基础种植、河坡悬垂,也可植于围墙旁,引其攀附。

(2)药用价值。野蔷薇根、叶、花、果可入药。具有清暑化湿、顺气和胃、止血的功效,常用于治疗暑热胸闷、口渴、呕吐、不思饮食、口疮、口噤、腹泻、痢疾、吐血及外伤出血等;味甘、凉。

(3)食用价值。野蔷薇嫩茎叶富含蛋白质、粗纤维、胡萝卜素、尼克酸、维生素,可作菜肴食用。果实也可以食用。

3　苦皮藤

苦皮藤,学名:Celastrus angulatus Maxim.,卫矛科南蛇藤属植物,又名苦树皮、罗卜药、马断肠、老虎麻,藤状灌木。

一、形态特征

苦皮藤,小枝具4~6纵棱,皮孔密生,圆形到椭圆形,白色。单叶互生,叶大,近革质,长阔椭圆形、阔卵形或圆形。长7~15 cm、宽5~12 cm,先端圆阔,中央具尖,侧脉5~7对,叶面明显突起。雌雄同株,聚伞圆锥花序,顶生,略呈塔锥形,长10~20 cm。花萼镊合状排列,三角形至卵形,近全缘。花瓣长方形,花盘肉质,5浅裂。雌花子房球状,柱头反曲,蒴果近球状,黄色,假种皮开裂后显红色,直径8~10 cm;种子椭圆状,直径1.5~3 mm。花期5~6月,果期7~8月。

二、生长习性

苦皮藤喜散光,喜湿润,耐阴性,喜深厚、疏松土壤,生于海拔400~2 000 m,中性、微酸性土壤,沟谷、山坡丛林及灌丛中。

三、主要分布

苦皮藤主要分布于河北、河南、陕西、安徽、江西、湖北、广西等地。河南省舞钢市国有石漫滩林场秤锤沟、围子园、长岭头、灯台架、老虎爬、官平院、祥龙谷等林区野生。多生于林下,与阔叶林木攀缘伴生,灌丛、旷野少见。

四、种苗繁育与管理技术

(一)引种繁育苗木技术

1. 种子采收

选择结果多、健壮、无病虫害的植株作采种母株,9 月下旬至 10 月下旬,当果皮变黄,种子淡红褐色时即可采收。将整个果序剪下,放入盆内搓揉,然后淘洗,漂去果皮和假种皮等杂质,取沉底的种子,摊开晾干保存备用。

2. 种子处理

采用湿沙层积法处理,用清洁的细河沙,湿度以手握成团,放手则散为宜,种子与沙的比例为 1∶3,分层冷藏于干燥、背阴的土窖中。

3. 播种基质配制

选择森林腐叶土即母树林下的土壤加 1/3 细沙。播种前 3 天用 40%福尔马林 0.2%的溶液喷洒,用塑料薄膜覆盖,以消灭土壤中的病原菌。

4. 种子播种

大田露地播种,选择在 4 月上旬至 5 月上旬为宜。播前用浓度为 0.5%的高锰酸钾溶液浸种消毒 2~2.5 小时后,再用湿毛巾包好置于 20~25 ℃恒温箱中催芽,萌动后播种。采用条播法,用小木棍开沟,深 1~1.5 cm,沟距 9~10 cm,将种子均匀撒入沟内,然后覆土盖种,覆土深度以不见种子为度。播种量为每亩播种 4.5~5 kg。覆土后,将床面适度镇压,使种子与土壤紧密结合,浇透水,然后在床面覆盖一层稻草保湿,便于种子从土壤中吸收水分而发芽。

5. 新生苗木保护

播种后保持苗床湿润,土壤不可过湿或过干。4~5 天子叶开始破土,7~8 天子叶出土 80%,10~15 天子叶全部放开。发芽后浇水适当减少,以促进根系发育。经常观察出苗情况,当大部分幼苗发芽出土后,及时揭除覆盖物,逐渐见阳光,揭草后如遇烈日,应搭遮阳棚,防止幼苗被灼伤。

(1)及时间苗管理。新生幼苗完全露出真叶时第一次间苗,以后适时间苗 2~3 次,去密留疏,去弱留强。每次间苗后应立即浇透水。

(2)分栽苗木。幼苗生长迅速,为了培育壮苗,必须进行 1~2 次分栽。选择通风向阳、排水良好、靠近水源、土质疏松而肥沃的圃地,土壤深翻 20~30 cm,清除杂物,打碎土块,结合翻耕,每亩施入 2 500~3 000 kg 优质有机肥,同时每亩地用 3%呋喃丹 0.8~1.2 kg 进行土壤消毒。为了促进根系生长,在表土中均匀掺入一些过磷酸钙,每亩施入 40~45 kg。再把床面耙细耙平,轻轻镇压。按宽 80~100 cm、步道 40~45 cm 做床。当幼苗 4~5 片真叶时移栽 1 次,选择阴天进行,株行距 20 cm × 30 cm,分栽后连续浇 3~4 次透水。

(3)除草。苗圃地除草要及时,每月除草 2~3 次,保持苗圃地无杂草。

(4)施肥。4~5 月,每隔 10~15 天每亩施入 3~5 kg 生物肥。5~8 月追施速效化肥 2~3 次,以氮肥为主,配以适量磷钾肥,促进幼苗健壮生长。9 月停肥控水,提高苗木木质化程度,以利越冬抗寒。

(二)主要病虫害的发生与防治

苦皮藤主要病害是白粉病,主要虫害是红蜘蛛等。4~6月,气温高、湿度大,易发生白粉病,在4月下旬,喷布百菌清或多菌灵500~700倍液,连续防治2~3次,每隔8~10天1次。红蜘蛛害虫,发生在5~7月,在栽培中注意剪去病弱枝或下垂枝,提高树势,增加抗性。红蜘蛛发生危害初期,可用25%三氯杀螨醇0.1%~0.125%浓度的溶液及时进行防治。

五、苦皮藤的作用与价值

(1)观赏价值。苦皮藤枝干发达,叶形宽大,秋叶变红,球果黄色,假种皮泛红,红黄兼之,相映生辉。其攀缘能力强,耐旱、耐寒、耐半阴,病虫害少,管理粗放,用于景园、城镇观赏植物点配,具有特色景观价值。

(2)绿化作用。苦皮藤可作乔灌结合,立体配植,或作街区游园花境篱荫,别墅、庭院墙面、棚荫绿化,尽显其美,别有情趣。尤其是入秋后叶色变红,果黄色球形,开裂后露出红色假种皮,红黄相映生辉,具有较高的观赏价值,攀缘能力强,是理想的庭院棚架绿化材料。

(3)经济价值。苦皮藤树皮纤维丰富,可作造纸、人造棉材料;果皮、种子富含油脂,可作工业原料;其花为优质蜜源。根皮及茎皮为天然杀虫剂和灭菌剂,民间常用其防治作物、蔬菜病虫害。

4　悬钩子

悬钩子,学名:*Rubus idaeus* L.,蔷薇科蔷薇亚科的一个属,又名山莓、木莓、三月藨、大麦泡、狗屎袍子等,藤状落叶灌木,是园林绿化、小区美化、庭园栽培等的优良观赏树种。

一、形态特征

悬钩子,茎直立,高0.5~2 m。有钩刺,幼时有茸毛。单叶互生,卵形至卵状披针形,长3~9 cm,宽2~5 cm,先端渐尖,基部近心形,边缘有不规则锯齿,有时3浅裂,基出3脉,上面脉上有柔毛,下面有灰色茸毛,中脉及叶柄常有小钩刺。花单生或数朵生,白色。萼片5,外面有毛,花瓣5。聚合果熟时鲜红色,多汁。花期4月,果期5~6月。

二、生长习性

悬钩子耐干旱、瘠薄,适应性强,属阳性植物,在海拔300~1 500 m的向阳山坡、溪边、山谷和灌木丛中生长良好。悬钩子的苗较矮,一般比膝盖高一点。

三、主要分布

悬钩子主要分布于河南、河北、山西、山东、陕西、湖南、湖北、广东、云南等地。河南省舞钢市南旁背山、人头山、蚂蚁山、官平院、大河扒、王沟、九头崖、秤锤沟、冷风口等山区、山谷地、山坡有野生。多混生于疏林、灌丛中。

四、种苗繁育与管理技术

(一)造林绿化技术

1. 造林栽植时间

3~4月或9月至11月下旬为最佳栽植时间,此期造林成活率高。

2. 造林地点

选择地块,土层30~35 cm的土壤内或石渣土壤地块栽植;排水浇水方便、管理良好的地方,植株生长健壮。

3. 造林密度

选择优质壮苗栽植,采取单行栽植或带状栽植,株行距1.5 m×2.5 m为佳,栽前要将苗木的根系在水中浸泡18~24小时,提高造林成活率。

4. 造林后管理

悬钩子栽植后,11~12月,拖拉机翻耕松土,人工清除杂草,防止拖拉机伤害根系;及时浇水施肥。施肥以基肥为主,施用量可视土壤肥沃程度而定。每亩施入农家肥5 000~6 000 kg,翻入土中。3月或4月初,对苗木施入复合肥,每亩施入30~50 kg,施入肥料后浇透水分,促进苗木快速生长,早日结果见效。

(二)果实采收

悬钩子成熟后要适时采收,切不可超前或拖后。一般在成熟后的1~2天采收。采摘要带果托和部分果柄。采收的浆果最好保存在冷库或冰箱里,可保藏5~8天。利用冷库等冷藏设施可达到长期保存浆果的目的,延长上市时间和方便销售。

五、悬钩子的作用与价值

(1)食用价值。悬钩子果可食,味酸甜,有助开胃生津,属可开发性野生果品。

(2)药用价值。悬钩子根、茎、叶、果均可入药,味微苦,性辛、平,入肝、肾、肺经,止渴、祛痰、解毒。具有祛风除湿、活血化瘀、解毒敛疮的功效,主治风湿腰痛、痢疾、遗精、毒蛇咬伤、闭经痛经、湿疹、小儿疳积等症。

(3)绿化作用。悬钩子属植物耐干旱、瘠薄,适应性强,是园林绿化、风景区、庭园栽培的观赏树种。

5　络石

络石,学名:Trachelospermum jasminoides(Lindl.)Lem.,夹竹桃科络石属,又名石龙藤、蛇南藤、万字茉莉等,常绿木质藤本植物,为匍匐观赏特色植物。

一、形态特征

络石藤,茎长可达10~15 m。嫩茎具乳汁,赤褐色,圆柱形。叶革质或近革质,叶片椭圆形至卵状椭圆形或宽倒卵形,叶面无毛,中脉微凹,侧脉扁平,叶柄短。二歧聚伞花序,圆锥状,腋生或顶生。花多朵,白色、芳香。苞片及小苞片狭披针形,裂片线状披针形。花蕾顶端钝,花冠筒圆筒形。雄蕊着生花冠筒中部,花药箭头状,花柱圆柱状,柱头卵圆形。蓇葖果双生,叉开,线状披针形或细绳形,熟时黄褐色。种子线形,褐色,花期4~7月,7~11月结果。

二、生长习性

络石喜弱光,耐瘠薄、耐干旱、耐烈日高温。攀附墙壁,阳面及阴面均可。对土壤的要求不严,一般肥力中等的轻黏土及沙壤土均宜,酸性土及碱性土均可生长,但忌水湿,盆栽不宜浇水过多,保持土壤润湿即可。络石野生在山野、溪边、路旁、林缘或杂木林中,常缠绕于树上或攀缘于墙壁上、岩石上。喜疏松的中性、微酸性土壤。适生海拔300~1 500 m,山地沟谷、山脚、山腰密林或阴坡、崖壁。对气候的适应性强,能耐寒冷,亦耐暑热,但忌严寒。河南北部以至华北地区露地不能越冬,只宜作盆栽,冬季移入室内。华南可在露地安全越夏。喜湿润环境,忌干风吹袭。

三、主要分布

络石主要分布于山东、安徽、江苏、浙江、福建、江西、河北、河南、湖北、湖南、广东、广西、云南、贵州、四川、陕西等地。黄河流域以南各省(区),南北各地多有栽培。河南省舞钢市境内的刘山公园、大河扒、九头崖、祥龙谷、王沟、灯台架等山区有野生分布。海拔300~500 m的林下或阴坡、崖壁多有分布。匍匐攀缘林木树干、崖壁、乱石堆。

四、种苗繁育与管理技术

(一)引种繁育苗木技术

1. 压条繁育技术

络石繁育主要采取压条育苗,7~8月,雨水多,墒情好,是压条繁育的好机会。选择其嫩茎压条,络石具有很强的长气生根的能力,利用这一特性,将其嫩茎采用连续压条法,9月从中间剪断,可获得大量的幼苗。或在7~8月,剪取长有气生根的嫩茎,插入肥沃的土壤中,搭建遮阳网置半阴处,成活率达90%以上;注意2年生老茎扦插成活率低。

2. 种子播种繁育技术

采收种子。注意盆栽络石,虽可开花,但是花后一般不结籽,野生或培育大田地栽络石,开花后可结圆柱状的果,10月成熟即可人工收取,晾干保存,3月进行春季大田播种繁育,加强肥水管理即可出苗。播种苗要3~4年后才开花;采取种条压条、种条扦插繁育的苗木,第二年即可开花。

(二)造林绿化技术

络石因自身的匍匐攀缘特性,在城乡绿化中作悬吊或攀缘栽植绿化。利用气生根作攀缘栽植时,可先在盆中放棕皮柱或形态较好的枯树干,人工制作扎成亭、塔、花篮等造型。及时进行肥水管理养护,浇水保持土壤湿润,采取喷雾的方法浇水,并经常向造型棕皮柱或支架上喷水增加湿度。在生长期,施入1~2次肥水,搭建遮阳棚防晒,并应避免烈日直射,以半阴或明亮的散射光照射为佳。繁育苗木在生长季用扦插或压条法都容易成活。络石喜湿润,生长季节盆土要保持稍湿润,4月或9月,生长期2~3日浇1次水,6~8

月气温高,每天浇1次,冬季12~15天浇1次。如果是盆栽,土微润不干即可,任何时候都不能渍水。置于屋顶花园或庭院的盆栽络石雨季要注意排积水,地栽络石忌植于低洼地,否则易烂根,生长季节,见土干再浇水也不迟,11~12月大田栽培可不浇水。络石喜肥,但不苛求,各种肥料都可使用,一年不施肥,它也能开花,但花量少些。盆栽络石欲使其花繁似锦,可多施骨粉和磷钾肥,少用氮肥。大田栽络石,3~4月或9~10月各施1次氮磷钾复合肥即可,冬、夏不施肥。

五、络石的作用与价值

(1)药用价值。络石根、茎、叶、果实供药用,有祛风活络、止痛消肿、清热解毒之效能。乳汁有毒,对心脏有毒害作用。

(2)经济价值。络石茎皮纤维拉力强,可制绳索、造纸及人造棉。

(3)绿化作用。络石抗污染能力强,生长快,叶常革质,表面有蜡质层,对有害气体如二氧化硫、氯气及氯化氢、氟化物及汽车尾气等光化学烟雾有较强抗性。它对粉尘的吸滞能力强,能使空气得到净化,是污染严重厂区绿化、公路护坡等环境恶劣地块绿化的首选树种。

(4)观赏价值。络石在园林中多作地被绿化,或盆栽观赏,为芳香花卉,具有观赏价值。络石匍匐性攀爬性较强,可搭配作色带色块绿化用。络石叶片深绿,常青不落,花开洁白,芳香四溢,色香宜人,堪称匍匐观赏植物特色佳品。络石适用于园景树园、崖壁、孤石、桥边攀匍景观点缀,空旷地搭配色带、色块布局绿化,还可用作城镇街区别墅、宅院墙垣,园艺花境、花门,园林小品绿化美化。

6　南蛇藤

南蛇藤,学名:Celastrus orbiculatus Thunb. ,卫矛科南蛇藤属,又名金银柳、金红树、过山风,落叶藤状灌木,是城市绿化、城乡美化、小区垂直绿化等的优良树种。

一、形态特征

南蛇藤,小枝光滑无毛,灰棕色或棕褐色,具稀而不明显的皮孔;腋芽小,卵状倒卵圆状,长1~3 mm。叶通常阔倒卵形,近圆形或长方椭圆形,长5~13 cm、宽3~9 cm,先端圆阔,具有小尖头或短渐尖,基部阔楔形到近钝圆形,边缘具锯齿,两面光滑无毛或叶背脉上具稀疏短柔毛,侧脉3~5对。聚伞花序腋生,间有顶生,花序长1~3 cm,雄花萼片钝三角形,花瓣倒卵椭圆形或长方形,雄蕊长2~3 mm,雌花花冠较窄小,肉质。蒴果近球状,种子椭圆状稍扁,赤褐色。花期5~6月,果期7~10月。

二、生长习性

南蛇藤属大型藤本植物,以周边树木或山体岩石为攀缘对象。性喜阳、耐阴、耐瘠薄,适应性强,分布广,抗寒、耐旱,对土壤要求不严。适生海拔300~2 000 m,山坡灌丛中野生。造林栽植在背风向阳、湿润且排水好的肥沃沙质壤土中生长最好,栽培在半阴处生长不良。

三、主要分布

南蛇藤主要分布于黑龙江、吉林、辽宁、内蒙古、河北、山东、山西、河南、陕西、甘肃、江苏、安徽、浙江、江西、湖北、四川等地。河南省舞钢市国有石漫滩林场南山秤锤沟、长岭头、老虎爬等林区中有野生分布;海拔 300 ~ 500 m 的沟谷及沿岸有散生,多缠绕树干,与阔叶林伴生。

四、种苗繁育与管理技术

(一)引种繁育苗木技术

1.种子播种繁育技术

(1)采收种子与储藏。南蛇藤果实 9 ~ 10 月成熟,应及时采收。为获得纯净适于播种和储运的种子,需进行种实的整理。即将南蛇藤的果实放入水中用手直接搓揉,经漂洗取出种子,阴干后即可播种,即秋播。或层积沙藏,选高燥处挖一沟,深度在冻土层以下,冬季温度能保持在 0 ~ 15 ℃最好。选用洁净的河沙,其湿度以手捏能成团而不滴水为宜,种子和河沙分层放置,沙的用量约为种子量的 5 倍,在中央放一小捆秸秆作通气用,以防升温烂种,顶部高出地面,覆土 8 ~ 10 cm 厚,进行越冬储藏,为播种繁育备好种子,才能出芽。

(2)播种时间。3 月或 10 月进行,既可以秋末播,也可沙藏 3~4 个月后春播。

(3)苗圃地选择。选择背风向阳、地势高燥、便于灌溉、疏松肥沃的沙壤土做苗圃地。精耕细耙,施足基肥,每亩施入 2 500~3 000 kg 农家肥,再次翻耕耙细。做宽 1.0~1.2 m 的床,长度视播种量而定。可以点播或条播,覆土厚度为 1~2 cm。播后应保持床面土壤湿润而疏松,生长期浇水 2~3 次、除草 3~4 次。秋末播种在第二年的春季 3 月出苗;春播可于当年的 4~5 月出苗,出苗率均在 90%以上,10 月苗木可达 100~120 cm 高。

2.种条分株压条繁育技术

(1)压条时间。南蛇藤根部易产生分蘖,可在早春 3 月萌芽前进行分株压条繁殖。

(2)种条选择。从露地根际下,选择较大分蘖苗,从侧面挖掘并将地下茎所发生的萌蘖苗带部分根切下栽植。压条育苗在春季萌芽前进行。选择生长良好的枝条,在 3 月早春发芽前截去先端不充实的枝梢 5~9 cm,剪口留上芽,保留饱满芽。

(3)压条培育。把选择好的枝条,30~40 根一捆捆好,然后在苗圃地开一条深 9~10 cm 的浅沟,把枝条平放于沟中,间隔一定距离用木钩固定,若土壤干燥,应先在沟内浇水,放入藤蔓种条后覆以浅土。由于蔓放平后,顶端优势往往转位于枝条基部未压入土的弯曲处,并常萌发旺枝,应及时抹去。蔓条上的芽大多数能萌发新梢,随其延长,可进行培土和保湿,便可生根。至 10~12 月,秋冬落叶后即可分离,每株附母株一段枝条如锤状即可。分离苗经分级后移植或假植,待第二年 3 月气温回升后移植大田培育。

3.种条扦插繁育技术

(1)扦插时间。南蛇藤种条的扦插繁育育苗时间为 3 月,即春季在大田露地苗床进行扦插。

（2）种条选择。南蛇藤 10 月落叶后在成年植株根部，选择挖掘根条剪取种条或结合苗圃起苗时选择种条剪取；选择 7~10 mm 种条修剪即可，过细太脆弱，过粗对挖掘的母株有损伤。

（3）种条扦插。大田人工打畦做床，按照株距 3~4 cm、行距 10~12 cm 进行扦插。选择根作种条的，一定要注意根插有极性现象，即不可倒插，倒插不能生长优质苗木。根颈的一端为形态学上端，才能发芽生长成苗。扦插后，搭建遮阳网防晒。同时，应注意土壤浇水保湿，否则成活率不高。特别需要注意的是，冬季在室内扦插，根插比枝插成活率高，出苗健壮。

（二）大苗木移栽培育管理

1. 苗木移栽时间与修剪

南蛇藤幼苗移栽时间为 3 月或 9 月，即在春、秋两季进行。南蛇藤根系发达，藤冠面积大而茎蔓较细，起苗时往往根系损伤较多。起苗时如不对藤冠修剪，会造成水分代谢失衡而导致死亡。为了提高成活率，对栽植苗适当重剪，苗龄不大的留 3~5 个芽；苗龄较大的藤冠，主侧蔓留一定芽数，进行重剪、疏剪。栽植方法与其他树木一样，先将劈裂的根和受伤枝芽修剪截取掉，以利于伤口愈合和促进分生新根提早成苗。

2. 苗木栽植与施肥浇水管理

准备移栽的苗木，进行苗圃地内优选，选择苗木地径 2~3 cm、粗壮、无病虫害的苗木移栽；然后栽植，挖穴，长 30 cm × 宽 30 cm × 深 30 cm，先将表层土掺施有机肥后填入并稍踩踏。放苗时原根茎土痕处应先放穴面之下，经埋土、踩穴、提苗使其与地表相平，填土并在根部踩实，做到"三埋二踩一提苗"。栽后尽快浇水，第一次水一定要浇透，若在干旱季节栽植，应每隔 3~4 天连浇 3 次水，待土表稍干后中耕保墒。在 3 月早春或晚秋施有机肥作基肥。秋季应多施钾肥，减少氮肥，防贪青徒长，影响抗寒能力。在进入旺盛生长期后应及时补充养分，在开花前多施用磷钾肥，应薄肥勤施。4~8 月，即苗生长期，应适当控水，夏初应及时供应水分，开花期需水较多而且比较严格，水分过少，影响花瓣的舒展和授粉受精；过多，会引起落花。越冬前应浇水，使其在整个冬季保有良好的水分状况。水淹对南蛇藤的危害更大，因干旱发生一般是逐渐加重，土壤以正常含水量至干旱缺水，在较长时间内植物仍能成活，而水涝 3~5 天即能使其死亡，因此应及时排涝。

（三）苗木的修剪与整形技术

南蛇藤苗木经过移栽后，当培育的藤长 100~150 cm 时，及时搭架或向篱墙边或乔木旁引蔓，以利藤蔓生长。由于南蛇藤的分枝较多，栽培过程中，应加强修剪与整形，注意抹芽打杈，应注意修剪枝藤，摘心芽，控制蔓延，增强观赏效果。

五、南蛇藤的作用与价值

（1）观赏价值。南蛇藤植株姿态优美，茎、蔓强劲，势如盘龙，秋叶红、黄，硕果鲜红。一年四季具有观赏价值，是城市垂直绿化的优质观赏树种。南蛇藤在藤本植物中属大型藤本植物，以周边植物或山体岩石为攀缘对象，远望形似一条蟒蛇在林间、岩石上爬行，蜿蜒曲折，野趣横生，具有观赏性。

（2）绿化作用。南蛇藤植株姿态优美，茎、蔓、叶、果都具有较高的绿化美化环境的作用。特别是南蛇藤秋季叶片经霜变红或变黄时,美丽壮观;成熟的累累硕果,竞相开裂,露出鲜红色的假种皮,宛如颗颗宝石,是小区、家庭、别墅等棚架、墙垣、岩壁等优美栽培树种。在湖畔、塘边、溪旁、河岸配植,倒映成趣,受人喜爱。同时又是公园、景区植物景观藤萝配植绿化的最佳选择树种。种植于坡地、林绕及假山、石隙等处颇具野趣。

（3）经济价值。南蛇藤经济价值高,树皮拉力强,可制优质纤维,可作纺织、造纸原料,种子含油率达45%,市场前景广阔。南蛇藤可入药,根、藤用于治疗风湿性关节炎、跌打损伤、腰腿痛、闭经,果用于治疗神经衰弱、心悸、失眠、健忘,叶用于治疗跌打损伤、多发性疖肿、毒蛇咬伤。

7　扶芳藤

扶芳藤,学名:Euonymus fortunei(Turcz.) Hand. -Mazz.,卫矛科卫矛属,又名滂藤、岩青藤、万年青、千斤藤、山百足、对叶肾、土杜仲、藤卫矛、尖叶爬行卫矛、过墙风、攀缘丝棉木、坐转藤、小藤仲、爬墙虎、换骨筋、络石藤、爬墙风等,常绿藤本灌木,是城市园林绿化树种。

一、形态特征

扶芳藤,树高1~3 m。叶薄革质,椭圆形、长方椭圆形、长倒卵形,有时近披针形。先端钝或急尖,基部楔形,边缘齿浅不明显。聚伞花序3~4次分枝,分枝中央有单花,花白绿色,4数。花盘方形,花药圆心形。子房三角锥状,四棱,粗壮明显。蒴果粉红色,果皮光滑,近球状。种子长方椭圆状,棕褐色,假种皮鲜红色。花期5~6月,果期9~10月。

二、生长习性

扶芳藤性喜阳光,喜温、喜湿,亦耐阴,适于疏松、肥沃的沙壤土。海拔150~1 500 m,酸、碱及中性土壤均能正常生长。

三、主要分布

扶芳藤主要分布于江苏、浙江、安徽、江西、湖北、湖南、四川、陕西、河南等地。河南省舞钢市丘陵、山地之河岸、地埂、乱石坡或林内均有野生分布。

四、种苗繁育与管理技术

（一）引种繁育苗木技术
1. 苗圃地选择
选择背风向阳、近水源、土壤疏松肥沃、排水方便的地方,以疏松、肥沃的沙质壤土为佳。

2. 苗圃地整理
播种前先整地,让土壤熟化。第一次深翻土25~30 cm,同时拣去草根和石块;第二次深翻土也是25~30 cm,并做高或平畦,畦宽、畦高可因地制宜。种植前每亩施充分腐熟的厩肥、土杂肥、草木灰等复合肥 5 000~9 000 kg 作基肥,先撒在畦面,再深翻入土,后整平畦面。植地四周宜开环山排水沟。

3. 种子播种

采用条播,株距 2~3 cm、行距 20~25 cm,播种后浇水,搭建遮阳棚防晒,保护苗木生长。

4. 肥水管理

苗床要经常淋水,土壤持水量保持在 50%~60%,空气湿度保持在 85% 以上,温度控制在 25~30 ℃ 以内。注意根除杂草,每隔 8~9 天除草 1 次,插后 30~35 天结合除草每亩施入生物肥 10~20 kg,以后每隔 18~22 天施 1 次肥,均匀后淋施。扦插后 5~6 个月,幼苗高 18~25 cm 以上且有 2 个以上分枝时,可以出圃种植。

5. 苗木培育

新生苗木定植后如遇干旱,每天上午或下午淋水 1 次,7~9 天后,每 6~8 天淋水 1 次,直至成活。也可用秸秆或杂草覆盖树盘,成活后一般不用淋水。种植成活后,如发现有缺株,应及时补上同龄苗木,以保证全苗生产。由于扶芳藤前期生长较慢,杂草较多,每月应进行 1~2 次中耕除草。施肥以腐熟农家肥为主,严禁使用未腐熟农家肥、城镇生活垃圾肥、工业废弃物和排泄物。禁止单纯使用化肥,限制使用硝态氮肥。化肥可与农家肥、微生物肥配合施用,有机氮与无机氮之比以 1∶1 为宜。定植后第一年,当苗高 1 m 左右时,结合除草、培土,每亩施入腐熟农家肥 2 500~3 500 kg,尿素 10~15 kg,或生物有机肥 300~350 kg,行间开沟施用;穴栽的可在植株根部开穴施肥,每穴施入农家肥 0.5~1.0 kg。第二年以后,生长期 4~5 月或冬季 11~12 月各施肥 1 次,并结合除草松土,保持林间通风透光条件,加速苗木生长。

（二）主要病虫害的发生与防治

扶芳藤抗病能力较强,目前尚未发现病害发生。虫害主要是卷叶蛾,多发生在苗圃或种植密度较高、植株比较荫蔽的地方,以幼虫蚕食幼嫩茎叶或咬断嫩茎危害。在卷叶蛾幼虫初发期,可用 90% 敌百虫可溶性粉剂 800~1 000 倍液,或吡虫啉 1 000 倍液喷杀。

五、扶芳藤的作用与价值

（1）观赏价值。扶芳藤为覆地绿化观叶攀缘植物,夏季黄绿相容,秋冬季节叶红兼黄,犹如春花开。在园林绿化美化中用途广泛,据其较强攀缘能力,常用作掩盖墙面、山石、篱架攀缘,形成垂直绿色屏障,构筑幽雅安静景观环境,具有良好的观赏价值。

（2）抗性作用。扶芳藤能抗二氧化硫、三氧化硫、氧化氢、氟化氢、二氧化氮等有害气体,可作工矿区环境绿化、防止空气污染树种栽培。

（3）药用价值。扶芳藤全株入药,舒筋活络、止血消瘀,治腰肌劳损、风湿痹痛、咯血、血崩、月经不调、跌打骨折、创伤出血。

8　凌霄

凌霄,Campsis grandiflora（Thunb.）Schum,紫葳科凌霄属,攀缘藤本植物,别名紫葳、

凌霄花、中国凌霄、凌苕紫葳、五爪龙、红花倒水莲、倒挂金钟、上树龙、上树蜈蚣、吊墙花、藤罗花,河南省舞钢地区又名串金花。中原地区常见墙壁攀缘绿化木本植物,是园林、庭院、绿化等优良树种。

一、形态特征

凌霄,茎木质,表皮脱落,枯褐色,以气生根攀附于他物之上。叶对生,为奇数羽状复叶;小叶 7~8 枚,卵形至卵状披针形,顶端尾状渐尖,两面无毛,边缘有粗锯齿;叶轴长 4~12 cm。花萼钟状,长 2.5~3 cm,分裂至中部,裂片披针形,长约 1.4 cm。花冠内面鲜红色,外面橙黄色,长 4.5~5 cm,裂片半圆形。雄蕊着生于花冠筒近基部,花丝线形,细长,长 2~2.5 cm,花药黄色,"个"字形着生。花柱线形,长约 3 cm,柱头扁平,2 裂。蒴果顶端钝。花期 5~8 月。

二、生长习性

凌霄耐旱、耐瘠薄,适应性较强,生性强健,性喜温暖;有一定的耐寒能力;喜阳光充足,也较耐阴;在盐碱瘠薄的土壤中也能正常生长,但生长以深厚肥沃、排水良好的微酸性土壤为好。不适宜在暴晒或无阳光环境下生长。以排水良好、疏松的中性土壤为宜,忌酸性土。忌积涝、湿热。凌霄要求土壤肥沃、排水好的沙土。凌霄不喜欢大肥,较耐水湿,否则影响开花。

三、主要分布

凌霄主要分布于河北、山东、河南、福建、广东、广西、陕西,长江流域各地有栽培。在中原地区分布于平顶山、漯河、许昌、驻马店、南阳等地。河南省舞钢市枣林、杨庄、尚店等浅山丘陵有野生生长。

四、种苗繁育与管理技术

凌霄,苗木繁育主要用扦插、压条繁殖,也可分株或播种繁殖。

(一)引种繁育苗木技术

1. 扦插繁殖

3 月上旬或 7~8 月进行扦插繁育苗木。人工截取较坚实粗壮的枝条,直径 1~1.5 cm,每段修剪成长 9~12 cm,扦插于砂床,上面用塑料薄膜覆盖,以保持足够的温度和湿度。一般温度在 23~28 ℃,插后 18~20 天即可生根,到第二年 3 月即可移入大田,行距 70 cm,株距 35~40 cm。做好抹芽打杈、病虫害防治管理。扦插苗木的优点是扦插易成活,成活后移栽,第二年即可开花。

2. 种子繁殖

10 月成熟的种子,即可人工采收,采收后的种子及时晾干,收藏备用。3 月上旬将收藏的种子清洗干净,然后用清水浸泡 48~72 小时,进行大田播种,采用条播,5~6 天发芽,做好遮阴保湿管理,9 月苗木高 50~70 cm 时即可移植。

(二)造林绿化技术

1. 盆栽

一是选择土壤。宜选择排水性能良好、透气性较好的中性或微酸性沙质壤土为盆栽土壤。栽植前需将选好的盆土与腐熟有机肥充分混合均匀后栽植。花盆可选择透气性好的土陶盆或木桶。作花架栽培的,除直接地栽于盆架下外,也可用容器盆栽在花架的地面,数量可根据架面需要而定。栽培的容器应大些,使其有较多的盆栽土壤,栽后生长旺盛,枝繁叶茂,迅速成景。凌霄喜光、耐半阴,但若常常处在半阴处,植株长势不旺,花少色淡,最好将其置于日照充足之处,并注意通风,切记不要将其放在封闭或不透风处。二是移栽上盆。3 月进行,栽植时,穴内施用腐熟的有机肥作基肥,栽后浇一次透水。如果是小苗,也可雨季进行移栽,但栽后要注意遮阴,以防止烈日暴晒,并保持土壤湿润,促进新栽苗木成活。凌霄生长很快,植株体量较大,作棚架栽植的,栽植前要选择坚固持久的支架进行支撑,以后随着凌霄植株的生长,应逐段进行绑扎牵引,将其引上支架或攀附生长,尽快形成景观效应。三是养护管理。凌霄喜湿润、稍耐旱,但怕涝。其生长期宜常浇水,保持盆土湿润,但不能积水。自深秋开始落叶至翌春萌芽前的休眠期,盆土以偏干、稍湿润为好。凌霄在栽培一段时间后,应进行翻盆换土,并在培养土中加入一点骨粉或有机肥作基肥,萌芽后 10~14 天施一次以氮肥为主的肥料,促其长枝叶。四是修剪整形。盆栽凌霄可在冬季进行一次修剪,剪去枯枝、过密枝、病虫枝,以增加其内部的通风透光,并保持优美的树形。花后如果不留种,也要及时摘掉残花,以免消耗过多的养分,影响下次开花。早春也可视其情况进行修剪,将过长枝剪除,促其萌发健壮枝条,减少不必要的营养消耗,把养分集中供应到成花的枝条上,使其花多花大,提高观赏性。

2. 露地栽植

3 月上旬或 9 月进行,植株通常需带土球种植,植后应立引杆,使其攀附。苗木定植后,生长期间需除草、松土 1~2 次。施肥后浇一次清水。6~7 月追施过磷酸钙或尿素,使枝叶生长旺盛,提早开花。

3. 观赏造林

凌霄在园林及野外栽培,可用于廊架、棚架、墙垣、石壁、枯树、假山、花门的垂直绿化与美化,为了达到观赏效果,平时必须做好修剪,及时牵引上架。作一般观赏的,要注意及时剪除枯枝、病虫枝、过密枝,将过长枝进行缩剪,促其萌发更多健壮枝条,减少不必要的养分消耗,有利于开花。花后如果不留种,要及时剪掉残花,以养精蓄锐促进下次开花。在养护中随着枝蔓的生长,需逐段牵引或绑扎在棚架、墙垣、花廊等上,不使其在地面上匍匐生长,根据环境需要,可让部分茎蔓自然下垂,或用铁丝牵引拉其向上攀缘生长,上下连成一片,更加飘逸美观。抓住每年早春萌芽前把枯枝清理干净,对过长的枝条进行短截,使之长势均匀,展现优良的观赏效果。

(三)主要病虫害的发生与防治

1. 主要病害的发生与防治

凌霄主要病害是叶斑病和白粉病,其危害叶片,造成早期落叶,影响观赏效果。采用50%多菌灵可湿性粉剂 1 300~1 500 倍液,或 25%粉锈宁可湿性粉剂 1 800~2 000 倍液喷洒。

2. 主要虫害的发生与防治

7~8 月，干旱和高温高湿季节，凌霄花易遭蚜虫危害，危害凌霄花或嫩芽等，影响生长。及时喷施 6% 吡虫啉乳油或 2.5% 溴氰菊酯（敌杀死），在叶片的正反两面均匀喷布，彻底消灭害虫。

五、凌霄的作用与价值

（1）观赏价值。凌霄，老干扭曲盘旋、苍劲古朴，其花色鲜艳、芳香味浓，且花期很长，故而可作室内的盆栽藤本植物，且可根据种花人的爱好，装扮成各种图形，是一种受人喜爱的地栽和盆栽花卉。又因花大色艳、花期长，是庭园中棚架、花门的良好绿化材料；用于攀缘墙垣、枯树、石壁，均极适宜；点缀于假山间隙，繁花艳彩，更觉动人；经修剪、整枝等栽培措施，可成灌木状栽培观赏；管理粗放、适应性强，是理想的城市垂直绿化材料。

（2）经济价值。凌霄作为无公害绿色中药材需求量增加，市场供不应求。

9　三叶木通

三叶木通，学名 Akebia trifoliata（Thunb.）Koidz，木通科木通属，落叶木质藤本植物。又名八月扎、八月瓜，其果实似牛腰子状，林农称牛腰子果或者通草果，果实 8 月中旬成熟，并自动裂开，是中原地区优良野生木质藤本植物。

一、形态特征

三叶木通，茎皮灰褐色，有稀疏的皮孔及小疣点。茎皮灰褐色，掌状复叶互生或在短枝上簇生；叶柄直，叶片纸质或薄革质，卵形至阔卵形，先端通常钝或略凹入，基部截平或圆形，边缘具波状齿或浅裂，上面深绿色，下面浅绿色；总状花序自短枝上簇生叶中抽出，总花梗纤细，雄花：花梗丝状，萼片淡紫色，阔椭圆形或椭圆形，花丝极短，药室在开花时内弯；退化心皮长圆状锥形。雌花，花梗较雄花的稍粗，柱头头状，具乳凸，橙黄色。果长圆形，长 6~8 cm，直径 2~4 cm，直或稍弯，种子极多数，扁卵形，种皮红褐色或黑褐色，稍有光泽。4~5 月开花，8~9 月结果。

二、生长习性

三叶木通喜阴湿，耐寒，在微酸、多腐殖质的黄壤土上生长良好，也能适应中性土壤。

三、主要分布

三叶木通主要分布于河北、山西、山东、河南、陕西南部、甘肃东南部至长江流域各省（区）。在中原地区分布于平顶山、舞钢、方城、南阳、鲁山等地，野生于海拔 250~1 800 m 的山坡溪旁林中、山地、沟谷边疏林或丘陵灌丛中。

四、种苗繁育与管理技术

(一)引种繁育苗木技术

1. 种子繁育

9~10 月果实成熟时,采收种子,新采收的种子可以进行秋播。种子处理,人工先用碱水搓洗,再用清水漂洗干净,沥干水分;苗圃选择,要选择土壤肥沃的沙壤土即可,人工细耙整理备好播种,采取点播苗床内,保湿保温管理。种子繁育简单易行,繁育出来的苗木 3~4 月进入结果期。

2. 埋条繁育

三叶木通,其藤茎萌芽力强,选择 1~2 年生枝蔓埋入土中,30~40 天后即可生根,苗木定植后第二年可开花结实。

3. 扦插繁育

春、夏、秋、冬均可扦插繁育苗木。注意选择良种,即生长健壮、无病虫害的 1~2 年生枝蔓,剪成长 9~12 cm 的枝条,用浓度为 100 mg/kg 的 ABT 号生根粉浸泡 2~3 小时后,扦插到已整理好的苗床内,做好遮阴防晒保护管理,适时浇水,苗木生长至高 60~70 cm 时即可移植。

(二)造林绿化技术

1. 造林地点选择

三叶木通生长快、适应性强,但是造林应用时,应尽量考虑地势、地形、土壤、排灌和交通运输、市场需求等综合因素,选择土层深厚、光照条件好的林地建园。

2. 造林技术管护

选择 3 月上中旬定植,或 10~11 月进行造林种植。种植时挖穴 50 cm × 50 cm,同时施足充分腐熟的基肥。

由于三叶木通苗木须根较少,根开始萌动较发芽慢得多,因此定植时一定要浇透水。条件方便的地方,三叶木通林地早期可间作套种,以提高结果产量和林地经济效益。

3. 修剪管理

为了提高产量,采取疏散分层或以自然开心形为主。通过人工修剪,保持树形,促进结果,提高产量。在生长期除去无用萌条和抽梢,或将过强的新梢摘心,促进树体形成。10~12 月果树冬季修剪时期,保护好骨干枝、结果枝;短接徒长枝,剪除病枝和虫害枝,促进树干健壮生长,提早结果。

(三)主要病虫害的发生与防治

1. 主要病害的发生与防治

三叶木通主要病害有炭疽病、角斑病、圆斑病和枯病等。防治技术:冬季和早春剪除病虫枝,刮除病斑,清园烧毁落叶病枝;3 月萌芽前喷施石硫合剂,以防治炭疽病等。新梢抽发至花前用石硫合剂喷施 2~3 次;落花后幼果期可喷 5 600 倍波尔多液 1~2 次,以防治圆斑病、角斑病等;10~12 月扫除落叶,减少病虫害越冬场所。

2. 主要虫害的发生与防治

主要虫害是枯叶夜蛾,其幼虫主要危害野生三叶木通植物的新生嫩叶,受害后的叶片,严重的仅剩叶脉,叶片受害较轻的残缺不全。防治方法:枯叶夜蛾,成虫具有趋光性,幼虫有群集性危害。在大面积发生危害时,根据其特性防控。一是在成虫产卵、幼虫孵化期,进行人工采摘有卵的叶片或捕杀幼虫集中销毁;二是在林区每亩挂 1 台频振式杀虫灯,根据成虫趋光性采取灯光诱杀成虫;三是 7~8 月幼虫危害期及时喷施杀虫剂进行防治。主要喷布灭幼脲 3 号 1 800~2 000 倍液,或苦参碱 1 200~1 500 倍液,防治效果显著,可达到 97% 以上。

五、三叶木通的作用与价值

(1)药用价值。中国传统医学中把三叶木通列入中药。果、根、茎、种子均可入药。茎藤入药,有解毒利尿、行水泻火、舒筋活络及安胎之效;果实入药,能疏肝健脾、和胃顺气、生津止渴;根入药能补虚、止痛、止咳等。

(2)食用价值。三叶木通作为水果食用,有发达的胎座组织,味甜可口,风味独特,果实含有大量人体必需的营养成分,均高于苹果、橘子、梨等栽培品种。

(3)观赏价值。三叶木通叶、花、果美丽,春夏观花,秋季赏果,一年好景常新,是一种很好的观赏植物。茎蔓缠绕,柔美多姿,花肉质色紫,花期持久,三五成簇,是优良的垂直绿化材料。在园林中常配植花架、门廊或攀扶花格墙、栅栏之上,或匍匐岩隙翠竹之间,倍增野趣。

10 葛

葛,Pueraria lobata (Willd.) Ohwi,豆科葛属,块根肥厚圆柱状,又名葛藤、甘葛、野葛、葛条,是中原地区野生木质藤本树种,中国传统的中药材之一。

一、形态特征

葛,粗壮藤本,长可达 7~8 m,全体被黄色长硬毛,茎基部木质,有粗厚的块状根。叶互生,顶生叶片菱状卵圆形,总状花序,腋生,蝶形花冠,紫红色。荚果长条形,扁平,密被黄褐色硬毛。7~8 月开花,8~10 月结果。

二、生长习性

葛对气候的要求不严,在浅山丘陵、石质山坡、石头缝隙到处可见;适应性较强,耐干旱、耐瘠薄、耐寒冷,多分布于海拔 250~1 700 m 以下较温暖潮湿的坡地、沟谷、向阳矮小灌木丛中。以土层深厚、疏松、富含腐殖质的沙质壤土上生长旺盛,生长枝蔓长。

三、生长分布

葛主要分布于河南、山东、山西、河北、湖南、湖北、四川、安徽、江苏、江西等地。生于山地疏林或密林中。在中原地区分布于平顶山、鲁山、禹州、三门峡、南阳、方城、泌阳、舞钢等地,在 250~800 m 的浅山林间有野生分布;河南省舞钢市的九头崖、大石棚、风磨顶等林区有野生分布。

四、种苗繁育与管理技术

(一)引种繁育苗木技术

1. 播种繁育

一是苗圃地选择。选择土层深厚、疏松肥沃的沙质壤土为好。10~12月,用大型拖拉机旋耕土壤,深翻30~50 cm,进行冬季雨雪风化2~3个月,第二年3月上旬精耕细耙平整,人工做畦。

二是点播种子,3~4月播种。种子用30~35 ℃清水浸泡12~24小时,取出晾干表面水分,点播,按株行距50~65 cm,挖穴深2~3 cm,每穴播种3~4粒,浇水保湿,最后盖3~4 cm厚的细土,萌芽后加强肥水管理,遮阴防晒,苗木生长至高20~30 cm时即可减少遮阴,施肥保湿,促进苗木快速生长,提早成苗。

2. 压条繁育

5~6月,气温高,墒情好,葛生长繁茂时,选择良好健壮枝条,进行压条,将葛藤埋入土中使其生根。生根以后,清理苗木周边的杂草,加强肥水管理;第二年3月,萌芽以前,剪成单株,挖起苗木即可移植造林。栽前按株行距45~50 cm挖穴,穴宽30 cm、深25 cm,填入农家肥,上盖一层薄土,每穴1株,栽后填细土压紧即可培育大苗木。

3. 扦插繁育

3月上旬,萌芽前,选择优良健康枝梢,并且节短的1~2年生,长1~2 cm粗壮葛藤,每2~3个节剪成一段,长7~9 cm,每穴扦插1~2根,插条入土一端以成环状或半环状平卧穴中为好,入土深度10~14 cm,盖土压紧,再盖一层松土,上面一端留一个芽露出土面,插后及时喷水。

(二)主要病虫害的发生与防治

1. 主要虫害的发生与防治

食叶害虫金龟子,4~5月危害叶片或嫩芽,采用灯光诱杀,每亩挂1个诱虫灯;另外,用90%晶体敌百虫900~1 000倍液喷叶面防治。

2. 主要病害的发生与防治

主要病害是白粉病,危害叶片,7~8月发生严重,致使叶片白乎乎的像覆盖一层面粉一样,影响叶片生长,造成叶片干枯或早期落叶。6月,喷布百菌清900~1 000倍液,或甲基托布津900~1 000倍液防治。

五、葛的作用与价值

(1)绿化作用。葛根系发达,是林间套种、荒山造林的良好水土保持树种。在园林绿化中,用于长廊美化、风景区绿化,具有良好的观赏价值。

(2)经济作用。葛茎皮纤维供织布和造纸用。古代应用甚广,葛衣、葛巾均为平民服饰,山区林农制作葛绳,在劳动中广泛应用。

(3)药用价值。葛是药食同源植物,既有药用价值,又有营养保健之功效。块根含淀粉,可制葛粉或酿酒。葛粉和葛花用于解酒。

11　蛇葡萄

蛇葡萄,学名:Ampelopsis glandulosa,葡萄科蛇葡萄属,又名蛇白蔹、假葡萄、野葡萄、山葡萄、绿葡萄;中药名为复叶葡萄、黑葡萄等。木质藤本,为中原地区优良野生藤本植物,用于荒山造林,具有良好的水土保持作用。

一、形态特征

蛇葡萄,小枝圆柱形,有纵棱纹。卷须2~3叉分枝,相隔2节间断与叶对生。叶为单叶,心形或卵形,边缘有急尖锯齿,叶片上面无毛,下面脉上被稀疏柔毛,羽状复叶或掌状复叶,互生;花序梗长1~2.5 cm,被疏柔毛;花梗长1~3 mm,疏生短柔毛;花蕾卵圆形。果实近球形,直径0.5~0.8 cm,有种子2~4颗;种子长椭圆形,顶端近圆形。花期7~8月,果期9~10月。

二、生长习性

蛇葡萄耐干旱、耐瘠薄、耐严寒、耐阴,喜欢光照,对土壤要求不太严格,在腐殖质丰富、土壤良好的地方生长旺盛健壮,经常野生于山谷林中或山坡灌丛荫处。

三、主要分布

蛇葡萄主要分布于河南、江苏、安徽、浙江、江西、福建、湖北、湖南、广东、广西、四川等地。适生于海拔200~800 m的浅山丘陵林间。在中原地区主要分布于三门峡、平顶山、焦作、安阳等地。河南省舞钢市南部山区九头崖、灯台架、冷风口等林间有野生分布。

四、种苗繁育与管理技术

(一)引种繁育苗木技术

1.扦插繁育

3月上旬,选择良好土壤作苗圃地,然后精耕细耙土壤。同时挑选修剪扦插种条,选用枝条的中段健壮处为种条,修剪8~9 cm长的枝节,每节上留有1~3个节,上段修剪平口,下端剪口修剪成马蹄状,插入苗床。随后要保持稍湿润,但不宜过湿。扦插30~45天生根,随后加强肥水管理,促进苗木快速生长。

2.压条繁育

4月上旬,气温回升,光照充足,选择直径1~2 cm、长40~50 cm的结果母枝,将枝条从瓦盆底部排水孔穿入,在枝条芽节以下2 cm处作环剥处理,再用肥沃疏松土壤盖上。注意浇水,保持湿润,30~35天人工环剥处开始生根,9月下旬将母枝全部切断,即可培育成为一棵有3~5个果穗的结果新植株。

(二)主要病虫害的发生与防治

1.主要虫害的发生与防治

主要虫害是绿盲蝽,1年发生3~5代,6~7月发生严重,主要以成虫和若虫刺吸嫩叶、嫩芽等幼嫩组织为害,绿盲蝽的卵多产在嫩茎、叶柄、叶脉及芽内,严重影响枝蔓的正常生长,让葡萄叶形成很多孔洞。防治方法是采用 10% 吡虫啉可湿性粉剂或 20% 灭多威乳油 1 800~2 000 倍液喷布即可。

2.主要病害的发生与防治

主要病害是葡萄黑痘病,5~7 月发生严重,主要侵染葡萄的叶片、果实新梢、叶柄、叶梗、穗轴、卷须和花序。叶部初期出现针眼大小红褐色至黑褐色的小斑点,周围有淡褐色晕圈,以后逐渐扩大,病斑中部叶肉枯干破裂,而叶片出现穿孔。果面发生近圆形浅褐色斑点,病斑周围紫褐色,中心灰白色,新梢、叶柄、穗轴、花序产生暗褐色椭圆略凹陷的病斑,不久病斑中部逐渐变成灰黑色,边缘呈紫黑色或深褐色。严重时全叶枯焦;新梢和果梗及穗轴初期表面产生不规则灰白色粉斑,后期粉斑下面形成雪花状或不规则的褐斑,可使穗轴、果梗变脆,枝梢生长受阻;幼果先出现褐绿斑块,果面出现星芒状花纹,其上覆盖一层白粉状物,病果停止生长,有时变成畸形,果肉味酸,开始着色后果实在多雨时感病,病处裂开,后腐烂。防治方法:5~6 月,采用 50% 多菌灵 900~1 000 倍液喷雾,开花前和落花后再各喷布多菌灵 600~800 倍液;落花时应迅速喷布波尔多液;7~8 月每隔 10~15 天喷布 1 次 160~200 倍等量式波尔多液即可控制该病蔓延。

五、蛇葡萄的作用与价值

(1)景观作用。蛇葡萄枝繁叶茂,生长旺盛,果实蓝色一串串,悬挂枝头枝蔓,别具风趣,在园林绿化、风景区、社区绿化中广泛应用,具有良好的观赏价值。

(2)药用价值。有消食清热、凉血作用。主治胃肠实热、头痛发热、骨蒸劳热、急性结膜炎、鼻衄等。

12　猕猴桃

猕猴桃,学名:Actinidia chinensis Planch. ,猕猴桃科猕猴桃属,又名中华猕猴桃、杨桃、狐狸桃、猕猴梨、藤梨、木子、毛木果、奇异果、麻藤果等,大型落叶藤本植物,是国际上一种新兴水果,又是雌雄异株的落叶木质藤本果树。

一、形态特征

猕猴桃,为雌雄异株,雄株多毛叶小,雄株花出现早于雌花;雌株少毛或无毛,花、叶均大于雄株。花开时乳白色,后变淡黄色,有香气,直径 1.8~3.5 cm,单生或数朵生于叶腋,花期为 5~6 月,果实为浆果、椭圆形、墨绿色并带毛,果实表皮不能食用,其内则是呈亮绿色的果肉和一排黑色的种子,果实成熟期为 8~10 月。

二、生长习性

猕猴桃喜光照,耐瘠薄、耐干旱、耐寒冷,对土壤要求不严,杂灌丛、灌木林或次生疏林中野生,喜欢腐殖质丰富、排水良好的土壤;在温暖湿润,背风向阳环境下生长健壮。

三、主要分布

猕猴桃主要分布于河南、陕西、湖北、湖南、安徽、江苏、浙江、江西、福建等地,生长于海拔 200~600 m 的低山区山林中。

四、种苗繁育与管理技术

(一)猕猴桃主要优良品种介绍

1. 猕猴桃徐香品种

该品种果实圆柱形,果皮黄绿,被褐色硬刺毛;平均单果重 75~111 g,果肉绿色,味酸甜适口,有浓香,10 月上旬成熟;3 年生树株产 3.8~4.2 kg,平均每亩产量为 290 kg,常温下猕猴桃果实可存放 7~10 天。

2. 猕猴桃金魁品种

该品种果实阔椭圆形,果皮粗糙黄色;平均单果重 118 g,果肉翠绿色,汁液多,味甜香。10 月下旬至 11 月上旬成熟,果树丰产,果实耐储藏。

3. 猕猴桃米良 1 号品种

该品种 1 年生枝呈灰褐色,皮孔大。3 月中旬或下旬进入萌发期,4 月下旬开花,果实在 10 月上旬成熟。果实长圆柱形,果皮褐色,密被褐色茸毛;生长势旺,叶片大而厚,浓绿色。平均单果重 87 g,最大单果重 135 g。果肉黄绿色,汁多,有香味,酸甜可口。果实含可溶性固形物 15%、总糖 7.35%、总酸 1.25%。常温下果实可储藏 7~14 天。生长势强,丰产,有轻度的大小年现象,抗干旱、耐储藏性强。

4. 猕猴桃早鲜品种

该品种果实呈圆柱形,果皮绿褐或灰褐色,密被茸毛,毛不易脱落;单果重 75~94 g,果肉绿黄色,汁多,味酸,短期风味浓郁清香。果实较耐储藏,果实采收后在自然条件下可以保存 10~15 天。果实在 8 月下旬至 9 月上旬成熟采收。

5. 猕猴桃秋魁品种

该品种果实短圆柱形,端正整齐;单果重 100~122 g,果肉黄绿色,肉细多汁,酸甜适口,有清香,果熟期 9 月下旬至 10 月中旬,在室温条件下果实可存放 15~20 天。秋魁是以鲜食为主的品种,树势较强,定植后第三年平均株产 5.6 kg。在山地、丘陵和平原均可栽培,适于密植。

6. 猕猴桃海沃德品种

该品种是引进新西兰栽培的新品种,果实短椭圆形;平均单果重 80~100 g,果实表面有毛,侧面稍光滑,味美,耐储藏;在−1~0 ℃和相对湿度 90%条件下可储藏 4~6 个月。树体生长不旺,可以适当密植。

7. 猕猴桃和平 1 号品种

该品种植株生长势中等,分枝较密,枝较纤细,叶中等大,较厚,浓绿色。1 年生枝呈灰褐色,皮孔较小。萌芽期 3 月中旬或下旬,花期 4 月下旬到 5 月初,果实成熟期 10 月上中旬,果实在枝条上可留到 12 月。落叶期 12 月中旬,生育期 250 天左右。丰产性一般,6 年生株产量 24 kg,平均单果重 80 g 以上,果实圆柱形,果皮棕褐色,茸毛长而密。果肉绿色,有香味,含可溶性固形物14%~16%、总糖7.88%,维生素C为每100 g果肉77 g。常温下果实储藏期10~25天,比中华猕猴桃长13~18天。栽培时,需加强肥水管理,施足有机肥,合理疏花疏果,可提高单果重。雌雄比以6:1栽植为宜。

8. 猕猴桃红心品种

该品种果实圆柱形兼倒卵形,果顶果基凹,果皮薄,呈绿色,果毛柔软易脱;果肉黄绿色,中轴白色,子房鲜红色,果实横切面呈放射状红、黄、绿相间太阳般图案;平均单果重69 g左右,最大果重110 g。红心猕猴桃树的树冠紧凑,长势良好,植株健壮,枝条粗壮,枝较软;定植后的第二年有30%的植株始花结果,第三年全部结果,比海沃德品种提早2~3年,第四年进入盛果期,一般盛果期可维持30~40年,经济寿命长;结果枝占萌发枝的65%,每年结果枝可挂果1~4个果,最多5个,坐果率90%以上,生理落果现象不明显,单株产量达20 kg左右;抗风能力较强,对褐斑病、叶斑病和溃疡的抗病力较强,但抗旱能力较其他品种弱。

9. 猕猴桃黄金果品种

该品种原产地新西兰,因成熟后果肉为黄色而得名。果实为长卵圆形,果喙端尖、具喙,果实中等大小,单果重80~140 g,若使用生物促进剂,大果比例增加。软熟果肉黄色至金黄色,味甜具芳香,肉质细嫩,风味浓郁,可溶性固形物含量15%~19%,干物质含量17%~20%,果实储藏性中等,冷藏0~0.5 ℃条件下可储藏12~16周,在20 ℃时,果实自然常温可以保存3~10天。风味明显有别于海沃德品种。最佳的储藏温度应在0.5~1.5 ℃,以减少冷藏损伤及腐烂。

(二) 引种繁育苗木技术

猕猴桃的良种苗木培育主要分为有性繁殖和无性繁殖。有性繁殖主要是实生育苗,无性繁殖分为嫁接、扦插、分株、压条和组织培养等育苗技术。

1. 猕猴桃实生苗木繁育

(1)种子的采收。猕猴桃属植物的种类很多,果实的成熟期不一致,选择生长健壮、无病虫的优良雌株为采种母树,采收充分成熟的果实,通过过滤法去肉清洗,阴干后装好待用。

(2)种子的处理。采收后的种子与湿沙按1:15~1:20混合,河沙湿度以手握成团、掌心湿润为宜。容器可用瓦盆、木箱。底层放10 cm厚的潮湿沙子,上放混合河沙的种子,再在上面盖5 cm厚湿沙。在土势干燥、排水良好、向阳的地方挖沟,沟深60~80 cm,长度按种子数量而定,容器上面盖上稻草,稻草上面铺潮湿沙壤土,并注意通气保湿和防涝,出芽率高。例如,选用中华猕猴桃种子层积,处理后30~70天萌芽率较高。为了提高种子的发芽率,在露地层积后再放置10 g/kg、50 g/kg激素溶液处理中华猕猴桃种子,可以提高发芽率40%~50%,用赤霉素500 mg/kg处理5分钟,萌芽率也会大大提高。

(3)种子的播种。播种前苗床都要浇水,播种时如果土壤湿润,播种方式可采用撒播、条播。播种时将混沙的种子均匀撒于苗床面,上面覆盖2~3 mm厚的碎土,再用稻草覆盖,才能出芽率高,苗木生长良好。注意病虫害严重的地区,土壤需要消毒,待幼苗出土后应开始遮阴,遮阴度以50%~70%为宜。猕猴桃最忌渍水,应注意肥水管理。

2. 猕猴桃苗木嫁接繁育

(1) 砧穗选择。接穗必须选择适宜于本地区的优良品种系或无性系,砧木则必须考虑其与接穗的嫁接亲和力要强,根系发达,有抗病力并能抵抗不良环境条件。目前,中华猕猴桃和美味猕猴桃嫁接都采用本种实生苗作砧木。实生苗有变异,最好使用本地的优良无性系作砧木,更有利于保护品种商品性纯度。接穗要在品种纯正、健壮、充实、芽眼饱满的 1 年生树上采集,一般随剪随接,若接穗存放时间较长,应在剪口处涂蜡保护。

(2) 嫁接时期。切接一般以春季 2~3 月嫁接较好,芽接、腹接则以 7 月中旬至 8 月中旬为适期。

(3) 嫁接方法。①"T"字形芽接方法,又称盾形芽接。先在砧木距地面 5~8 cm 处横切长 0.5~0.6 cm 的切口,再从横切口中央向下纵切 1.5~2.5 cm,成"T"字形口。选健壮饱满的芽,在芽的下方 1~2 cm 向上斜削,稍带木质部,至芽上面 0.5~1 cm 处横切一刀,即可得到芽片。芽接时将芽片插入"T"字形切口中并对齐形成层,然后包扎,但芽眼要外露。②切接方法。在接穗下端,削成 2~2.5 cm 长的切面,在其相对一侧削成 0.3 cm 的短削面,削面上部留 2~3 个芽将接穗剪断,在砧木距地面 3~5 cm 处的剪去枝干,剪口要平滑,再用切接刀从顶部距木质部外缘 0.2 cm 处向下直切,然后插穗并使两者的形成层对齐,用塑料薄膜绑紧绑严即可。③腹接方法。选择与砧木粗细差不多的枝条作接穗,选取一个芽,从芽的背面或侧面削成长 3~4 cm 的芽,深度至刚露木质部为宜,在削口对应面的下端,呈 50°短斜面切断,再从芽的上端 1.5 cm 处,平剪成 3~3.5 cm 长的接穗,在距地面 10~15 cm 的砧木平滑处从上而下切削,深度与接穗同。再将砧木外皮去掉 2/3,然后插入接穗,使砧穗两侧形成层紧密结合,或至少有一侧的形成层对齐,用塑料薄膜包扎。这种方法在春、夏、秋三季均可采用。

(三) 造林绿化技术

1. 园地选择和建立

根据猕猴桃原产地和分布区的环境因素,结合其生物学特性选择园地。一般在气候温暖湿润,年平均气温 15 ℃左右,年降水量 1 200~2 000 mm,日照时数 2 000 小时以上,无霜期 240 天左右,土层深厚、疏松、肥沃的土壤,森林土、冲积土和火山灰的地区,都可以考虑建园。但是,建立园址的海拔不宜过高,地下水位在 1.2 m 以下,地势要求平坦,坡向朝南,东南或东坡较好,坡度最好在 10°以下。

2. 棚架支架的设立

由于猕猴桃茎具攀缘性,定植前必须立架或者在定植后马上立架;如果太晚,藤蔓不容易整形。架材有木材、钢材、混凝土柱等。架式有"丁"字形棚架、篱架、平顶棚架、斜棚架、小棚架等。

(1)"丁"字形棚架的设立。采用支柱多数用木材,但木材容易腐烂,木材作架材用时,必须经过防腐处理。支柱长 2.4 m,埋入土 0.6 m,地面柱高 1.8 m,圆柱直径 11~15 cm,埋在棚架两端的柱子要适当长些和粗些,有利于固定。横梁用木条长 1.5 m,宽和厚分别为 10 cm 和 5 cm;也可用 1.5 m 长的纵半圆柱原木。横梁中心点与支柱在靠近柱顶外,而不要在支柱顶端连接。铁丝要用高张力的 0.25~0.315 cm 镀锌铁丝或 10 号铅丝,铁丝 3 条分别系在柱顶及横梁两端。"丁"字形棚架投资少、光照好,是目前推广较多的架式。

（2）平顶棚架的设立。柱子长度为 2.7 m，圆柱直径 11～15 cm，柱子入土 0.9 m。棚面宽 6 m 左右、高 1.8 m，圆柱每 3 根柱子为一组，间距 3 m，立柱每根柱子间相距 4.5 m。棚架和长度可根据需要而定，每根柱子都有用硬木或钢条做的横梁，连结固定都用电镀铁片和钉子。立柱后，每间隔 60～90 cm 距离在顶部纵横拉上铁丝后形成。这种架式投资较少，但构架结实，能维持 30～40 年，对减轻风害有较好的作用。

（3）小棚架和弧形棚架的设立。这两种架式可充分利用丘陵、坡地，可就地取材，如树干、竹子、砖石等作支柱，以节约投资。小棚架前柱高 1.8～2 m，后柱高 1.4～1.6 m，柱高也可以因地形而调整，行距 4 m 左右，株距 2～3 m。弧形棚架也可根据地形设置，中柱高 1.8～2 m，侧柱高 1.3～1.5 m，行距 4～5 m，株距 2～3 m，这种架式很适合用于山地小果园。

3. 品种的选择和配置

品种是建立猕猴桃果园的核心。在全国范围内，猕猴桃优良品种和株系已选出不少，大体上分为 4 类：属于中华猕猴桃系统的品种和株系糖分较高，成熟较早，耐藏性差；美味猕猴桃系统的产量稍高，甜酸适度，较耐储运，但皮毛太重；软枣猕猴桃系统的株系较早熟，维生素 C 含量高，但不耐储运，不需剥皮可直接食用；毛花猕猴桃系统的株系果肉翠绿，维生素 C 含量高，偏酸，很适合于加工。选择品种时要根据市场需要和当地条件确定。猕猴桃为雌雄异株，选好主栽品种后还应考虑其适宜的授粉品种。在建园时雌雄品种同时定植并需要合理安排比例，大果园雌雄比例可用 8∶1，小果园要使雄株多一些，最好用 6∶1 或 5∶1 的比例，还可采用 3∶1 的比例。对平顶棚架果园而言，为了能更好地授粉，也有用 2 个或 2 个以上的雄性品种在果园定植，以混合授粉，延长授粉时间。

4. 造林果园的整地

种植猕猴桃的土壤最好在秋季深翻或耕翻 60～80 cm，捡出石砾后平整。这样，经过冬季积雪有利于保墒，害虫卵和病原菌也可以冻死。不论在平原或丘陵山地建园，都应该施用基肥，每亩施入农家肥 4 000～5 000 kg 或每穴施 5～10 kg 生物肥，如果土壤酸性大，每穴施用 0.5 kg 石灰以调节土壤酸碱度，做好第二年的栽植准备。

5. 猕猴桃苗木的栽植

猕猴桃的苗木栽植，最好在 3 月中旬进行，选择春季猕猴桃萌发前，无早霜气候时进行。冬季暖和的地方，也可以在初冬猕猴桃落叶以后，在 11 月中旬前后定植，成活率高。

（四）猕猴桃的水肥管理技术

1. 猕猴桃的基肥秋施

基肥以氮肥、钾肥为主。9 月中下旬，要及时施入基肥。最好在秋季采果之后快速施入土壤，每亩施入农家肥 4 500～5 000 kg，同时，混合施入过磷酸钙 80 kg，秋季施入基肥的目的是为来年发芽、开花、结果、生长打下基础。

2. 猕猴桃的浇水管理

猕猴桃是浆果，需要大量水分。加强水分管理，才能使猕猴桃枝叶茂密。猕猴桃根系分布浅，不抗旱也不抗涝，因此猕猴桃园内需要有灌水和排水设备，如灌水沟、排水沟、滴灌和喷灌设备等。经济用水是滴灌，而且供水均匀；喷灌用水量大，但是作用也较大，夏季喷灌除供给根系需要的水分外,还有增加空气湿度降低树体温度的作用,早春、秋冬之际喷灌有防冻的作用。对结果大树,以用喷灌为宜。喷灌器之间的距离,以喷水能互相接触为准,如法国为 24 m × 21 m,三角形设置,每个喷灌器有 4~6 个大气压。应特别注意的是,猕猴桃开花时期需要稍干燥的气候条件,有利蜜蜂传粉,因此花期 7~10 天内不宜灌水,而在开花之前把水灌足,一般结合施肥进行。雨季应注意排水,雨季过后秋季控制灌水,以免影响果实及枝蔓成熟。深秋入冬之前需灌水 1~2 次。在北方地区,要灌封冻水。

3. 猕猴桃的人工授粉

猕猴桃在自然条件下,主要是靠昆虫传粉,在劳力资源较充足和管理精细的果园,人工辅助授粉也是猕猴桃管理中的重要措施之一。大量的人工授粉实践表明,授粉愈好,果实的种子愈多,果个愈大,品质亦佳。一是花粉的采集。在授粉前 2~3 天,选择比雌树品种花期略早、花粉量多、与雌性品种亲合力强、花粉萌芽率高、花期长的雄株,采集含苞待放或初开放而花药未开裂的雄花,用小镊子、牙刷、剪刀等取下花药,然后脱粉。二是处理花粉。将花药平摊于纸上,在 25~28 ℃下放置 20~24 小时,使花在自然环境下开放散出花粉。三是制作花粉。将花药摊放在桌面上,在距桌面 100 cm 的上方悬挂 100 W 电灯泡照射,待花药开裂取出花粉。四是保存花粉。花药上盖一层报纸后放在阳光下脱粉,也可在温度不高的热炕上脱粉。花药开裂后用细箩筛出花粉,装入干净的玻璃瓶内,储藏于低温干燥处待用。纯花粉在−20 ℃的密封容器中可储藏 1~2 年,在 5 ℃的家用冰箱中可储藏 10 天以上。在干燥的室温条件下储藏 5 天的授粉坐果率可达到 100%,但随着储藏时间的延长,授粉后果实的重量逐渐降低,以储藏 24~48 小时的花粉授粉效果最好。五是授粉。最好在每天的 8:00~11:00 当天开放的雌花柱头上授粉,连续授粉 3 次,效果更好。1 朵花至少有 3 个柱头授上花粉,才能显著提高果实质量。雌花开放后 5 天之内均可进行授粉,但随着开放时间的延长,授粉受精后果实内的种子数和果个会逐渐下降,以花开后 1~2 天的授粉效果最好,第四天授粉坐果率显著降低。对花授粉。采集当天早晨刚开放的雄花,花瓣向上放在盘子上,用雄花直接对着刚开放的雌花,用雄花的雄蕊轻轻在雌花柱头上涂抹,每朵雄花可授 7~8 朵雌花。晴天 10:00 以前可采集雄花,10:00 以后雄花花粉散落,在多云天气时全天均可采集雄花对花授粉。采集较晚的雄花可在手上轻轻涂抹,检查花粉数量的多少。对花授粉速度慢,但授粉效果是人工授粉方法中最好的。六是散花授粉。于 6:00~8:00 收集当天开放的雄花花药,在 9:00~11:00 用鸡毛或毛笔轻轻弹撒在雌花柱头上。连续进行 2~3 天即可结束。

(五) 主要病虫害的发生与防治

1. 主要病害的发生与防治

(1) 主要病害的发生。猕猴桃的主要病害有猕猴桃疫霉病、猕猴桃褐腐病、猕猴桃溃疡病。

猕猴桃疫霉病,是由疫霉病菌引起的病害。其症状为:先危害根的外部,扩大到根尖,也常从根颈处侵入,蔓延到茎干、藤蔓。病斑水渍状、褐色,腐烂后酒糟味,发病后使萌芽期延迟,叶片衰弱枯萎,叶面积减少,危害严重时使植株死亡。猕猴桃疫霉病的发病规律:4~6 月,根在土壤中被侵染,10 天左右菌丝体大量发生,然后形成黄褐色菌核,7~9 月严重发生,10 月以后停止蔓延,黏重土壤、排水不良的果园以及多雨季节容易发生,被伤害的根茎也容易感染。

猕猴桃褐腐病是由菌核菌引起的病害。其症状为:受病菌感染的雄性花序和雌性花序都会变成褐色枯萎状,花常萎蔫下垂,难于开放,大量白色菌丝体在受害部位变成黑硬的菌核,菌核落入园地后,真菌继续蔓延,在果园传播。猕猴桃褐腐病的发病规律:菌核在果园杂草中休眠越冬,春天气候温暖产生子囊盘,子囊孢子成熟后从子囊盘中排出,随空气传播侵染花芽和花蕾,一般在 3 月上旬萌发,4 月下旬为高峰,现蕾后即可见到危害。

猕猴桃溃疡病多数发生在主干侧枝及其分权处。症状表现为:初期为皮层隆起,组织变软,水渍状呈红褐色,形状不规则,蔓延至木质部腐烂,后期则稍干缩,凹陷,如不及时防治,2~3 年内会导致毁园。猕猴桃溃疡病的发病规律:一般 3 月初发病,4 月下旬开始严重,随温度升高发展减缓,9 月中旬,又有少量扩展,该病发生严重程度与当年气候条件、越冬时树体冻害和抗性有关。

(2)主要病害的防治。

猕猴桃疫霉病的防治:选择排水良好的土壤建园,防止植株造成伤口,在 3 月或 5 月中下旬用代森锌 0.5 kg 加水 200 L 稀释后浇根,刮除病部,2 个星期后更换新土覆盖。

猕猴桃褐腐病的防治:加强果园管理,清除根盘周围枯枝落叶并烧毁,菌核萌发期,落瓣后及采收前应喷洒 0.5 波美度石硫合剂或 800 倍甲基托布津液,展叶前后用 65%代森锌可湿性粉剂 500 倍液喷洒。

猕猴桃溃疡病的防治:应采用综合防治方法,选用抗病品种,加强肥水管理,提高树体抵抗力。早春或晚秋用 50%的甲基托布津或 65%代森锌 50~100 倍液在主干上涂刷,嫁接和修剪切伤口用 100~500 倍代森锌溶液喷洒,刮除病斑,并用 50~100 倍代森锌溶液涂刷。

2. 主要虫害的发生与防治

(1)主要虫害的发生。猕猴桃主要虫害为苹果小卷叶蛾和柳扁蛾。苹果小卷叶蛾以幼虫危害猕猴桃的嫩叶、花蕾等。1 年发生 3~4 代,以 2 龄幼虫在树干皮下、枯枝落叶结茧越冬,春天孵化后幼虫主要危害幼芽、嫩叶和花蕾,9~10 月作茧越冬。

柳蝙蛾属鳞翅目、蝙蝠蛾科,也称蝠蛾。幼虫危害根茎、枝叶卵或幼虫在树干缝隙越冬,次年 4 月中旬孵化,1 龄幼虫主要取食腐蚀质,2 龄以后蛀食幼树;从干茎基部 40~50 cm 处钻入,吐丝结网,粘网成虫,隐蔽蛀食,有时将树皮啃成环剥状,再蛀入髓心或向下蛀食直达根部,影响水分、营养运输,造成地上部枝干枯萎、折断。第三年 7 月中旬至 8 月,虫包囊增大,色泽变深,将包囊一圆孔后开始羽化,8 月下旬至 9 月出现成虫,两年发生一代。

(2)主要虫害的防治。

苹果小卷叶蛾的防治:小卷叶蛾,要及时消灭越冬幼虫,摘除卷叶虫苞烧毁,用松毛虫、赤眼蜂等天敌进行生物防治,在孵化期喷洒 50%杀螟松乳油 800~1 000 倍液,在危害期用 20%杀灭菊酯乳油 2 000~3 000 倍液喷洒防治。

柳蝙蛾的防治:柳蝙蛾出现后,及时摘除虫囊集中烧毁,清除杂草和受害枝,或用棉签蘸上 80%敌敌畏 50 倍或 10%氯氰菊酯 500 倍液伸入到虫道内毒杀幼虫。

(六) 猕猴桃的采收与储藏

1. 猕猴桃果实的采收

猕猴桃达到生理成熟阶段即可采收,采收前要测定猕猴桃成熟度的指数,方法如下:在同一果园,选择树龄、架式、管理水平、有代表性的藤蔓,在藤蔓约 1.5 m 高处树冠的不同部位选取 10 个果实,在采样后 1 小时内用手持测糖仪测定可溶性固形物的读数。当读数平均达到 6.0%~7.5% 时采收为佳。注意软枣猕猴桃、狗枣猕猴桃在 8 月中旬前后采收,葛枣猕猴桃和大粒猕猴桃等种类,在成熟时外果皮由绿转为橙黄色,中华猕猴桃及无性系的收获期为 10 月上旬收获,美味猕猴桃及无性系的收获期为 10 月上旬到 11 月中旬。采收时注意轻摘轻放,避免损伤。

2. 猕猴桃果实的储藏

(1)果实的预冷。果实收获后果体温度高,吸收代谢等生命活动旺盛,水分蒸发快,包装的容器甚至储藏车内相对温度高,从而不利于果肉营养物质的保持,加速了果实的软化过程和病原菌的繁衍。所以,在储藏以前,必须消除这种田间热,使果实尽快冷却。

(2)强制空气冷却。强制空气冷却,是在集装箱对侧,增加空气压差,使冷空气以 0.75 L/(s・kg) 的流量进入冷库,由于压力大,冷空气能穿过猕猴桃托盘,再经中心隧道由风扇排出。这种方法预冷 8 小时,温度即可从 20 ℃ 下降至 2 ℃,比常规的冷藏效率提高 15~20 倍。

(3)冷库环境冷却。冷库环境冷却,是将猕猴桃包装后在 1 ℃ 中冷藏 24 小时,再在 0 ℃ 条件下储藏,经过 7~10 天,可使果实温度降到 2 ℃。

(4)常温下水冷却。常温下水冷却,是将猕猴桃果实放在流水中冷却,大约 25 分钟以内果实温度可降至 1 ℃。

3. 储藏方法

(1)冷藏。冷藏就是在低温条件下,保持猕猴桃的温度在 (0±0.5) ℃,相对湿度在 95%,而且没有乙烯气体,是当前使用最广泛的方法。

(2)气调储藏。主要降低空气中的氧,提高二氧化碳成分,调节到适宜的浓度,作为长期储藏,一般二氧化碳浓度 5% 和氧 2% 较为合适。

五、猕猴桃的作用与价值

(1)食用价值。猕猴桃的口感甜酸、可口,风味较好。果实除鲜食外,也可以加工成各种食品和饮料,如果酱、果汁、罐头、果脯、果酒、果冻等,具有丰富的营养价值,是高级滋补营养品。在国外有些国家的人们还把它制成沙拉、沙司等甜点,它早已成为人们喜爱的果品。

(2)药用价值。猕猴桃整个植株均可用药,根皮、根性寒、苦涩,具有活血化瘀、清热解毒、利湿祛风的作用,适合应用在治疗乳腺癌、胃癌、痢疾、跌打损伤、风湿性关节炎、肝炎、淋巴结核、水肿等病症。

(3)绿化作用。猕猴桃,茎攀缘缠绕,叶形复杂多变,花香四溢,果实累累。是庭院观赏、盆栽和垂直绿化的优良树种。猕猴桃是国际上一种新兴水果,是雌雄异株的落叶木质藤本果树。

第五章　针叶类林木树种

　　针叶类林木树种,是树叶细长如针的树,多为常绿树,材质一般较软,有的含树脂,故又称软材。针叶树主要是乔木或灌木,冬天叶子也不会掉落。针叶类树种多生长缓慢,寿命长,适应范围广。在林业生产绿化中,多组成针叶林或针、阔叶混交林,为林业生产上的主要用材和绿化树种。

1　白皮松

　　白皮松,学名 Pinus bungeana Zucc.,松科松属,又名白骨松、虎皮松、三针松、白果松等,常绿乔木,是中原地区优良乡土树种。

一、形态特征

　　白皮松,树高达 25~30 m,胸径 2~3 m。树冠宽塔形至伞形。主干明显或近基部分叉;幼树树皮灰绿色、平滑,长大后树皮成不规则薄片脱落,内皮灰白色,外皮灰绿色。1年生枝灰绿色,平滑无毛。针叶粗硬,3 针一束,长 5~10 cm,两面有气孔线;树脂道边生或中生并存;叶鞘早落。球果锥状卵圆形,单生,熟时淡黄褐色;种鳞先端肥厚,鳞盾有横脊,鳞脐有三角状短尖刺,种子灰褐色,种翅短易脱落。花期 4~5 月;果球形,第二年 10~11 月成熟。

二、生长习性

　　白皮松为喜光树种,幼树能耐阴。喜凉爽气候,能耐-30 ℃低温,不耐湿热。在肥沃深厚的钙质土或黄土上生长良好(pH 值 7~8),耐干旱,不耐积水和盐土。在长江流域的长势不如华北地区,常分枝过多,结籽不良。病虫害少,对二氧化硫及烟尘的抗性较强。深根性树种,生长慢,寿命长。

三、主要分布

　　白皮松是我国特产树种,辽宁、北京、河北、山东至长江流域广泛栽培。既可组成纯林,又可与侧柏、槲栎、栓皮栎伴生。在中原地区主要分布于舞钢、栾川、卢氏、灵宝、鲁山等地,是中原地区优良乡土树种。

四、种苗繁育与管理技术

(一)引种繁育苗木技术
1.苗圃地选择
白皮松幼苗怕涝,苗圃地应选择排水良好、地势平坦、土层深厚的沙壤土,重黏土地、盐碱土地、低洼积水地不宜作育苗地。

2. 苗圃地整地

苗圃地要做到深翻整平耙细,施足基肥,每亩施入农家肥 7 000~8 000 kg,如腐熟的圈肥、堆肥。或将过磷酸钙与饼肥或土杂肥等混合使用,效果更好。整地前,每亩撒施 10~15 kg 硫酸亚铁粉末,翻入土壤中,起到杀菌消毒的作用。土地整好后,制作打畦,畦最好为南北向,便于苗木通风透光,畦埂高 23~25 cm,畦宽 1.0~1.2 m,以备播种。

3. 播种繁育

2 月下旬至 3 月上旬即可播种,春季解冻后立即开展大田播种,早春气温低,可减少松苗立枯病的发生。白皮松幼苗由于怕涝,应采用高床播种,防止幼苗生长期受淹死亡;同时,播前浇足底水,保证足够的水分,促进播种发芽;播种量为每 10 m² 用 0.5~1.2 kg 种子,可产苗 1 000~2 000 株。撒播后覆土 1~1.5 cm,然后,罩上塑料薄膜,可提高发芽率。待幼苗出齐后,逐渐加大通风时间,至全部去掉薄膜。播种后幼苗带壳出土,15~20 天自行脱落,这段时间要防止鸟害。

4. 嫁接繁育

砧木主要选用黑松或油松。如采用嫩枝嫁接繁殖,应将白皮松嫩枝嫁接到油松大龄砧木上。白皮松嫩枝嫁接到 3~4 年生油松砧木上,一般成活率可达 85%~95%,具有良好的亲和力,生长快。白皮松接穗应选母树生长健壮的新梢,其粗度以 0.5 cm 为好。嫁接后新生幼苗要搭棚遮阴,苗期生长缓慢,幼苗至少要移植两次,以促进侧根的生长,有利于定植成活。待苗高 1.2~1.5 m 时即可出圃。

5. 苗期管理

播种幼苗出齐后,逐渐加大苗床通风时间,通过炼苗增强其抗性。白皮松喜光,但幼苗较耐阴,去掉薄膜后应随即盖上遮阳网,以防高温日灼和立枯病的危害。2 年生苗裸根移植时要保护好根系,避免其根系吹干损伤,应随掘随栽,以后每数年要转垛一次,以促生须根,有利于定植成活。一般绿化都用 10 年生以上的大苗。移植以初冬休眠时和早春开冻时最佳,用大苗时必须带土球移植,栽植胸径 12 cm 以下的大苗,需挖一个高 100~120 cm、直径 150 cm 的土球,用草绳缠绕固土,搬运过程中要防止土球破碎,种植后要立桩缚扎固定。5~9 月,及时浇水。除草要掌握"除早、除小、除净"的原则,株间除草用手拔,以防伤害幼苗。追肥施肥量为每亩 5~15 kg 腐熟饼肥和 3~4 kg 尿素,施肥后要及时浇水。8~9 月,苗木生长后期停施氮肥,增施磷、钾肥,以促进苗木木质化,还可用 0.3%~0.5% 磷酸二氢钾溶液喷洒叶面。加强管理,促进生长,培育壮苗。

(二)主要病虫害的发生与防治

1. 主要虫害的发生

白皮松主要虫害为松大蚜和松梢螟。松大蚜成虫为黑色,虫卵从深绿色变为黑色,卵在松针上过冬。4 月初孵化出弱蚜(新生幼蚜虫),危害松针基部。松大蚜危害最为严重的时期在 4 月中旬至 5 月中旬。松大蚜成虫刺吸树木汁液,可引发煤污病。1~2 年生嫩枝和幼树是松大蚜主要侵害对象,严重时可以造成树势衰弱、死亡。

松梢螟成虫灰褐色,幼虫淡褐色到淡绿色。松梢螟钻蛀白皮松主梢,让松梢枯死,引发侧梢丛生。侧梢的向上生长,可能导致树干弯曲,严重者还会引起树干断裂。松梢螟幼虫在被害梢蛀道内或枝条基部伤口越冬。

2. 主要虫害的防治

松大蚜防治技术：一是抚育管理，尤其是幼龄林，11~12月，剪除着卵叶，集中烧毁，消灭虫源。在3月中旬以后，可以喷洒2.5%溴氯菊酯乳油5 000倍液，或40%灭蚜威乳油1 000倍液，抑制虫卵孵化。最佳防治时期从4月初开始，9~10天，喷洒10%吡虫啉1 000~1 300倍液，或灭蚜威乳油1 000倍液，或20%溴氰菊酯乳油3 000倍液。在树干基部打孔注射或刮去老皮在树干上涂5~10 cm宽的药环，均可收到较好的效果。定期浇水，补偿水分散失。强化日常管理，补充养分，增强白皮松抵御能力。加强生物防治技术的推广，在虫害不严重时，可以考虑运用瓢虫、食蚜虻等松大蚜的天敌进行生物防治。若虫害严重，则要立即采取专项治理措施。

松梢螟防治技术：松梢螟一般对6~10年生幼龄林危害最重，尤其是对郁闭度较小、立地条件差、生长不良的林分危害更重。因此，适当密植，加强抚育，使幼林提早郁闭，可减轻危害。对被害严重的幼林，在冬季可剪除被害梢，集中烧毁，杀死越冬幼虫，减少虫口基数。受害严重的林分中，在幼虫或幼虫转移为害期间，喷施杀螟松1 000~1 300倍液。6月中下旬，成虫产卵期间要集中喷洒50%菊杀乳油1 000倍液2~3次，每9~12天1次。成虫出现期，每隔10~20天喷洒1次杀螟松1 200~1 300倍液，杀成虫及初孵幼虫，另外或采用黑光灯、性信息素诱杀成虫。

五、白皮松的作用与价值

(1)景观作用。白皮松古时多用于皇陵、寺庙，在那里遗留很多白皮松古树。宜在风景区配怪石、奇洞、险峰造风景林。干皮斑驳美观，针叶短粗亮丽，是一个不错的历史园林绿化传统树种，又是一个适应范围广泛、能在钙质土壤和轻度盐碱地生长良好的常绿针叶树种。孤植、列植均具高度观赏价值。

(2)用材作用。白皮松木材花纹美丽，供建筑、家具、文具用材。纹理直，轻软，加工后有光泽和花纹，供细木工用。

(3)食用价值。种子可食或榨油。

2　侧柏

侧柏，学名 Platycladus orientalis (L.) Franco，侧柏科侧柏属，又名香柏树、扁柏树、柏树，常绿乔木，是中原地区优良乡土树种，又是我国最古老的园林树种之一。

一、形态特征

侧柏，树姿优美，枝叶苍翠，树高达8~28 m，胸径30~100 cm以上。树皮灰褐色，薄条片状裂。树叶呈现鳞状，亮绿色；中央叶呈现菱形，树叶背面有腺槽，当两侧叶与中央叶交互对生时；树叶直展扁平，排成平面，两面相似；全为鳞形叶，长1~3 mm，交叉对生，先端钝尖。雌雄同株、异花，异花单独生长于枝叶顶部，球果呈现卵形，当接近成熟后，由蓝绿色变为白粉色，种子成熟后红褐色开裂。种子卵状椭圆形，深褐色，种子鳞呈现红褐色，成熟后张开,种子脱出,其种子熟后变为木质而硬,有棱脊、无翅;树冠圆锥形,树皮薄,呈薄条状或鳞片剥落,分枝多,上举而扩展,树皮条片状纵裂,呈现灰褐色。枝条排列整齐,呈垂直的扁平面;侧柏幼树树冠呈现尖塔形,成熟后,枝叶扁平,呈现广圆形,花期为 3~4 月,种熟期为 9~10 月。

二、生长习性

侧柏属于温带阳性植物,其野生和人工栽培在浅山丘陵都十分常见。侧柏喜欢生长在光照充足、土壤肥沃、湿润的地方,其特性为抗盐碱、耐寒以及耐旱、耐贫瘠,在干燥的山地中,其生长速度缓慢。侧柏侧根比较发达,寿命长,耐修剪,萌芽性强。幼树和树苗具有耐阴能力,抗风能力较差,抗寒性较强,不耐水淹,可以在微碱性以及微酸性的土壤环境下成长,是园林绿化的优良树种。

三、主要分布

侧柏在我国主要分布于河南、陕西、甘肃、四川、云南、贵州、湖北、湖南等省。在中原地区主要分布于平顶山、漯河、驻马店、许昌、洛阳、郑州、开封、新乡、安阳、三门峡、南阳等地。分布海拔在河南、陕西等地达 1 500 m,在云南中部及西北部达 3 300 m。分布于海拔 400 m 以下者生长良好。

四、种苗繁育与管理技术

(一)引种繁育苗木技术

1. 采收种子

种子的采收一定要选择 25~30 年以上的健壮、无病虫危害、成熟母树上的种子,通常侧柏种子在 9 月下旬至 10 月中旬成熟,而出种率基本为 1/10,1 kg 种子 42 000~45 000 粒。

2. 整地做畦

苗圃地应平坦、土壤肥沃。苗圃地选好后,深翻整平,并结合整地施足基肥。基肥的用量一般为优质土杂肥 4 000~5 000 kg。苗圃地整好后进行做畦,畦东西行向,以便遮阴。同时,搭建高 3.0~3.5 m 的黑色遮阳棚进行遮阳防晒。

3. 浸种催芽

播种前侧柏种子先放到 45 ℃的温水中浸泡 12~24 小时,并将空粒种子及杂质除去。第二天将种子用水冲洗干净,装入麻袋或草包中,用湿麻袋盖好进行催芽,催芽期间每天用温水冲洗 1~2 次。若种子数量较多,也可在空地上挖一个宽 50~80 cm、深 20~25 cm、长度视种子多少而定的沟,将种子与 3 倍的湿沙混合好后,铺放入沟内,厚度为 15 cm 左右,上面用草帘等物覆盖,并经常洒水保持湿润,沟内种子每天上下翻动 2~3 次,使其温、湿度均衡,通气良好。催芽后的种子一般 6~7 天以后,有 1/3 的种子裂嘴露白时即可播种。

4. 夏季播种繁育

在 7~8 月,正值雨季,侧柏育苗一般不受干旱影响,土壤墒情较好即可繁育。但是,夏季正值烈日高温期,不利于侧柏发芽生长。为创造适于侧柏发芽生长的局部环境,可以搭设遮阳棚进行育苗。

5. 夏季播种方法

侧柏种子有很多空粒,基本要经过水选以及催芽处理后进行播种,为了保证苗木的产量和质量,要加大播种量,当种子净度达到90%以上时,其发芽概率会大大增加,每亩地的播种量要达到10 kg。在播种前要灌透底水,采用条播进行播种。同时,在一些比较干旱的地区可以选择低床育苗,垄播:垄面宽30 cm,垄底宽60 cm,可采取单行或者双行的形式,单行条播播幅要达到15~16 cm,双行条播播幅要达到4~5 cm。床作播种,床高达到14~15 cm,床面宽要达到0.9~1.0 m,床长要达到18~20 m,其中每床纵向条播为3~5行,行间距保持10 cm。在播种之前,要保证开沟深浅相同,下种注意均匀,覆土厚度为1.0~1.5 cm,盖好覆土后进行镇压,保证种子与土壤接触密切,促进种子萌发。

6. 苗木管理

当种子发芽即将出土时,应及时将所培的土垄扒平,使种子上边保持0.5~1.0 cm厚的土层,这样便于种子出苗。幼苗出土后,应加强管理,干旱时及时浇水。9月下旬,幼苗可长出20多个针叶,苗高3~4 cm,苗茎已形成木质部,具有抗寒、耐旱的越冬能力。第二年3月下旬苗木发芽早,生长快,到7月可用于雨季造林,苗高达30~40 cm即可出圃。苗木进入速生前的时期,15~20天后追肥1次,注意在追肥后,一定要用水冲洗,避免苗木烧伤。同时,侧柏处于幼苗时要适当密留,如果苗木过于密集,会影响树木生长,每平方米留株数量为150株。对苗木要进行科学管理,及时追肥、除草、灌水、松土,促进侧柏苗木健壮生长,可以提早出圃销售,获得经济效益。

(二)主要病虫害的发生与防治

1. 主要虫害的发生与防治

(1)主要虫害的发生。侧柏主要虫害,一是侧柏毒蛾,又名侧柏毛虫、柏毒蛾,是柏类树木的主要食叶害虫之一。主要危害侧柏的嫩芽、嫩枝和老叶。受害林木枝梢枯秃,发黄变干,生长势衰退,似干枯状。1~3年内不长新枝。1年发生1~2代,以幼虫和卵在柏树皮缝和叶上过冬。次年3月下旬开始活动,孵化为害,将叶咬成断茬或缺刻状,嫩枝的韧皮部常被食光,咬伤处多呈黄绿色,严重时可以把整株树叶吃光,造成树势衰弱,加速树木死亡。二是侧柏大蚜,又名柏大蚜。河南1年发生2~3代,主要危害枝叶,其繁殖能力强、速度快,适宜的天气条件下,全年发生虫害,虫害严重时将会直接危害柏树的生长,导致大部分幼苗的死亡。三是双条杉天牛,又名老水牛,是侧柏的主要蛀干害虫,一般2年发生1代,幼虫在树干中蛀干危害。

(2)主要虫害的防治。①侧柏毒蛾的防治方法。冬季对柏树及时修枝修剪,间伐病虫害树木;在幼虫发生期,及时通过人工捕捉进行消灭;夏季树木生长期,侧柏毒蛾成虫具有趋光性,可以在林间设置黑光灯进行诱杀,效果显著;同时,在虫害密集发生期,及时采用苦参碱800~1 000倍液,进行树冠喷洒防治。②侧柏大蚜的防治方法。使用25%的阿克泰水分散剂或20%的灭蚜威1 000倍液药剂进行喷洒防治,效果良好。③双条杉天牛的防治方法。一是药物防治,5月下旬至8月为其成虫期,在虫口密度高、郁闭度大的林区,可用敌敌畏烟剂熏杀。初孵幼虫期,可用25%杀虫脒水剂的100倍液或敌敌畏1~2倍液或用1∶9柴油水混合喷湿1~3 m以下树干或重点喷流脂处,效果很好。二是人工捕捉,8~9月,在初孵幼虫为害处,用小刀刮破树皮,搜杀幼虫。也可用木槌敲击流脂处,击杀初孵幼虫;越冬成虫还未外出活动前,在上一年发生虫害的林地,用白涂剂刷1~2 m以下的树干预防成虫产卵。5~7月,越冬成虫外出活动交尾时期,在林内捕捉成虫。

2. 主要病害的发生与防治

(1)主要病害的发生。侧柏主要病害是侧柏叶枯病,在春季幼苗或侧柏林发生危害。由上一年的病菌侵染当年生新叶,幼嫩细枝亦往往与鳞叶同时出现症状,最后连同鳞叶一起枯死脱落。主要表现为:病菌侵染后,当年不出现症状,经秋冬之后,第二年3月叶迅速枯萎。潜伏期长达250~300天。6月中旬前后,在枯死鳞叶和细枝上产生黑色颗粒状物,遇潮湿天气吸水膨胀呈橄榄色杯状物,即为病菌的子囊盘。受害鳞叶多由先端逐渐向下枯黄,或是从鳞叶中部、茎部首先失绿,然后向全叶发展,由黄变褐枯死。在细枝上则呈段斑状变褐,最后枯死。受害部位树冠内部和下部发生严重,当年秋梢基本不受害。侧柏受害主要表现为:树冠似火烧状的凋枯,病叶大批脱落,枝条枯死。在主干或枝干上萌发出一丛丛的小枝叶,俗称"树胡子"。连续数年受害引起全株逐渐干枯或枯死。

(2)主要病害的防治。侧柏叶枯病的防治方法:11~12月,及时适度修枝,改善侧柏的生长环境,降低侵染源;3~4月,增施肥料,促进生长;6~8月,苗木进入快速生长期,及时喷施40%灭病威或40%多菌灵或40%百菌清500倍液进行防治。

五、侧柏的作用与价值

(1)绿化环保作用。侧柏引种栽培、野生生长均有。喜生于湿润、肥沃、排水良好的钙质土壤,耐寒、耐旱、抗盐碱,在平地或悬崖峭壁上都能生长;在干燥、贫瘠的山地上,生长缓慢,植株细弱。其属浅根性植物,但是侧根发达,萌芽性强,耐修剪,寿命长,具有绿化荒山、保持水土、抗烟尘、抗二氧化硫和氯化氢等有害气体等用途。

(2)观赏价值。侧柏树姿优美,枝叶苍翠,广泛用于盆景和城乡小区、道路绿化带、园林绿篱、纪念堂馆、陵墓以及寺庙等地,具有良好的观赏价值。

(3)用材价值。侧柏木质具有良好的软硬度,耐腐性强,有香气,木质细致,可以用于细木工、家具制作以及建筑等行业。

(4)药用食用价值。侧柏树的树皮、叶子、树根以及种子可以作为药材,其种子榨油,也可以用于药用或食用。

3　杉木

杉木,学名Cunninghamia lanceolata（Lamb.）Hook.,杉科杉木属,又名沙木、沙树、刺杉、香杉等,常绿乔木,是中原地区优良乡土树种。

一、形态特征

杉木,树干高达28~30 m,胸径可达2.5~3 m;树冠幼树期尖塔形,大树为广圆锥形,树皮褐色,裂成长条片状脱落,内皮淡红色;大枝平展,小枝近对生或轮生,常成二列状,幼枝绿色,光滑无毛。叶披针形或条状披针形,略弯而成镰状,革质、坚硬、深绿色,并且有光泽,长 2~7 cm,宽 3~6 mm,在相当粗的主枝主干上常有反卷状枯叶宿存不落;球果卵圆形至圆球形,长 2.5~6 cm,径 2~5 cm,熟时苞鳞革质,棕黄色,种子长卵形或长圆形,扁平,长 6~8 mm,暗褐色,两侧有狭翅,每果内含种 200 粒;子叶 2,发芽时出土。花期 4 月,10 月下旬果实成熟。

二、生长习性

杉木为浅根性树种,没有明显的主根,侧根、须根发达,再生力强,但穿透力弱。杉木属亚热带树种,较喜光,喜温暖湿润、多雾静风的气候环境,不耐严寒及湿热,怕风,怕旱。适应年平均温度 15~23 ℃,极端最低温度-17 ℃,年降水量 800~2 000 mm 的气候条件。在水湿条件下生长快,在适应的温度条件下也生长快。怕盐碱,对土壤要求比一般树种要高,喜肥沃、深厚、湿润、排水良好的酸性土壤。

三、主要分布

杉木在中国栽培区北起秦岭南坡,河南桐柏山,安徽大别山,南至广东信宜,在中国东部大别山区海拔 700 m 以下,福建戴云山区 1 000 m 以下,四川峨眉山海拔 1 800 m 以下,云南大理海拔 2 500 m 以下,均有生长分布。在中原地区主要分布于平顶山、鲁山、舞钢、南阳、桐柏、信阳、栾川、淅川、三门峡等地区,海拔 600~800 m 以下的山区种植,河南省舞钢市国有石漫滩林场三林区对眼沟口西岸,人工引种栽植 10 株,树龄 35 年,树高平均 20~25 m,胸径 24.8~28.5 cm,枝下高 12~16 m,冠幅 4~4.6 m,立地条件为河旁黄棕壤、砂石,土层厚 40~60 cm,长势健壮、良好。

四、种苗繁育与管理技术

(一)引种繁育苗木技术

1. 苗圃地选择

播前准备,要选择土壤疏松、排灌方便的沙壤土建立苗圃地。

2. 苗圃地整地

播种前,人工细致整地,施足基肥,基肥以农家肥为主,每亩施入 5 000~7 000 kg。采用高床育苗,床面宽 100~120 cm,高 20~30 cm,床面要人工精细平整,土块要敲碎备播。

3. 选择种子

采用种子繁殖苗木,要选择 20~35 年以上的无病虫害的优良母树采种,采下球果后晾晒 3~5 天,脱出种子后再晾晒 1~2 天,然后密封干藏,等待来年春季育苗。

4. 种子处理

春季播种,播种前进行种子消毒处理,用 0.15%~0.3%的福尔马林液浸种 15 分钟,然后倒去药液,封盖 1~1.5 小时后播种,杀毒,确保种子的出芽率。

5. 大田播种

可采用撒播或条播,播种沟宽 2~3 cm、深 0.5~1 cm,沟距 18~20 cm。播后用细土覆盖,厚 0.5~0.8 cm,上面再盖草,保温保湿以利发芽。当幼芽大部分出土时,要分批适量揭草,揭草在傍晚或阴天进行,如遇低温,可暂停揭草。

6. 播种苗木管理

要做好人工松土除草工作,松土时注意不要损伤幼苗,除草最好在雨后或灌溉后连根拔除。幼苗初期多施氮、磷肥,中期多施氮、磷、钾完全肥料,生长盛期过后应停施氮肥,酌施磷、钾肥。施肥方法:化肥选择喷雾机叶面喷雾实施,每亩苗木使用肥料45~50 kg。当苗高5~6 cm时进入生长盛期,应开始间苗,根据新生苗木生长情况和苗木密度再进行1~2次间苗,间苗可以促进苗木快速生长。

7. 修剪管理

幼树要除蘖防萌,杉木根际有大量潜伏芽,当栽植过浅时,根际裸露,顶端优势破坏,往往会萌发许多萌蘖条,造成一树多干,应按"除早、除小、除了"的要求,做好除萌抹芽等工作。同时,为防止潜伏芽萌动成长,还要用厚土培蔸,改善树蔸附近的水肥条件,要及时扶正歪倒的幼树,保护幼树,不伤顶芽、树皮,特别注意不要修活枝。

(二)造林绿化技术

1. 造林苗木选择

选择优质壮苗,株行距1 m×1 m,每亩保留80~100株;立地条件中等的培育中径材,每亩保留100~120株;立地条件差的培育小径材,每亩保留120~160株。

2. 抚育管理

造林成活后,造林密度大的苗圃地或林地要适时进行合理间苗或伐苗,促进幼树快速生长;抚育时间,第一次间伐在造林后5~10年,第二次间伐约在第一次间伐后3~5年进行,按"砍密留稀,砍小留大,砍弯、杈留优,砍病虫木留健康木,均匀分布保留木"的原则,确定去、留木,并结合砍伐杂灌进行垦挖抚育,确保新生幼树快速生长成材。

3. 施肥管理

适度施肥,肥料应以富含有机质的农家肥为主,也可用适量的尿素或复合肥,每株施200~300 g,施肥要距离树干10~20 cm以外,平地采用环状施肥,坡地施在树干上方,要挖沟施肥覆土等。

(三)主要病虫害发生与防治

1. 主要虫害的发生与防治

(1)主要虫害的发生。4~7月,树木生长期,枝干虫害主要为双条杉天牛,为害轻时可使树叶发黄,长势衰退;重则使整株枯死。枝叶虫害主要为杉梢小卷蛾,危害症状表现为:幼虫蛀入杉树嫩梢顶部或顶芽为害,造成枯梢。

(2)主要虫害的防治。双条杉天牛的防治方法:树木生长期,幼虫进入孵化盛期,用40%氯氰菊酯100~200倍液喷杀;用敌敌畏300倍液注入虫孔,然后用黄泥封闭虫孔,毒杀进入木质部为害的幼虫。杉梢小卷蛾的防治方法:人工摘除并烧毁被害梢,或用黑光灯诱杀羽化的成虫。初龄幼虫可用80%敌敌畏乳剂800~1 000倍液喷洒防治。

2. 主要病害的发生与防治

(1)主要病害的发生。杉木主要病害,一是杉苗猝倒病,该病是杉木苗期的主要病害,4~7月,雨季时易流行蔓延,发生严重时可导致杉苗大面积死亡。二是杉木炭疽病,杉木感染杉木炭疽病后,轻者针叶枯萎,重者大部分嫩梢枯死。造林时要适地适树,平地、低洼地及土壤黏重板结地不宜栽杉。丘陵红壤地区的杉木幼林,宜采取开沟培土、除萌打蘖、清除病枝、深翻抚育和间种绿肥等措施,可有效防止杉木炭疽病的发生。

（2）主要病害的防治。为了预防病害发生,在幼苗出土后 7～10 天就应定期喷洒0.1% 敌克松或 0.5%～1% 的硫酸亚铁溶液,以后 10 天左右喷 1 次。杉苗猝倒病多在雨季流行,施用药液容易流失,可用草木灰拌生石灰粉(8∶2)撒于床面或条播沟内,用量每亩100～150 kg。晴天可用 0.3% 漂白粉液、1% 波尔多液或 0.1%～0.5% 敌克松喷洒苗木。

五、杉木的作用与价值

（1）绿化作用。杉木树姿端庄,适应性强,抗风力强,耐烟尘,可做行道树及营造防风林。

（2）用材作用。杉木为中国长江流域、秦岭以南地区栽培最广、生长快、经济价值高的用材树种。木材黄白色,有时心材带淡红褐色,质较软,细致,有香气,纹理直,易加工,比重 0.38,耐腐力强,不受白蚁蛀食,供建筑、桥梁、造船、矿柱、木桩、电杆、家具及木纤维工业原料等用。

4　马尾松

马尾松,学名 Pinus massoniana Lamb,松科松属,又名松树、青松、山松、枞松等,常绿乔木,是中原地区优良乡土树种。

一、形态特征

马尾松树高可达 30～45 m,胸径 1.5 m;树皮红褐色,枝平展或斜展,树冠宽塔形或伞形,枝条每年生长一轮,广东两轮,冬芽卵状圆柱形或圆柱形;叶为针叶,细柔,微扭曲,两面有气孔线,边缘有细锯齿;叶鞘宿存。雄球花淡红褐色,圆柱形,聚生于新枝下部苞腋,穗状,雌球聚生于新枝近顶端,淡紫红色,种子长卵圆形,花期 4～5 月,果呈球果形,第二年 10～12 月成熟。

二、生长习性

马尾松为阳性树种,不耐庇荫,喜光、喜温。适生于年均温 13～22 ℃、年降水量 800～1 800 mm,绝对最低温度不到 -10 ℃ 的地区。根系发达,主根明显,有根菌。对土壤要求不严格,喜微酸性土壤,但怕水涝,不耐盐碱,在石砾土、沙质土、黏土、山脊和阳坡的冲刷薄地上,以及陡峭的石山岩缝里都能生长。马尾松木材极耐水湿,有"水中千年松"之说,特别适用于水下工程。

三、主要分布

马尾松在我国主要分布于淮河流域、大别山以南、河南省西部。在中原地区主要分布于鲁山、栾川、西峡、南召、舞钢、泌阳、信阳、确山等地。

四、种苗繁育与管理技术

(一)引种繁育苗木技术

1. 苗圃地选择

切根苗圃地宜选择在地势开阔、向阳、坡度平缓、靠近水源的地方,土壤以质地疏松、没有或极少石块、石砾的酸性壤土或沙壤土为佳。

2. 苗圃地整地做床

播种前,要提前 3~6 个月,深翻苗圃地,整地深度 20~25 cm。结合整地要撒施磨碎的硫酸亚铁粉每亩 15~20 kg 或生石灰每亩 30~40 kg 进行土壤消毒,并施入磷肥每亩 60~100 kg 作基肥。然后,精耕细耙做高床,床宽 1 m、高 18~20 cm,步道宽 28~30 cm。如苗圃地前作非马尾松林或松苗,则床面还需均匀撒一层松林菌根土。

3. 大田播种

为确保切根时马尾松树苗能达到要求,播种时间要选择在 2 月下旬至 3 月上旬,最迟不超过 3 月底。播种方式,采用条播,播距 15~20 cm,播沟方向最好与苗床方向平行。经精选、消毒的马尾松良种播种量,每亩 3~4 kg。播种后的苗床可覆盖薄膜或稻草,用以保温、保湿,促进种子提早发芽,出芽整齐。

4. 苗期管理

一是出苗期注意薄膜管理,防止"烧"苗;二是苗木出齐后,每隔 10~15 天喷洒 1 次 1∶1∶120 的波尔多液,连续 2~3 次,以预防猝倒病发生;三是结合除草松土勤施、淡施追肥 3~5 次,6 月中旬后水施尿素 1~2 次,浓度以 0.3%~0.5% 为宜,促进苗木生长;四是低山丘陵区遇连晴高温,要抗旱保苗,在伏旱结束后,及时间苗、定苗,将过密的细苗木去除。

5. 切根时间

为保证切根育苗效果,切根时的苗木高度需达 12 cm,主根长 15 cm 以上。因此,凡伏旱前调查苗木根茎生长量已达要求的,可于 7 月中旬前切根,否则需待伏旱结束、秋雨到来后的 8 月下旬至 9 月上旬再行切根;海拔 800 m 以上无伏旱或伏旱影响不大的山区,切根时间完全视苗木生长量决定,但最迟不得晚于 9 月中旬,不然,切根后苗木生长时间太短,切根效果不佳。

6. 切根深度

切根铲入土深度即保留苗床上苗木原主根长度,称为切根深度。根据研究结果,切根深度以 8~9 cm 为好,即切掉苗木原主根长度的 1/2 左右。具体掌握时,苗高根长的稍深点,苗小根短的稍浅点,以不大于 10 cm 或不小于 6 cm 为宜。

7. 切根方法

切根方法有斜切、平切两种。斜切较平切省力、工效高,适宜于山区坡度较大的条播苗床,或土壤较黏、石砾较多,平切推铲困难的条播苗床。操作时,先从苗床最里边的苗行开始,用铲刀在苗行一侧从离苗木地径 5 cm 左右处,斜向苗木方向呈 60° 角插入,顺势推进,即可切掉苗木主根 6~10 cm 以下部分。若苗床平坦、疏松、无石砾,或撒播苗床,则可进行平切。平切时,手握切根铲分别从苗床两边确定的切根深度入土,向苗床中央均衡用力,水平推进 50 cm,防止向上或向下偏斜。每铲切完后,切根铲原方向退出时,铲面向下稍加用力,使切缝稍宽,易于退出,切忌铲刀向上抬升,拖倒苗木。

8. 水肥管理

为防止切根后苗木萎蔫和利于须根生长与菌根形成,切根后要立即进行一次水肥管理。8月底前切根的苗木,可以施氮肥和过磷酸钙,浓度均分别不超过0.5%;若在9月上中旬切根,则不再施氮肥,只施磷肥即可。施肥量以灌透苗床土壤为度。

9. 起苗与运输

马尾松切根苗在苗床上到11月底或12月初基本停止生长后,即可起苗造林。起苗必须坚持锄挖,严禁手拔,以防扯断大量的须根、菌根。

(二)主要病虫害的发生与防治

1. 主要虫害的发生与防治

(1)主要虫害的发生。马尾松树的主要虫害,一是松毛虫,发生代数因地区和年份不同而异,河南每年发生2代,长江流域各省2~3代,福建、广东3~4代。以幼虫在针叶丛中或树皮裂缝中越冬,也有在树下杂草丛内或石缝下越冬的。越冬幼虫于来年4月下旬前后老熟。第一代幼虫发生较为整齐。松毛虫繁殖力强,产卵量大,卵成块产于松针上。初龄幼虫受惊有吐丝下垂的习性,4龄以上的幼虫食量大增,能将针叶食尽,形同火烧,严重影响松树生长,甚至使松树枯死。二是大袋蛾,大袋蛾的幼虫蚕食叶片,7~9月危害最严重。三是金龟子,4月危害枝梢。四是红蜘蛛,5~6月危害新生枝梢等。

(2)主要虫害的防治。主要虫害的防治,采取预防为主,综合治理。在造林时,一是封山育林,防止外来人员及生物进入苗圃或造林地块,减少虫害的传播;二是营造混交林,增加松树林下植被,增加林中天敌和阻隔害虫迁徙。同时,可以采取生物防治,对发生虫害面积较大、虫口密度较低的情况,采用生物防治为主,目前有白僵菌、Bt、仿生农药灭幼脲等适时施用。对小面积高虫口的松毛虫发生区进行化学防治,较好的农药有拟除虫菊酯等。对于松毛虫,要遵循自然规律防治,在没有人为干扰的情况下,松毛虫4~5年大发生一次。在无灾区、偶灾区发生松毛虫灾害一般不进行化学药剂防治。在高虫口密度下,虫口处于下降趋势,可以不进行化学药剂防治,任其自然消亡,又可在冬季或早春人工剪摘虫囊。对于金龟子、红蜘蛛等害虫,可用90%的敌百虫溶液喷杀。防治时应于傍晚或早上进行,可用辛硫磷或乐斯本喷雾防治,或敌敌畏1 200~1 500倍液喷杀,也可用40%敌百虫1 200~1 500倍液喷杀。

2. 主要病害的发生与防治

(1)主要病害的发生。马尾松主要病害,一是斑点病,斑点病是病原真菌引起的。初期叶片出现褐色小斑,周围有紫红色晕圈,斑上可见黑色霉状物。随着气温的上升,有时数个病斑相连,最后叶片焦枯脱落。该病原菌生长最适宜的温度范围为25~30 ℃,孢子萌发适温18~27 ℃,在温度合适且湿度大的情况下,孢子几小时即可萌发。进入雨季,有植株栽植密,通风透光差,株间形成了一个相对稳定的高湿、温度适宜的环境,对病菌孢子的萌发和侵入非常有利,且病菌可反复侵染,不加以重视,可能会使病害大发生。二是松瘤病,受害树木枝干受病处形成木瘤,通常圆形,直径5~60 cm,表面密生龟裂纹,心材部分积满松脂。每年4~5月间,瘤的表面产生许多黄色疱状突起,随即破裂散出黄色粉末状的锈孢子。轮换寄主有栗属和栎属的多种树木。三是马尾松赤枯病,病害主要为害当年新叶,病叶初出现淡黄褐色或灰绿色段斑,逐渐向上下方扩展,随后转为赤褐色,最后变为灰白色并出现黑色小点,即病菌的子实体,针叶自病斑部分弯曲或折断。病菌主要以菌丝体在树上有病针叶中越冬,4月下旬产生孢子进行侵染活动,侵染盛期在6~7月。

（2）主要病害的防治。对以上三种病害,防治方法是:发病初期,采取森得保可湿性粉剂 1 000 倍液或 50%多菌灵 1 000 倍液、大生 1 000 倍液喷雾灭杀。或用"621"烟剂或含 30%硫黄粉的"621"烟剂每亩 0.75~1 kg 在 6 月上中旬放烟一次,效果良好。在病害严重地区避免营造松栎混交林,清除林下栎类杂灌木;结合松林抚育砍除重病树或病枝等,都能够灭杀病害或减少病害的发生。

五、马尾松的作用与价值

（1）油料作用。松节油可合成松油,加工树脂,合成香料,生产杀虫剂,并为许多贵重萜烯香料的合成原料。松针含有 0.2%~0.5%的挥发油,可提取松针油,供作清凉喷雾剂、皂用香精及配制其他合成香料,还可浸提栲胶。树皮可制胶粘剂和人造板。松籽含油 30%,除食用外,可制肥皂、油漆及润滑油等。球果可提炼原油。松根可提取松焦油,松枝富含松脂,火力强,是群众喜爱的薪柴,供烧窑用,还可提取松烟墨和染料。

（2）用材作用。马尾松木材极耐水湿,有"水中千年松"之说,特别适用于水下工程。木材含纤维素 60%~62%,脱脂后为造纸和人造纤维工业的重要原料。马尾松也是中国主要产脂树种,松香是许多轻、重工业的重要原料,主要用于造纸、橡胶、涂料、油漆、胶粘等工业。

（3）园林作用。马尾松高大雄伟,姿态古奇,适应性强,抗风力强,耐烟尘,木材纹理细,质坚,能耐水,适宜山涧、谷中、岩际、池畔、道旁配植和山地造林。也适合在庭前、亭旁、假山之间孤植,具有良好的景观作用。

（4）造林作用。马尾松树,不耐腐,心边材区别不明显,淡黄褐色,长纵裂,长片状剥落;木材纹理直,结构粗;含树脂,耐水湿。比重 0.39~0.49 g,有弹性,富树脂,耐腐力弱。马尾松是重要的用材树种,也是重要的荒山造林树种。

5　油松

油松,学名 Pinus tabuliformis Carr. ,松科松属,又名短叶松、短叶马尾松、红皮松、东北黑松,针叶常绿乔木,是中原地区优良乡土树种。

一、形态特征

油松,树高达 30 m,胸径可达 1 m。树皮下部灰褐色,裂成不规则鳞块。大枝平展或斜向上,老树平顶;小枝粗壮,雄球花柱形,长 1.2~1.8 cm,聚生于新枝下部,呈穗状;球果卵形或卵圆形,长 4~7 cm。种子长 6~8 mm,连翅长 1.5~2.0 cm,翅为种子长的 2~3 倍。花期 5 月,球果在第二年 10 月上中旬成熟。

二、生长习性

油松为喜光、深根性树种,喜干冷气候,为阳性树种,喜光,抗瘠薄、抗风,在土层深厚、排水良好的酸性、中性或钙质黄土壤上能够生长,在-25 ℃的气温下均能生长。

三、主要分布

油松为中国特有树种,分布于吉林、河北、河南、山东、青海及四川等地,多组成单纯林。辽宁、山东、河北、山西、陕西等省有人工林种植。在中原地区主要分布于鲁山、栾川、西峡、南召、舞钢、泌阳、信阳、确山、林州、安阳等地。

四、种苗繁育与管理技术

(一)引种繁育苗木技术

1. 苗圃地选择

选择地势平坦、灌溉方便、排水良好、土层深厚肥沃的中性沙壤土或壤土作苗圃地为佳。

2. 苗圃地整地

苗圃整地,以 10~12 月深耕为宜,深度在 20~30 cm,深耕后不耙。第二年春季土壤解冻后每亩施入堆肥、绿肥、厩肥等腐熟的农家肥 4 000~5 000 kg,并施过磷酸钙 100~120 kg。再浅耕一次,深度在 15~25 cm,随即耙平。

3. 大田做床

播种前,做床前 4~7 天灌足底水,将圃地平整后做床。一般采用平床。苗床宽 1~1.5 m,两边留好排灌水沟及步道,步道宽 35~45 cm,苗床长度根据圃地情况确定。有灌溉条件的苗圃可采用高床,苗床高出步道 20~25 cm,床面宽 35~120 cm,苗床长度根据圃地情况确定。在干旱少雨、灌溉条件差的苗圃可采用低床育苗,床面低于步道 20~25 cm 即可。

4. 苗圃土地处理

最好地势平坦、土壤疏松、排灌方便,如有条件,可选择沙壤土。除此之外,还要在播种或扦插前进行土壤消毒,消灭土壤中的病菌,确保苗木的安全生长。采取五氯硝基苯消毒法:每平方米苗圃地用75%五氯硝基苯 4 g、代森锌 5 g,两药混合后,再与 12 kg 细土拌匀。播种时下垫上盖。此法对防治由土壤传播的炭疽病、立枯病、猝倒病、菌核病等有特效。

5. 种子播种

油松的育苗,每亩播种量为 18~20 kg,每亩产苗量 15 万~16 万株。油松春、秋两季均可育苗,春季育苗要早,多在 3 月中下旬完成,2 月,开冻的土地就应将种子播入大田中;秋季育苗要晚,一般在 11 月上旬大地封冻前完成,秋播后要灌足冻水,封住地面,使种子在湿润的土壤中越冬,第二年种子出芽整齐一致。

6. 苗木管理

种子播种后,经常检查,根据苗木生长情况,保湿保墒、浇水;浇水要采取喷雾的形式,不能漫灌;当苗木生长到 10~15 cm 时,每亩地可以喷雾水加入 5~8 kg 的复合肥,连续施入 2~3 次;5~8 月,搭建防晒网遮阴,防止日烧病,确保苗木健康生长。

(二)主要病虫害的发生与防治

(1)主要病虫害的发生。油松主要病害是立枯病,即幼苗出土后不久,产生褐色长条形病斑,逐渐扩大,苗根变为红褐色,后苗根皮层腐烂枯死。严重时苗圃松苗成片死亡。生产上高温季节连日阴雨、排水不良、苗床透光不好易发病,影响苗木生长。

(2)主要病虫害的防治。油松苗木繁育的苗圃地,一是要选择地势高、排灌方便的地块或采用高畦育苗。二是合理轮作,避免连作,密度适中,不宜过密。三是苗圃土壤消毒。每平方米苗床施用 50%拌种双粉剂 8 g 或 40%五氯硝基苯粉剂 10 g 或 25%甲霜灵可湿性粉剂 10 g+70%代森锰锌可湿性粉剂 1.5 g 与细土 4~7 kg 拌匀,施药前打透底水,取 1/3 拌好的药土撒于地下,其余 2/3 药土覆在种子上面,即"上覆下垫"的方法,防止各类病害发生。总之,油松病虫害防治应遵循"预防为主,及时发现,积极防治,治小治了"的原则,在生长季发现病虫害后,要及时组织用药防治。冬季苗木喷布石硫合剂,消灭树干虫卵及蛹,促进苗木速生快长成苗。

五、油松的作用与价值

(1)观赏作用。油松树干挺拔苍劲,四季常青,不畏风雪严寒,可用于园林绿化、城乡建设、风景区美化及行道树。油松的主干挺直,分枝弯曲多姿,杨、柳作它背景,树冠层次有别,树色变化多,街景丰富。尤其是在古典园林中作为主要景物,以一株即成一景者极多,至于三五株组成美丽景物者更多。其他作为配景、背景、框景等用者屡见不鲜。在园林配植中,除适于作独植、丛植、纯林群植外,亦宜混交种植,非常好看,景观价值显著。

(2)工业作用。油松木材富含松脂,耐腐,适作建筑、家具、枕木、矿柱、电杆、人造纤维等用材。树干可割取松脂,提取松节油,树皮可提取栲胶,松节、针叶及花粉可入药,亦可采松脂供工业用。

(3)用材作用。油松心材淡黄红褐色,边材淡黄白色,纹理直,结构较细密,材质较硬,耐久用,是良好的用材林。

6　雪松

雪松,学名:Cedrus deodara (Roxb.) G. Don,松科雪松属,常绿乔木树种。雪松因耐寒越冬而得名,是城乡建设、小区绿化的优良风景观赏树种。

一、形态特征

雪松,枝叶平展、微斜展或微下垂;叶子呈针形蓝绿色, 在长枝上螺旋排列,在短枝上呈簇生状;球果直立,成熟前绿色,成熟时红褐色;雌雄同株,花单生于枝顶。它 20 年左右开花结果,花期为 10~11 月。

二、生长习性

雪松,喜阳光充足,耐阴、耐寒、耐瘠薄。在气候温和凉润、土层深厚肥沃、土壤排水良好的酸性土壤上生长旺盛健壮。雪松,喜年降水量 600~1 000 mm 的暖温带至中亚热带气候,在中国长江中下游一带生长最好。

三、主要分布

雪松适生于海拔 300~3 300 m 地带。主要分布于北京、大连、青岛、徐州、上海、南京、杭州、南平、庐山、武汉、长沙、昆明等地,广泛栽培作庭园树。在河南主要分布于平顶山、驻马店、南阳、信阳、漯河、许昌、洛阳、开封等地,作风景区、行道树、社区绿地种植。在河南省舞钢市庙街乡蛋石山石质土壤上生长,枝繁叶茂。

四、种苗繁育与管理技术

(一)引种繁育苗木技术

1. 苗圃地选择

苗圃地宜选择地势平坦、交通方便、光照充足、土层深厚、土壤疏松肥沃、排灌方便的背风处。

2. 种子选择

应该选择优质的籽粒饱满、色泽鲜艳、无杂质及病虫害的种子。

3. 繁育育苗

一般雪松繁育主要采用播种。播种前种子处理,用冷水浸种 1~2 天,晾干后即可播种;播种时间为 3 月中下旬,播种量为 5 kg/亩。做畦播种,选择排水、通气良好的沙质壤土作为苗床。播种后 12~15 天萌芽出土。

4. 苗木管理

萌芽出土后,发芽率达 90%,苗木生长期应施以 2~3 次追肥。还需注意遮阴,搭建防晒网遮阴,保护幼苗健康生长,并防治猝倒病和地老虎的危害。幼苗出土后 35~40 天内注意保持苗床湿润。5~7 月,快速生长期,每 25~30 天叶片喷布 1~2 次肥料,每亩每次施硫酸铵 2~5 kg。1 年生 1 级苗高 38~40 cm 以上,地径 0.5 cm 以上。第二年春季即可移植栽植。

5. 雪松造林与技术管理

荒山造林绿化,需要在 2~3 月进行,此时正值气温升高,选择健壮雪松苗木造林,成活率高。造林需植株带土球,并立支杆。株行距为 50~200 cm。7~9 月,苗木生长期要追肥 2~3 次,一般不必整形和修枝,只需疏除病枯枝和树冠紧密处的阴生弱枝即可。3~5 年生雪松苗木生长缓慢。通常雄株在 20 龄以后开花,而雌株要迟上 30 龄以后才开花结籽。因花期不一,自然授粉效果较差。通常需预先采集与储藏花粉,进行人工授粉,才能获得较多的优质种子。后期加强林木抚育管理,加快林木快速成材。

(二)主要病虫害的发生与防治

1. 主要虫害的发生与防治

(1)主要虫害的发生。雪松主要害虫是松梢螟,其 1 年 1 代,以卵越冬。次年 4 月孵化,5~6 月化蛹,6 月中旬大量羽化。卵产在树皮缝、老树上的苔藓、地衣及伐根上。每只雌虫产卵 150 粒,多达 500 粒,数十粒为一卵块,表面附黄色胶体保护,初孵幼虫只食芽、嫩叶,3~4龄后食老叶。初龄幼虫密被细毛,能吐丝下垂随风扩散。幼虫喜阴,避直射光。在郁闭度大的林分发生严重。

(2)主要虫害的防治。松梢螟的防治技术:一是对郁闭度大的林分,进行抚育伐;二是人工灭卵、蛹;三是灯光诱杀成虫;四是大面积发生时,选择25%灭幼脲3号悬浮剂或氯氰菊酯1 200倍液等进行飞机喷雾灭杀。

2.主要病害的发生与防治

(1)主要病害的发生。雪松主要病害是叶枯病,雪松叶枯病发病规律:病菌以菌丝体(或子囊盘)在病落针叶越冬后,第二年3~4月,在雨天或潮涩的条件下,病菌借气传播。病菌由雪松叶气孔侵入,经50~60天的时间,出现明显的症状,林木病害发生。

(2)主要病害的防治。一是采取无公害防治,加强抚育管理,使雪松生长旺盛,增强抗病力。对小面积人工林、雪松苗圃等有条件的地方,清除病叶,以减少侵染来源。二是喷布1:2:200倍量式波尔多液,0.3~0.5波美度石硫合剂或25%可湿性多菌灵400~500倍液,防治2~3次,每间隔10~15天喷布一次。

五、雪松的作用与价值

(1)观赏价值。雪松树体高大,树形优美,最适宜孤植于草坪中央、建筑前庭之中心、广场中心或主要建筑物的两旁及园门的入口等处。其主干下部的大枝自近地面处平展,长年不枯,能形成繁茂雄伟的树冠,此外,列植于园路的两旁,形成甬道,亦极为壮观。

(2)造林绿化作用。雪松是优良庭园观赏树种之一。它具有较强的防尘、减噪与杀菌能力,适宜作工矿企业绿化树种;雪松是速生用材树种;雪松系浅根性树种,又是中国优良的荒山造林环境绿化树种;木材坚实,纹理致密,供建筑、桥梁、枕木、造船等用。

(3)药用价值。人们将雪松油添加在化妆品中用来美容;雪松油在生活中当作驱虫剂使用。雪松精油的各种益处使其成为治疗头皮屑及皮疹的绝佳选择。

7　火炬松

火炬松,学名:Pinus taeda L.,松科松属,常绿乔木,原产北美东南部,中国无原生种;在舞钢、泌阳、南京、庐山、马鞍山、武汉、长沙等地有引进的培育种,生长良好。火炬松是良好的荒山造林绿化树种。

一、形态特征

火炬松,树皮鳞片状开裂,近黑色、暗灰褐色或淡褐色;枝条每年生长数轮;小枝黄褐色或淡红褐色;冬芽褐色,矩圆状卵圆形或短圆柱形,顶端尖,无树脂。针叶3针1束,稀2针1束,长11~24 cm,径约1.5 mm,硬直,蓝绿色;横切面三角形,二型皮下层细胞,三至四层在表皮层下呈倒三角状断续分布,树脂道通常2个,中生。球果卵状圆锥形或窄圆锥形,基部对称,长6~15 cm,无梗或几无梗,熟时暗红褐色;种鳞的鳞盾横脊显著隆起,鳞脐隆起延长成尖刺;种子卵圆形,长5~6 mm,栗褐色,种翅长1.5~2 cm。

二、生长习性

火炬松,喜光、喜温暖湿润,怕水湿,不耐盐碱。分布在 300~500 m 以下的低山、丘陵、岗地。海拔超过 500 m 则生长不良,达到海拔 800 m 一般会产生冻害。适生于 11.1~20.4 ℃,绝对最低温度不低于-17 ℃。对土壤要求不严,能耐干燥瘠薄的土壤,在黏土、石砾含量 50% 左右的石砾土以及岩石裸露、土层较为浅薄的丘陵岗地上都生长。但在土层深厚、质地疏松、湿润的土壤上生长尤为良好,喜酸性和微酸性的土壤。

三、主要分布

火炬松,原产北美东南部,在中国舞钢、泌阳、南京、马鞍山、富阳、安吉、闽侯、武汉、长沙、广州、桂林、南宁、柳州、梧州等地有引种栽培,生长良好。河南省平顶山、鲁山、叶县、舞钢、方城、泌阳、桐柏等地有种植;舞钢市山区鹁鸽楼山、鸡山、长岭头、支鼓山、南大岭等分布生长,引种造林后,30 多年生的树木,高 22 m,胸径 35 cm;比当地的马尾松长势旺,很少受松毛虫危害。是一种很有发展前途的造林树种。

四、种苗繁育与管理技术

(一)引种繁育苗木技术

1. 苗圃地选择

苗圃地宜选择地势平坦、交通方便、光照充足、土层深厚、土壤疏松肥沃、排灌方便的背风处,土壤为弱酸性的沙壤土、壤土。育苗地应施入林地内肥沃的腐殖土或老圃地菌根土 150~225 t/hm²。容器育苗,一般做畦长 8~10 m,宽 1.2~1.5 m,除去步道、水沟等,可容纳袋 120 万~150 万个/hm²。

2. 种子采种

采种时应选 10~20 年生、无病虫害的健壮母树。10 月上中旬鳞片尚未开裂时采集球果,暴晒脱粒,经洗选或风选,将采集到的种子装入袋中或其他容器内,置通风干燥处储藏,种子发芽能力能延至 3~4 年。种子纯度为 95%,千粒重 30 g。室内发芽率 80%,场圃发芽率 70%。育苗容器选用中下部有孔的塑料袋或无纺布,规格标准为壁厚 0.04~0.05 cm、高 15 cm、直径 6 cm。

3. 种子育苗

3 月中旬,播种前种子用 2% 福尔马林溶液或波尔多液浸种 20 分钟消毒,然后用 55~60 ℃ 的温水浸种催芽 18~24 小时。点播育苗,点播的株行距 6 cm × 8 cm 或 8 cm × 8 cm,播种沟内要铺上一层细土。每亩用种子 2~3 kg。种子播后要薄土覆盖,可用焦泥灰盖种,以仍能见到部分种子为宜,然后盖草。

4. 苗木管理

播种后 28~30 天萌芽出土,待幼苗大部分出土后,揭除盖草。幼苗出土后 35~40 天内应特别注意保持苗床湿润。5~7 月,每 30 天施化肥 1~2 次,每亩每次施硫酸铵 2~5 kg。同时,应采取各种措施防止鸟害。1 年生 1 级苗高 38~40 cm 以上,地径 0.5 cm 以上。

5.造林与技术管理

1~3月均可进行造林,主要用容器苗或1年生裸根苗栽植造林。火炬松建筑材林的合理密度:在较好立地上,初植密度300~310株/亩,6~14年生,人工间伐2次,保留76~90株/亩。造林整地,块状整地挖穴不小于50 cm×50 cm,深度20~25 cm。整地要求:表土翻向下面,挖穴要求土壤回填,表土归心即可。

(二)主要病虫害的发生与防治

1.主要虫害的发生与防治

(1)主要虫害的发生。火炬松主要虫害是马尾松毛虫,又名毛毛虫,是马尾松最主要的食叶害虫,属鳞翅目枯叶蛾科。1年发生1~2代为主,以幼虫在针叶丛中或树皮缝隙中越冬。越冬代3月中旬开始出蛰活动,5月下旬至6月上旬出现第一代幼虫。8月上旬出现第二代幼虫,第二代幼虫危害至10月下旬越冬。1~2龄幼虫有群集和受惊吐丝下垂的习性,3龄后受惊扰有弹跳现象。幼虫一般喜食老叶,成虫有趋光性。

(2)主要虫害的防治。一是3月或10月,幼虫期,林间喷施白僵菌粉剂(含量100亿孢子/g),用量0.5~0.8 kg/亩或粉炮2~3个/亩;二是4~6月,用48%噻虫啉水悬浮剂稀释8 000倍喷雾;大面积发生时应用森得保可湿性粉剂30~40 g/亩、25%灭幼脲3号悬浮剂等进行飞机低容量喷雾。三是5月至8月中旬,在成虫羽化盛期,每亩放置一黑光灯、频振式杀虫灯诱杀成虫。

2.主要病害的发生与防治

(1)主要病害的发生。火炬松主要病害是叶枯病,其发生症状表现为:苗基部的针叶先发病,逐级向上扩展。病叶上先产生褪色段斑,长0.5~1.0 cm,后变灰褐色至灰黑色,表面密布许多小黑点,沿气孔线成纵行排列,后病叶先端或全叶枯死。病死叶下垂不脱落。

(2)主要病害的防治。松树苗圃设置应离松林100~200 m以上的地方;发病圃地次年不宜再育松苗,或应彻底清除病苗及其残余物并进行土壤消毒。加强苗圃管理,进行一次间苗。仔细检查苗圃,如发现病苗,除拔除外,应在7~9月间喷洒1:100波尔多液或0.3波美度石硫合剂或25%多菌灵500倍液。

五、火炬松的作用与价值

(1)造林绿化作用。火炬松在中国南方是重要造林树种和工业用材树种。火炬松属于结构性用途中材质最强韧、用途最多样的木材,可供船舶、桥梁、建筑、坑木、枕木等用,是一种重要的速生用材树种。

(2)药用价值。火炬松松枝和松根是培养名贵药材茯苓的原料。

(3)工业原料价值。火炬松含丰富的树脂,为医药、化工及国防工业原料。从树干割取松脂可以提取松香和松节油。种子富含蛋白质和油脂。此外,还可从针叶中提取松针挥发油。针叶中含有较丰富的胡萝卜素、维生素、脂肪、蛋白质以及钙、磷等多种矿质元素,可加工成饲料添加剂,用来饲养家禽、家畜。利用松枝、松根在窑内进行不完全的燃烧,可制得松烟,用于制造墨、油墨和黑色涂料。

第六章　经济林类林木树种

经济林类林木树种是以生产果品、食用油料、工业原料和药材为主要目的的林木。分别有利用种子作为榨油原料的木本油料林,如油桐、核桃等;利用树叶的茶树林、桑树林等;利用树皮的纤维林和木栓林,如构树、栓皮栎等;利用枝条作编织原料的采条林,如荆条等。

1　山茱萸

山茱萸,学名:Cornus officinalis Sieb. et Zucc.,山茱萸科山茱萸属,又名山萸肉、肉枣、鸡足、萸肉、药枣、天木籽、实枣儿等,落叶乔木或灌木,是中原地区优良乡土树种。

一、形态特征

山茱萸,树皮灰褐色。小枝细圆柱形,无毛。叶对生,纸质,上面绿色,无毛,下面浅绿色;叶柄细圆柱形,上面有浅沟,下面圆形。总苞片卵形,带紫色。总花梗粗壮,灰色短柔毛。花小,两性花,先叶开放,无毛;花瓣舌状披针形,黄色,向外反卷;花梗纤细。核果长椭圆形,红色或紫红色;核骨质,狭椭圆形,有几条不整齐的肋纹。核果长 1.2~1.7 cm,直径 5~7 mm。花期 3~4 月,果期 9~10 月。

二、生长习性

山茱萸为暖温带阳性树种,喜充足的光照,抗寒性强,较耐阴,生长适温为 20~30 ℃,超过 35 ℃则生长不良。可耐短暂的-18 ℃低温,生长良好,通常在山坡中下部地段,阴坡、阳坡、谷地及河两岸等地均生长良好。山茱萸宜栽于排水良好、富含有机质、肥沃的沙壤土中。黏土要混入适量河沙,增加排水及透气性能,生长势健壮。

三、主要分布

山茱萸主要分布于河南、山西、陕西、甘肃、山东、江苏、浙江、安徽、江西、湖南等地。在海拔 400~1 800 m 的区域比较适宜。在中原地区主要分布于漯河、许昌、周口、安阳、郑州、开封、新乡、洛阳、三门峡、焦作、平顶山、南阳、驻马店、信阳等地。河南省舞钢市有 100 年树龄的山茱萸 1 株,在尚店镇杨庄村石家组,栗树庙河西下河小路南,该树胸径 75 cm,树高 13.1 m,枝下高 3.1 m,冠幅 28.6 m。立地条件为河边石质性黄棕壤,土层薄。

四、种苗繁育与管理技术

(一)引种繁育苗木技术
1. 苗圃地选择
苗圃地要选择肥沃深厚、地势比较平整、土质疏松、背风向阳、有水浇条件的地方,以保证能随时灌水的地方为好。

2.苗圃地整地

播种前,苗圃地一定要深耕细耙,整平、整细,保证疏松、细碎、平整,无树根、石块、瓦片,翻耕深度在 20~30 cm,重要的是结合深耕施入腐熟农家肥,每亩施入 4 000~5 000 kg。

3.种子采收

种子要选生长健壮、处于结果盛期、无大小年的优良母树。采种时间为 9~10 月,采摘完全成熟、粒大饱满、无病虫害、无损伤、色深红的果实。将采摘的果实除去果肉清洗干净,晾干备用。

4.种子催芽

先将种子放到5%碱水中,用手搓,然后加开水烫,边倒开水边搅拌,直到开水将种子浸没。待水稍凉,再用手搓 1 次,用冷水泡 24 小时后,再将种子捞出摊在水泥地上晒 8 小时,如此反复,最少 3~4 天,待有 90%种壳有裂口,用湿沙与种子按 4:1 混合后沙藏即可。

5.大田播种

3~4 月,即春播育苗在春分前后进行,将上一年秋天沙藏的种子挖出播种,播前在畦上按 30~35 cm 行距,开深 5~7 cm 的浅沟,将种子均匀撒入沟内,覆土 3~4 cm,播种后注意保持土壤湿润,40~50 天可出苗。

6.幼苗管理

幼苗长出 2 片真叶时进行间苗,苗距 7~8 cm,除杂草,6 月上旬中耕,12 月入冬前浇水 1 次,并给幼苗根部培土,以便安全越冬。适时松土除草,视土壤墒情浇水、施肥促进幼苗生长,培育至苗高 80~100 cm 时,便可出圃定植。

7.苗木修剪

苗木生长期,及时中耕除草 4~6 次;5~7 月增施过磷酸钙,促进花芽分化,提高坐果率;冬季增施腊肥,亦能平衡结果大小年差异。夏季生长期苗木进行培土 1~2 次,以防苗木倒伏。幼树高 50~70 cm 时,修剪掉枝梢或嫩头,选留 3~5 个主枝,主枝上应该选留 2~3 个副主枝,形成自然开心形。幼树以整形为主,修剪为辅。

(二)主要病虫害的发生与防治

1.主要虫害的发生与防治

(1)主要虫害的发生。一是蛀果蛾,又名黄肉食心虫、黄肉虫,蛀食果肉,虫害率较高。在果实成熟期,为害更为严重。其 1 年发生 1 代,以老熟幼虫在树下土内结茧越冬,第二年 7 月至 9 月上旬化蛹,蛹期 10~15 天,7 月下旬、8 月中旬为化蛹盛期。9~10 月幼虫为害果实,11 月开始入土越冬。二是大蓑蛾,其幼虫咬食叶片,严重时,可将山茱萸树叶全部吃光,使其长势减弱,果实减少,影响第二年的坐果率。

(2)主要虫害的防治。一是蛀果蛾防治,即在成虫羽化盛期,喷 2.5%的溴氰菊酯 5 000~8 000 倍液或 20%杀灭菊酯 2 000~4 000 倍液进行防治;或用2.5%的敌百虫 1 000 倍液喷布,进行土壤消毒处理,可杀灭越冬虫茧;或用 5%西维因粉 2.5 kg 进行土壤消毒,可杀灭越冬虫。二是大蓑蛾防治,人工捕杀,尤其在冬季落叶后,冬春季结合整枝,摘取挂在树枝上的袋囊;苗圃地安装黑光灯,诱杀成蛾,或在发生期,喷洒 10%杀灭菊酯 2 000~

3 000 倍液或 90% 的敌百虫 800~1 000 倍液。

　　2. 主要病害的发生与防治

　　(1)主要病害的发生。一是角斑病,主要危害叶片,引起早期叶片枯萎,形成大量落叶,树势早衰,幼树挂果推迟。凡土质不好、干旱贫瘠、营养不良的树易感病,而发育旺盛的则比较抗病。二是炭疽病,主要危害果实,6 月中旬就有黑果和半黑果的发生,产区群众称为"黑疤痢"。不管老区和新园地均有不同程度的出现,果实被害率为 29%~50%,重者可达 80% 以上。果实感病后,初为褐色斑点,大小不等,再扩展为圆形或椭圆形,呈不规则大块黑斑。排水不良、通风透光差的发病重,7~8 月多雨高温为发病盛期。

　　(2)主要病害的防治。一是角斑病的防治,加强经营管理,增强树势,提高抗病能力;3 月,春季发芽前清除树下落叶,减少侵染来源,6 月开始,每月喷洒 1∶1∶100 波尔多液 1 次,共喷 3~4 次,也可喷洒 400~500 倍代森锌。二是炭疽病的防治,9 月,秋季果实采收后,及时剪除病枝、摘除病果,集中深埋,冬季将枯枝落叶、病残体烧毁,减少越冬菌源;加强田间管理,进行修剪、浇水、施肥,促进生长健壮,增强抗病力;4~6 月在初发病期,喷 1∶1∶100 波尔多液,中期每月上中旬喷 50% 多菌灵 800~1 000 倍液,8~9 月每隔 10~15 天喷 1 次,连续喷 2 次;或及时喷施 25% 吡虫啉 1 000 倍液,或苦参碱 1 000~2 000 倍液进行防治。

五、山茱萸的作用与价值

　　(1)经济价值。山茱萸种子是绿色保健食品开发的原料,可加工成饮料、果酱、蜜饯及罐头等多种食品。

　　(2)观赏价值。山茱萸先开花后萌叶,秋季红果累累,绯红欲滴,艳丽悦目,为秋冬季观果佳品,在城乡园林绿化中很受欢迎,还可在庭园、风景区花坛内单植或片植,景观效果十分美丽。森林公园或自然风景区中成丛种植,初夏观花,入深秋观果,以增旅游情趣。尤其是盆栽观果可达 3 个月之久,在花卉市场十分畅销。

　　(3)药用价值。山茱萸果又可入药,有健胃、补肾,收敛强壮之效,可治腰疼症。

2　苹果

　　苹果,学名:Malus pumila Mill.,蔷薇科苹果属,落叶乔木。

一、形态特征

　　苹果,树高 5~16 m,树干呈灰褐色,树皮有一定程度的脱落。叶片椭圆形、卵形至宽椭圆形,长 4.5~9 cm,宽 3~5.6 cm,边缘具有圆钝锯齿,幼嫩时两面具短柔毛,长成后上面无毛;叶柄粗壮,长 1.4~2.9 cm;花梗长 1~2.7 cm,花直径 3~4 cm,花瓣倒卵形,长14~17 mm;果实扁球形,直径在 2~4 cm 以上,先端常有隆起,萼洼下陷,果梗短粗。花期4~5 月,果期 7~10 月。苹果是异花授粉植物,大部分品种自花不能结成果实。

二、生长习性

苹果喜光,亦耐阴。适应性强,耐寒、耐旱。喜排水良好的肥沃壤土,耐瘠薄,不耐水涝,耐修剪。苹果能够适应大多数的气候。白天暖和,夜晚寒冷,以及尽可能多的光照辐射是保证优异品质的前提。苹果能抵抗-40 ℃的霜冻。开花期和结实期,如果温度在-2.2~-3.3 ℃,会对产量造成影响。与其他落叶作物相比,苹果开花较迟,因此减小了遭受霜冻的概率。最适合 pH 值 6.5(中性)、排水良好的土壤。

三、主要分布

苹果在我国主要分布于河南、辽宁、河北、山西、山东、陕西、甘肃、四川、云南、西藏等地。适生于山坡梯田、平原旷野以及黄土丘陵等处,海拔 50~2 500 m。在中原地区主要分布于许昌、周口、安阳、郑州、开封、新乡、洛阳、三门峡、焦作、平顶山、南阳等地。

四、苗木繁育

(一)引种繁育苗木技术

1. 苗圃地选择

苹果苗木繁育要选择土壤肥沃、浇灌方便、交通条件好的地方做苗圃地。

2. 苗圃地整地

选择好的苗圃地,及时用大型拖拉机旋耕整地,施入基肥,每亩施入 8 000~9 000 kg 农家肥,在播种前整地,要精耕细耙,制作苗床,才能播种。苗床底层,以沙床垫 14~16 cm 厚的河泥、煤渣、砾石、粗沙作渗水层,表层铺 16~22 cm 厚的细河沙作扦插基质,扦插前沙床要喷水,使持水量达到四成饱和,而后将沙压实,刮平待用。

3. 采收种子

选择生长健壮、无病虫害的母树作采种树。采种树的果实需充分成熟后再采收。采收后,可将果实堆积软化取种。为避免堆积发酵时产生高温和因缺氧伤害种子,堆积厚度以 25~35 cm 为宜。种子取出后,要漂洗干净,放在通风、干燥、阴凉处晾干,置于室温 0~5 ℃下保存备播。

4. 种子沙藏

层积处理的具体做法是:选择背阴、干燥、不易积水的地块挖深 30~60 cm、宽 25~50 cm 的地沟。层积时,先在沟底铺一层净沙,然后再按 1 份种子和 4~5 份河沙比例混合均匀平铺在净沙上,最上层再盖一层湿沙。层积过程中温度以 2~7 ℃为宜,沙的湿度以手握成团,一触即散为度。

5. 大田播种

春播,未经沙藏的种子,可将种子去杂后在 70 ℃的水中浸泡 24 小时,装入布袋中,每袋 2~3 kg,吊至不滴水为止,然后置于约 2 ℃的冰箱里,每天搅拌 1 次,每 5~7 天清水冲洗 1 次种子表面的黏液,30~32 天取出,将种子铺放在室内的麻袋上催芽,每天喷少量水并搅拌 2 次,经 7~9 天种子露白时可以大田进行春播。

6. 苗木嫁接

实生苗木,生长高80~120 cm,地径0.5~1.5 cm时,就可以嫁接苗木。嫁接采用芽接方法,用1个芽片作接穗。主要采用"T"字形芽接。芽接时期在砧木和接穗易离皮时进行。嫁接时用刀在接穗芽上方0.5 cm处横切半圈,深至木质部,然后用刀由芽下方1.5 cm处倾斜约20°削入木质部长约2.5 cm,取下芽片;在砧苗距地面5 cm以下光滑处切成"T"字形,深至木质部(切得过深会引起接芽当年萌发,冬季受冻),剥开皮层插入接芽,要求芽片上端与砧木横切口对齐顶紧。用塑料条由下至上绑缚,露出叶柄,包紧包严。

7. 苗木管理

一是检查成活、解绑和设支柱。芽接后14~15天即可检查成活,解绑。凡芽片新鲜,叶柄一触即落表明已成活;枝接则待芽萌发抽梢后逐步解绑。二是剪砧和除萌。剪砧后要及时抹除萌芽和萌蘖,越早越好,以保证接芽苗健壮生长。枝接的接穗若萌发出多个新梢,应选留1个,其余去除即可。

8. 肥水管理

5~6月追施尿素,每亩9~10 kg,施后及时灌水;7月以后宜进行叶面喷肥,用磷酸二氢钾200倍液间隔10~15天喷1次,共喷2~3次,促使苗木充实健壮。在苗木迅速生长的5~7月要及时灌水。8月以后要控水,促进苗木木质化生长。苗木达到1.0~1.2 m成苗后要及时进行抹芽、松土、防治病虫害等工作,确保苗木健壮生长。

(二)主要病虫害的发生与防治

1. 主要虫害的发生与防治

(1)主要虫害的发生。苹果主要受黄刺蛾幼虫的危害,黄刺蛾幼虫一般群集在叶片的背面,夜间吃食叶片,严重时可将全株的叶片吃光,影响苗木生长。

(2)主要虫害的防治。黄刺蛾,5~8月,在羽化盛期的晚上,用黑光灯诱杀成虫。苗木生长期,6~9月,幼虫大量发生时,用2.6%臭氰菊酯乳油3 000倍液喷洒。

2. 主要病害的发生与防治

(1)主要病害的发生。苹果主要病害为梨锈病,也叫梨桧锈病。第一寄主为柏类植物,第二寄主为贴梗海棠、垂丝海棠等。病菌侵入桧柏等后,第一年会在叶腋或小枝上产生淡黄色斑点,然后肿大起来。第二年2~3月,即会产生咖啡色米粒状物,突破表皮,即为冬孢子角。苹果作为第二寄主染上冬孢子角后,叶片正面在4月至5月上旬会出现黄绿色的小斑点,再扩大成圆形黄病斑。病斑上早期会出现数个小黄点,后期变为黑色,使叶背相应处逐渐增厚,产生一些灰白色毛状物,8~9月变成黄褐色粉末状物。严重时,病叶满株,叶片畸形,表面凹凸不平,导致叶片早枯早落,甚至使植株死亡。

(2)主要病害的防治。一是3月上旬用石硫合剂配成4~5波美度的药液,10~15天喷洒2~3次进行预防;二是苹果树附近不种植柏类植物等第一寄主;三是发病期用20%粉锈宁400~500倍液喷洒,或用50%退菌特可湿性粉剂800倍液,10~15天喷洒1次。

五、苹果的作用与价值

(1)景观作用。苹果春季观花,白润晕红;秋时赏果,丰富色艳,是观赏结合食用的优良树种。在适宜城乡绿化、风景区、山坡绿化等地栽培配置成"苹果村"式的观赏果园;可列植于道路两侧;在街头绿地、居民区、宅院可栽植一二株,使人们拥有一种回归自然的情趣,极具观赏价值。

(2)食用价值。苹果人们经常吃,非常有利于身体健康。苹果树是人们非常喜爱的果树之一。

3　花椒

花椒,学名 Zanthoxylum bungeanum Maxim.,芸香科花椒属,又名秦椒、川椒、山椒等,落叶灌木或小乔木,是中原地区优良乡土树种。

一、形态特征

花椒,树高可达 6~7.5 m,枝有短刺,当年生枝被短柔毛;叶轴常有甚狭窄的叶翼;小叶对生,卵形、椭圆形,稀披针形,叶缘有细裂齿,齿缝有油点。叶背被柔毛,叶背干有红褐色斑纹。花序顶生或生于侧枝之顶,花被片黄绿色,形状及大小大致相同;花柱斜向背弯,果紫红色,散生微凸起的油点。花期 4~5 月,果期 8~10 月。

二、生长习性

花椒喜光,耐寒,耐旱,适宜温暖、湿润及土层深厚肥沃的壤土、沙壤土,萌蘖性强,抗病能力强,隐芽寿命长,故耐强修剪。不耐涝,短期积水可致死亡。幼苗在约−18 ℃时受冻害,15 年生植株在−25 ℃低温时冻死,北方常种植在背风向阳处。喜深厚肥沃、湿润的沙壤土或钙质土,对土壤 pH 值要求不严。过分干旱瘠薄生长不良,忌积水。根系发达,萌芽力强,耐修剪。通常 3~5 龄开始结果,10 龄后进入盛果期,寿命长。

三、主要分布

花椒主要分布于河南、山东、辽宁、陕西、甘肃等地,四川为主要产区。在中原地区主要分布于舞钢、叶县、汝州、郏县、宝丰、南召、舞阳、鲁山、西峡、栾川、方城、确山、泌阳、林州、辉县、济源、嵩县、卢氏、渑池等地。

四、种苗繁育与管理技术

(一)引种繁育苗木技术

1. 苗圃地选择

花椒苗木繁育,要选择良好的地方作苗圃地,选择地势平坦、土壤肥沃、土层深厚、质地疏松、排水良好的微酸性沙壤土,并且交通方便的地方为好。

2. 苗圃地整地

11~12 月,采用大型拖拉机旋耕,深翻耙平。每亩施入 4 000~5 000 kg 农家肥,第二年 2~3 月,精耕细耙,整好苗床备播。

3. 种子采收

8~9 月,当花椒种皮发红、种子发黑,有芳香的花椒气味时,即达到成熟,可人工采集种子,将种子与壳分离后,把种子放在背阴处晾干,进行储藏备用。

4. 种子储藏

采用沙藏方法,在背风向阳、排水良好的地方,挖深 70~80 cm、肚大口小的土坑,将 1 份种子和 3 份湿沙(马粪最好)搅拌均匀后,放入坑内,上面覆土 10~15 cm 厚,堆成丘形,以防雨水浸入。第二年春季取出播种。

5. 种子播种

3 月中旬至 4 月上旬,在已经整好的苗圃地上,做成 10~15 cm 长、1 m 宽的平畦,每畦开沟 3~5 行,沟深 1.5~2 cm,然后将种子均匀放入沟内,覆土后轻轻镇压,每亩播种量为 4.5~5.0 kg。

6. 苗期管理

幼苗出土前,要经常浇水,保持表土湿润。6~8 月,幼苗生长 5~6 cm 高时,进行间苗,8~10 cm 远留一株。要做到及时中耕、拔草、追肥、治虫、浇水,促使苗木健壮生长。花椒进入 8 月下旬后应停止追施氮肥,以防后季疯长。同时基肥应尽早于 9~10 月施入,有利于提高树体的营养水平。

(二)主要病虫害的发生与防治

1. 主要虫害的发生与防治

(1)主要虫害的发生。花椒主要虫害是金龟子类、花椒跳甲、花椒凤蝶、刺蛾、大袋蛾、蚜虫、介壳虫、红蜘蛛、花椒虎天牛等。经常为害的是花椒虎天牛,5 月幼虫钻食木质部并将粪便排出虫道。蛀道一般 0.8 cm × 1 cm,扁圆形,向上倾斜,与树干呈 40°~45°角。幼虫共 5 龄,以老熟幼虫在蛀道内化蛹。6 月,受害花椒树开始枯萎。

(2)主要虫害的防治。花椒虎天牛的防治,清除虫源,及时收集当年枯萎死亡植株,集中烧毁。在 7 月的晴天早晨和下午人工捕捉成虫。在花椒采收后及时喷洒吡虫啉 1 000 倍液或苦参碱 1 200 倍液防治。

2. 主要病害的发生与防治

(1)主要病害的发生。花椒锈病是花椒叶部重要病害之一。危害严重时,花椒提早落叶,直接影响次年的挂果。发病初期,在叶子正面出现 2~3 mm 水渍状褪绿斑,并在与病斑相对的叶背面出现黄橘色的疱状物,为夏孢子堆。本病由花椒鞘锈菌引起。夏孢子和冬孢子阶段发生在花椒树上。花椒锈病的发生主要与气候有关。

(2)主要病害的防治。花椒锈病的防治,在未发病时,可喷布波尔多液或 0.1~0.2 波美度石硫合剂,或在 6 月至 7 月下旬对花椒用百菌清 200~400 倍液进行喷雾保护。对已发病的可喷 15%的粉锈宁可湿性粉剂 1 000 倍液,控制夏孢子堆产生。发病盛期可喷雾 1:2:200 倍波尔多液,或 0.1~0.2 波美度石硫合剂,或 15%可湿性粉锈宁粉剂 1 000~1 500 倍液。加强肥水管理,铲除杂草,合理修剪。晚秋及时清除枯枝落叶、杂草并烧毁。

五、花椒的作用与价值

(1)造林作用。花椒果实金秋红果美丽,具有良好的观赏价值;同时,又是重要的食用香料树种,很受人们喜爱。园林建设、公园的山坡、城乡郊区的"四旁"、居民区绿化美化都可以种植,也可以作刺篱。花椒也是干旱半干旱山区重要的水土保持造林树种。

（2）经济价值。花椒果皮是香精和香料的原料,种子是优良的木本油料,油饼可用作肥料或饲料,叶可代果做调料、食用或制作椒茶等,具有良好的经济效益。

4 君迁子

君迁子,学名:Diospyros lotus L.,柿科柿属,又名黑枣、软枣、牛奶枣、野柿子、丁香枣、樗枣、小柿等,落叶乔木,是中原地区优良乡土树种,又是国家珍贵树种。

一、形态特征

君迁子,树高25~30 m,胸径可达1.3 m;树冠近球形或扁球形;树皮灰黑色或灰褐色;小枝褐色或棕色;嫩枝通常淡灰色,有时带紫色。冬芽带棕色。叶椭圆形至长椭圆形,上面深绿色,有光泽,下面绿色或粉绿色,有柔毛。雄花腋生;花萼钟形;花冠壶形,带红色或淡黄色。果近球形或椭圆形,长6~7 mm,初熟时为淡黄色,后则变为蓝黑色,常被有白色薄蜡层,8室;种子长圆形,褐色,侧扁。基部常有宿存的星芒状毛;果翅狭,条形或阔条形,长12~20 mm、宽3~6 mm,具近于平行的脉。花期5~6月,果期10~11月。

二、生长习性

君迁子喜光,也耐半阴,较耐寒,既耐旱,也耐水湿,生性强健。喜肥沃深厚的土壤,较耐瘠薄,对土壤要求不严,有一定的耐盐碱力,在pH 8.7、含盐量0.17%的轻度盐碱土上能正常生长。寿命较长,浅根系,但根系发达,移栽后3年内生长较慢,3年后则长势迅速。抗二氧化硫的能力较强。

三、主要分布

君迁子主要分布于河南、山东、辽宁、河北、山西、陕西等地;生于海拔500~2 300 m的山地、山坡、山谷的灌丛中,或在林缘。在中原地区主要分布于平顶山、三门峡、洛阳、安阳、南阳、焦作、驻马店等地野生分布,河南省舞钢市支鼓山、人头山、尖山等浅山丘陵到处可见野生生长。

四、种苗繁育与管理技术

(一)引种繁育苗木技术

1.苗圃地选择
苗圃地要及早选好,早备苗床。选背风向阳、土壤疏松、肥力较高的土壤作苗圃地,交通运输方便为佳。

2.苗圃地整地
11月上旬深耕细耙,建议采用大型拖拉机旋耕土地,每亩施农家肥4 000 kg、过磷酸钙100~200 kg作基肥;再用硫酸亚铁15 kg、3%呋喃丹颗粒剂5 kg进行土壤消毒和灭虫。最后,做成深沟高床,床宽120 cm、高25 cm。

3. 种子采收

10月，君迁子种子可以采收，果实成熟后，选择在干形好、树形端正的植株上采摘果实，将果实置于阴凉干燥处摊开进行晾干，然后将种子取出，洗净晾干后装入干净布袋中保存备播。

4. 种子处理

3月下旬，将种子浸泡在40 ℃温水中两天，种子膨胀后再进行播种。采用温水催芽，播前用冷开水浸种2天，置于有草袋垫盖的箩筐中，每天喷洒40 ℃的温水催芽，保持种间温度在20~50 ℃。

5. 种子播种

3月上旬播种。采用条播，行距30 cm，播深2 cm，播后盖土齐床面，再覆盖稻草，有条件的地方搭盖小拱棚保温。每亩用种量12 kg。

6. 苗木管理

育苗期，应加强水肥管理、病虫害防治和锄草、松土等基础工作。播种后覆土0.5 cm，用脚轻踩后立即用浸灌法浇一次透水，苗子出齐30天后，齐苗后每隔10天喷施0.2%的尿素溶液或磷酸二氢钾溶液1次；苗高20 cm后，每隔15天每亩沟施尿素100~150 kg；5月间苗，每亩留苗4 000~5 000株。当苗高35~40 cm时摘心；同时，可选择阴天进行间苗，然后追施氮肥。在生长期，经常除草松土，雨后排除积水，旱时进行灌水，强化管理，才能培育壮苗。

（二）主要病虫害的发生与防治

1. 主要虫害的发生与防治

（1）主要虫害的发生。君迁子主要害虫有吹绵蚧、刺蛾和柿毛虫，危害新生枝梢和叶片。吹绵蚧，繁殖能力强，一年发生多代。卵孵化为若虫，经过短时间爬行，营固定生活，即形成介壳。它的抗药能力强，一般药剂难以进入体内，防治比较困难。因此，一旦发生，不易清除干净。吹绵蚧危害叶片、枝条和果实。吹绵蚧往往是雄性有翅，能飞，雌虫和幼虫一经羽化，终生寄居在枝叶或果实上，造成叶片发黄、枝梢枯萎、树势衰退，且易诱发煤烟病。

（2）主要虫害的防治。吹绵蚧发生期，3~6月可在若虫孵化繁盛期，用10%吡虫啉可湿性粉剂2 000倍液杀灭。5月初，当君迁子芽生长到3 cm左右长时，可喷施50%的敌敌畏或75%的辛硫磷800~1 000倍液，或喷50%的对硫磷1 000~1 500倍液。第二次用药在君迁子芽长到5~8 cm长时，可喷施20%的菊马乳油4 000倍液，或35%的杀虫磷乳油1 000倍液，或35%的四甲基硫环磷乳油1 500倍液，或2.5%的溴氰菊酯1 500倍液，或20%的速灭杀丁6 000倍液等防治。

2. 主要病害的发生与防治

（1）主要病害的发生。圆斑病主要危害君迁子叶片和果蒂，叶片受害初期产生浅褐色圆形小斑点，病斑渐变为深褐色，发病严重时，病叶在7天内即可变成红色并脱落，仅留君迁子果实，接着果实也变色、脱落，果蒂上的病斑圆形、褐色，出现时间晚于叶片，病斑一般也较小。圆斑病菌以未成熟的子囊果在病叶上越冬，如上一年病叶多，当年夏季雨水多，树势衰弱，病害发生严重。

（2）主要病害的防治。圆斑病的防治,加强水肥管理,及时去除病果、病枝,如有发生,可用25%炭特灵可湿性粉剂500倍液或50%苯菌灵可湿性粉剂1 000倍液进行喷雾,每8~10天1次,连续喷3~4次,可有效控制病状。

五、君迁子的作用与价值

（1）园林绿化作用。君迁子是中原地区优良乡土树种,又是国家珍贵树种,人们非常喜欢,所以广泛栽植作园庭树或行道树。

（2）经济价值。君迁子树皮和枝皮含鞣质,可提取栲胶,亦可作纤维原料;可作嫁接胡桃的砧木。君迁子未熟果实可提制柿漆,供医药和涂料用。木材质硬,耐磨损,可作纺织木梭、雕刻、小用具等;又材色淡褐,纹理美丽,可作精美家具和文具。树皮可供提取单宁和制人造棉。

（3）食用价值。君迁子成熟果实可供食用,亦可制成柿饼,入药可止消渴,去烦热;又可供制糖、酿酒、制醋;果实、嫩叶均可供提取丙种维生素。

5　杜仲

杜仲,学名:Eucommia ulmoides Oliver,杜仲科杜仲属,又名棉皮树、胶木树等,俗称植物黄金,落叶乔木,是中原地区优良乡土树种,也是优良的绿化观赏和经济树种。杜仲是中国特有的珍稀濒危二级保护植物树种。

一、形态特征

杜仲,树高达18~20 m,胸径35~50 cm;树冠圆球形。树皮,灰褐色,粗糙,内含橡胶,折断拉开有多数银白色胶细丝。嫩枝有黄褐色毛,不久变秃净,老枝有明显的皮孔,小枝光滑,无顶芽。芽体卵圆形,外面发亮,红褐色,有鳞片6~8片,边缘有微毛。单叶互生,椭圆形或卵形或矩圆形,长7~14 cm、宽3.5~6.5 cm;有锯齿,羽状脉,老叶表面网脉下陷,无托叶,薄革质,基部圆形或阔楔形。花单性,与叶同放或先叶开放。花期4~5月,雌雄异株,花生于当年枝基部,雄花无花被。翅果扁平,长椭圆形,长3~3.5 cm、宽1~1.3 cm,坚果位于中央,稍突起,种子1粒。果期10~11月。

二、生长习性

杜仲喜光,阳光越充足,树势较好,喜欢温和湿润气候,耐寒,对土壤要求不严,丘陵、平原均可种植。杜仲的身上都是宝,从树叶到树皮中都含有丰富的杜仲胶,若折断一根树枝,会发现里面有非常多的白色丝状物质。杜仲具有较强的适应性,对土壤没有过多的要求,在栽种时最好将其放在土层肥厚、湿润的地方,土壤的pH值为5~7.5,有利于杜仲的生长。通常杜仲都会长在阳坡及半阳坡等阳光充足的环境中。

三、主要分布

杜仲主要分布于河南、陕西、甘肃等地。在自然状态下,在海拔300~500 m的低山、谷地、岩石峭壁均能生长。张家界为杜仲之乡,是世界最大的野生杜仲产地。在中原地区主要分布于南阳、西峡、淅川、南召、鲁山、栾川、汝阳、舞钢、确山、方城、安阳、林州、禹州等地。

四、种苗繁育与管理技术

(一)引种繁育苗木技术

1. 苗圃地选择

杜仲对土壤要求不是很高,适应能力比较强。育苗地选择在向阳、土层深厚、疏松肥沃、排水及灌溉方便的沙质壤土地比较好。

2. 苗圃地整地

11~12月,选好地后,及时整地,采用大型拖拉机旋耕整地,每亩施农家肥3 000~3 500 kg,有条件时施入饼肥100~150 kg、过磷酸钙40~50 kg,然后深翻30~35 cm,精耕、耙细、整平后做宽1.0~1.2 m、高18~20 cm的高畦。

3. 种子采收

冬季10~11月采种。选择在20年以上的健壮优良母树上采收成熟种子,生长发育健壮、树皮光滑、无病虫害和未剥过树皮的植株,尤以有光泽、饱满、新鲜、色呈淡褐色者为优。选种子要新鲜、饱满、黄褐色有光泽的种子,采收后放阴凉通风处阴干,或晾干,扬净,切忌暴晒;采收的种子应进行层积处理,即种子与湿沙的比例为1∶10,储藏备播。

4. 种子催芽

3~4月,选择好的种子,播种前,先将其放入40~45 ℃的温水中浸泡,并不断搅动,使水凉了以后捞出来,再将其放在凉水中浸泡48小时,等种子泡膨胀以后捞出来,和细沙拌在一起。把拌好的种子放入事先准备好的坑内,再洒上水使其保持湿润,最后盖上一层塑料薄膜,每隔1~2天搅拌1次,等种子裂嘴或露出幼芽,即可播种育苗。

5. 大田播种

3~4月,播种方法应该采取条播,天气稳定在10 ℃以上时进行。在整好的苗床上,按行距25~30 cm,开深2~3 cm的沟,将种子均匀播入沟内,覆土1~1.5 cm,稍加镇压,浇水,覆草,以防霜冻。

6. 幼苗管理

出苗后,幼苗高5~7 cm时,选阴天进行第一次间苗,苗高15~20 cm时进行第二次间苗或定苗。苗期适量灌水,保持土壤湿润,7~8月生长旺盛时,加强施肥,全年施肥6~8次,有机肥和无机肥交替施用。覆盖1~2 cm厚的细土,整平畦面,盖草保湿保温。每亩播种量6~8 kg。经常保持床土湿润,13~15天可出苗。播种后盖草,保持土壤湿润,以利种子萌发。幼苗出土后,于阴天揭除盖草。每亩可产苗木2万~3万株。

(二)造林绿化技术

杜仲主要用于荒山绿化。选择1~2年生的苗高达1.0~1.5 m以上健康苗木,即可在落叶后10~11月,或萌芽前定植。株行距2 m×3 m,每穴1株。幼树生长缓慢,宜加强抚育,每年春夏应进行中耕除草,并结合施肥。秋天或翌春要及时除去基生枝条,剪去交叉过密枝。对成年树也应酌情追肥,避免晚期生长过旺而降低抗寒性。

(三)主要病虫害的发生与防治

1. 主要虫害的发生与防治

(1)主要虫害的发生。杜仲主要虫害是褐蓑蛾、黄刺蛾,危害叶片。褐蓑蛾,1年发生1代,幼虫喜集中危害,多以低龄幼虫越冬,3~4月危害,6月化蛹并羽化为成蛾,栖息在苗木林集中的丛内中下部。7月出现当年幼虫,虫在护囊中咬食叶片、嫩梢或剥食枝干、果实皮层,造成叶片局部光秃。

(2)主要虫害的防治。褐蓑蛾,3~4月危害,一是人工发现虫囊及时摘除,集中烧毁;二是在幼虫低龄盛期喷洒90%晶体敌百虫800~1 000倍液或80%敌敌畏乳油1 200倍液、50%杀螟松乳油1 000倍液、50%辛硫磷乳油1 500倍液、90%巴丹可湿性粉剂1 200倍液、2.5%溴氰菊酯乳油4 000倍液。

2. 主要病害的发生与防治

(1)主要病害的发生。杜仲新生苗木病害主要是立枯病,4月下旬至6月中旬苗木进入夏季,气温高、干旱或雨水多,易造成病苗,主要表现症状是近茎基部腐烂变褐,收缩腐烂,或倒伏干枯。

(2)主要病害的防治。主要防治方法是:实行轮作和田间排除积水,发现苗木发病,应该及早拔除病株,并用50%多菌灵1 000倍液浇灌。叶受害发病,叶片出现褐色病斑或破裂穿孔,发病期间,可喷50%多菌灵800~1 000倍液。

五、杜仲的作用与价值

(1)工业作用。杜仲树皮、树叶和果实里都含有珊瑚糖苷及杜仲胶,杜仲胶是我国特有的资源。除此之外,杜仲种子也有应用价值,种子里含有大量脂肪油,主要为亚油酸脂,可为工业所用。

(2)造林绿化作用。杜仲树干比较挺直,直立性又很强,树冠紧凑,非常密集,遮阴面积大,树皮呈灰白色或灰褐色,叶子颜色又浓又绿,美观协调,为绿化和行道树提供了很好的资源。

6 银杏

银杏,学名:Ginkgo biloba L.,银杏科银杏属,又名白果树、公孙树等,落叶乔木,是中原地区优良乡土树种,又是国家珍贵树种。

一、形态特征

银杏,叶扇形,在长枝上散生,在短枝上簇生;球花单性,雌雄异株,4月上旬至中旬开花;核果状,雌株一般20年左右开始结实,500年生的大树仍能正常结实。3月下旬至4月上旬萌动展叶,9~10月上旬果实成熟,10~11月落叶越冬。

二、生长习性

银杏为喜光树种,深根性,对气候、土壤的适应性较强,能在高温多雨及雨量稀少、冬季寒冷的地方生长。喜温、喜光照,耐热、耐寒、耐瘠薄。土壤为黄壤或黄棕壤,pH 5~6。初期生长较慢,萌蘖性强。银杏寿命长,中国有 3 000 年以上的古树。

三、主要分布

银杏主要分布于河南、山东、江苏等地。北京、辽宁、广州、贵州、云南等地均有栽培。中原地区主要分布于驻马店、许昌、周口、安阳、郑州、开封、新乡、洛阳、三门峡、焦作、平顶山、南阳等地,河南省舞钢市有 100 年树龄银杏树一株,该树为公树,生长在杨庄乡袁老庄村彭家岗西、砖场北边山坡地里。该树高 12 m,胸径 32 cm,枝下高 3.5 m,冠幅 8.5 m。立地条件为黄黏土厚土层,目前生长健壮。

四、种苗繁育与管理技术

(一)引种繁育苗木技术

1. 苗圃地选择

银杏苗木繁育的苗圃地,要选择地势平坦、土壤肥沃、土层深厚、质地疏松、排水良好的微酸性沙壤土,并且交通方便的地方为好。

2. 苗圃地整地

11~12 月,采用大型拖拉机旋耕,深翻耙平。每亩施入 5 000~6 000 kg 农家肥,第二年 2~3 月,进行春播,同时,精耕细耙,整好苗床备播。

3. 采收种子

种子要选择优质良种、树体健壮的无病虫害的大树,作为采集种子的母树,种子饱满、色泽鲜艳,出芽率高。10 月上中旬,当银杏果实外种皮由绿色变为橙黄色及果实出现白霜和软化特征时即为最佳采收时期。

4. 种子处理

银杏种子采收后,要把种子堆放于光照充足的地方,堆放厚度为 20~35 cm,果实表面要覆盖些湿秸秆或湿草或湿麻袋,用于遮阳防止日晒,3~5 天后,果实外种皮腐烂,可人工除掉果实外种皮(用手搓揉或用脚轻轻踩一踩,手要戴上胶手套,脚要穿上长筒胶鞋,千万不要让腐烂的银杏果实外种皮接触皮肤,若接触皮肤会产生瘙痒,严重时会出现皮炎和水疱),去除外种皮的果实迅速用清水冲洗干净。清洗后的种子应堆放在背阴、凉爽的地方,堆放的厚度为 3~5 cm,阴凉 3~5 天后,可进行分选储藏。

5. 种子储藏

最佳储藏种子的方法是沙藏。储藏种子应选择干燥、背阴、凉爽的地方,挖宽 80 cm、深 100 cm 的坑(若储藏量大,坑的长度可伸长),在坑的底部铺 10 cm 厚的湿河沙(沙的湿度为手握成团,手松即散,但不成流沙。河沙干净、卫生)。放入种子 20 cm,再放一层 10 cm 厚的湿河沙(湿度同上),再放一层 20 cm 厚的种子,而后再铺 10~20 cm 厚的湿河沙,储藏量大时每隔 1 m 插入 1 小捆玉米秸(5~8 棵)以便通气。日后随气温下降增加盖沙的厚度,天气特别寒冷时,再覆 10 cm 厚的沙或土壤。同时,每隔 20~30 天检查 1 次,防止种子霉烂、干燥和鼠害。

6.大田播种

选择好苗圃并精耕细耙,在 3 月中旬进行点播,宽行 40~45 cm,株距 15~18 cm,播深 3~4 cm,覆土厚 3~4 cm;每隔 8~10 cm 播 1 粒种子,覆土后稍加镇压,用地膜覆盖。每亩用量在 48~50 kg 即可。

7.苗木生长期管理

4 月下旬,当幼苗长至 10~15 cm 时,及时松土除草,同时,科学施肥,5 月中旬每亩施入复合肥 20 kg,7 月中旬每亩再施复合肥 25~30 kg,施肥时应距离苗株 5~10 cm,以免烧伤苗木。

(二)造林绿化技术

1.造林绿化

一般 3 月种植,选择新生银杏苗木,直径在 5 cm 以下,可以裸根种植,6 cm 以上一般要带土培。裸根栽植的苗木按照株行距 2 m × 4 m,当年是缓苗期。栽好后用水漫灌。而大树栽植,最好是栽前将坑中灌满水,待坑中水渗完后,将大树根入坑中捣实,让坑中的水返上来滋润根部。下次浇水宜在坑边挖引水沟盛满水,让水慢慢渗透到银杏的根部,提高苗木的成活率。

2.苗木管理

银杏一般不用修剪,因为银杏新梢抽发量少,即使是苗圃里的苗木,也应尽量地保持多的枝叶,以利其加速增粗。将要出售苗木的前一年,将 1.8 m 以下的枝条剪去,经过一年的生长,可将剪口长满,表皮光滑,枝干直立,速生快长。

(三)主要病虫害的发生与防治

1.主要虫害的发生与防治

(1)主要虫害的发生。银杏大蚕蛾,1 年发生 1 代。以幼虫取食叶片。初孵幼虫有群居习惯,1~2 龄幼虫能从叶缘取食,但食量很小,4 龄后分散为害,食量渐增,5 龄进入暴食期,可将叶片全部吃光。

(2)主要害虫的防治。银杏大蚕蛾防治方法:8~9 月,用黑光灯诱杀成虫。在幼虫 3 龄前摘除群集危害的叶片。发生严重时,在低龄幼虫期喷洒 2% 溴氰菊酯 2 500 倍液或 90% 敌百虫 1 500~2 000 倍液。

2.主要病害的发生与防治

(1)主要病害的发生。银杏的主要病害是茎腐病。在高温下苗木受损害,抗病性减弱,病菌滋生快,从苗木伤口侵入,引起病害发生。另外,苗圃地低洼积水、苗木生长不良容易发病。

(2)主要病害的防治。茎腐病防治方法:苗木生长期,茎腐病主要危害 1~2 年生幼苗,在 6~8 月气象延续燥热时发病重。提早播种,在高温季节来临之前提高幼苗木质化程度,加强对茎腐病的抵挡力,并进行苗圃泥土消毒,适当遮阴,及时灌溉。在发病初期用 50% 甲基托布津 1 000 倍液进行防治。

五、银杏的作用与价值

(1)景观作用。银杏树姿雄伟壮丽,叶形秀美,寿命长,少病虫害,最适宜作庭荫树、行道树和观赏树,在园林绿化、城乡美化、小区建设中广泛应用,具有良好的观赏价值;但是,注意作行道树时多用雄株,以避免种实污染行人衣物。银杏适应能力强,是速生丰产林、农田防护林、护路林、护岸林、护滩林、护村林、林粮间作及"四旁"绿化的景观树种。

(2)用材价值。银杏材质紧密细致,富弹性,易加工,边材、心材区分不明显,不易反翘或开裂,纹理直,有光泽,是家具、雕刻、绘图板、建筑、室内装修用的优良木材。因此,银杏又是珍贵的速生用材树种。

(3)药用价值。银杏种子食用,营养丰富,但因含有氢氧酸,不可多食,以免中毒。种仁可入药,有止咳化痰、补肺、通经、利尿之效;捣烂涂于手脚上,有治皮肤皲裂之效。外种皮及叶有毒,有杀虫之效。花有蜜,是良好的蜜源树种。

7　山核桃

山核桃,学名:Carya cathayensis Sary.,胡桃科山核桃属,又名核桃楸、胡桃楸、小核桃、山哈、野核桃等,落叶乔木,是中原地区优良乡土树种。

一、形态特征

山核桃,树高达 11~23 m,胸径 35~63 cm;树皮平滑,灰白色,光滑;小枝细瘦,新枝密,由橙黄色腺体逐渐稀疏,当年生枝紫灰色。单数羽状复叶互生;小叶 5~7,对生,披针形或倒卵状披针形,叶长 9~17 cm、宽 2.4~5.1 cm。花单性,雌雄同株,雄花葇荑花序 3 条成一束,腋生。果实核果状,核倒卵形或椭圆状卵形,外果皮密生鳞状腺体。成熟时 4 瓣开裂,长 2~2.6 cm,直径 1.5~2.1 mm,内果皮硬,淡灰黄褐色,厚 1.1 mm。花期 3~4 月,9 月果成熟。

二、生长习性

山核桃喜光照、喜温暖、喜湿润气候,耐寒、耐干旱、耐瘠薄,怕积水,适应性强,在土壤肥沃、腐殖质丰富的深厚砂石山坡地生长健壮,结果率高;年平均温度 15.2 ℃ 为宜,能耐最高温度 40 ℃,较耐寒,-15 ℃ 也不受冻害。适生于浅山丘陵的疏林中,与其他杂灌木林混生生长。

三、主要分布

山核桃主要分布于浙江、安徽、湖南、贵州等地,主要产于浙皖交界的天目山区。山核桃约有 19 个种,中国为原产地之一。在中原地区主要分布于济源、安阳、新乡、洛阳、三门峡、焦作、平顶山、南阳、驻马店、漯河等地。

四、种苗繁育与管理技术

(一)引种繁育苗木技术

1. 苗圃地选择

山核桃幼苗怕强烈日照、怕积水,苗木繁育苗圃地要选择地势平坦、排水良好、灌溉方便、土壤肥沃的沙壤土为好,或选择阴坡,避免光照强烈,影响苗木生长。

2. 苗圃地整地

10月,山核桃苗木1年生苗主根较长,播种前苗圃地需深耕。在整地时,尽量用大型拖拉机旋耕,每亩施入6 000~8 000 kg农家肥作基肥,同时,施入复合肥50~60 kg,耕翻30~35 cm,然后整平做畦。

3. 种子采收

选择20年以上生长树龄山核桃作为采种母树。尽量选择向阳山坡、无病虫害、果实大、饱满、壳薄、大小年不明显、产量高的母树林采种。9月上旬果实进入成熟期,选择充分成熟、自落果实最佳。

4. 种子储藏

以沙藏为好。沙藏具体方法为:将阴干好的种子用湿沙(粗沙)分层储藏,沙的含水量为3%~4%,沙以不粘手为好,一层种子,厚8~10 cm,然后再覆一层沙,厚7~9 cm,堆高至40~80 cm,宽30~40 cm,长度不限,种子数量大的中间要放入玉米秆或稻草包以便通气,每隔10~15天翻堆检查一次,发现有霉变、不新鲜的种子,及时挑出集中销毁。

5. 大田播种

山核桃播种采用条播,条距18~21 cm,株距4~9 cm,上覆土4~5 cm,种子以横放为好,每亩播种量120~150 kg。播种以后要及时覆玉米秆、杂稻草等,便于保墒、保湿,以防土壤板结,利于幼苗出土、出芽一致整齐。每亩产苗量7 000~8 000株。有条件的最好覆盖地膜,出芽率高,苗木生长快。

6. 幼苗期管护

4月,山核桃幼苗出土后,浇水保湿,同时,及时管理,进行中耕除草;5~6月,雨季来临之前,园地中耕10~15 cm,晒墒除草,疏松土壤。幼苗出土最怕土壤板结、炎日晒伤苗。除草时,在根部尽量用人工拔草,高温季节在早晚进行,雨季要及时排水,防止烂根。6~9月,搭遮阴棚或防晒网,防止苗木强光照晒。施肥方法:采取沟施,在苗圃地行间苗木的25~30 cm处挖一条深、宽10~15 cm的横沟,将肥施入后再覆盖表土。

(二)主要病虫害的发生与防治

1. 主要虫害的发生与防治

(1)主要虫害的发生。山核桃主要食叶害虫有黄刺蛾、金龟子、核桃举肢蛾。核桃举肢蛾以幼虫蛀入山核桃果内,随着幼虫的生长,纵横穿食为害,被害的果皮发黑,并开始凹陷,致使核桃仁(子叶)发育不良,表现干缩而黑,故称为"核桃黑"。有的幼虫早期侵入硬壳内蛀食为害,使核桃仁枯干,或有的蛀食果柄等引起早期落果,严重影响山核桃产量。

(2)主要虫害的防治。自果实硬核开始,间隔10~15天,喷布氯氰菊酯乳剂1 200~1 500倍液,或50%杀螟松1 000倍液,或2.5%溴氰菊酯2 000~3 000倍液2~3次。发现被害果后及时打落,剥下青皮深埋或压碎烧毁等。

2. 主要病害的发生与防治

(1)主要病害的发生。山核桃主要病害是核桃黑斑病、核桃枝枯病。核桃黑斑病发生症状如下:在枝梢或芽内越冬,第二年3月,细菌借风雨传播,主要危害幼果、叶片、嫩枝,发病重时,营养物质与水分不能正常交换,从而引起致病部以上的枝叶枯死,影响生长。

（2）主要病害的防治。3月上旬，喷布3~5波美度石硫合剂，即发芽前，防治核桃黑斑病、核桃枝枯病等病害；7月上旬，喷布40%马拉松800倍液，或50%敌敌畏1 200~1 500倍液，既防治黑斑病，又防治各种害虫。7月至8月上旬，喷布70%托布津800~1 000倍液或甲基托布津1 200~1 300倍液，或2.5%溴氰菊酯1 500~3 000倍液，有效地防治核桃黑斑病的发生，同时，兼治核桃举肢蛾等害虫。

五、山核桃树的作用与价值

（1）造林作用。山核桃树干端直，树冠近广卵形，根系发达，耐水湿，可孤植、丛植于湖畔、草坪等，宜作庭荫树、行道树，尤其是在浅山丘陵、河流沿岸和平原地区绿化造林及城乡绿化中，很受人们喜爱，是造林树种和果品、用材兼用的树种。

（2）食用价值。山核桃果实是一种营养价值极高的食品，山核桃食品作为山区林农致富的特产对外销售，很受人们欢迎。

（3）经济价值。山核桃果壳可制活性炭，果壳、果皮、枝叶可生产天然植物燃料，总苞可提取单宁，木材可制作家具及供军工用。

8　杏树

杏树，学名 Prunus armeniaca. L. ，蔷薇科李属，又名山杏、杏、北梅、归勒斯、杏花，落叶乔木，是中原地区优良乡土树种。

一、形态特征

杏树，树高达12~16 m，树冠圆整，树皮黑褐色，有不规则纵裂；小枝红褐色；叶宽，呈卵形或卵状椭圆形，基部近圆或微心形，有钝锯齿。花两性，单生，白色、淡粉红色、粉红色，径2.3~2.4 cm，萼紫红色，先叶开放。果球形，米黄色、白色、红色、杏黄色，一侧有红晕，径2~3 cm，有沟槽及有细柔毛。核扁平光滑。花期3~4月，果熟期6~7月。

二、生长习性

杏树喜光，光照不足时枝叶徒长。耐干旱、耐瘠薄、耐寒，能抗−40 ℃的低温，亦耐高温。喜干燥气候，怕水湿，温度高时生长不良。对土壤要求不严，喜土层深厚、排水良好的沙壤土、砾壤土。稍耐盐碱。成枝力较差，不耐修剪。根系发达，寿命长达300年。

三、主要分布

杏树主要分布于河南、山东、山西、河北、北京、安徽、陕西、新疆、甘肃、吉林、辽宁等地，中国各地多数为发展栽培，少数地区野生分布，种植海拔可达400~2 900 m。中原地区主要分布于郑州、开封、周口、商丘、漯河、济源、安阳、新乡、洛阳、三门峡、焦作、平顶山、南阳等地。舞钢市国有石漫滩林场三、四、五林区有分布，多生于沟谷沿岸、灌丛或林下。

四、种苗繁育与管理技术

(一)引种繁育苗木技术

1.苗圃地选择

杏树适应性较强,对土壤条件要求不严,苗圃地选择土层深厚、土壤疏松、肥力一般、排水良好的土地即可。

2.苗圃地整地

已经选择的苗圃地每亩施入 1 500~3 000 kg 农家肥作基肥,同时播种前,要进行深翻土地,精耕细耙,播种前,在条播沟顺沟内施用森得保粉剂或水剂喷布的毒饵,防治地下害虫。种子一定要选用上年采集的充分成熟、籽粒饱满的种子。

3.种子选择

杏树良种嫁接,主要用山杏或山桃作砧木,但是,山桃作砧木表现不如山杏好,因为山桃品种没有山杏品种的寿命长。

4.种子采收

6 月,山杏果实呈橙黄色时,即可选择无病、健壮的植株,采下果实,去除果肉取其种子或发酵后洗净取出种子,晾干后,入袋存放备用。

5.种子储藏

种子均需在沙里储藏 70~80 天,第二年才能下地育苗。11~12 月,大雪后沙藏。先将种子浸湿,与 3~5 倍的湿沙混合,入储藏沟或木箱、果筐内沙藏,保持湿度,温度控制在 0~5 ℃,并经常检查。

6.大田播种

开沟播种,即行距 25~35 cm、株距 12~15 cm 点播。每点放种子 1~2 粒,播后覆土 5~7 cm。采用宽窄行进行播种,即每两行留一空行,以便于田间管理和嫁接。一般山杏果实的出种率为 15%~30%,1 kg 种子 800~1 500 粒,发芽率为 80% 左右,每亩播种量为 15~30 kg。及时施肥、浇水管理,促进苗木速生快长,为嫁接做准备。

7.春季嫁接

杏树品种苗木春季嫁接是对 0.7 cm 粗度的砧木苗木或 2 年生以上的砧木苗木进行的嫁接。嫁接的时间为 3 月上旬,即一般在砧木苗木芽萌动前或开始萌动而未展叶时进行,过早则伤口愈合慢且易遭不良气候或病虫损害,过晚则易引起树势衰弱,甚至到冬季死亡。芽接的操作方法是:左手持接穗,右手持嫁接刀,自芽下 1.5 cm 处由浅及深,削至芽上 1 cm 处,深度达枝条的 1/3~1/4。在芽上 1 cm 处横刻一刀,一次可将一根条的芽削好待取。在砧木光滑处,距地面 5~10 cm,横割一刀,然后在横口的中央纵刻一刀呈"T"字形,深及木质部。用左手拇指、食指取下削好的接芽,右手挑起砧木纵切口的树皮,自上而下插入接芽,接芽的芽上切口与砧木横切口对齐。速度要快,不要弄脏芽片。然后用塑料条或绳先自芽体上方自上而下绕绑数道,芽体基部要绑紧,叶柄外露,以利检查成活。半个月后,凡接芽叶柄一触即脱落者,证明已接活,叶柄干枯不落,则接芽没有成活,要继续补接。成活后解绑的时间一般在 25~30 天。

8.肥水管理

幼苗施肥。在 5~7 月,当年的小苗,在高温干旱的天气下,要及时对每亩追施尿素 3~5 kg,随后及时浇水。2 年生嫁接苗,每亩追尿素 15~20 kg 或复合肥 20~40 kg,也要及时浇水漫灌,促进苗木快速生长,才能保证苗木快速成苗出圃。

(二)主要病虫害的发生与防治

1. 主要虫害的发生与防治

(1)主要虫害的发生。杏树主要虫害分别是杏树介壳虫、杏象甲、蚜虫、红蜘蛛、球坚蚧、舟形毛虫等,危害较重,它们交替危害或集中危害或重叠危害,危害枝梢、叶片、果实等,尤其是杏树介壳虫,也称为杏虱子,主要种是朝鲜球坚蚧,是一种发生非常普遍的害虫,以若虫、雌成虫固着在枝条上、树干上嫩皮处,结球累累。终生刺吸汁液,一般发生密度很大,使树势衰弱,严重时枝条干枯死亡。

(2)主要虫害的防治。开花前防治,3 月,用 5 波美度石硫合剂喷枝干,防治球坚蚧和其他越冬虫卵。发芽后使用吡虫啉 4 000~5 000 倍液并加对氯氰菊酯 2 000~3 000 倍液,可杀灭蚜虫,也可兼治杏仁蜂。坐果后可用蚜灭净 1 500 倍液防治蚜虫。4 月中旬喷 40% 菊马乳油 1 000 倍液和速克灵 200 倍液,可防治桃蚜。6 月中旬用灭扫利 2 000~3 000 倍液、速扑杀 1 000 倍液和多霉清 1 500 倍液防治红蜘蛛、蚧类等病虫,并人工捕杀红颈天牛成虫。7~8 月,人工捕杀群集而未分散的舟形毛虫,或及时喷速灭杀丁 2 000 倍液进行防治。

2. 主要病害的发生与防治

(1)主要病害的发生。杏树主要病害是杏树褐腐病,主要危害果实,也侵染花和叶片,果实从幼果到成熟期均可感病。发病初期果面出现褐色圆形病斑,稍凹陷,病斑扩展迅速,变软腐烂。后期病斑表面产生黄褐色绒状颗粒,呈轮纹状排列,即为病菌的分生孢子梗和分生孢子,病果多早期脱落。

(2)主要病害的防治。杏褐腐病防治:杏树芽萌动前,喷 4~5 波美度石硫合剂或 1:1:100 波尔多液,杏落花后立即喷大生 M-45 的 800 倍液或 80% 代森锰锌 600~800 倍液,以后每 10~15 天喷一次 50% 多菌灵可湿性粉剂 600 倍液,或 70% 甲基托布津 600~800 倍液,或 75% 百菌清可湿性粉剂 500~600 倍液。合理修剪,适时夏剪,改善园内光照条件,冬季清理病果落叶,集中烧毁,消灭病原。

五、杏树的作用与价值

(1)食用价值。杏树是重要的经济果树,果实色艳味美,具有营养保健价值。果实味道酸甜,果肉多汁,营养丰富,果仁还具有药用价值。杏是常见水果之一,含有丰富的营养。杏子可制成杏脯、杏酱等;杏仁主要用来榨油,也可制成食品,还有药用,有止咳、润肠之功效。

(2)造林作用。杏树适应性强,在河南、河北、山东、山西等作北方大面积荒山造林树种。杏木质地坚硬,是做家具的好材料。杏树早春开花,先花后叶;可与苍松、翠柏配植于池旁湖畔或植于山石崖边、庭院堂前,极具观赏性。

9　桃树

桃树,学名:Prunus persica L.,蔷薇科桃属,又名山桃、桃、毛桃等,落叶小乔木,是中原地区优良乡土树种。

一、形态特征

桃树,树皮黑色,高达 8 m,小枝红褐色或褐绿色,无毛。芽密被灰色茸毛。叶椭圆状披针形,长 7~15 cm。花单生,径约 2.7 cm,粉红色。果近球形,径 5~8 cm,表面密被茸毛。花期 3~4 月,先叶开放,果 6~9 月成熟。

二、生长习性

桃树喜光,不耐阴。耐干旱气候,有一定的耐寒力,冬季低温在−25 ℃以下容易发生冻害,幼苗在华北地区应稍保护。对土壤要求不严,耐贫瘠、盐碱、干旱,须排水良好,不耐积水及地下水位过高。在黏重土壤栽易发生流胶病。通常 2~3 年始花,4~5 年后进入盛花期,20~24 年衰老。病虫害较多,对有害气体抗性强。7~8 月为花芽分化期。浅根性,根蘖性强,生长迅速,寿命短。

三、主要分布

桃树原产于我国,主要分布于河南、河北、山东、山西、安徽等地,栽培范围较广,目前我国栽培面积近 200 万亩。在河南省舞钢市、甘肃省和陕西省至今还分布着大量的野生桃树,主要种类包括山桃,为常见的果树及观赏花木。在中原地区主要分布于平顶山、南阳、驻马店、信阳、商丘等地。

四、种苗繁育与管理技术

(一)引种繁育苗木技术

1. 苗圃地选择

桃树苗圃地应选择在平坦、肥沃、沙壤土、浇水方便的地方。

2. 苗圃地整地

苗圃地选择好后,在秋季用大型拖拉机进行旋耕、深翻熟化。一般深翻 25~30 cm。同时施入粗农家肥作基肥,每亩施肥 5 000~6 000 kg,以增加活土层,提高肥力。

3. 种子选择

桃树的砧木一般采用山桃和毛桃,山区宜用山桃,平原宜用毛桃,杏和李也可作为桃树的砧木。

4. 种子采集

繁殖砧木苗所用的种子最好在生长健壮、无病虫害的优良母株上采集。将采摘成熟后的果实去除果肉,取出种子,放在通风背阴处晾干,且不可日晒。待种子充分阴干后装入袋内,放通风干燥的屋内储藏。

5. 种子层积处理

种子采收以后,必须经过层积处理。种子层积处理的方法是:先将细沙冲洗干净,除去种子中的有机杂质和秕粒,以防引起种子霉烂,一般采用冬季露天沟藏。选择地势较高、排水良好的背阴处挖沟,沟深 60~90 cm,长宽可依种子多少而定,但不宜过长和太宽。沟底先铺一层湿沙,然后放一层种子,再铺一层湿沙,再放一层种子,层层相间存放,沙的湿度以手握成团而不滴水为宜。当层积堆到离地面 8~10 cm 时可覆盖湿沙达到平面,然后用土培成脊形。沟的四周应挖排水沟,以防雨雪水侵入,沟中每隔 1.5 m 左右,竖插一捆玉米秸以利透气。

6. 播种前准备

播种前必须鉴定种子生活力,凡种子饱满,种胚和子叶均为白色,半透明,有弹性,无霉味,就是好种子。也可做一下发芽试验,计算其发芽率,用以判断种子的生活力。将沙藏的种子放在清水中浸泡 8~12 小时,待种子吸足水后即可播种。

7. 大田播种时期与方法

大田播种,在播种前要培垄做畦,垄距 48~58 cm,高 12~16 cm。垄面要镇压,上实下松,干旱地区,做垄后要灌足水,待水渗下后再播种。桃的播种时期可分秋播和春播。秋播是在初冬土壤封冻以前进行,此时播种,种子不需要沙藏,直接可以播种,且出苗早而强壮。

8. 播种后管理

在幼苗出现 3~4 片叶时,如过密则进行间苗移栽,株距以 18~20 cm 为宜,移植前两天浇水或在阴雨傍晚移栽,严防伤害苗根。在幼苗生长过程中要随时进行浇水、中耕除草和防治病虫害,经常保持土松草净墒情好,在 5~6 月间结合浇水,每亩可追施硫铵 9~10 kg,以促其生长,使其尽早达到嫁接标准。

9. 苗木嫁接

一是春季嫁接方法。2 月中旬至 4 月底,此时砧木水分已经上升,可在其距地面 8~10 cm 处剪断,用切接法嫁接上优良新品种的接穗即可。此法成活率最高。二是夏季嫁接方法。5 月初至 8 月上旬,此时树液流动旺盛,桃树发芽展叶,新生芽苞尚未饱满,是芽接的好时期。可在生长枝或发芽枝的下段削取休眠芽作接穗,在砧木距地面 10 cm 左右的朝阳面光滑处进行芽接。14~15 天后,接口部位明显出现臃肿,并分泌出一些胶体,接芽眼呈碧绿状,就表明已经接活。

10. 接后苗木管理

一是剪砧,在春季发芽前剪去砧冠,剪口离接芽 0.2~0.3 cm,并稍微倾斜,不可过低伤害接芽。二是除萌,剪去砧冠后从砧木基部易发出大量萌芽,应及时掰除,以免消耗养分,有利接芽生长。三是施肥,在 6~7 月间苗木加速生长期施硫铵每亩施入 1.5~2.5 kg,并根据墒情和降雨情况适当浇水。苗木生长期要不断进行中耕除草,并防治病虫害,以保证苗木生长健壮,当年达到出圃标准。

(二)主要病虫害的发生与防治

1. 主要虫害的发生与防治

(1)主要虫害的发生。桃树的主要害虫是潜叶蛾,是危害幼枝、嫩梢、叶片最严重的害虫。该虫以幼虫潜入嫩梢表面下蛀食,形成白色弯曲虫道,使叶片卷曲变硬而脱落,造成新梢生长差,影响树势和抽梢。幼虫危害的伤口,有利于溃疡病菌的侵入,常引起溃疡病的大面积发生。叶片卷曲后,又为红蜘蛛、卷叶蛾等多种害虫提供聚居和越冬场所,增加了越冬害虫的防治难度。潜叶蛾,1年发生10~15代。5月开始危害。7~9月夏秋梢抽发期为害严重,幼树及苗木抽梢不整齐的受害严重,夏梢受害重,秋梢次之,春梢基本不受害。

(2)主要虫害的防治。苗木生长期,对主要害虫蚜虫、潜叶蛾等,3月上旬,桃芽萌动期喷1次99%敌死虫200~300倍液或20%吡虫啉5 000倍液防治蚜虫。谢花后喷1次锌灰液(硫酸锌、石灰、水比例为1∶4∶120)防治各类病害。4~5月喷1~2次灭幼脲3号2 000倍液或1.8%阿维菌素5 000倍液,防治潜叶蛾,阿维菌素还可兼治其他害虫。以后根据病虫害发生情况及时喷药防治。

2. 主要病害的发生与防治

(1)主要病害的发生。桃树的主要病害是桃流胶病,该病是生理性病害,桃树枝干、新梢、叶片、果实上都可发生流胶病,以枝干较严重。发病枝干树皮粗糙、龟裂,不易愈合,流出黄褐色透明胶状物。流胶严重时,树势衰弱,易成为桃红颈天牛的产卵场所而加速桃树死亡。

(2)主要病害的防治。桃流胶病的防治:加强管理,促进树体正常生长;对流胶严重的枝干,于秋、冬季节进行刮治,伤口用5~6波美度石硫合剂或硫酸铜100倍液进行消毒。可用70%甲基托布津可湿性粉剂1 000倍液、80%炭疽福美可湿性粉剂800倍液、50%多菌灵可湿性粉剂600~800倍液、50%克菌丹400~500倍液或50%退菌特可湿性粉剂1 000倍液喷布,即可有良好的防治效果。

五、桃树的作用与价值

(1)观赏价值。桃树的品种除了采果品种外,亦有观花品种,早春盛开,娇艳动人,在城乡绿化、小区景观美化、山区造林中广泛应用,是优美的观赏树。桃树为常见的果树及观赏花木。

(2)食用价值。果肉清津味甘,除生食之外,亦可制果干、制罐头。果、叶均含杏仁醋素,全株均可入药。

10　山楂

山楂,学名：Crataegus pinnatifidawe Bunge,蔷薇科山楂属,又名红果、赤爪实、山里红果、映山红果、酸枣、小叶山楂、山果子等,落叶小乔木,是良好观赏树种和"四旁"绿化树种。

一、形态特征

山楂,枝密生,有细刺,幼枝有柔毛。小枝紫褐色,老枝灰褐色。叶片三角状卵形至棱状卵形,长2~6 cm、宽0.8~2.5 cm,基部截形或宽楔形,两侧各有3~5羽状深裂片,基部

1 对裂片分裂较深,边缘有不规则锐锯齿。复伞房花序,花序梗、花柄都有长柔毛;花白色,有独特气味。直径约 1.6 cm。山楂果深红色,有小斑点,仁果,近球形。花期 5~6 月,果期 9~10 月。叶子近于卵形,有羽状深裂,花白色。适应性强,即使在浅山丘陵、山岭薄地,生长发育也比其他果树好。

二、生长习性

山楂,喜光照、耐寒、耐瘠薄、耐干旱,适应性强。山楂为浅根性树种,主根不发达,生命力强,在丘陵山区、瘠薄山地也能生长。在肥沃的土地上栽培表现为枝繁叶茂、果实累累;侧根主要分布在地表下 40 cm 左右的土层内,根系的水平分布范围为树冠的 2~3 倍。

三、主要分布

山楂主要分布于山东、河南、山西、河北、辽宁、吉林、黑龙江、内蒙古等省(区)。分布在 20~60 cm 的土壤表层。在低洼和碱性地区易产生不良现象,此地区不宜发展。在中原地区主要分布于平顶山、南阳、驻马店、漯河、济源、安阳、新乡、洛阳、三门峡、焦作等地。

四、种苗繁育与管理技术

(一) 引种繁育苗木技术

1. 苗圃地选择

10 月,山楂的苗圃地,应选择在中性或微酸性的沙质壤土,土壤肥沃、交通方便、靠近水源、浇灌便利的地方。同时,避开风口的地块,不用重茬地。

2. 苗圃地整地

10~11 月,采取大型拖拉机旋耕土地,深翻 30~35 cm,清除杂物,每亩施腐熟农家肥 2 500~3 000 kg、硫酸亚铁 100~150 kg,然后做畦整平。

3. 种子采收

采种时间在 8 月中下旬,要选择含仁率高的无病虫害、生长健壮的野生山楂母株,在果实的初色期,即种子由生理成熟转化为形态成熟的时期,进行采种。

4. 种子处理

采集的果实放土地上人工碾压,去肉筛下种子和碎果肉,晾晒 1~2 天,用清水漂净果肉,或者连同破碎的果肉堆积起来,四周围以草帘,再涂上薄泥密封 7~10 天,待果肉腐烂后,搓洗淘取种子。随后进行裂壳处理。选择晴朗高温天气,将干净的种子用 40 ℃水浸泡 24 小时后,沥干水分,薄薄地摊在水泥地上,有裂纹时,翻动种子,使之种面暴晒均匀。

5. 种子沙藏

种子通过沙藏处理才能出芽。在背风向阳、排水良好的地方,挖沙藏沟,深 45 cm、宽 50 cm,长度视种子多少确定。将暴晒处理的种子,按种、沙体积比为 1∶3 拌匀,立即填入沙藏沟内。沟底需先铺 10 cm 沙,种层厚度以 30 cm 左右为宜,其上盖沙 8~10 cm,然后覆盖塑料薄膜,四周培土压边,使之继续增温。当地面开始结冻时,覆盖沙土。

6. 种子大田播种

3 月上旬,土壤解冻,种子露出白尖时,即可播种。采取条播,行距 35~40 cm。播前土地整畦,畦宽 1~1.3 m,每畦播 3~4 行。开浅沟 2~3 cm,沟底要平,浇上底水,种子均匀地撒播沟内,点播。

7. 新生苗木芽接

7 月间可进行芽接,即剪取后去掉叶片,保留叶柄,绑好标记品种,放置阴凉处保湿处理。采用普通的"T"形法,要求操作快,避免芽体失水,同时要扎紧芽体基部,防止活了芽皮而芽眼干翘,应尽量避开雨天嫁接。3 月,没有秋接的砧木,或未接活的砧,以及遭受损坏的接芽。

8. 肥水管理

施基肥,可以补充树体营养,基肥以有机肥为主,每亩开沟施有机肥 3 000~4 000 kg,加施尿素 15~20 kg、过磷酸钙 40~50 kg。1 年浇 3~4 次水,春季有灌水条件的在追肥后浇 1 次水,以促进肥料的吸收利用。

(二)主要病虫害的发生与防治

1. 主要虫害的发生与防治

(1)主要虫害的发生。山楂主要害虫有桃小食心虫、红蜘蛛、金龟子、刺蛾等,它们在苗木生长期,一年多代,大量集中为害,或交替危害叶片、枝梢、果实等,严重影响树势生长或果实质量,甚至造成绝收。蚜虫危害幼嫩的苗梢,被害梢叶片卷缩,茎节间短。

(2)主要虫害的防治。4~8 月,幼苗出土后,极易遭受金龟子的啃食咬断,防治不及时,会绝苗。4 月,圃内撒施用地瓜丝、萝卜丝、青菜叶等物浸上 50 倍 80%敌百虫水合成的毒饵,隔 8~10 天,再投放一次,基本可控制为害。喷药治虫,6 月上旬,喷布灭幼脲 3 号 1 500~2 000 倍液或 40%吡虫啉 1 200 倍液,消灭叶面害虫。5 月下旬至 6 月上旬,果园降雨或浇水后,桃小食心虫即开始出土,可用 50%氯氰菊酯 1 000~1 200 倍液,喷布树下的地面、树干、树上等处,可兼治其他害虫。

2. 主要病害的发生与防治

(1)主要病害的发生。山楂主要病害是白粉病,危害叶片、枝干等部位,造成枝叶早期落叶、树势衰弱,幼苗不能生长或造成死亡,影响巨大。

(2)主要病害的防治。3 月中旬,喷布 5 波美度石硫合剂,防治白粉病、红蜘蛛等病虫。4 月上旬,芽眼萌发开绽后,立即喷布 0.5 波美度石硫合剂加 1 500 倍中性洗衣粉。4 月下旬,花前喷布 0.1 波美度石硫合剂加百菌清 1 500 倍液;对嫁接芽梢的防治,可喷布多菌灵 1 500 倍液,或 40%甲基托布津 1 400~1 500 倍液。以后在 6 月至 7 月中旬、7 月下旬、8 月上中旬各喷 1 次杀菌剂。对白粉病发病较重的山楂园,在发芽前喷 1 次 5 波美度石硫合剂,花蕾期、6 月各喷 1 次 50%可湿性多菌灵或 50%可湿性托布津 600 倍液。

五、山楂的作用与价值

(1)食用价值。山楂果实可以鲜食,果实中含有大量的铁、钙等元素,可供人们生食补钙,同时还具有增进食欲的功效。果实可加工成山楂片、山楂酱、山楂糕、山楂罐头、蜜饯和糖葫芦,还可制汁和酿酒。

(2)观赏价值。山楂树生长适应能力强,抗洪涝能力超强。树冠整齐,枝叶繁茂,容易栽培,病虫害少,花果鲜美可爱,在园林绿化、城乡建设中很受人们欢迎,是田旁、宅园、公园绿化的良好观赏树种和"四旁"绿化树种。

11　柿树

柿树,学名:Diospyros kaki Thunb.,柿树科柿属,又名柿子、柿、山柿、野柿等,落叶乔木,是中原地区优良乡土树种。柿树是中国木本粮食树种之一。

一、形态特征

柿树,高 13~15 m,胸径达 65 cm,枝繁叶大,树冠开张,展盖如伞,呈圆头形或钝圆锥形树干灰褐色,老树主干周围所生之骨干枝长多弯曲,先端下垂挺直,姿态各异。树皮深灰色至灰黑色,或者黄灰褐色至褐色,沟纹较密,裂成长方块状。叶纸质,卵状椭圆形至倒卵形或近圆形,通常较大,长 5~18 cm、宽 2.8~9 cm,基部新叶疏生柔毛,老叶上面有光泽,深绿色,无毛,嫩时绿色,后变黄色,橙黄色。果肉较脆硬,老熟时果肉变成柔软多汁,呈橙红色或大红色等,果有球形、扁球形、球形而略呈方形、卵形等,直径 3.5~8.5 cm,有种子数颗;种子褐色,椭圆状,长约 2 cm,宽约 1 cm,侧扁,果柄粗壮,长 6~12 cm。花期 5~6 月,果期 9~10 月。

二、生长习性

柿树为阳性树,喜光,喜温暖、耐寒,喜湿润、耐干旱,适应性强,对土壤要求不严,以土层深厚、排水良好、富含有机质的壤土或黏壤土最适宜,但不喜沙质土。产量高,耐瘠薄,生长快,寿命长。

三、主要分布

柿树,河南、河北、山东、山西、陕西 5 省栽培面积最广。在中原地区主要分布于舞钢、卢氏、嵩县、林州、济源、安阳等地。

四、种苗繁育与管理技术

(一)引种繁育苗木技术

1. 苗圃地选择

柿树要求的苗茎较高,方便嫁接品种,所以苗圃地以选择土壤深厚、肥沃的土壤为宜。

2. 苗圃地整地

9~10 月,对选择作苗圃地的土地,每亩施入优质腐熟的农家肥 3 000~5 000 kg,采用大型拖拉机旋耕深翻土地,耕翻 30~35 cm,而后整平。地块较大不易整平时,可分段整畦,便于平整,做好备播。

3. 种子采种

柿树繁育苗木的种子主要是选择野柿子、油柿的种子等,河南主要是用君迁子,即称"黑枣"或"软枣"。9~10 月,君迁子种子变为褐色,表明成熟,即可人工采收种子。

4.种子沙藏

采收的种子必须沙藏处理。用3~5倍体积的湿沙与种子拌匀,入储藏沟或木箱内沙藏,保持湿度进行冬季储放。每20天检查1次,若储放种子的沙子含水量降低,可适当加水,充分搅拌后,继续冬藏;水分含量大时,要取出透风降湿后,再入沟藏。

5.大田播种

3月上旬,取出储藏的种子,如果种子未发芽,可先行催芽,待种子裂嘴微露白尖时播种。播种前先做出宽1~1.3 m、长20~30 m的育苗畦,按行距40~50 cm开播种沟,沟内浇足底墒水,待水渗下后条播或点播,覆土2~3 cm。若覆盖地膜,出苗早而整齐。

6.苗木嫁接

接穗选取优良的品种母株上粗0.3~0.5 cm的当年生枝条。4月上旬,采取枝接,取出接穗,用利刀快速进行嫁接。动作要迅速,接后用塑料条或尼龙绳包严扎紧即可。

7.嫁接苗木管护

一是除蘖、护梢。5~6月,2年生的嫁接苗,除掉砧蘖,需进行2~3次。苗梢长到30 cm左右,立柱支架绑缚苗梢,避免大风吹折。二是整形。7~8月,对生长旺盛的嫁接苗,于苗高1 m处强摘心,可促发二次枝,在圃内进行定枝整形。

(二)主要病虫害的发生与防治

1.主要虫害的发生与防治

(1)主要虫害的发生。柿树主要虫害一是柿蒂虫,1年发生2代,以成熟幼虫在粗皮缝隙和根颈结茧越冬,第二年4月化蛹,5月羽化,6~7月危害幼果。二是柿绵蚧,1年3~4代,在3~4年生枝的皮层裂缝或树干的粗皮缝隙、干柿蒂上越冬。4月离开越冬场所爬到嫩芽、新梢、叶柄、叶背等处吸食汁液,在柿蒂和果实表面为害。

(2)主要虫害的防治。柿蒂虫的防治,11~12月,冬季刮除枝干上的老粗皮,消灭越冬幼虫。要求把树干、主枝及分杈处的粗皮刮净,一次刮彻底,可以数年不刮。柿树生长期摘虫果,在幼虫危害期,将被害果实连同柿蒂一起摘下,集中处理。第二代危害时,果已接近成熟,摘下的虫果可以加工利用。摘虫果要及时、彻底,每年连摘2~3次;成虫危害期喷布药剂防治,成虫发生盛期喷布40%吡虫啉1 000倍液,连续喷布防治1~2次,可收到良好的效果。

2.主要病害的发生与防治

(1)主要病害的发生。柿树主要病害是柿炭疽病,此病主要危害柿果和新梢。病菌主要以菌丝潜伏在病枝或病果内越冬。每年的6月下旬开始发病,7~8月为发病盛期,一直危害到9~10月。

(2)主要病害的防治。柿炭疽病的防治:3月上旬,发芽前剪除树体上的病枝、干果,集中烧毁,同时,早春发芽前喷布1次5波美度石硫合剂。6~7月,夏季开始发病时,喷波尔多液400~500倍液,7~8月,再喷2~3次。4月上旬,喷布3~5波美度石硫合剂900倍液,防治越冬代初龄幼虫等。

五、柿树的作用与价值

(1)食用价值。柿树果味甜,营养丰富,既可生食,又可加工成柿饼、柿干、柿醋和柿酒。柿干、柿饼耐储放,含糖量高,可以代粮充饥,因此柿树也是木本粮食树种之一。我国柿饼驰名中外,很受欢迎。柿霜可入药。

（2）景观作用。柿树,作为观赏树木栽植在宫殿、寺院内,由庭院栽培转向大面积生产。河南省舞钢市林业局古树名木调查发现,舞钢市尚店镇200年以上的古柿树5棵以上,枝繁叶茂、果实累累。柿树树形优美,果色由青色转为黄色,熟时呈红色,果色红艳,红叶如醉,丹实似火。在城乡绿化、村庄地头、庭前种植应用广泛,具有良好的观赏价值和景观作用。

12　李树

李树,学名:*Prunus salicina* Lindl.,蔷薇科李属,又名嘉庆子、玉皇李、山李子,落叶小乔木,是中原地区优良乡土野生树种。

一、形态特征

李树,树高8~13 m;树冠圆形,树皮灰褐色,起伏不平;老枝紫褐色或红褐色,无毛;小枝黄红色,无毛;叶片长圆倒卵形、长椭圆形,稀长圆卵形,长6~12 cm、宽3~4.5 cm,边缘有圆钝重锯齿,上面深绿色,有光泽;花通常3朵并生;花梗1~2 cm,通常无毛;花直径1.5~2.3 cm;花瓣白色,长圆倒卵形;核果球形、卵球形或近圆锥形,直径3.5~4.5 cm,栽培品种可达6~7 cm,黄色或红色,有时为绿色或紫色,梗凹陷入,顶端微尖,基部有纵沟,外被蜡粉;核卵圆形或长圆形,有皱纹。花期4月,果期7~8月。

二、生长习性

李树喜光,耐寒、耐瘠薄,适应性强,对土壤只要土层较深,有一定的肥力,不论何种土质都可以栽种。宜选择土质疏松、土壤透气和排水良好的地方。李树虽然对气候的适应性较强,耐寒又耐热,但花期易受晚霜为害,开花期遇到多雨或多雾的天气,则妨碍授粉,影响坐果。

三、主要分布

李树在中国各省均有栽培,为重要温带果树之一。山区野生在山坡灌丛中、山谷疏林中或水边、沟底、路旁等处,海拔400~2 500 m。在中原地区主要分布于平顶山、漯河、周口等地。李树在我国有极悠久的历史,是我国栽培最古老的果树之一。

四、种苗繁育与管理技术

（一）引种繁育苗木技术

1.苗圃地选择

苗圃地要选择在土地肥沃、土壤深厚、排水良好、灌溉方便、背风向阳的地块。

2.苗圃地整地

苗圃地采取大型拖拉机旋耕,耕深30~35 cm,除去杂物,每亩施入腐熟农家肥

3 000~5 000 kg。地下害虫多的地块,同时施入 30%呋喃丹颗粒剂 2.5~3 kg。然后,精耕细作、整平地面,做畦备播。

3. 种子采种

李树苗木繁育选择采种,一般选择山杏为繁育种子,山杏在 6 月间成熟,鲜果出种率为 10%~30%,每千克种子 900~2 000 粒,每亩用量为 25~50 kg。或选择山桃种子,在 7 月间成熟,鲜果出种率为 25%~35%,每千克种子 250~600 粒,每亩用种量为 20~35 kg。采下鲜果沤烂洗净,可装布袋悬挂放干,待大雪前后取下沙藏。

4. 种子储藏

12 月,采种后的山杏、山桃的种子需要冬藏的天数在 60 天左右。大雪前后,取下种子用水浸泡一天一夜,然后用 10 倍的湿沙与种子搅拌,种子量少可装入木箱内或花盆内。大量的种子可在高燥处挖储藏沟储放。

5. 大田播种

3 月,将种壳不开裂、芽眼不萌动的种子,连同冬藏时的沙子一起,置于向阳处催芽。将种子摊放在暖床上,温度保持 18~25 ℃,种子上覆湿麻袋进行催芽,随后即可播种。春播为好,出芽率高,整齐一致。

6. 苗木嫁接

劈接法嫁接,3 月中旬末,剪取直径 1.5~2 cm 的 2 年生枝段,剪除发育枝,保留花枝,用劈接法高接于李树的中上部枝段上,每株至少接 3~5 个授粉枝段。用蜡封接穗断面,绑严接口。接穗成活后即可散发花粉,起到授粉的作用。

7. 苗木嫁接后管理

一是抹芽除萌。为保证嫁接苗梢的旺盛生长。二是嫁接苗梢长到 30 cm 时,设立支架,防止风折断新梢。三是摘心管理。8~9 月,立秋后,对苗木顶端进行摘心,促使苗茎粗壮,芽眼饱满,确保苗木安全越冬。

(二)主要病虫害的发生与防治

1. 主要虫害的发生与防治

(1)主要虫害的发生。李树主要虫害有叶蝉、毛虫、金龟子、红蜘蛛、卷叶虫、刺蛾等,它们主要危害叶片,致使受害叶片千疮百孔、叶片全无,造成苗木树势衰弱,影响苗木生长,当年不能成为合格苗木。

(2)主要虫害的防治。一是 1~2 月防治,进行树体保护的各项工作。如刮除老树皮,消灭翘皮下越冬的各种害虫。二是 4 月防治,苗期的害虫主要是金龟子、象鼻虫、地老虎等,可喷布 90%敌百虫 1 000~1 500 倍液。三是 6~7 月防治,危害李苗梢叶的害虫有枯叶蛾、苹果巢蛾、黄斑卷叶蛾、金毛虫、天幕毛虫、刺蛾等,发生后喷布 1~2 次 50%吡虫啉1 000~1 500 倍液。6 月上中旬,喷布 50%敌敌畏乳剂 800~1 000 倍液,或地面喷洒杀灭菊酯 2 500~3 000 倍液,或溴氰菊酯 4 000 倍液防治食叶害虫危害。及时防治,减少危害,提高苗木质量。

2. 主要病害的发生与防治

(1)主要病害的发生。李树主要病害有褐斑病、白粉病、炭疽病,危害叶部;流胶病,危害枝干、枝树皮等;尤其是在苗木繁育上主要病害是立枯病,是上一年的病菌引起的,致使新生苗木或幼苗出土后,根颈部发生水渍状病斑,幼苗很快死亡,造成苗木减产、质量下降,经济损失严重。

(2)主要病害的防治。3月中旬,喷布3~5波美度石硫合剂,防治褐斑病、白粉病、炭疽病;3月上旬,早春发芽前喷5波美度石硫合剂,或1∶1∶100的波尔多液,预防各种病害的发生。6~8月,夏、秋季对已感病的树用800倍代森铵或800倍托布津喷布,并刮除病部。发生细菌性穿孔病等病害可用0.5%石灰倍量式波尔多液喷布防治;在4月下旬或5月初喷1次,以后每隔15~20天再喷2~3次。喷布70%甲基托布津1 000倍液,防治效果良好。

五、李树的作用与价值

(1)食用价值。李树果实为核果,可供食用,也可加工成果脯、果干和果酒;李果成熟在杏后和各种大宗水果成熟之前,果实鲜艳漂亮,光洁较耐放,很受市场的欢迎。李除供鲜食外,还可以加工成罐头、李酒、蜜饯等。

(2)景观作用。李树性状优良,是中国重要的观花、观叶、观果植物,在园林美化中,广泛应用于园林植物造景、风景区种植,城乡发展经济林等,具有广泛的生态适应能力和多样化的观赏价值。

13　枣树

枣树,学名Ziziphus jujuba Mill.,鼠李科枣属,又名枣子、大枣、刺枣、贯枣、野枣等,落叶小乔木或灌木,是中原地区优良乡土树种,是我国特有的果树之一。在我国有"木本粮食""铁杆庄稼"之称。

一、形态特征

枣树,树高达6~12 m;树皮褐色或灰褐色;短枝和无芽小枝(新枝)比长枝光滑,紫红色或灰褐色,呈"之"字形曲折,长刺可达31 cm,粗直,短刺下弯。叶纸质,卵形、卵状椭圆形。花黄绿色,两性;花梗长2~3 mm;花瓣倒卵圆形。核果矩圆形或长卵圆形,长2~3.5 cm,直径1.5~2 cm,成熟时红色,后变红紫色,中果皮肉质,厚,味甜,具1或2粒种子,果梗长2~6 mm;种子扁椭圆形,长0.6~1 cm、宽7~8 mm。花期5~7月,果期8~9月。

二、生长习性

枣树耐旱、耐涝性较强,喜光性强,对光反应较敏感,对土壤适应性强,耐贫瘠、耐盐碱。但开花期要求较高的空气湿度,否则不利授粉坐果。怕风,所以在建园过程中应注意避开风口。喜欢山区、丘陵或平原种植,属于喜温果树,年均温15 ℃左右,芽萌动期温度需要在13~15 ℃,抽枝展叶期温度在17 ℃,开花坐果期温度在22~25 ℃,果实成熟期温度在18~22 ℃即可丰产丰收。

三、主要分布

枣树主要分布于吉林、河北、山东、河南(舞钢)、甘肃、贵州等。中原地区主要分布于,平顶山、开封、舞钢、栾川、鲁山等地种植。主要品种有乐陵小枣,河北赞皇大枣,山西板枣、骏枣、河南灰枣、灵宝圆枣,陕西的大荔圆枣等。

四、种苗繁育与管理技术

(一)引种繁育苗木技术

1. 苗圃地选择

枣树适应性强,但要作为苗圃地,还是宜用壤土或沙壤土。沙壤土不易板结,透气性好,根系发达,有利于苗木生长。

2. 苗圃地整地

3月,选择大型拖拉机旋耕土地,每亩施农家肥 1 500~3 000 kg,耕翻 25~30 cm,整平筑畦备播。

3. 种子采收

9~10月,选择野生酸枣母树无病虫害的种子采收。采收的种子去除杂质和果肉,清洗干净,晾干即可备播。

4. 种子沙藏

酸枣的后熟期为80天左右。12月,大雪后,取出种子用清水浸泡 1~2 天,然后将种子和沙按 1∶5 比例混合层积,入沟沙藏,保存管理。

5. 催芽播种

3月中旬,储藏的种子还没发芽时,连同混拌的沙子一起,放于向阳处,覆盖地膜催芽。种子萌动裂核时播种。宜采用行距 60 cm、株距 3 cm 的大小行播种。开深 3~5 cm 的浅沟,条播或点播。点播株距 20 cm,每点放 2 粒种子。播后覆土 2~3 cm,然后覆地膜。盖膜前地面上先喷 50% 吡虫啉 1 500 倍液,或 50% 敌百虫 800 倍液,防止膜下害虫啃食出土后的幼苗。出苗后随时点破地膜,以利于幼苗出膜。

6. 苗木嫁接

枣树于5月上旬嫁接,成活率很高。此时砧木完全离皮,用储藏不发芽的接穗"皮下接"。5月下旬后,直接从生长的树上采穗,剪除脱落性结果枝,盛于少量水中保存或用湿布保湿。把接穗斜插在 17 cm 厚的湿沙中,每天喷 2~3 次清水,可保持 5~7 天。嫁接后用塑料条绑扎,再用大叶片树叶包裹接口和接穗,保持湿度。

7. 肥水管理

繁育的苗木,5月间定苗后,每亩追施磷酸二铵 20 kg 或尿素 15~20 kg。二年以上的嫁接苗每亩追施硫酸铵 50 kg,或碳铵 50~70 kg,施肥结合浇水,促使苗木加快生长。9~10月,苗木快速生长期基本结束,但是苗木根系活动加强,此时翻地松土,有利于根系的生长。翻地结合基肥,可促进苗木树势健壮。施入农家肥 100 kg 左右、尿素 200 g、过磷酸钙 0.5~1 kg。11~12月,苗木即可出圃。

（二）主要病虫害的发生与防治

1. 主要虫害的发生与防治

（1）主要虫害的发生。枣瘿蚊，又名枣蛆或枣芽蛆，是枣树叶部主要害虫之一。每年发生4代。第一代发生时，正值枣树发芽展叶期，以幼虫为害尚未展开的枣树嫩叶及吸食嫩叶表面汁液，造成大量嫩叶不能展开，被害叶呈浅红色至紫红色，叶片硬而脆，最后干枯脱落，对枣树苗木生长极为不利。

（2）主要虫害的防治。枣瘿蚊的防治：人工防治。秋末冬初或早春，深翻枣园，把老茧幼虫和蛹翻到深层土壤，阻止它春天正常羽化出土，消灭越冬成虫或蛹。或地面毒杀。在枣芽萌动时，成虫羽化出土前，使用2.5%敌百虫粉剂，均匀撒施后耙地1次，毒杀羽化出土的成虫，或喷布20%氰戊菊酯乳油2 000倍液或25%甲萘威可湿性粉剂300倍液等药剂防治。

2. 主要病害的发生与防治

（1）主要病害的发生。枣疯病，当地果农又称其为"扫帚病"或"疯枣树"，是类菌原体引起的病害。该病主要危害枣树和野生酸枣树，是枣树的毁灭性病害。枣树染病后，地上部分和地下部分都表现不正常的生育状态。地上部分表现在花变叶、芽不正常发育和生长所引起的枝叶丛生，以及嫩叶黄化、卷曲呈匙状等；地下部分则主要表现在根蘖丛生。幼树发病1~2次就会枯死，大树染病，2~3年逐渐干枯死亡。枣疯病通过嫁接传染或田间叶蝉类害虫刺吸传播。

（2）主要病害的防治。枣疯病的防治：清除枣疯病株。7~8月，发现病枝及时锯去，可试用1 000 mg/L的四环素或土霉素注射病株。全树感病后连根刨除，防止扩延。在枣树萌芽期喷50%异菌·福美双可湿性粉剂800~1 000倍液，对土壤进行杀菌消毒防控。

五、枣树的作用与价值

（1）食用作用。枣果易储耐运，除可鲜食外，尚可加工成各种枣制品，如蜜枣、红枣、熏枣、黑枣、酒枣、枣泥、枣酒、枣醋等，是食品工业的原料，有"木本粮食""铁杆庄稼"之称。枣可入药，味甘无毒，是常用的滋补品。

（2）造林作用。枣树对土壤适应性很广，贫瘠、砂砾土都能生长。枣树管理较简便，盛果期长。枣树根系疏广耐瘠，枝叶稀疏较小，套种粮食作物，粮、枣间作，可以提高土地利用率，增加单位面积经济收益。材质坚硬、用途广泛，是林农喜爱的果树，又是很好的山区造林绿化树种。

14　山桃

山桃，学名：Amygdalus davidiana（Carrière）de Vos ex Henry.，蔷薇科桃属，落叶乔木，是园林绿化的优良树种。

一、形态特征

山桃，树高5~8 m。树冠开展，树皮暗紫色，光滑。小枝细长，直立，幼时无毛，老时褐色。叶片卵状披针形,先端渐尖,基部楔形,两面无毛,叶边具细锐锯齿。花单生,先叶开放,直径 2~3 cm;花瓣倒卵形或近圆形,粉红色,先端圆钝,稀微凹;雄蕊多数,子房被柔毛。果实近球形,直径 3~4 cm,熟时青黄色,有时光照面有红晕。外面密被短柔毛,果肉薄,种核大。核球形或近球形,表面具纵、横沟纹和孔穴,易与果肉分离。花期 3~4 月,果期 7~8 月。

二、生长习性

山桃喜光,抗旱,耐寒,稍耐碱,适宜中性、微酸性土壤,生于海拔 400~2 500 m 的山坡、山谷沿岸或荒野疏林及灌丛中。对土壤适应性强,耐干旱、瘠薄,怕涝。山桃原野生于各大山区及半山区,对自然环境适应性很强,一般土质都能生长。

三、主要分布

山桃主要分布于山东、河北、河南、山西、陕西、甘肃、四川、云南等地。河南省舞钢市南部山区长岭头、官平院、九头崖、围子园、瓦房沟等山区有野生分布;海拔 300~600 m 的山谷沿岸疏林、灌丛之地多有生长,林下林荫少有。

四、种苗繁育与管理技术

山桃繁育苗木主要以播种繁殖。采收种子,在大田中墒情好的地方播种;种植在阳光充足、土壤沙质的地方,管理较为粗放。一般为荒山造林、公园绿化、风景区美化用苗。山桃的移栽成活率极高,造林绿化广泛应用。

五、山桃的作用与价值

(1)观赏价值。山桃花期早,花色艳丽宜人,是森林公园、景区丛植点缀树种。山桃在早春开花时节,红绿相依,更能充分显现其娇艳之美。在庭院、草坪、水际、林缘、建筑物间栽植,也能收到早春花儿美的效果。景区若能利用空旷地规划栽植大片山桃树,开发桃花节、金秋赏果节游览项目,定可获得良好的经济效益。

(2)砧木作用。山桃是桃、梅、李果树嫁接繁育良种的砧木,嫁接后的桃、梅、李果树寿命长、产量高、品质好。

(3)经济价值。山桃木材质硬而重,可作各种细工及手杖、木梳。果核做玩具或念珠,种仁可入药,榨油供食用。

15 白鹃梅

白鹃梅,学名:Exochorda racemosa (Lindl.) Rehd.,蔷薇科白鹃梅属,又名白绢梅、金瓜果、茧子花、龙白芽等,半常绿或落叶小乔木或灌木,白鹃梅姿态秀美,叶片光洁,花开时洁白如雪,光彩照人,是优良观赏树木。

一、形态特征

白鹃梅,树高 2~6 m。枝条细弱开展,小枝圆柱形,微有棱角,无毛。冬芽三角卵形,平滑无毛,暗紫红色。叶片椭圆形、长椭圆形,先端圆钝,基部楔形或宽楔形,上下两面无毛,全缘。叶柄短,近于无柄。总状花序无毛,顶生总状花序,无毛。萼筒浅钟状。花瓣5,倒卵形,先端钝,基部有短爪,白色。雄蕊 15~20,心皮 5,花柱分离。蒴果倒圆锥形,无毛,有 5 脊。花期 4~5 月,果期 6~8 月。

二、生长习性

白鹃梅喜光,耐寒,耐旱,稍耐阴,适应性强。在海拔 300~700 m 的山坡、山脊、林荫干旱瘠薄土壤上均能生长。

三、主要分布

白鹃梅主要分布于河南、江西、江苏、浙江等地。河南省舞钢市南部围子园、九头崖、官平院、老虎爬、大雾场、秤垂沟等地有野生分布,山区海拔 300 m 以上的山坡、山脊均有片状或散生分布,多与黄荆等灌丛伴生。

四、种苗繁育与管理技术

白鹃梅用于造林绿化、园景草坪、林缘美化、路边美化及假山、石景间配植,可与常绿树搭配丛植,宛若层林点雪,凸显景观观赏价值,在城乡绿化中广泛应用。白鹃梅繁育苗木以播种繁育为主,也可扦插繁殖。播种于 9 月采种,第二年 3 月播种。扦插多用休眠枝,3~4 月早春萌芽前进行即可。

五、白鹃梅的作用与价值

(1)观赏价值。白鹃梅姿态秀美,叶片光洁,花开时洁白如雪,光彩照人,是优良观赏树种。森林公园、旅游区若能借其自然资源开辟观花节、采摘节,开发地方特产、美食,不仅可丰富旅游产品项目,又能取得可观的经济效益。

(2)园林绿化作用。白鹃梅在草坪、亭园、林缘、路边、假山、庭院角隅可作为点缀树种。老树古桩又是制作树桩盆景的材料,具有良好的绿化价值。

(3)食用价值。白鹃梅盛花前将花蕾连带嫩梢采下,用开水烫后晒干可作蔬菜,山区林农称为山珍。花及嫩叶含钙、铁、锌、维生素等及多种营养成分,是极好的食材。

16　西北栒子

西北栒子,学名:Cotoneaster zabelii Schneid. ,蔷薇科栒子属,落叶灌木,为中国的特有植物。用于森林景观匍地观果树种,亦是稀缺珍贵的盆景树种。

一、形态特征

西北枸子,树高1~2 m。枝条细瘦开张,小枝圆柱形,深红褐色,幼时密被带黄色柔毛,老时无毛。叶片椭圆形至卵形,长1.5~3 cm、宽约2 cm,先端多数圆钝,稀微缺,基部圆形或宽楔形,全缘,上面具稀疏柔毛,下面密被黄色或灰色茸毛。花3~13朵成下垂聚伞花序,萼筒钟状,外面被柔毛。花瓣直立,倒卵形或近圆形,直径2~3 mm,先端圆钝,浅红色;雄蕊18~20,花柱2,离生,子房先端具柔毛。果实倒卵形至卵球形,直径7~8 mm,鲜红色,常具2小核。花期5~6月,果期8~9月。

二、生长习性

西北枸子耐阴、耐湿润,适宜中性、微酸性土壤。生于海拔400~1 500 m的沟谷地、阴坡林荫及灌木丛中。

三、主要分布

西北枸子主要分布于青海、陕西、甘肃、宁夏、河北、河南、山东、山西、湖北、湖南等地。河南省舞钢市国有石漫滩林场三林区秤锤沟,四林区大河扒、老虎爬有零星分布。

四、种苗繁育与管理技术

(一)种子播种育苗技术

西北枸子的种子8~9月成熟,采收种子可以9~10月直接秋天播种;3月春季播种,可以储藏备用,进行湿沙存积春天播种,新鲜种子可采后即播;干藏种子宜在春季早期1~2月播种。移植宜在春季早期进行,大苗需带土球。

(二)种条扦插育苗技术

扦插繁殖可在3月春天或6~7月梅雨季节实行,春插要保温、保湿,用山泥或泥炭土作基质,梅雨季节扦插更要用透气性好的基质,以夏天嫩枝扦插成活率高。扦插后,苗棚温度保持在28 ℃左右,湿度保持在90%以上,每天8:00~9:00、16:00~17:00各喷水1次,但不使土壤过湿,以保持叶面湿润为宜。为防止病菌感染,插后第7~8天喷1次0.2%的多菌灵药液进行全面消毒。注意其生长习性,西北枸子喜温暖湿润的半阴环境,耐干燥和瘠薄的土地,不耐湿热,有一定的耐寒性,怕积水。

五、西北枸子的作用与价值

(1)观赏价值。西北枸子树形矮小,野生数量少,秋果鲜红剔透。可培育扩大种源,作为小区美化、园林绿化、森林景观匍地观果植物。

(2)盆景作用。西北枸子叶奇果艳,是制作盆景的珍贵材料。

17 拐枣

拐枣,学名:Hovenia acerba Lindl.,鼠李科枳椇属,又名万寿果、甜半夜、枳椇、鸡爪子、龙爪等,落叶乔木,是打造春夏观叶花、秋冬赏奇果的景观树种。

一、形态特征

拐枣,树高 10~15 m。小枝褐色或黑紫色,白色皮孔明显。单叶互生,厚纸质或纸质,宽卵形、椭圆状卵形或心形,长 8~17 cm、宽 6~12 cm,顶端长渐尖或短渐尖,基部截形或心形,边缘具整齐浅钝细锯齿,叶面无毛,背面沿脉被短柔毛或无毛。叶柄长 2~5 cm。二枝式聚伞圆锥花序,顶生和腋生,被棕色短柔毛。花两性,萼片具网状脉或纵条纹,无毛。花小,花瓣椭圆状匙形,具短爪,黄绿色。花盘被柔毛,花柱半裂。果柄肉质,扭曲,红褐色,果序轴明显膨大,果实形态似万字符,故称万寿果。核果近球形,直径 5~7 mm,无毛,熟时黄褐色或灰褐色。种子暗褐色或黑紫色,直径 3~4 mm。花期 5~7 月,果期 8~10 月。

二、生长习性

拐枣喜光,耐寒、耐旱,较耐瘠薄,适应环境能力较强。适生于海拔 300~1 000 m 的沟谷、溪边、路旁或湿润山坡、丘陵。常生于森林环境,与常绿、阔叶树种混生,亦有生于林缘或疏林中。在深厚肥沃土壤、环境湿润中生长良好。

三、主要分布

拐枣主要分布于甘肃、陕西、河南、安徽、江苏等地。河南省舞钢市国有石漫滩林场三林区秤锤沟、大石棚,四林区大河扒、老虎爬,海拔 300~400 m 的沟谷、山脚林地或疏林内有零星分布。

四、种苗繁育与管理技术

(一)引种繁育苗木技术

1. 种子采收

拐枣采用种子繁殖。在 11 月成熟时收取种子。种皮红褐色,一个果实含 3 粒种子。种皮革质,胚黄白色,不易吸收水分。

2. 种子处理

采后种子用湿沙层积法催芽,一层种子一层湿沙堆藏,50~60 天即可出现胚根凸起。

3. 种子播种

播整好苗床(小畦),点播或条播,深 2~3 cm,4 月初即可出苗。待苗长出 3~5 片真叶时间苗,留强去弱。苗期要经常浇水、施肥,促进生长。在冬季可长到 70~100 cm。移栽到挖好的坑内。此外,也可用压条和分根法繁殖。在春季将枝条拉下,割一 1/3 的小口,压于地下,保持湿润,夏季可形成愈伤组织、生根,冬季或翌年春天可以移栽。

(二)造林绿化技术

1. 造林地选择

拐枣适应性较强,喜生于向阳、湿润、土壤肥沃、排水良好的环境,pH 值中性。种植前选好造林场所后,先挖好深、宽各 1 m 的坑,坡地可挖成鱼鳞坑,防止水土流失。坑多施入枯枝落叶,以供栽树备用造林。

2.造林管护

拐枣幼苗生长缓慢,要加强幼树的管理。一般 5~6 年才开始挂果。每年春夏杂草生长时要松土除草,干旱时及时浇水。春季 3 月、夏季 6 月、冬季 11 月施 3 次肥料,促进生长。按现代矮化拉枝技术,可以提前到 3~4 年挂果。栽后第二年,小树长到 1~1.5 m 时把主杆拉弯,让其分生二级枝条,再用同法拉枝,在第三级和四级枝条上即可开花结果,并且树枝向四面展开,达到早结果、多结果,提高经济效益。

(三)主要病虫害的发生与防治

拐枣的生命力比较强,抗病性能好,苗期常见有叶枯病和蚜虫。叶枯病在发病前和发病初用 1∶1∶400 的波尔多液防治。蚜虫危害嫩梢和嫩芽,用苦参碱 900~1 000 倍液喷洒,即可取得满意的防治效果。

五、拐枣的作用与价值

(1)观赏价值。拐枣树势优美,枝叶繁茂,叶大浓荫,果梗虬曲,状甚奇特。依据其庭院、宅旁常有传统栽培经验,可尝试用于森林公园绿化点缀,打造春夏观叶花、秋冬赏奇果的景观氛围,前景可观。

(2)用材价值。拐枣木材细致坚硬,纹理美观,易加工,刨面光滑,油漆性能佳,可用来作乐器、精致的工艺品、家具及建筑装饰等,为建筑和制细木工用具的良好用材。

(3)食用价值。拐枣具肉质果柄,可鲜食,似蜜甜。可加工酿酒、制醋、制糖,可作罐头、蜜饯、果脯、果干,颇受消费者青睐,开发利用前景广阔。

(4)药用价值。拐枣果梗、果实、种子、叶及根等均可入药,中药称为枳椇子。味甘、性平、无毒,有止渴除烦、去膈上热、润五脏、利大小便、解酒毒、辟虫毒等功效。

(5)造林作用。拐枣是一种速生树种。树势优美,枝叶繁茂,叶大浓荫,果梗虬曲,状甚奇特,是"四旁"绿化的理想树种,用作城市园林的喜阴花木及草坪遮阴树种。

18　山拐枣

山拐枣,学名:Poliothyrsis sinensis Oliv. ,大风子科山拐枣属,又名山杨,落叶乔木。

一、形态特征

山拐枣,树高 7~15 m。树皮灰褐色,浅裂。小枝性脆,灰白色,幼时有短柔毛,老时无毛。叶互生,叶较大,厚纸质,卵形至卵状披针形,长 8~18 cm、宽 5~10 cm,先端渐尖或急尖,基部圆形或心形,有 2~4 个圆形紫色腺体,边缘有浅钝齿,上面深绿色,脉上有毛,下面淡绿色,有短柔毛,掌状脉,中脉上面凹,在下面突起,侧脉 5~8 对,近对生。叶柄长 3~6 cm。花单性,雌雄同序,顶生,有淡灰色毛。雌花位于花序上部,直径 6~9 mm,花瓣缺。子房卵形,1 室,有灰色毛,侧膜胎座 3 个,每个胎座上有多数胚珠,花柱 3,柱头 2 裂。萼片 5 片,卵形,长 5~8 mm,外有浅灰色毛,内有紫灰色毛。雄花位于花序下部,雄蕊多数,长 4~6 mm,分离,花药小,卵圆形。蒴果长圆形或纺锤形,长 3~4 cm,直径约 1.5 cm,外果皮革质,有灰色毡毛,内果皮木质;种子多数,周围有翅,扁平。花期5~6月,果期6~9月。

二、生长习性

山拐枣喜光、稍耐庇荫,喜湿润、稍耐旱,喜疏松、肥厚壤土。适生于海拔300~1 500 m,中性、微酸性土壤,山腰、山脚、谷地,分布林内或疏林中。

三、主要分布

山拐枣主要分布于陕西、甘肃、河南、湖北、湖南、江西、安徽、浙江、江苏、福建、广东、贵州、云南、四川等地。河南省舞钢市国有石漫滩林场南部秤锤沟、长岭头、官平院等野生分布,林区海拔300~600 m的沟谷、山坡有大量野生,多与阔叶林伴生。一般树高8~10 m,胸径14~20 cm,长势茂盛。

四、种苗繁育与管理技术

山拐枣为中速生长树种。树高生长,各龄级生长量不大,但中期较快。胸径生长,除初期10龄生长甚慢外,其他各龄级生长虽不很大,但变幅小。材积生长,随年轮增长逐次增加,且后期持续在较大的水平上。因此,如人工造林,集约经营可作为中、大径级用材来培育。拐枣繁育苗木主要用种子繁殖。在11月成熟时收取种子。种皮红褐色,一个果实含3粒种子。种皮革质,胚黄白色,不易吸收水分。于采后用湿沙层积法催芽,一层种子一层湿沙堆藏,50~60天即可出现胚根凸起,播整好苗床(小畦),点播或条播,深2~3 cm,4月初即可出苗。待苗长出3~5片真叶时间苗,留强去弱。苗期要经常浇水、施肥,促进生长。当苗木长到70~100 cm时即可出圃。

五、山拐枣的作用与价值

(1)观赏价值。山拐枣树干强劲,冠形发达,枝叶阔展,叶形宽大,形色美观。目前,以其作园林观赏的甚少,若能开发作为景区、公园景观树点缀或用于城镇街区行道绿化树种,定能发挥其意想不到的特色观赏效果。

(2)造林作用。山拐枣萌芽力强,生长较快,根系发达,是丘陵、山区河岸及河道、水库上游营造水土保持林、水源涵养林等绿化树种。

(3)经济价值。山拐枣木材黄白色,材质优良,结构细密,是制作家具、器具的优良用材。山拐枣花多而芳香,亦为优良蜜源植物。树皮具纤维,可用作纺织、造纸原料。

19　野柿

野柿,学名:Diospyros kaki Thunb. var. silvestris Makino,柿科柿属,又名山柿、油柿等,落叶大乔木,是山地公园、景区景观绿化树种。

一、形态特征

野柿,树冠高5~10 m。小枝及叶柄密生黄褐色柔毛。单叶互生,叶片小,质厚。椭圆状卵形、矩圆状卵形或倒卵形,先端短尖,基部宽楔形或近圆形,叶面深绿色,背面浅绿色,有褐色柔毛。叶柄长 1~1.6 cm。雌雄异株或同株,雄花成短聚伞花序,雌花单生叶腋,花冠黄白色。果实红色,直径不超过 3~5.5 cm。种子多数,偏扁半圆形。花期 4~5 月,果期 10~11 月。

二、生长习性

野柿喜光,耐湿润且耐旱、耐寒。喜肥厚、疏松土壤。海拔 300~1 500 m,中性、微酸性、微碱性土、壤土、黄褐土、山地天然林、次生林或灌丛中均有分布。

三、主要分布

野柿主要分布于河南、四川、云南、广东、广西、江西、福建等地山区。河南省舞钢市南部山区秤锤沟、九龙山、四头脑、瓦房沟、长岭头、官平院、二郎山、旁背山等山区有野生分布,海拔 300~500 m 的山脚、谷地林内、林缘、疏林或灌丛中有散生野生。现存大径树较少。

四、种苗繁育与管理技术

(一)引种繁育技术

1. 种子采收与储藏

9~10 月果实成熟后,适时采收,搓去果肉,取出种子。采集后的种子,要放在阴凉处阴干,收藏于干燥通风处,以防种子发霉变质。采集的种子在小雪前后,用湿沙层积,种沙比为 15:8,沙子的湿度以手握成团,松手而不散开为宜,沙藏前种子需浸泡 1~2 天,使种皮充分吸水。层积的方法:在室内地面上先铺 20~30 cm 的湿沙,上面放一层种子,如此一层细沙一层种子交替摊放,顶部沙层厚 25~30 cm,沙堆成梯形,高 60~70 cm,上面盖上草帘,洒水,以保持湿度。

2. 苗圃地选择

育苗对苗圃地要求不太严格,但为保证苗木质量,要选择土层较厚、背风向阳、水源充足、坡度小、交通方便的地块,不要选择黏土地及积水地,以沙壤土地为宜。播种前深翻土壤 25~30 cm,施足基肥,每亩施复合肥 40~50 kg、尿素 24 kg 即可。

3. 种子播种

整地做畦,畦宽 90~100 cm,山区旱地育苗做平畦。春季育苗应在 3 月下旬至 4 月上中旬进行,育苗的种子要经过 3~4 个月的沙藏催芽处理,未经沙藏的种子在播种前浸种 3~4 天,每天换水 1~2 次,使种子充分吸水后,捞出暴晒,并不断翻动种子,使种子裂嘴后播种,为保证育苗地的墒情,播种前在育苗地灌足水,待水渗透晾干、表土松散时,在畦内开沟播种,沟深 5~9 cm,行距 25~30 cm,覆土厚度为 4~5 cm,每亩播种量 5~6.5 kg,播后 18~20 天出苗,在出苗期注意保墒,幼苗出齐后,长到 3~4 片叶及时间苗,中耕除草,6 月下旬至 7 月上旬追施尿素,每亩 7~10 kg,6 月上旬至 8 月下旬为苗木生长旺期,要加强苗期的肥水管理,干旱及时浇水,雨水多时及时排水,严防草荒,注意防治苗期病虫害。

(二)造林绿化技术

1.造林植树

春季栽植要在土壤解冻后清明节前后进行,采用反坡梯田整地、沟状整地和穴状整地。为节省人力、物力,多采用穴状整地,长 100 cm × 宽 100 cm × 高 80 cm,为了及早郁闭成林,应适当密植,株行距 3 m × 4 m,苗木应选择 1~2 年生、枝干粗壮、高度在 1~1.5 m 以上、地径粗度在 1~1.2 cm 以上、芽体饱满、根系完整、须根发达、无病虫害及机械损伤的一级健壮苗木。起苗时修剪苗木过长根、破伤根,蘸好泥浆,防止根系大量失水和单宁物质的氧化。栽植时将苗木放在定植穴的正中,扶正,使根系舒展,填回地表的熟土,采用“三埋、两踩、一提苗”的栽植法,踏实,使苗木原土印与地面齐平,栽后立即修好树盘,浇足栽植水,水渗后在树盘内覆一层干土,超出原土印 1~2 cm。

2.造林管理

苗木成活后,每年要对幼树进行抚育 1~2 次,松土,除草,荒山造林还必须割灌,以免柴草过旺影响幼树生长。在定植穴内修筑防水埂,里低外高,防止雨水流失,保证幼树生长所需的水分。幼树定植后 3 年内以施速效肥为主,使抽生的枝条又长又壮,快速扩大树冠,提早结果。

(三)主要病虫害的发生与防治

野柿主要病害有角斑病、圆斑病,主要虫害有柿毛虫、柿蒂。一是防治病害技术方法,病害发生后,在 3 月即春季发芽前树冠喷 4~5 波美度石硫合剂。二是防治虫害技术方法,虫害发生期,在 4~6 月,即生长季喷甲基托布津 800 倍液+菊酯类农药 2 500~2 800 倍液,或多菌灵 800 倍液+菊酯类农药 2 500~2 800 倍液。

五、野柿的作用与价值

(1)观赏价值。野柿树干较低,枝叶稠密,冠形明显,春花秋实,具春叶嫩、夏花黄、秋冬红叶果玲珑之形色,可作山地公园、景区景观树种点缀,用以丰富植物景观价值。

(2)砧木作用。野柿实生苗是培育嫁接栽培品种柿树的优良嫁接砧木,成活率高,结果早,品质好。

(3)用材价值。野柿木材的边材含量大,收缩大,干燥困难,耐腐性不强,但致密质硬,表面光滑,耐磨损,强度大,韧性强,可作纺织木梭、线轴,作家具、面杖、木碗、箱盒、装饰用材;还可精制玩具、提琴指板、弦轴等。

(4)食用价值。柿果脱涩后可食,在树上自然脱涩的红色果实可以食用;未成熟柿子可提取柿漆,树皮含鞣质、醌类,可作染料。

20 沙梨

沙梨,学名:Pyrus pyrifolia (Burm. F.) Nakai,蔷薇科梨属,又名金珠果、麻安梨等,落叶乔木,是荒山、丘陵造林建设和城乡美丽乡村花果观光园建设的优良树种。

一、形态特征

沙梨,树高达 7~15 m。卵状椭圆形,基部圆形或近心形,小枝光滑,小枝嫩时具柔毛,后脱落,2 年生枝紫褐色,具稀疏皮孔。叶片卵状椭圆形或卵形,长 7~12 cm,宽 4~6.5 cm,先端长尖,基部圆形或近心形,边缘有刺芒锯齿,上下两面无毛。花白色,花柱无毛,花伞形总状花序,具花 6~9 朵,直径 5~7 cm;总花梗和花梗幼时微具柔毛,萼片三角卵形,内面密被褐色茸毛。花瓣卵形,先端啮齿状,基部具短爪,花白色。雄蕊 20,花柱 5,光滑无毛。果近球形,浅褐色,果肉沙糯爽口,果实近球形、卵形或椭圆形,直径 3~5 cm,浅褐色,有斑点。种子卵形,微扁,长 8~10 mm,深褐色。花期 4 月,果期 9 月。

二、生长习性

沙梨根系发达,属阳性树种,喜光、喜肥、耐寒、耐旱,喜温暖湿润、酸碱度适中土壤。适宜生长在温暖而多雨的地区,适生于海拔 100~1 000 m,丘陵、山地、林缘、灌丛、旷野。

三、主要分布

沙梨主要分布于河南、陕西、安徽、湖北、福建等地。河南省舞钢市南部尹集镇、杨庄乡、尚店镇、庙街乡、铁山乡等均有散生分布,林农称作野生棠梨,是嫁接繁育梨树的砧木,已有 200 余年历史。

四、种苗繁育与管理技术

(一) 引种繁育苗木技术

1. 苗木繁育

沙梨育苗都用嫁接法繁殖。砧木主要选择杜梨和豆梨,此外还有沙梨的野生种。杜梨抗旱、耐湿,也耐盐碱性土壤;沙梨野生种耐湿、耐热,抗旱力稍弱,幼苗前期生长快,每亩播种量是 2.3~3.0 kg。种子可以当年 9~10 月进行秋播;3 月春播,种子必须经沙藏层积处理后才能进行播种。沙藏技术,即层积温度保持 1~5 ℃,层积天数一般 50~70 天,即可大田播种繁育。

2. 幼苗管护

繁育后的苗木称作砧木苗木,又名实生苗和种子苗木。通过人工嫁接才能是良种苗木;嫁接苗木可以提早结果见效益。注意砧木实生苗前期生长较慢,而当年芽接时要求砧木粗度至少在 0.6~1.2 cm 以上,才能嫁接。故当年嫁接率一般较低。砧木苗培育,要加强肥水管理,采取勤施肥水、适期摘心促进砧木苗加速增粗,以提高嫁接率。

3. 苗木嫁接

当年秋季嫁接多用芽接法,如芽接没有成活,第二年春天可用枝接法补接。对芽接成活苗,在 8~9 月进行围内断根或冬季剪主根移栽,可促进侧根的生长,提高出圃苗的标准,有利于提高苗木的栽植成活率。

(二)造林建园培育技术

1. 苗木选择

10月,苗木落叶后即可栽培建立果园,即秋栽土壤墒情好、苗木进入休眠期,此时栽培苗木成活率高,缓苗期短,第二年3月萌芽早,生长旺盛。栽植株行距3 m×4 m;或采取株行距2 m×3 m,以充分发挥密植早产的优势。在风大地区建园时,应该营造防风林,以减轻风害,确保丰收。

2. 整形与修剪

整形根据前述梨树有关生长习性,生产上多推广采用疏散分层形树形,遇有主枝分枝角较小,中心以上难以配置上层主枝的情况,也可不留中心干,而培养成多主枝开心形的树形,提高坐果率。

(三)主要病虫害的发生与防治

1. 主要病害的发生与防治

(1)主要病害的发生。沙梨主要病害有梨黑星病、梨锈病、梨黑斑病。梨黑星病危害叶片、果实、芽、花序和新梢,病部产生黑色霉状物,引起叶片干枯早落,幼果龟裂、畸形,也易早落。病菌在芽鳞、病叶、病果和枝条上越冬,次年借风雨传播。花序和新梢基部常先发病。该病从花期到果实采收期都可发生,发病轻重与当年降雨多少密切相关。梨锈病又称赤星病,主要危害叶片,其次危害新梢和果实,后期病部长出淡黄色毛状物,为病菌的锈子器。发病严重时叶片枯萎早落,病果呈畸形,也易早落。梨黑斑病危害果实、叶片和新梢。幼果感病带硬化龟裂,近成熟期果实感病则软腐脱落。病菌以菌丝在病叶、病果和病枝上越冬,次春产生分生孢子,借风雨传播。

(2)主要病害的防治。梨黑星病防治方法:晚秋清除落叶、病果、病枯枝等,减少越冬菌源。花期前后摘除有病花丛和病梢,消灭传播中心。生长期喷药防治,第一次掌握在花序分离期,第二次在谢花70%左右时。药剂可用石灰倍量式240~200倍的波尔多液,或75%百菌清800~900倍液,或70%甲基托布津800~1 000倍液。以后根据天气情况和发病情况决定是否继续喷药。梨锈病防治方法:在梨树萌芽期至展叶后25天内,喷石灰倍量式波尔多液200倍液2~3次进行保护,此外,喷20%粉锈宁(三唑酮)乳油3 000倍液也有较好的效果。梨黑斑病防治方法:冬季清园,减少越冬菌源。萌芽前喷5波美度石硫合剂和0.3%五氯酸钠混合液,杀灭越冬病菌。萌芽后结合防治其他病害再喷布200倍波尔多液或50%退菌特600~800倍液数次。病重园喷10%多氧霉素1 000倍液,有较好的效果。

2. 主要虫害的发生与防治

(1)主要虫害的发生。沙梨主要虫害有梨二叉蚜、梨圆介壳虫。梨二叉蚜3~4月以若虫和成虫群集芽上及叶面上为害,引起叶片纵卷,影响梨树的生长发育。以卵在芽腋间或小枝裂缝处过冬,第二年梨芽萌动时开始孵化,一年发生20代左右。能胎生若蚜孤雌繁殖。梨圆介壳虫5~6月发生,虫体细小,以若虫和成虫密集于枝干、叶片和果实上为害,造成枝条长势衰弱或枯死,果实上形成红色晕斑或龟裂,降低品质。

(2)主要虫害的防治。梨二叉蚜防治方法:春季梨花芽萌动后,若蚜群集芽上为害时,喷10%吡虫啉2 800~3 500倍液,或功夫菊酯2 800~3 000倍液。谢花70%时再喷1次,务必使全部枝梢均匀着药。梨圆介壳虫防治方法:萌芽前喷5波美度石硫合剂,或第

1 代若虫发生喷 0.3 波美度石硫合剂,注意保护天敌。

五、沙梨的作用与价值

(1)绿化作用。沙梨干挺冠大,春花满树,洁白如雪,8～10 月硕果累累,梨果美味可口。其适应性强,管理简单,是风景区、公园、美丽乡村造林景观树种及庭园观赏等优良树种。

(2)食用价值。沙梨果具"沙"状涩味,故以此得名。梨果初成熟时,发涩不可食,经候熟储藏,去涩变面,味道独特,沙甜开胃。

(3)药用价值。沙梨的叶、枝、根、果实、果皮可入药。

21　杜梨

杜梨,学名:Pyrus betulifolia Bunge,蔷薇科梨属,又名棠梨、土梨、海棠梨、野梨子、灰梨等,落叶乔木或小乔木,是街道、景园春游观花点缀树种,也是北方营造防护林、水土保持林的优良野生树种。

一、形态特征

杜梨,树干高 10 m 左右。常有刺,2 年生枝条紫褐色。叶片菱状卵形至长圆卵形,长 4～7 cm,宽 2.5～3.6 cm,先端渐尖,基部宽楔形,稀近圆形,边缘有粗锐锯齿,幼叶上下两面均密被灰白色茸毛,老叶上面无毛而有光泽。伞形总状花序,有花 10～15 朵,总花梗和花梗均被灰白色茸毛,萼筒外密被灰白色茸毛;萼片三角卵形,花瓣宽卵形,先端圆钝,基部具有短爪。花白色。雄蕊 20,花药紫色。花柱 2～3,基部微具毛。果实近球形,直径 5～10 mm,2～3 室,褐色,有斑点。花期 4 月,果期 8～9 月。

二、生长习性

杜梨适生性强,耐旱、耐涝、耐瘠薄,在中性土及盐碱土上均能正常生长。杜梨属阳性树种,喜光,耐干旱、瘠薄、耐寒,根蘖萌生繁性强。在海拔 150～1 000 m,中性、碱性土壤、平原、丘陵或山坡阳处,均能正常生长。

三、主要分布

杜梨主要分布在辽宁、河北、河南、山东、山西、陕西等地,生长在平原或山坡阳处,海拔 50～800 m。河南省舞钢市南部杨庄乡、尚店镇、尹集镇、庙街乡、铁山乡等丘陵、山坡有大量自然萌生或散生。

四、种苗繁育与管理技术

(一)引种繁育苗木技术

1. 种子采收与种子处理

10 月,种子成熟后,立即采收种子。秋季采种后堆放于室内,每天翻动 2～3 次,使其果肉自然发软,其间需经常翻搅的目的是防止其腐烂。待果肉发软后,放在水中搓洗,将种子捞出,放在室内阴干,11月土壤上冻前进行混沙储藏,湿沙与种子之比为3∶1,拌匀后放在室外背阴的储藏池内。为防止种子脱水,可再盖8~10 cm的湿沙保存储藏。

2. 种子播种与管理

第二年2月,即春季解冻后,要每天1~2次及时翻搅,以防霉烂变质,种芽露白后,即可播种;选择苗圃地,苗圃地的土壤要肥沃、疏松,采取条播,株行距为2 cm×15 cm;播种后15~20天即可发芽,随后每年浇水2~3次,浇透水;每年施肥2~3次,每次每亩施入10~15 kg,4~5年可开花结果。

(二)造林绿化技术

1. 造林地选择

杜梨对土壤要求不严格,荒山、丘陵、沙土、壤土、黏土都可以栽培。pH值在5~8.5均可,但以5.5~6.5为最佳。由于杜梨野性强,是深根性果树,且根的水平伸展力强,对土层较瘠薄的园地最好先实行壕沟改土或大穴定植,才能获得最佳产量与品质。造林在山地、平地或丘陵均可。

2. 修剪与整形

一是在整形上,通常采用主干双层形,树高控制在3.5~4 m,全树留5个主枝,第一层3个,其中1个顺行向延伸,另2个斜行向延伸,不能垂直行间。第二层主枝2个,以对生为好,并要求垂直伸向行间,与下层主枝插空排列,为下层让开光路。层间距离1~1.3 m。下层每主枝留2~3个侧枝,上层每主枝留1~2个侧枝。第一个侧枝与主干距离40~45 cm为宜,侧枝间相互距离40~50 cm,主枝角度55°~70°,腰角50°~65°,侧枝与主枝夹角约50°。二是修剪,杜梨发枝力强、成枝力弱,大多以短果树结果为主。11~12月修剪,修剪时应重点注意结果枝组的培养与修剪。结果枝组数量合理布局是获得高产、稳产的关键,对容易成花的品种,可采用先短截后放或短截-回缩的方法,对不易成花的品种,可以先长放后回缩,培养结果枝组。对进入盛果前期和盛果期的树,对结果枝组进行精细修剪,同一枝组内应保留预备枝,轮换更新,交替结果,控制结果部位外移。要充分利用轻剪长放与短剪回缩调节和控制枝组内及枝组间的更新更壮与生长结果,使其既能保持旺盛的结果能力,又具有适当的营养生长量。

3. 施肥管理

9~10月施入磷钾肥;3~4月施入0.3%尿素加0.2%磷酸二氢钾;5~6月膨大期喷1~2次"云大120"(一瓶0.3 kg,兑水13 kg)加250倍食用醋,以提高果肉嫩度及果皮光洁。果实有裂果、锈果现象,在采收果实前,5月上中旬施足磷钾肥,并用杂草覆盖树盘,抗旱保墒,可防裂果。

(三)主要病虫害的发生与防治

1. 主要病害的发生与防治

梨黑星病,又名疮痂病,为梨最主要病害之一;6~8月发生危害,危害梨树的果实、果梗、叶片、叶柄和新梢等。防治措施:及时消灭病源,3月下旬落花后至6月,及时摘除烧毁,清扫落叶、落果,剪除病梢;喷布药剂防治,4月上旬,花期和高谢花65%~70%各喷1次1∶2∶40的波尔多液或800倍"大生M"保护花序、嫩梢和新梢,发生期,注意田园清洁,加强管理,增强树势,减少病虫害的发生。

2.主要虫害的发生与防治

梨大食心虫的防治:11~12月,落叶后,主要结合冬季修剪,剪去虫芽,开花后检查受害花簇(受害花簇鳞片脱落)并及时摘除。在第二年5月下旬以前(成虫羽化前)摘除、拾净虫果,防治效果显著。

五、杜梨的作用与价值

(1)观赏价值。杜梨不仅生性强健,对水肥要求也不严,其树形优美,花色洁白,是城乡街道、庭院及公园的优良绿化树,具有极高的观赏价值。

(2)造林绿化价值。杜梨适应性强,在荒山、丘陵及盐碱地区应用较广,可作为防护林、水土保持林、种子采摘林。

(3)药用价值。杜梨枝叶用于治疗霍乱、吐泻、转筋腹痛、反胃吐食。树皮用于治疗皮肤溃疡;果实具有润肠通便、消肿止痛、敛肺涩肠及止咳止痢之效;根可润肺止咳、清热解毒,主要用于治疗干燥咳嗽等,具有良好疗效。

22　豆梨

豆梨,学名:Pyrus calleryana Decne.,蔷薇科梨属,又名野梨、台湾野梨、山梨、鹿梨、刺仔、鸟梨、阳槎、赤梨、酱梨明棠、棠梨、野梨等,落叶小乔木,是园林绿化、风景区美化、公园建设观花的优良树种。

一、形态特征

豆梨,树高5~10 m。小枝粗壮,圆柱形,在幼嫩时有茸毛,2年生枝条灰褐色。叶片宽卵形至卵形,单叶互生。长4~8 cm,宽3.5~6 cm,先端渐尖,稀短尖,基部圆形至宽楔形,边缘有钝锯齿,两面光滑无毛。伞形总状花序,具花6~12朵,萼筒无毛。花瓣卵形,基部具短爪,白色。雄蕊20,花柱2,基部无毛。梨果小,球形,直径0.5~1.0 cm,浅褐色,有斑点。花期4月,果期8~9月。

二、生长习性

豆梨喜光,稍耐阴,不耐寒,耐干旱、耐瘠薄。对土壤要求不严,在碱性土中也能生长。深根性。具抗病虫害能力。生长较慢,适生于海拔100~1 500 m的丘陵、山坡或山谷阔叶林中。

豆梨与杜梨的区别在于后者小枝密被灰白色茸毛,叶缘具有粗锐锯齿,叶柄、果梗均被茸毛;杜梨叶片较窄,花柱3~5,雄蕊25~30,易于区别。豆梨的果实极小,到了成熟时果径也仅有1~1.2 cm,形似小豆子,故名"豆梨"。

三、主要分布

豆梨主要分布于山东、河南、江苏、浙江等地。河南省舞钢市蚂蚁山、龙头山、九头崖、旁背山、支鼓山等南部丘陵、山区有零星分布。适生于温暖潮湿气候,山坡、平原或山谷杂木林中,海拔 80~1 800 m。

四、种苗繁育与管理技术

(一)引种繁育苗木技术

豆梨繁育苗木技术主要采用播种或扦插繁殖,园林或造林绿化需要的苗木采取种子播种法进行,种子繁育的树苗更加健康和强壮。豆梨需要生长在湿润、温暖的位置,而且在各种土质中都能够存活,所以盐碱程度较高的地方可以考虑种植。它的根系比较深,种植前需要将土壤进行深耕。豆梨生长速度比较慢,管理的时间比较久。豆梨繁育技术和梨树繁育技术一样。

(二)造林绿化技术

1. 豆梨栽植时期

在 11 月下旬至第二年的 2~3 月,气温回升后进行。最迟不宜超过 4 月,株行距以 3 m×5 m 为宜,密植株、行距 2 m×3 m,密植的林区进入盛果期 3~5 年后可分批间伐或疏移。第 3~4 年,每亩生产量即可达 1 000~1 200 kg,5 年生产量 2 000~2 400 kg。

2. 豆梨栽植后期管理

4~5 月,及时人工对豆梨进行抹芽、疏花蕾、人工授粉、花期放蜂等。另外,花期喷施 0.2%~0.5%硼酸、0.3%尿素、15 mg/L 苯乙酸钠,均能提高着果率。在 7~8 月高温干旱期对梨树灌水 1~2 次,每亩施入复合肥 50~60 kg,可提高梨产量。

3. 梨树施肥

梨树生长选择需吸收氮、磷、钾等元素,因此对梨树施有机肥可采用豆饼、棉籽、草木灰、人粪尿等,无机肥可采用尿素、硫酸铵、硫酸钾等,提高果实品质和产量。

4. 豆梨整形修剪

采用疏散分层延迟开心形,干高 70~80 cm,冠高 3.5~5.0 m,有主枝 5~7 个,第一层 3~4 个,第二层 2 个,层间距 40~70 cm,下大上小;密植园用有中心干的圆锥形,树高 2.5~3.0 m。修剪时注意调节控制营养生长和生殖生长,达到既生长又结果的目的。

五、豆梨的作用与价值

(1)砧木作用。豆梨抗腐烂病能力较强,对生长条件要求不高,故常用作品种梨树的砧木,与西洋梨亲和力强,与沙梨、白梨亲和力较差。

(2)药用价值。豆梨根、叶有润肺止咳、清热解毒功效,主治肺燥咳嗽、急性眼结膜炎。果实健胃、止痢。叶和花对闹羊花、藜芦有解毒作用;果实含糖量达 15%~20%,可酿酒。

(3)用材价值。豆梨木材坚硬,是雕刻制作粗细家具及雕刻工艺品、图章等用材。

(4)绿化作用。豆梨生长条件要求不高,可用于公园、景区观花植物点缀绿化及盆景制作。

23 板栗

板栗,学名:Castanea mollissima Bl.,壳斗科栗属,又名毛栗、栗子等,落叶乔木,是中原地区优良乡土树种,中国主要的木本粮食树种之一,造林绿化野生经济林树种。

一、形态特征

板栗,叶椭圆形至长圆形,长 10~16 cm、宽 6~8 cm,顶部短至渐尖,基部近截平或圆,或两侧稍向内弯而呈耳垂状,叶柄长 1~2 cm。单叶互生,薄革质,边缘有疏锯齿,齿端为内弯的刺毛状;叶柄短,有长毛和短茸毛;花单性,雌雄同株,雄花为直立荑黄花序,浅黄褐色;雌花无梗,生于雄花序下部,雌花外有壳斗状总苞,雌花单独或 2~5 朵生于总苞内,雄花序长 10~20 cm,花 3~5 朵聚生成簇,雌花 1~3 朵发育结实;果总苞球形,外面生尖锐被毛的刺,内藏坚果 2~3 个,成熟时裂为 4 瓣。坚果深褐色,成熟壳斗的锐刺有长有短、有疏有密,密时全遮蔽壳斗外壁,疏时则外壁可见,壳斗连刺径 4.5~6.5 cm;坚果高 1.5~3.0 cm、宽 1.8~3.5 cm。花期 4~6 月,果期 8~10 月。

二、生长习性

板栗喜光照,若光照不良,结果部位极易外移,产量低、效益差。板栗的芽有叶芽、完全混合芽、不完全混合芽和副芽 4 种。叶芽只能抽生发育枝和纤细枝;完全混合芽能抽生带有雄花和雌花的结果枝;不完全混合芽仅能抽生带有雄花花序的雄花枝;副芽在枝条基部,一般不萌发,呈隐芽状态存在。而形成完全混合芽的当年生枝,称为结果母枝。板栗的强壮结果母枝,长度在 13~16 cm 以上,较粗壮,枝的上部着生 3~5 个完全混合芽,结果能力最强。抽生出结果枝结果后,结果枝又可连续形成混合芽。这种结果母枝产量高、易丰产。弱结果母枝长度为 8~12 cm,生长较细,只能在顶部抽生 1~3 个结果枝。树势弱时,弱枝着生在 2 年生枝的顶端,不结果。

三、主要分布

板栗主要分布于辽宁、内蒙古、河北、河南等地,生长于海拔 370~2 800 m 的地区,多见于山地。中原地区主要分布于舞钢、鲁山、西峡、栾川等地。板栗树的分布范围很广,但集中产区主要是黄河流域的华北地区及长江流域各省。河南确山有大油栗良种。

四、种苗繁育与管理技术

(一)引种繁育苗木技术

1. 苗圃地选择

板栗苗圃地最好选择在地势平坦、土壤肥沃、土层深厚、质地疏松、排水良好的微酸性沙壤土,pH 值 5.5~6.5 为好。

2. 苗圃地整地

11 月,冬季前,每亩施入 5 000~6 000 kg 农家肥,采用大型拖拉机旋耕,深翻耙平。

第二年2~3月,精耕细耙,整好苗床,做成宽44~50 cm、高15~16 cm、步道宽20~30 cm的插床,苗床长度视实际情况而定。做到床土细碎、床面平整、水沟畅通。播种前3~5天用硫酸亚铁或福尔马林消毒土壤。

3. 选择种子

9月,板栗种子进入成熟期,即可采集充分成熟、饱满度好的板栗种子,除去虫蛀种、秕种。再将选好的种子放入高锰酸钾溶液中消毒杀菌。同时,板栗种子有四怕,即怕干,干燥后很容易失去发芽力;怕湿,过湿、温度又高,容易霉烂;怕冻,受冻种仁易变质;怕破裂,种壳开裂极易伤及果肉,引起变质。

4. 种子沙藏

采收的种子必须沙藏处理。1~2月,在背阴高燥的地方,挖深1 m、沟宽不超过30 cm的条沟储放栗种。其方法是:取出种子后用3~5倍体积的湿沙与种子拌匀,先在沟底铺放10 cm厚的湿沙,然后放入混合沙子的栗种,厚度为40~50 cm,最后盖沙8~10 cm。栗种含淀粉多,遇热容易发酵,冻后又易变质。因此,沟内的温度保持在1~5 ℃为宜。寒冷季节,增加储藏沟上的覆盖物,天气转暖后,及时退除覆盖物,并上下翻动种子,以达到温度均匀。储藏时,还要防止雨雪渗入和沙子失水过干。

5. 种条储藏

为了来年嫁接苗木准备,1~2月,必须采集接穗,或结合修剪采自优良母株的接穗,一般是按50~100根捆成一捆,标明品种,竖放于储藏沟内,用湿沙填充好。注意事项与种子储藏相同。

6. 种子播种

3月中下旬沙藏的板栗种子,当有1/3或1/2发芽时即可播种。播种前将霉变的种子挑选出去。用锄头在每块平整好的插床上挖出2行小沟,在小沟里均匀撒入适量的复合肥,每亩苗圃地施入40~50 kg,再用细土薄薄地覆盖肥料,使肥料与种子隔离。然后在土上按6~8 cm的距离将栗种腹面朝下排放在沟中,再在栗种上覆土2~3 cm,并在插床上覆盖稻草或杂草,以防土壤板结。

7. 肥水管理

播种后30~45天可出全苗。在3~4月生长初期,要加强松土、除草、间苗和防治病虫害等工作。在5~7月速生期,苗木生长加快,要及时追肥、灌水,在6月施一次尿素液肥,7月按每亩施复合肥5~6 kg的标准施一次追肥。

8. 芽接技术

利用板栗隐芽不萌发的特点,可延迟嫁接时间。发芽后一般可采用方块状芽接法。接后立即平茬,促使接口尽快愈合和接芽萌发。芽接,9~10月,栗树芽接的时间,可比其他果树晚些。可采用方块形芽接法或"T"形芽接法。"T"形芽接的芽,以削成带木质部的厚芽片为好。这种接法芽眼不易干死,越冬能力强,成活率高。其他的操作方法与普通芽接相同。接后必须用塑料条绑扎。

9. 嫁接苗木管理

5~6月,嫁接苗长至30~35 cm时,支架防止风害。春季嫁接苗40天左右,嫁接伤口已经愈合,可以解除包湿物及绑缚物,并及时抹除砧木萌蘖,摘除苗梢上的花序。及时中耕,雨季来临之前的 5 月间,圃地中耕 5~10 cm,并晒墒,即可疏松土壤和除掉杂草。

(二)主要病虫害的发生与防治

1. 主要虫害的发生与防治

(1)主要虫害的发生。板栗主要虫害分别是球坚蚧、栗大蚜、叶螨、金龟子、象鼻虫、桃蛀螟、扁刺蛾、大袋蛾及红蜘蛛等,1 年发生多代,它们在板栗生长期重叠发生危害,主要危害果实或叶片。

(2)主要虫害的防治。4~5 月,萌芽前,喷布 1~3 波美度石硫合剂,展叶后,喷布 0.3 波美度石硫合剂,主要防治球坚蚧、栗大蚜、叶螨等;施用 50%敌百虫 50 倍液处理的毒饵,防治杂食性的金龟子、象鼻虫。7~8 月,喷布 1 500 倍 50%敌敌畏 1~2 次,防治食叶的扁刺蛾、大袋蛾及红蜘蛛等。7 月上旬,喷布 90%敌百虫 2 000 倍液防治栗瘿蜂、剪枝象鼻虫、栗大蚜、喷螨、介壳虫等。8 月下旬至 9 月中旬,重点防治蛀果的栗实象鼻虫、桃蛀螟,可用 50%辛硫磷 1 000 倍液,或吡虫啉 1 000 倍液,或 2.5%溴氰菊酯乳剂 2 500 倍液。也可利用栗实象鼻虫的假死性,于露水未干时,成虫难以飞行的早晨,地面铺塑料薄膜,摆动枝干兜住害虫杀死。落叶后树干刮树皮,2 月间,刮除老树皮,消灭越冬的虫卵。注意刮树皮不可过深,以露出红褐色木栓层而不伤木质部为宜。查找树洞、伤疤,消灭越冬的栗大蚜卵块。

2. 主要病害的发生与防治

(1)主要病害的发生。板栗主要病害是枝枯病、白粉病。它们在萌芽期或生长期发生危害,严重时致使枝梢干枯或叶片早期落叶,影响生长结果和产量。

(2)主要病害的防治。采取喷药防治,4~5 月,萌芽前,喷布 1~3 波美度石硫合剂;展叶后,喷布 3~5 波美度石硫合剂防治板栗枝枯病。7 月上旬,在白粉病、枝枯病发生的主要时期,及时喷布 50%托布津 1 000 倍液 1~2 次即可。

五、板栗的作用与价值

(1)观赏价值。板栗生长迅速,管理简便,适应性强,抗旱、抗涝、耐瘠薄,在城市园林绿化、公园美化中广泛作为风景树种植。

(2)绿化作用。板栗一年栽树,百年受益,既是优良的果树,又是绿化荒山荒滩的优良观赏、造林用材树种。

(3)食用价值。板栗树冠高大,枝繁叶茂,果实色泽鲜艳、营养丰富,淀粉含量为56.3%~72%,脂肪 2%~7%,蛋白质 5%~10%,并含较多的乙种维生素,是我国主要的木本粮食树种之一,很受人们喜爱。

24 山莓

山莓,学名:Rubus corchorifolius L. f.,蔷薇科悬钩子属,又名树莓、山抛子、牛奶泡、撒秧泡、三月泡、四月泡、龙船泡、大麦泡、泡儿刺、刺葫芦、馒头菠、高脚波、山泡等,直立灌木,既是灌木型果树,又是生态经济型水土保持造林灌木树种。

一、形态特征

山莓,树高 1~3 m;枝具皮刺,幼时被柔毛。单叶互生,卵形至卵状披针形,长 5~12 cm、宽 3~5 cm,顶端渐尖,基部微心形,有时近截形或近圆形,上面色较浅,沿叶脉有细柔毛,下面色稍深,幼时密被细柔毛,逐渐脱落至老时近无毛,沿中脉疏生小皮刺,边缘不分裂或 3 裂,通常不育枝上的叶 3 裂,有不规则锐锯齿或重锯齿,基部具 3 脉。叶柄长 1~2 cm,疏生小皮刺,幼时密生细柔毛,托叶线状披针形,具柔毛。花单生或少数生于短枝上;花梗长 0.5~2 cm,具细柔毛;花直径 2~3 cm;花萼外密被细柔毛,无刺;萼片卵形或三角状卵形,长 5~8 mm,顶端急尖至短渐尖;花瓣长圆形或椭圆形,白色,顶端圆钝,长 9~12 mm、宽 6~8 mm,长于萼片;雄蕊多数,花丝宽扁;雌蕊多数,子房有柔毛。果实红色,由很多小核果组成,近球形或卵球形,直径 1~1.3 cm,密被细柔毛;核具皱纹。花期 2~3 月,果期 4~6 月。

二、生长习性

山莓适应性强,耐贫瘠,喜光照,生长在向阳山坡、溪边、山谷、荒地和疏密灌丛中潮湿处,海拔 200~2 000 m。荒地造林,特别是刚开垦的生荒地,只要有山莓营养繁殖体,即以根蘖芽成苗,发展很快,可改变周围生境,所以是荒地的一种先锋绿化植物,有阳叶、阴叶之分。

三、主要分布

山莓主要分布于河南、山东、山西、湖北等地,野生。河南省舞钢市人头山、蚂蚁山、支鼓山等林区有野生分布,海拔 300~500 m 的沟谷、山坡等多有野生,与灌丛伴生,在林荫下生长不良。

四、种苗繁育与管理技术

(一)种条扦插繁育技术

9~10 月,选择健壮的种条,剪留 35~40 cm 的 1~2 年生枝条,放入窖内沙藏。3 月上旬,将种条两端按 15~20 cm 株距插入 90~100 cm 宽的畦内,每畦插 2~3 行,插条成弓形,待发出新梢生根后,将枝条从中剪断,变成 2 株小苗,加强肥水管理、保湿保墒。9~10 月幼苗生长高达 70~80 cm。

(二)分株繁育技术

山莓根部上易自然形成不定芽,萌发后长出地面则形成了很多根蘖苗。6~9 月,山莓根蘖苗大量发生并进入旺盛生长期,分批、分期地将长到 20~25 cm 以上半木质化的根蘖苗挖出,挖时注意保持根系完好。而后集中栽植于育苗圃中,株行距为(15~20) cm × 30 cm。栽后充分浇水,及时除草、松土,并在缓苗后追 1~2 次以氮肥为主的化肥,9~10 月后再喷 1~2 次复合肥或磷钾肥。这种根蘖分株繁育技术,又名苗归圃管理的分株育苗技术。

（三）种苗压条繁育技术

山莓枝条营养丰富，4~5月，枝条生长到30~60 cm时，即枝条先端则弯曲下垂时，对这些下垂枝及时人工摘心，摘心后的枝条，即可萌发1~3个枝或生长出多枝。当所出分生枝长至20~25 cm时，则在距母株80~90 cm以外处挖15~20 cm深浅沟将其埋于沟中，覆土5~7 cm。经15~20天后压枝便可生根。在苗长至40~50 cm时将沟填平，保证新苗正常生长。6月，即压条后，加强人工管理，及时除草、浇水，并喷肥2~3次，10~11月实生幼苗可高达70~120 cm。

（四）造林绿化技术

1.山区造林选择土地

造林土地深度应为25~30 cm，及时整地，采用人工或机械整地，整地时间为11~12月，经过冬季严寒低温，土壤变得疏松，有利于造林植树。

2.造林时间

3月上旬或9~10月，当气温在0 ℃以上时都可以栽植；10月中旬至11月下旬为最佳栽植时间，成活率高。如果是3月栽植的幼苗，当年有少量挂果，4月栽植的苗木，第二年5~6月多数植株都能挂果，第三年进入盛果期，可连续结果20~30年以上。造林后，要施入足够的农家肥为基肥，以腐熟的土杂肥为好，每亩施3 000~5 000 kg。

3.造林规格

山莓可以选择单株栽植或带状栽植。单株栽植适用于小区、公园、宅旁零星空地栽植；单株栽植株行距均为1.5~2 m；带状栽植适用于片林、荒山绿化、风景区局部绿化等稍微大面积栽植，带状栽植的行距为1.5~2.0 m，株距为0.8~0.9 m，每亩定植穴356~400棵。无论是单株栽植还是带状栽植，为了早日形成繁茂的株丛，以每穴栽2~3株为佳，这样可以早日达到丰产、丛密观赏的绿化作用。

4.植树造林

苗木处理，选择健壮的苗木，在栽前要将苗木的根系在清水中浸泡18~24小时，使根系吸足水分，以利造林中保证水分，才能提高成活率。栽植时，要深栽浅埋，深栽就是苗木的根系要距地面10~18 cm，浅埋就是在苗木周围覆土的地方选择25~30 cm以内，覆土时不要超过苗木原有的生长土印或离地面2~3 cm处。深栽是因为每年新生的根状茎随着树龄增长而逐年上移，而下边的根系会逐年老化，为保证树体的正常生长，要深栽。浅埋的目的主要是缩短缓苗期，提高成活率。栽植时间为3月，栽植后，由于植株的营养中心在地下根部，而不是地上，需要30~50天的时间才能抽出基部生枝，这是山莓与其他种类果树不同的特殊性，所以调查山莓的成活率宜在栽后50~60天后进行。9~10月栽植，栽植后，山莓根系在土壤结冻前已恢复生长，而地上部分芽体进入休眠状态不萌发，保证枝干的养分充足，这样不仅提高了成活率，而且为第二年的快速生长打下了良好的基础。为此，建议秋季9~10月栽植，秋植的成活率要比春植高10%以上。

5.抚育技术

一是搭架缚引。山莓为直立型果树，但由于山莓枝条通常只生长2年，比较细，当枝条长到1.5 m时易成弓形而触地，特别是在结果期更是如此，所以山莓在生长期间要搭架缚引。搭架缚引非常简便,在行内每隔 5~9 m 立一支柱,高 1.2~1.5 m,并拉两道铁丝线,上层铁丝固定在支柱顶端,下层铁丝距地 90~110 cm,将枝条扇形引缚到铁丝上,帮助生长。二是技术修剪。技术修剪分 3 次完成。第一次修剪是在 3~4 月,早春进行定植修剪,对过密的细弱枝、破损枝要齐地剪除。当年生新梢长到 40~60 cm 时,对密度较小的植株可进行摘心,以促进侧芽萌发新枝,增加枝量。第二次修剪是对基生枝(当年新梢)的修剪。对基生枝剪留在 1.2~1.6 m 以内是最适宜的,这个长度既促进了结果母枝的生长,增加了产量,又促使基生枝在第二年花芽完全分化。每年每株可选留长势壮的基生枝 6~8 个,其余剪掉,这是较为合理的留枝密度。第三次修剪是在采收结束后,对结果母枝要齐地疏除,提高结果能力,达到丰产丰收。三是浇水施肥管理。肥水管理,施基肥宜在 8~9 月,此时,气温高,施入土壤的肥料可以加速分解,有利于根系吸收,保证苗木储备足够的营养物质;另外,根系秋季开始进入生长高峰,这时施肥会大大改善土壤疏松度和营养条件,促进根系生长,为第二年高产优质丰收打下基础。施入基肥以腐熟的农家肥为主,也可加入适量的化学肥料,如尿素、磷酸铵等。

(五)主要病虫害的发生与防治

1. 主要病害的发生与防治

(1)主要病害的发生。山莓常见病害主要为茎腐病。茎腐病发生时间为 6~8 月;危害山莓基生枝,发生在新梢上,先从新梢向阳面距地面较近处出现一条暗灰色似烫伤状的病斑,长 1.5~2.5 cm、宽 0.5~1.3 cm,病斑向四周迅速扩展,病部渐褐色,病斑表面出现大小不等的黑点,木质部变褐坏死。随着病部的扩展,叶片、叶柄变黄枯萎,最后整株死亡。夏季高温多雨的季节为发病盛期。

(2)主要病害的防治。9~10 月清园,剪下病枝集中烧毁。或 5~7 月发病初期喷甲基托布津 500 倍液,或 40%乙磷铝 500 倍液,或福美双 500 倍液。造林时,选择抗病品种。

2. 主要虫害的发生与防治

(1)主要虫害的发生。一是柳蝙蝠蛾,是危害山莓的主要害虫,严重影响第二年产量。柳蝙蝠蛾的发生时间为 5~7 月;其幼虫 7 月上旬开始蛀入新梢为害,蛀入口距地面 40~60 cm,多向下蛀食。柳蝙蝠蛾常出来啃食蛀孔外韧皮部,大多环食一周。咬碎的木屑与粪便用丝粘在一起,环树缀连一圈,经久不落,被害枝易折断而干枯死亡。二是山莓穿孔蛾。发生时期为 8~9 月,危害枝干或嫩芽;山莓穿孔蛾 8~9 月作茧在基生枝基部越冬,展叶期爬上新梢,蛀入芽内,吃光嫩芽后,再钻入新梢,致使新梢死亡。成虫羽化后,傍晚在花内产卵,幼虫最初咬食浆果,不久转移至基部越冬。

(2)主要虫害的防治。柳蝙蝠蛾防治方法:6~7 月,人工修剪,当成虫羽化前剪除被害枝集中烧毁;或 5 月至 8 月上旬初龄幼虫活动期,可喷 2.5%溴氰菊酯 1 800~2 500 倍液,能达到较好的防治效果。山莓穿孔蛾防治方法:9 月下旬,采果后清园;或 3 月展叶期,喷 80%敌敌畏 1 000 倍液或 2.5%溴氰菊酯 3 000 倍液,杀死幼虫。

五、山莓的作用与价值

(1)经济价值。山莓是灌木型果树,果实红色、鲜艳透明,具有良好的观赏作用;山区造林,是生态经济型水土保持灌木优良树种。山莓果实具有很高的营养价值、食用价值,所以经济效益较好,前景可观,可作为经济作物开发利用。

(2)食用价值。山莓果实具有很高的营养价值,果味甜美,含糖、苹果酸、柠檬酸及维生素 C 等,可供生食、制果酱及酿酒。

参 考 文 献

［1］河北农业大学．果树栽培学总论［M］．北京:农业出版社,1990.

［2］辛铁君．银杏矮化速生种植技术［M］．北京:金盾出版社,2001.

［3］陈学林．运用萎凋工艺改进银杏叶茶品质的研究［J］．林业科技开发,2004,18(1):30-31.

［4］赵学农,沙继国,高松峰,等．银杏茶专用叶园栽培技术及其加工工艺［J］．林业科技开发,2007,21(5):86-88.

［5］万少侠．林果栽培管理实用技术［M］．郑州:黄河水利出版社,2013.

［6］万少侠,张立峰．落叶果树丰产栽培技术［M］．郑州:黄河水利出版社,2015.

［7］万少侠,刘小平．优良园林绿化树种与繁育技术［M］．郑州:黄河水利出版社,2018.

［8］万少侠,张文年,芮旭耀．园林果树主要病虫害发生与防治［M］．郑州:黄河水利出版社,2019.

［9］张文军,王玉,赵鹏华,等．优良野生树种资源调查与应用［M］．郑州:黄河水利出版社,2021.

《中原林木树种分类及应用管理技术》
参加编著人员简介

赵　阳,女,平顶山市园林绿化中心,高级工程师;

肖升光,男,平顶山市园林绿化中心,高级工程师;

张海洋,男,栾川县林业保护发展研究中心,副教授级高级工程师;

赵红军,男,洛阳市孟津区林业建设发展中心,高级工程师;

万少侠,男,舞钢市林业工作站,教授级高级工程师;

张志恒,男,濮阳县林业局,工程师;

徐进玉,女,舞钢市乡村产业发展中心,农业技术推广研究员;

高　佳,男,鲁山县林业局,工程师;

冯　蕊,女,平顶山市白龟山湿地自然保护区管理中心,工程师;

陈　哲,男,宜阳县香鹿山生态园管理处,工程师;

董利利,女,洛阳市孟津区平乐镇党政综合便民服务中心,工程师;

秦　钧,男,平顶山市湛河区农业技术推广服务中心,高级农艺师;

陈晓燕,女,许昌市林业和花木园艺发展中心,工程师;

王　瑜,女,平顶山市园林绿化中心,工程师;

袁　琼,女,漯河市园林绿化养护中心,工程师;

秦光霞,女,安阳钢铁集团有限责任公司河南缔拓实业有限公司,高级工程师;

朱光浩,女,固始县林业技术推广站,工程师;

武秀利,女,安阳县林业发展中心,高级工程师;

吴　瑾,男,夏邑县林业发展服务中心;

蔡圣志,男,夏邑县林业发展服务中心;

王　菲,男,许昌市园林绿化中心,工程师;

薛爱国,男,国有嵩县五马寺林场,工程师;

赵淑英,女,三门峡市陕州区自然资源局,工程师;

王　勇,男,桐柏县林业技术推广站,工程师;

刘慧敏,女,平顶山市园林绿化中心,工程师;

张建荣,女,泌阳县园林绿化中心,工程师;

杨浩放,女,舞钢市乡村产业发展中心,农艺师;

张冬冬,男,舞钢市乡村产业发展中心,农艺师;

马志强,男,方城县林业局森林病虫防治检疫站,工程师;

彭向东,男,舞钢市农村农业局,农艺师;

李红梅,女,舞钢市八台镇安庄幼儿园,中小学高级教师;

何彦玲,女,舞钢市富康肉牛养殖场总经理(八台镇安庄村);

雷超群,男,舞钢市国有石漫滩林场,高级工程师;

杨黎慧,女,舞钢市国有石漫滩林场,工程师;

张爱玲,女,平顶山市园林绿化中心,正高级工程师;

李慧丽,女,舞钢市林业局,高级工程师;

葛岩红,男,舞钢市科学技术协会,工程师;

王璞玉,女,舞钢市林业局,高级工程师;

韩小丽,女,安阳市北关区自然资源局,助理工程师;

孙　玲,女,国有信阳市平桥区天目山林场,工程师;

贺会丽,女,禹州市林业发展中心,工程师;

姚雅耀,女,北京科技大学,在读研究生;

孙松豪,男,平顶山市湛河区农业农村和水利局农业技术推广服务中心,农艺师;

李　卡,男,泌阳县林业局,助理工程师;

周亚峰,男,硕士研究生,平顶山市农业科学院,实习研究员;

孙　珂,女,硕士研究生,平顶山市农业科学院,实习研究员;

张志杰,男,内黄县高堤乡人民政府,工程师;

张艳普,男,内黄县林业发展中心,二级技师;

王　坤,男,内黄县林业发展中心,工程师;

冯亚杰,男,内黄县林业发展中心,工程师;

程相魁,男,宝丰县林业局,助理工程师;

梁　鹏,男,驻马店市天中林业调查规划设计有限公司,助理工程师;

杜　参,男,驻马店市天中林业调查规划设计有限公司,助理工程师;

朱腾娜,女,驻马店市天中林业调查规划设计有限公司,助理工程师;

单云飞,男,遂平县林业发展服务中心,助理工程师;

黄　红,女,平顶山市建设工程消防验收服务中心,工程师;

罗桂丽,女,禹州市林业发展服务中心,助理工程师;

王玉巧,女,栾川县秋扒乡农业服务中心,工程师;

雷保现,男,洛阳市国有栾川县林场,助理工程师;

慎　幸,女,栾川县林业发展研究中心,工程师;

延新新,女,国有栾川县林场,工程师;

裴娜娜,女,国有栾川县林场,助理工程师;

王松艳,女,国有禹州市林场,工程师;

房丽娟,女,南阳市内乡县林业局,工程师;

康德生,男,南阳市宛城区林业局,工程师;

王华平,女,南阳市宛城区林业局中心苗圃,助理工程师;

和超轮,男,平顶山市林业技术工作站;

何明亮,男,舞钢市国有石漫滩林场,助理工程师;

李　栋,男,陕西省宝鸡市凤翔区林政管理所,助理工程师;

刘宁刚,男,陕西省宝鸡市凤翔区林政管理所,工程师;

何　琪,女,漯河市经济技术开发区红黄蓝绿化有限公司,工程师;

院宗贺,男,舞钢市林业局,助理工程师;

李广立,男,舞钢市林业局,助理工程师;

刘伟光,男,舞钢市林业局,助理工程师;

郭卫东,男,舞钢市林业局,助理工程师;

魏鹏飞,男,舞钢市林业局,助理工程师;

贾金泽,男,舞钢市林业局,助理工程师;

臧卓毅,男,舞钢市林业局,助理工程师;

林聪聪,男,舞钢市林业局,助理工程师;

徐进玉,女,舞钢市乡村产业发展中心,农业技术推广研究员;

翟　华,男,济源示范区国有南山林场,助理工程师。

七叶树花　张海洋／摄影

七叶树包裹着种皮的果实
张海洋／摄影

七叶树叶片
张海洋／摄影

香椿种子　万少侠／摄影　楝树果实　万少侠／摄影　黄连木全貌　万少侠／摄影　紫荆　万少侠／摄影

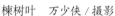

楝树叶　万少侠／摄影

黄连木叶片与果实　张海洋／摄影

枫杨叶片与果实　张海洋／摄影

臭椿叶片与果实　万少侠／摄影

楝木叶片与果实　杨德宇／摄影

乌桕叶　万少侠／摄影

垂柳全貌　万少侠／摄影

旱柳　万少侠／摄影

厚壳树花 杨德宇／摄影

厚壳树叶片与花 杨德宇／摄影

厚壳树果实 杨德宇／摄影

朴树果实
张海洋／摄影

皂荚树冠
万少侠／摄影

紫椴叶片与花 杨德宇／摄影

紫椴果实 杨德宇／摄影

国槐全貌 万少侠／摄影

水曲柳叶片 张海洋／摄影

铁橡栎叶片 张海洋／摄影

白檀叶片 葛岩红／摄影

白檀树冠 葛岩红／摄影

白栎树干 葛岩红／摄影

白栎全貌 葛岩红／摄影

山羊角叶片 葛岩红／摄影

山羊角全貌 葛岩红／摄影

短柄枹果实　张海洋 / 摄影　　　　短柄枹叶片　张海洋 / 摄影

千金榆叶片局部　葛岩红 / 摄影　　千金榆叶片与树干　葛岩红 / 摄影　　千金榆全貌　张海洋 / 摄影

大果榆叶片　杨德宇 / 摄影　　　　大果榆叶片　杨德宇 / 摄影

鹅耳枥树干与叶片　葛岩红 / 摄影　　光叶榉叶片　张海洋 / 摄影　　大果榉果实与叶片　张海洋 / 摄影

　　　　　　　　　　　　　　　　　　榔榆　葛岩红 / 摄影　　　　　　榔榆树干　葛岩红 / 摄影

鹅耳枥全貌　葛岩红 / 摄影　　脱皮榆树冠与叶片　张海洋 / 摄影　　脱皮榆树干　张海洋 / 摄影

裂叶榆叶片　张海洋／摄影

紫弹朴叶片与果实　杨德宇／摄影

栾树叶片　葛岩红／摄影

珊瑚朴叶片　杨德宇／摄影

黑弹朴叶片　杨德宇／摄影

黑弹朴树干　杨德宇／摄影

白蜡根部与分蘖　葛岩红／摄影

白蜡树干　葛岩红／摄影

白蜡叶片　葛岩红／摄影

大叶朴叶片　葛岩红／摄影

山皂荚叶片　葛岩红／摄影

山皂荚干刺　葛岩红／摄影

山皂荚树干　葛岩红／摄影

皂荚树干和针刺　李广立／摄影

丝绵木树冠　张海洋／摄影

丝绵木主干　张海洋／摄影

丝绵木果实　张海洋／摄影

臭檀吴茱萸叶片　葛岩红／摄影　　　臭檀吴茱萸树干　葛岩红／摄影

重阳木叶片　张海洋／摄影　　　重阳木树干　张海洋／摄影　　　重阳木全貌　张海洋／摄影

建始槭　张海洋＼摄影

建始槭叶片　张海洋／摄影

建始槭果实　张海洋／摄影　　　　　　　　　建始槭树干　张海洋／摄影

秦岭槭树干　葛岩红／摄影

秦岭槭全貌　葛岩红／摄影　　　秦岭槭叶片　葛岩红／摄影　　　五角枫叶片与花　张海洋／摄影

溲疏花　杨德宇／摄影　　　　　　　覆盆子叶片与果实　张海洋／摄影

溲疏叶片　杨德宇／摄影　　　小花溲疏花　杨德宇／摄影　　长梗溲疏叶片与花　张海洋／摄影

山胡椒叶片　杨德宇／摄影　　山胡椒果实　葛岩红／摄影　　山胡椒树冠　葛岩红／摄影

狭叶山胡椒叶片与枝干
杨德宇／摄影

茶树　万少侠／摄影　　　　　　　　山梅花　杨德宇／摄影

牛鼻栓叶片背面　葛岩红／摄影

东北茶藨子　杨德宇／摄影

蜡梅叶片与果实　万少侠／摄影　　牛鼻栓树干　葛岩红／摄影

东北茶藨子叶片与果实　杨德宇／摄影

中华石楠果实　张海洋／摄影　　中华石楠树干　张海洋／摄影

中华绣线菊叶片与花　杨德宇／摄影　　山白树树冠　杨德宇／摄影　　山白树叶片与果实　杨德宇／摄影

华北绣线菊　张海洋／摄影　　　　　华北绣线菊叶片与花　张海洋／摄影

吴茱萸树干 葛岩红 / 摄影

吴茱萸叶片 葛岩红 / 摄影

盐肤木叶片 张海洋 / 摄影

白背叶叶片 葛岩红 / 摄影

白背叶果实 葛岩红 / 摄影

黄栌叶片 万少侠 / 摄影

黄栌花期 万少侠 / 摄影

盐肤木完整叶 张海洋 / 摄影

茶条槭叶片局部 张海洋 / 摄影

茶条槭叶片 张海洋 / 摄影

肉花卫矛叶片与果实 葛岩红 / 摄影

肉花卫矛树干 葛岩红 / 摄影

西南卫矛 杨德宇 / 摄影

薄叶鼠李全貌　葛岩红／摄影

薄叶鼠李叶片与果实　葛岩红／摄影

六道木　杨德宇／摄影

野茉莉叶片与枝　葛岩红／摄影

野茉莉果实　葛岩红／摄影

海州常山果实　葛岩红／摄影

猫乳叶片与果实　葛岩红／摄影

海州常山树干　葛岩红／摄影

雪柳树干　葛岩红／摄影

雪柳叶片　葛岩红／摄影

荚蒾叶片　葛岩红／摄影

荚蒾叶片与果实　葛岩红／摄影

黑果荚蒾果实　葛岩红／摄影

华桑叶片 杨德宇 / 摄影

桂花花与叶片 张海洋 / 摄影

桂花 张海洋 / 摄影

蒙桑叶片 杨德宇 / 摄影

鸡桑叶片 杨德宇 / 摄影

流苏叶片和花 葛岩红 / 摄影

木槿叶片与花 张海洋 / 摄影

木槿花 张海洋 / 摄影

杜鹃花 万少侠 / 摄影

黄荆叶片与花 杨德宇 / 摄影

珊瑚樱叶片与果实 张海洋 / 摄影

天目木姜子叶片　万少侠／摄影　　　　山麻杆叶片　杨德宇／摄影　　　　楸树叶片　张海洋／摄影

天目木姜子　万少侠／摄影　梧桐全貌　万少侠／摄影　梧桐叶片　张海洋／摄影　楸树　万少侠／摄影

青檀叶片　葛岩红／摄影

黄檀全貌　葛岩红／摄影　　　黄檀叶片　葛岩红／摄影　　　青檀树干　葛岩红／摄影

无患子全貌　葛岩红／摄影　　　无患子树冠　葛岩红／摄影　　　桑叶与果实　万少侠／摄影

栓皮栎叶片与果实　葛岩红／摄影　　　毛白杨树冠　万少侠／摄影　　　构树叶片　万少侠／摄影

槲栎全貌　葛岩红 / 摄影　　　　楸树树冠　万少侠 / 摄影　　　刺楸树干　张海洋 / 摄影

刺楸枝刺与叶片　果园 / 摄影

槲栎叶片　杨德宇 / 摄影　　　　　　　　　　　　　　喜树果实与叶片　张海洋 / 摄影

房山栎叶片与果实　杨德宇 / 摄影　　二乔玉兰　杨德宇 / 摄影

蒙古栎叶片与果实　杨德宇 / 摄影　　蒙古栎叶片　杨德宇 / 摄影　　喜树全貌　张海洋 / 摄影

苦树果实　万少侠 / 摄影　　　　苦树全貌　葛岩红 / 摄影　　　苦树叶片　张海洋 / 摄影

苦皮藤　张海洋／摄影　　　苦皮藤果实　张海洋／摄影　　　粉枝梅枝干　张海洋／摄影

猕猴桃枝蔓　张海洋／摄影　　悬钩子花与幼果　张海洋／摄影　　悬钩子果实与叶片　张海洋／摄影

蛇葡萄　杨德宇／摄影　　　扶芳藤　杨德宇／摄影

野蔷薇花　万少侠／摄影

南蛇藤叶片与果实　张海洋／摄影　　络石叶片与藤蔓　万少侠／摄影

凌霄花与叶片　　　凌霄全貌　　　葛叶片　　　葛枝干　　　三叶木通叶片与果实
张海洋／摄影　　张海洋／摄影　　万少侠／摄影　　万少侠／摄影　　万少侠／摄影

雪松
张海洋 / 摄影

雪松叶片
张海洋 / 摄影

杉木全貌
万少侠 / 摄影

侧柏叶片与种子
万少侠 / 摄影

白皮松全貌　万少侠 / 摄影

侧柏全貌　万少侠 / 摄影

火炬松全貌　张海洋 / 摄影

火炬松针叶与雄花序　张海洋 / 摄影

油松果实与针叶　张海洋 / 摄影

油松　张海洋 / 摄影

山核桃叶片　张海洋/摄影　　山核桃果实串串　张海洋/摄影　　野柿叶片　葛岩红摄影/摄影

山核桃全貌　张海洋/摄影　　银杏叶　万少侠/摄影　　杜仲叶片与种子　万少侠/摄影　　柿树　万少侠/摄影

花椒叶片与果实　万少侠/摄影

花椒　万少侠/摄影　　山楂果实　张海洋/摄影　　山楂树冠　张海洋/摄影

君迁子果实　葛岩红/摄影　　君迁子叶片局部　葛岩红/摄影

杏树　葛岩红/摄影　　桃果实　万少侠/摄影　　桃树花　万少侠/摄影

枣果实　万少侠／摄影　　　李(山李)叶片与枝干　葛岩红／摄影　　　李（山李）叶片　葛岩红／摄影

拐枣叶片　葛岩红／摄影　　　山拐枣叶片　葛岩红／摄影　　　山桃叶　万少侠／摄影

拐枣全貌　　　　山拐枣树干　　　杜梨冠幅全景　　　山桃花

葛岩红／摄影　　　葛岩红／摄影　　　葛岩红／摄影　　　万少侠／摄影

沙梨叶片与果实　杨德宇／摄影　　　杜梨叶片与果实　张海洋／摄影　　　豆梨叶片与果实　杨德宇／摄影

板栗果实　张海洋／摄影　　　板栗叶片　葛岩红／摄影　　　山莓叶片与果实　杨德宇／摄影